不锈钢管和型钢的热挤压

邹子和　编著

北　京

冶 金 工 业 出 版 社

2014

内 容 提 要

本书共分9章，详细介绍了不锈钢管和型钢的热挤压技术和装备，着重介绍了挤压工艺参数的选择、力学性能参数的确定以及挤压表的编制、润滑剂的使用等，总结了挤压模具的设计、使用和材料选择经验，结合生产数据对挤压工艺的经济性进行了分析。

本书可供钢管和型钢生产、科研、管理、教学人员阅读。

图书在版编目（CIP）数据

不锈钢管和型钢的热挤压/邹子和编著. —北京：冶金工业出版社，2014.8

ISBN 978-7-5024-6570-4

Ⅰ. ①不… Ⅱ. ①邹… Ⅲ. ①不锈钢—钢管—热加工 ②不锈钢—型钢—热加工 Ⅳ. ①TG306

中国版本图书馆 CIP 数据核字（2014）第 187186 号

出 版 人　谭学余
地　　　址　北京市东城区嵩祝院北巷 39 号　邮编　100009　电话　（010）64027926
网　　　址　www.cnmip.com.cn　电子信箱　yjcbs@cnmip.com.cn
责任编辑　刘小峰　曾　媛　美术编辑　杨　帆　版式设计　孙跃红
责任校对　李　娜　责任印制　牛晓波
ISBN 978-7-5024-6570-4
冶金工业出版社出版发行；各地新华书店经销；北京百善印刷厂印刷
2014 年 8 月第 1 版，2014 年 8 月第 1 次印刷
169mm×239mm；29.5 印张；2 彩页；582 千字；456 页
99.00 元
冶金工业出版社　投稿电话　（010）64027932　投稿信箱　tougao@cnmip.com.cn
冶金工业出版社营销中心　电话　（010）64044283　传真　（010）64027893
冶金书店　地址　北京市东四西大街 46 号（100010）　电话　（010）65289081（兼传真）
冶金工业出版社天猫旗舰店　yjgy.tmall.com

前　言

　　不锈钢管和不锈钢型钢作为特殊钢经济断面的钢材，普遍地应用于石油、化工、轻工、电力、冶金、机械、船舶、航空、航天、电子、食品、饮料、仪器、仪表、建筑以及医疗设备等国民经济的各个领域，是民用工业和尖端技术发展不可缺少的重要材料。

　　我国的不锈钢管生产起步于 20 世纪 50 年代。当时，鞍钢无缝钢管厂在 φ140mm 自动轧管机组上进行了不锈钢无缝钢管的试制。上海第五钢铁厂在其所属的上海冷拔钢管厂的一台老式的 φ30mm 小型穿孔机上试制成功了 18 - 8 不锈钢管，并且发明了不锈钢管冷拔润滑剂"牛油石灰"，生产出第一批小口径航空用不锈钢管。1963 年，上钢五厂又建成了"φ76mm 穿孔机 + 冷拔冷轧机"小型不锈钢无缝钢管专业生产车间，并且和北京钢铁学院（现北京科技大学）、北京钢铁研究总院和本溪玻璃厂合作，通过大批量的试验，系统地研究了 18 - 8 型不锈钢的热穿孔和冷拔冷轧工艺，确定了合理的工艺参数，初步奠定了具有中国特色的不锈钢管生产工艺路线。随后，成都无缝钢管厂在热皮尔格轧管机上成功地试制出大口径的不锈钢无缝钢管。

　　20 世纪 70 年代初期，四川长城钢厂一分厂（上钢五厂支内厂）的不锈钢管车间投产，接着大冶钢厂、大连钢厂、抚顺钢厂等特殊钢厂的钢管车间，以及陕西精密合金厂、上海钢研所等国营企业先后投入不锈钢管的生产行列，但是当时不锈钢管的年总产量并不高，一直徘徊在 5000 ~ 10000t 的水平。由于这条工艺路线解决了不锈钢管热穿孔顶头的使用寿命和不锈钢管冷轧冷拔润滑剂两大关键的技术难题，而且具有工艺装备简单、投资少、上马快的优点，改革开放之后，乡镇企业和股份制企业异军突起，纷纷加入到不锈钢管的生产行列，我国的不锈钢管生产企业一度超过 200 余家。1990 年不锈钢管的年总产量超过 5 万吨。根据不锈钢学会的统计，到 2011 年，我国不锈钢管的年产量已经达到约 42 万吨。不锈钢管成为我国钢材品种中发展较快的品种之一。

20 世纪 50 年代初，国外不锈钢管的生产技术发生了里程碑式的转变。由于原来应用于有色金属管型材生产的热挤压工艺，在工艺润滑剂、坯料的无氧化加热和工模具使用寿命以及其他相关技术方面的突破性进展，特别是 1941 年"玻璃润滑剂"专利许可证颁发给法国的 J. Sejournet 之后，热挤压工艺迅速地被应用于钢的挤压，并且很快成为不锈钢管生产工艺的最佳选择。1951 年，世界上第一个采用"玻璃润滑剂快速挤压法"生产不锈钢管的工业性生产车间在美国的巴布考克·维尔考克斯（B & W）公司建成投产之后，国际上几乎所有生产不锈钢管的大公司，其中包括美国的巴布考克·维尔考克斯（B & W）公司、柯蒂斯·莱特公司（Curtise Wright），英国的亨利·维金公司（Henry Wiggi Alloy）、切斯特菲尔德钢管投资公司（Tl. Stainless - tubes），瑞典的山特维克公司（Sandvik），奥地利的席勒尔·布雷克曼公司（Schoeller Blechman），前苏联的尼科波尔南方钢管厂（Nikopol Yuzhnotrubny Tube Works），日本的住友金属（Sumitomo）、神户制钢（Kobe）、山阳特钢（Sanyo）等 36 家不锈钢管生产公司，都购买了法国专利，引入"玻璃润滑剂快速挤压法"，取代了当时各色各样的生产不锈钢无缝钢管的方法，其中也包括斜轧穿孔的方法。

当时，我国未能引进这一项先进技术，仍然继续应用和研究使用"斜轧穿孔＋冷轧冷拔工艺"生产不锈钢无缝钢管，并且一直袭用至今，使之成为我国的"传统工艺"。但是多年来国内外的实践证明，这条工艺路线本身存在着一定的局限性。首先，由于斜轧穿孔过程中的"曼内斯曼效应"，将会导致坯料中心金属的连续性被破坏，而出现疏松或孔腔，引起钢管的内表面缺陷，这就限制了高合金低塑性材料的生产，同时也限制了连铸坯的应用。其次，斜轧工艺受到坯料长度的限制。过长的坯料将使穿孔坯料尾部的钼基合金顶头温度过高，导致钢管内表面过热或过烧，产生不同长度和深度的裂纹或折叠缺陷。更重要的是"传统工艺"无法生产热轧（热挤压）成品精管。

正是由于上述原因，我国多年来采用传统工艺生产不锈钢管，导致了目前我国不锈钢管市场中尚存在一定的产品空白。例如，一些场合采用热轧管就可以满足要求的，用户无可选择，只能采用冷轧冷拔精密管代替，造成了"以冷代热"的不合理现象。而根据美国的资料介绍，在美国的不锈钢管市场上，热轧管的市场份额为67%，冷轧冷拔管仅占33%。这说明我国在不锈钢管使用领域内仍有67%的用户存在"以冷代热"的不合理现象，从而增加了不锈钢管的使用成本。另外，对于一些高合金、高性能、低塑性特殊用途的不锈钢管和高镍合金管，用户会提出必须采用挤压坯料管，或者由于"传统工艺"不能生产就直接从国外进口。

采用热挤压工艺生产不锈钢管，则情况就会完全不同。首先，挤压过程中坯料所承受的变形力是三向不均匀压缩，坯料挤压时，变形区内不会出现导致金属连续性破坏的不利因素。因此，挤压工艺可以提高材料的变形能力，加工任何塑性材料的管型材。同时可以采用连铸坯，降低供坯成本。其次，挤压工艺可以为冷加工提供任何塑性的材料和任何长度的近终尺寸的毛管，生产不锈钢、高合金以及高性能、低塑性材料的产品和各种重要用途的长管，减少冷加工道次，提高成材率，而且可以实现这类高档次、高新产品的国产化。

随着我国国民经济的迅速发展，不锈钢管的使用领域也在不断扩大，对不锈钢管和高性能材料钢管的品种、质量和数量都提出了越来越高的要求。因此，采用热挤压技术的工艺目标应该是：

（1）采用连铸供坯。特别是对于在不锈钢管市场上占有90%以上市场份额的，大量使用的304、316、321等300系列的奥氏体不锈钢管的生产，应实现全连铸供坯工艺，以大幅度降低成本。

（2）开发热挤压成品管。对于各种不同性能的不锈钢，采用适当的玻璃润滑剂，使挤压不锈钢管的表面质量和尺寸精度达到或超过热轧管标准，生产热挤压精管。

（3）开发高性能、高合金、低塑性、难变形材料的热挤压成品管。同时为冷加工提供这类合金的荒管来生产冷轧冷拔精品管，逐步实现这类高新产品的国产化。

（4）实现现有产品质量和生产工艺的升级换代。采用热挤压毛管作为冷轧冷拔坯料管，消除原来斜轧穿孔毛管内表面可能出现的质量隐患。并且，采用热挤压的近终毛管，可减少冷加工道次，提高成材率，降低现有产品的生产成本，同时实现现有产品生产工艺和产品质量的升级换代。

我国早期的钢挤压机，基本上都是从一般的水压机经过改造而成的。如上海异型钢管厂的1500t挤压机、华安机械厂的1500t挤压机和上钢五厂的4000t挤压机等都是如此。长城钢厂从德国引进的3150t管棒型材挤压机，在当时是最先进的现代化钢挤压设备，配备有1000t立式穿（扩）孔机和24机架张力减径机，以及不锈钢、轴承钢、结构钢3条热处理生产线。但是由于种种原因，这条先进的生产线曾一度未能投入正常生产。

21世纪初，浙江久立集团从意大利达涅利（Danieli）公司引进了3500t先进的现代化管棒型材挤压机，用于专业化生产不锈钢管，成为我国第一家采用挤压法生产不锈钢管的民营企业。此外，江苏华新不锈钢管厂采用太原通泽成套设备有限公司设计制造的3600t挤压机建成了不锈钢管专业生产线。接着，宝钢集团和太钢集团分别从德国SMS公司引进了6000t挤压机专业生产不锈钢管和高合金钢管。可见，不锈钢管的热挤压技术，在其生产领域内具有广阔的发展前景。

笔者自1965年开始接触钢挤压技术工作以来，深感有关钢挤压技术方面书籍资料匮乏，因此在工作中特别注意积累有关挤压钢管方面的资料。在退休10年后，看到国内的不锈钢管热挤压技术发展颇有起色，深感欣慰，骤有梦想成真之感，因此萌生将多年积累的不锈钢热挤压资料编写成书，供业内同行或有需要的朋友参考的愿望。

《不锈钢管和型钢的热挤压》一书首先对热挤压工艺进行总体介绍，然后分9章系统阐述了不锈钢管和型钢热挤压的相关知识。第1章阐述目前国内外热挤压钢管工艺技术的发展状况及其主要的应用领域。第2~4章详细介绍国内外典型热挤压工艺，总结国内外在实验室和工业条件下的相关理论和工艺试验研究成果；着重介绍挤压工艺参数的选择和力学性能参数的确定，以及在各种工艺条件下挤压表的编制；挤压工艺玻璃润滑剂的部分试验成果，工业使用经验和合理选择；以及挤压钢管的主要缺陷及其形成原因分析。第5~7章介绍国内外特殊品种和特种材料的热挤压工艺，以及挤压工模具的设计和使用经验及其使用材料选择。第8~9章着重阐述国内外钢管和型钢热挤压主辅设备的状况及挤压车间工艺设备的平面布置情况，并对钢管和型钢热挤压技术在各种工艺条件下应用的可能性和经济合理性进行了分析。

承蒙中国工程院院士、我国钢管界的老专家殷国茂先生审阅书稿并提出中肯意见，令笔者受益匪浅，在此深表谢意。

在本书编写过程中，得到有关专家、技术人员和朋友的支持和帮助，如朋友何秀琴女士、王海军先生、汪家才教授、汪云朗副教授、丁启圣教授级高工、李长穆教授级高工、罗永德教授级高工、朱诚教授级高工、殷匠教授级高工、范永革博士、蒙日昌高工、詹才俊高工及《钢管》杂志社杨秀琴顾问处长、赵小浚社长、张瑛副社长和颜幼贤主任等以及冶金工业出版社的鼎力支持，特此致谢。

本书的出版，还得到了久立集团股份有限公司董事长周志江、华迪钢业有限公司董事长王迪、中兴能源装备有限公司董事长仇云龙、太原通泽重工有限公司副总经理冀文生、北京天力创玻璃科技开发有限公司副总经理段素杰的关心与支持，在此一并表示感谢！

由于水平所限，书中不妥之处，敬请指教。

邹子和

2014 年 6 月

目　　录

概　　述

金属压力加工时，坯料在高压下从封闭的挤压筒内通过挤压模的模孔流出而得到制品，这种压力加工过程称为挤压。

挤压过程可以采用两种方法来实现：正挤压和反挤压。正挤压时，金属坯料被挤压杆通过挤压垫推着，整个坯料金属向紧固在挤压筒前部的挤压模方向流动。反挤压时，金属坯料保持不动，而由于挤压模在挤压筒内朝着金属坯料移动的结果产生金属流动。

挤压方法及工模具配置如图 0-1 所示。

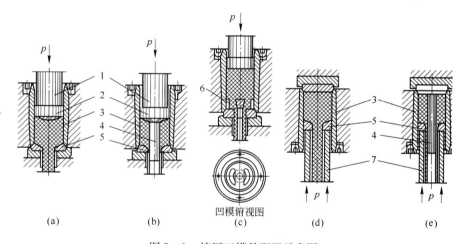

图 0-1　挤压工模具配置示意图

(a) 正挤压棒材；(b) 正挤压管材；(c) 通过具有桥架的舌形模正挤压管材；

(d) 反挤压棒材；(e) 反挤压管材

1—挤压杆（正挤压）；2—挤压垫；3—挤压筒；4—挤压芯棒；5—挤压模；

6—带有管子芯棒的桥架（舌）；7—挤压杆（反挤压）

采用这两种方法挤压时，挤压制品横截面的形状与尺寸决定于金属流动所通过的挤压模模孔的形状与尺寸。因此，为了得到实心截面的制品，挤压模的模孔要给予相应的形状与尺寸。

为了得到空心的制品（管子和空心异型材），在挤压模的模孔内必须插入芯棒。芯棒与挤压模之间形成环状间隙，此间隙的形状与尺寸决定着挤压制品的形状与尺寸。

在挤压空心制品时，利用两种方法来形成环形间隙。其一，采用较长的芯棒（图 0-1（b）、图 0-1（e）），此时，芯棒不仅穿过挤压模，而且穿过整个金属坯料；其二，环状间隙的形成借助于较短的芯棒来达到，短芯棒被直接紧固在挤压模专门的桥架（舌形梁）上，或者与挤压模做成一个整体（图 0-1（c））。

对于钢等高变形抗力的材料，挤压其空心制品（钢管及空心型材）时，只能采用较长的芯棒形成环形间隙的方法进行挤压。此时，根据被加工材料的性能，金属坯料的中心孔可以通过在立式穿孔机上直接穿孔得到，也可以通过机械加工预钻孔后在扩孔机上进行扩孔后得到。

采用短芯棒来形成环状间隙的方法进行空心制品的挤压，当坯料推入挤压模时，金属流入夹持芯棒的桥架孔中，在桥架下面包围着芯棒，且熔焊成管子。利用这种挤压方法，得到优质管子的必要条件是确保变形金属的熔焊条件，并且不能采用润滑剂。因此，这种挤压方法只适用于挤压温度与变形抗力比较低的材料，如铝合金。

有色金属管材的挤压一般都采用带有内置式穿孔系统的挤压机，实心坯料的穿孔和挤压在同一台挤压机上完成，不设置专用的立式穿孔机。

由于挤压过程所具有的金属流动的特性，采用挤压方法可以制造用其他压力加工方法（如轧制方法）所不能制造的、形状非常复杂的制品（图 0-2）。

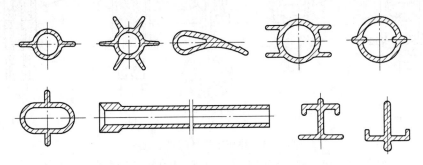

图 0-2　挤压法制造的钢管和型材断面示意图

挤压过程还具有很大的灵活性。在现有的挤压装备上，只需要更换挤压模具的个别零件（如挤压棒材时，更换挤压模；挤压管材时，更换挤压模和挤压芯棒），其产品就可以从一种制品转换为另一种制品，且更换工模具非常简单和迅速，只需要几分钟就可以完成。根据德国施维尔特钢厂的经验，在 8h 工作制的一个班内，挤压 15~20 种不同断面的产品很容易实现。

同时，一般当挤压机的吨位确定之后，挤压筒的规格可选择 3~6 个系列，相应的挤压坯料和工模具的规格也就在 3~6 个系列范围内，这就使得挤压坯料与工模具的准备比较简单。

因此，挤压法对于小批量制品的生产是经济而合理的，甚至当制品的形状能够用其他的压力加工方法生产时也是如此。

挤压过程所特有的应力状态为各向不均匀的压缩。由于工模具形状、摩擦力的影响与变形金属性能的不均匀性，导致在坯料金属内除了压应力以外，还会产生附加的剪应力。但是研究与生产经验表明，在采取降低摩擦力与材料性能不均匀性的措施以及选择形状合适的工模具后，可使挤压具有比其他压力加工方法（如自由锻或轧制）更为有利的塑性变形条件，从而提高了材料的变形能力，使挤压法可以实现任何低塑性材料的压力加工。并且挤压加工后的制品内部组织致密、性能均匀。

生产经验还证明，挤压制品的表面质量与尺寸精度并不比热轧制品低，有时还要高一些（表0-1）。德国工厂的试验表明，在同样的条件下所生产的挤压产品的机械性能，完全在 DIN 标准所规定的范围之内，并且稍优于轧制产品。挤压所得到的在制品长度方向上较高的抗拉强度可能是挤压产品一个很大的优点。

表0-1　热挤压管和热轧管尺寸公差的比较

产　品		壁厚公差（额定尺寸）/%	外径公差（额定尺寸）/%	钢管偏心度（平均壁厚）/%
挤压钢管产品	英国（劳·莫尔公司）	0 ~ +0.76	—	5
	德国（施维尔特公司）	±5	±1	10
	德国（施劳曼公司）	±5	$\phi < 50\text{mm}$：±0.5 $\phi > 50\text{mm}$：±1.0	5
三辊轧管机产品		±5 ~ 7	±0.5	—
自动轧管机产品（俄罗斯国家标准）		±12	$\phi < 50\text{mm}$：±0.5 $\phi = 50 ~ 219\text{mm}$：±1.0 $\phi > 219\text{mm}$：±1.25	

注：美国阿勒格尼·卢德仑钢铁公司19.75MN挤压机生产钢管的偏心度为平均壁厚的±10%，直线度为±0.25mm/m。

石油化学工业的迅速发展和新建热电站用材料的升级换代，需要更大量地使用各种高性能的耐蚀钢管、不锈钢管和耐热钢管，以及相当大一部分轻型的经济断面异型材。这些材料用轧制的方法是很难生产的，而这一领域的产品只能用挤压法来生产。因此，挤压工艺技术在我国有着广阔的发展前景。

1 钢管热挤压技术的发展及应用领域

1.1 钢管热挤压技术的发展

1.1.1 国外钢管热挤压的发展

挤压作为一种压力加工的方法，早在 1797 年就被用来挤压铝管；1894 年，英国人 Alexnder Diok 开始用冷挤压法生产锡、铅、黄铜以及铜合金产品；1899 年，俄国人 3рардт 首先用热挤压法生产较难熔的金属和合金棒材；1924 年英国用热挤压法挤压出管子；1925 年，法国开始用热挤压法试制黑色金属产品。通过以上实践证明了一点，黑色金属和有色金属一样可以用热挤压法来生产各种产品。于是，在 1928 年德国建成了世界上第一台机械挤压机，用来成批生产碳素钢管。

但是，由于过去钢挤压试验都是利用低速的有色金属挤压机来进行的，因此当时并没有进行过任何关于钢挤压特性和方法的试验研究。对钢挤压时的工模具设计和润滑剂的选择以及挤压坯料的加热，都是利用有色金属挤压工艺范围内已有的经验。试验结果表明，这是不行的。因为由于挤压速度很低，润滑剂的选择和工模具形状的设计不合适，以及坯料无氧化加热的可操作性和经济性的问题还没有解决，所以不能保证挤压时合适的金属流动条件，以致在挤压过程中坯料很快被冷却，相反工具很快被加热，导致挤压过程无法进行。由于当时钢挤压时有以下四个基本工艺和装备上的条件尚不具备，致使用挤压法来生产黑色金属产品并没有投入工业性生产。这四个条件是：（1）高使用寿命的工模具材料；（2）坯料的无氧化加热；（3）适当的工艺润滑剂；（4）高的挤压速度。

与此同时，德国的一个钢厂和一个有色金属半成品工厂合作进行了钢挤压试验，在原理上证实了钢挤压的可行性。

直至 20 世纪 40 年代，高参数的蒸汽透平制造业、燃气透平制造业、仪器仪表制造业以及机器制造业中某些领域的快速发展，都必须使用具有高耐热强度、耐酸、高电磁性和其他特殊性能的高合金钢和难熔合金制造的零件。而当耐热强度或其他物理化学性能提高时，许多材料的工艺塑性会明显地下降，使一个很有使用价值的材料在流动状态下，塑性指标降低到甚至不能用轧制或自由锻的方法进行加工。因此，在当时，对一些不锈钢、镍基合金等材料的无缝钢管产品，虽然用轧制法生产有很大的困难，但也只能用轧制和自由锻的方法生产，导致这类产品生产的经济性和可能性大大降低。对高性能、低塑性、难变形材料产品的实际需求，促进了对高合金钢和各种特殊材料热挤压过程的研究。

1941 年，法国的塞菲拉克（CEFILAC）公司（原金属拉拔与轧制公司）的技术经理 J. 赛茹尔内（J. Sejournet）在于仁恩（Ugine）电炉钢公司的协助下，成功研制出玻璃润滑剂，奠定了钢挤压工艺及设备迅速发展的基础。

同年，"玻璃润滑剂高速挤压法"专利许可证颁发给 J. Sejournet 后，很快被美国、英国、西班牙、奥地利、日本、瑞典和其他国家所购买（表 1 – 1）。

表 1 – 1　取得"玻璃润滑剂高速挤压法"专利使用权的公司

序号	公司名称	序号	公司名称
1	德国施维尔特轧钢公司	19	美国柯蒂斯·莱特公司布法罗工厂
2	奥地利席勒勒·布雷克曼公司	20	英国切斯特菲尔德钢管公司
3	加拿大国际镍公司	21	英国卜内门化学工业公司
4	加拿大诺兰达铜和黄铜公司	22	英国劳·莫尔优质钢公司
5	美国巴布考克·维尔考克斯西班牙分公司	23	英国亨利·维金公司
6	美国艾考逊工业公司	24	法国雷诺公司
7	美国阿勒格尼·卢德仑钢铁公司	25	法国金属拉拔与轧制公司
8	美国巴布考克·维尔考克斯公司	26	瑞典阿佛斯塔公司
9	美国布里季波特黄铜公司	27	瑞典尼比·布鲁克公司
10	美国杜邦公司	28	瑞典山特维克公司
11	美国哈波尔公司	29	日本神户制钢所株式会社
12	美国国际镍公司	30	日本住友金属工业株式会社
13	美国琼斯·拉弗林钢铁公司	31	日本山阳特殊制钢株式会社
14	美国凯尔西·黑斯公司	32	日本八幡制铁所株式会社
15	美国纽克利耳金属公司	33	前苏联尼科波尔南方钢管厂
16	美国斯咯夫公司	34	捷克普里仁公司
17	美国史密斯公司	35	意大利马扎凯拉公司
18	美国钢铁公司国家钢管厂		

注：连同法国于仁恩电炉钢公司，购买"玻璃润滑剂高速挤压法"专利权的不锈钢管生产公司共有 36 家。

1945 年，玻璃润滑剂开始用于工业性生产。当时一些长期使用的用来生产铜和黄铜产品旧式有色金属挤压机，在结构、挤压速度和加热工艺方面都已不能适应钢挤压的特殊要求。因此，在挤压钢时，这些挤压机大部分被拆除，同时被现代钢挤压机替代。当时对所设计的挤压机和辅助设备的结构提出了以下三点要求：

（1）在生产绝对可靠的条件下，具有高的工作速度。要求挤压速度为 300 ~

400mm/s,空程速度为 650mm/s。这样,生产的间隙时间从 110s 减少到 25~30s。

（2）设计要求纯挤压时间为 2~3s。这是因为考虑到当时液压系统的管接头和阀门的费用比较高,再进一步减少纯挤压时间就没有什么益处了。但是,仍需强调在这方面要继续努力。因为挤压坯料与挤压筒和挤压模的接触时间缩短可使工模具的使用寿命提高,并且检查和更换工模具的工作量也可以减轻,使挤压机的生产效率提高,同时使产品的生产成本降低。

（3）挤压机的结构强度和装配精度要求比有色金属挤压的要求高。这是因为钢挤压时的挤压力相对比有色金属挤压时大得多,这样可确保挤压钢管壁厚公差精度,满足当时特殊产品生产的需要。

20 世纪 50 年代初期,美国首先开始将低频电感应加热技术引入钢挤压的坯料加热工艺并获得成功;接着英国也于 1957 年开始采用低频感应加热技术来实现挤压坯料的无氧化加热,并且感应加热炉被设计成单炉座,每小时可无氧化加热坯料 40t。

与此同时,由于特殊冶金技术的发展,其研究成果在挤压工模具材料选择、工具设计和制作中的应用,使挤压工模具在高温下能够承受更大的压力、冲击和疲劳负荷,提高了其使用寿命。例如,当时英国的劳·莫尔优质钢公司（Low Mour Fine Steel Ltd.）,采用尼莫尼克 90 合金挤压模挤压时,其模具的使用寿命得到了很大的提高。但是后来,由于尼莫尼克 90 合金挤压模在机械加工方面遇到很大的困难,并且使用成本比较高,因而没有被推广使用。于是又进一步地研究出淬硬性、抗热裂性、耐磨性和热强度都很高,且加工容易和价廉的 9% W 和 4.25W – Cr – Co – V – Mo 钢挤压模,其热处理后的硬度分别达到 HRC49~50、HRC 56。用于挤压有 8 个翅的异型管时,挤压模的使用寿命超过 100 次/只。

50 年代后期,美国琼斯·拉弗林（J & L）挤压工厂的 W. L. Steinbrenner 试验成功一种具有良好模具特性的新材料——钼合金用于制作挤压模,取得很好的效果。采用钼合金制造的挤压模容易加工,不需要热处理,并且在使用后还可以重新加工成尺寸较小一档的挤压模继续使用,其寿命可以达到 200~300 次/只以上。

至此,钢挤压工艺和设备上的四个主要难题已经基本上得到解决,钢挤压技术进入到提高生产率、进一步完善挤压机结构、改善技术经济指标的新阶段。

当时,在美国和欧洲从事挤压机设计和制造的公司主要有英国的劳威（Loewy）工程公司和菲尔汀（Fielding）工厂设计公司,德国的施劳曼（Schloemann）公司和美国的皮尔太克（Burtec）公司。他们采用最新科技,大量设计制造卧式液压挤压机,在将近 20 年的时间内使挤压机的数量增加了 9 倍。其中,液压挤压机的总能力增加了 800%,机械挤压机的总能力增加了 250%,并且还大量制造了 400~6000t 的管型材挤压机。仅劳威工程公司一家就供应了 197 台挤压机,其中 164 台用于有色金属,33 台用于钢挤压。

1951 年，世界上第一个采用玻璃润滑剂高速挤压法生产不锈钢管的工业性生产车间在美国的 Babcock & Wilcox 公司建成投产。此后的 10～20 年内，国外几乎所有的不锈钢管生产大公司都逐渐以挤压法取代了其他生产不锈钢无缝钢管的方法，使热挤压工艺成为不锈钢无缝钢管不可缺少的生产手段。

20 世纪 60 年代初，钢的热挤压技术已经发展到一个相当高的水平。由于设计和机械制造技术的进步，挤压机的结构和装备不断完善：采用了更为合理的 4 张力柱式框架结构；带预应力的张力柱固定螺帽；带预应力装配的多层结构挤压筒；旋转式双挤压筒和双穿孔筒；旋转式或抽屉式模架；挤压筒的自动清理和冷却；挤压垫的自动分离和自动传输；挤压机几乎都配备有一个高压蓄势器系统，采用具有多级不同压力组合的多缸结构。例如，当时在新建投产的一系列 3000t 钢管和型钢挤压机上，不再采用一个单独的 3000t 水压缸（只能用减小蓄势器中的压力的办法来变换挤压机的压力等级），而是改为采用一种可以在 500～3000t 范围内按照 6 个相同等级来变换压力的挤压机。在这种情况下，坯料的直径可以从 125mm 增大到 350mm，长度可以由 150mm 增长到 1000mm，使一台挤压机的应用范围扩大了很多，并且提高了挤压机的生产效率。

当时，大量采用的是 3000～5000t 卧式水压挤压机。与此同时，美国还建成了 6 台 12000t 的大型卧式挤压机，其中 3 台用于挤压铝合金，3 台用于挤压钢管、型钢和难熔金属及合金。当时在各种型号和吨位的卧式挤压机上，其最佳的工艺技术单项指标可达到如下水平：钢挤压时的最大挤压比达到 70 以上，而从理论上和实验上可以达到 200；挤压速度提高到 300～400mm/s；挤压杆的空程速度可以达到 600～700mm/s；挤压的周期时间缩短到 20s；挤压机的挤压次数达到 140 次/h。

当时还普遍采用工频感应加热炉和再加热炉，以及带保护气体的环形加热炉等坯料无氧化加热设备。当时已有 128 台以上的感应加热炉和再加热炉在世界各国的挤压车间运行，单台的最大加热能力达到 40t/h。

同时采用合金钢、高合金钢、高温合金、难熔金属、金属陶瓷、硬质合金等材料来制作挤压机和穿孔机的工模具，使一些挤压工模具的极限强度达到 2360MPa。

20 世纪 60 年代末期，世界各国已拥有 135 台以上挤压钢和镍及其合金的挤压机在运转，其中 85%～90% 的挤压机用于生产钢管，10%～15% 的挤压机用于生产型钢。一时挤压机成为"最灵活的轧管机"，并且还推出挤压机和张力减径机联合使用的挤压钢管生产线，用来大批量生产碳素钢、低合金钢、不锈钢和耐热钢等钢管。

表 1-2 为国外部分国家和公司的挤压机，表 1-3 为中国的部分钢管型材挤压机。表 1-4 为国外一些钢挤压机的主要性能，表 1-5 为美国部分钢挤压的主要参数。

表1-2 国外部分国家和公司现有及曾有的挤压机

序号	国家	挤压机使用公司名称	挤压机/t	挤压机型式	生产品种	产品规格/mm
1	美国	普利茅斯公司 （Plymouth Tube）	2000	卧式	不锈钢管	$\phi 25.4 \sim 101.6$
			3600	卧式	不锈钢管	$\phi 50.8 \sim 203.2$
2		阿美雷克司公司（Amerex）	2500	卧式	不锈钢管型材	$\phi 60.3 \sim 152.4$
3		吐巴塞克斯（Tubacex）	2000	卧式	不锈钢管	$\phi 32 \sim 140$
4		派克斯科公司（Pexco）	1800	卧式	不锈钢管	$\phi 19.05 \sim 63.5$
5		意克斯普克（Ixpllc）	12000	卧式	合金钢管型材	$\phi 203.2 \sim 508$
6		因科（Inco）	5500	卧式	高镍合金管型材	$\phi 25.4 \sim 203.2$
7		卡明特（Camind）	5500	卧式	不锈钢合金管型材	$\phi 76.2 \sim 203.2$
8		巴布考克·维尔考克斯（B & W）	2500	卧式	不锈钢管型材	外接圆 $\phi 165$， $\phi 60 \sim 152$
9		阿·泰克特殊钢公司 （Al Tech Specialty Steel Corp）	2000	卧式	不锈钢管	$\phi 32 \sim 140$
10		孤星（Lone Star）	5500	卧式	油井管型材	$\phi 60 \sim 273$
11		国家钢管公司（United States）	2000	卧式	不锈钢钛锆管	$\phi 38.1 \sim 88.9$
			2500			
12		柯蒂斯·莱特公司 （Curtiss Wright）	10800	卧式	钼、锆、铍管型材	外接圆 $\phi 530 \sim 650$
			12000	卧式	铬镍钢管型材	$\phi 530 \sim 650$
13		雷纳德金属公司 （Reynods Metal）	5790	卧式	不锈钢管型材	外接圆 $\phi < 457$，
			2700	卧式	不锈钢管型材	$\phi < 254$
14		琼斯·拉弗林公司 （Jones & Laughlin Steel）	1500	卧式	航空兵器工业用各 种特钢和合金型材	外接圆 $\phi 25 \sim 76$
			910	卧式		
15		加美伦公司（Camerans）	20000	立式 多筒		$\phi < 850$
			23000	卧式	难变形钢和合金	$\phi 1400 \times 9 m$
16		阿勒格尼·卢德仑 （Allegheny Ludlum）	1775	卧式	不锈钢耐热钢	$\phi 50 \sim 100$
			1700	卧式	铬镍合金管型材	$\phi 25 \sim 75$
17		哈波尔公司（Harper）	1900	卧式	不锈钢镍基合金管	$\phi 20 \sim 95$
			1200			
18		亨廷顿国际镍公司（Huntington）	4000	卧式	镍及其合金管型材	$300 \sim 1800 \ mm^2$
19		喀麦隆飞机厂（Cameroon）	35000	卧式	高镍合金及 难变形材料	$\phi < 1220$
			25000			$\phi < 850$

序号	国家	挤压机使用公司名称		挤压机/t	挤压机型成	生产品种	产品规格/mm
20	英国	劳·莫尔优质钢（Low Moor）		1150	卧式	各种钢管型材	φ30～76
21		亨利·维金合金公司 （Henry Wiggin Alloy）		5000	卧式	镍合金管型材	φ41～216
				3500	卧式	镍合金管型材	φ13～127
22		TI 钢管投资公司 （Chesterfield Tube）		3500	卧式	镍合金管型材	φ31～194
				2000	卧式	合金钢管型材	φ50.8～152.4
				3000	卧式	高合金管型材	φ63.3～152.4
23	德国	施劳曼（Schloemann）		2500	卧式	合金钢管型材	φ50.8～220
24		曼内斯曼（Mannesmann）		3150	卧式	不锈钢管	φ70～220
25		施维尔特（Schwerter）		1800	卧式	合金钢管型材	φ<100
26		里萨（Riesa）		1500	卧式	合金钢管型材	φ38.1～114.3
27	意大利	达尔米内（Dalmine）		3000	卧式	合金钢管	φ48～250
28		马扎凯拉（Mazackera）		1150	卧式	合金钢管型材	φ30～100
29		因西（Ince）		1200	卧式	实心、空心型材	φ<254
30	西班牙	吐巴塞克斯（Tubacex SA）		3600 （扩容后）	卧式	合金钢、不锈钢管	φ90～200
31	奥地利	席勒尔·布雷克曼 （Schoeller Bleckmann）		3400	卧式	不锈、耐热钢管	φ<200
32	法国	瓦卢瑞克 （Vallourec）	Persan	1500	卧式	合金钢管型材	φ40～250
33			Anvai	1700	卧式	不锈钢管型材	
34			Montbard	3450	卧式	高镍合金管	
35	瑞典	山特维克公司（Sandvik）		3400	卧式	特薄壁不锈钢管	φ<254
				1700	卧式	特薄壁不锈钢管	φ<140
				1250	卧式	特薄壁不锈钢管	φ>15
36		尼比·布鲁克公司（Nyby Brucke）		1700	卧式	各种材料钢管	φ40～140
37	比利时	新默兹（New Tubemeuse）		5500	卧式	油井管	φ<80～420
38	保加利亚	布拉戈（Благойполов）		2500	卧式	普钢管型材	—
39	乌克兰	尼科波尔南方钢管厂 （Nikopol Yuzhnotrubny Tube Works）		3150	卧式	不锈钢管	φ<57～159
				1650	卧式	不锈钢管	φ<50～120
				1500	卧式	普碳及合金钢管	φ<50～120
				1250	卧式	普碳及合金钢管	φ<50～120

序号	国家	挤压机使用公司名称	挤压机/t	挤压机型成	生产品种	产品规格/mm
40	乌克兰	乌克兰（Centravis）	4400	卧式	不锈钢管	$\phi 38 \sim 273$
41	俄罗斯	电炉钢厂（Электросталь）	6300	卧式	普碳及合金钢型材	方钢:50～120 扁钢:30×8～ 60×150
42		伏尔加钢管厂（Voljski）	5500	卧式	各种专用锅炉管	$\phi < 250$
43		契列波维茨轧钢厂（ЦСМЗ）	2000	卧式	普碳钢型材	外接圆 $\phi 220$
			3600	卧式	普碳钢型材	横截面积4020 mm^2
44		伊纳夫斯基冶金厂	2000	卧式	普碳及合金钢型材	$\phi 50 \sim 150$
45		霍姆托夫钢厂	1650	卧式	高低合金钢管型材	$\phi 50.8 \sim 140$
46	韩国	Changwon（原Sammi）	2000	卧式	合金钢不锈钢管	$\phi 43 \sim 170$
47	罗马尼亚	共和国钢管厂	3100	卧式	不锈合金钢管型材	$\phi 50 \sim 219$
48	印度	布西里	3500	卧式	汽车工业用管型材	—
49	巴西		1100	卧式	普碳钢管	—
50	南非	拉伐什杰	1400	卧式	不锈钢、碳钢管	
51	日本	神户制钢（Kobe）	1600	卧式	不锈钢、钛管型材	$\phi 40 \sim 120$
			5500	卧式	碳素、合金、不锈钢管	$\phi 70 \sim 280$
52		住友金属（Sumitomo）	2500	卧式	各种钢管型材	$\phi 45 \sim 145$
			4000	卧式	普碳、合金、不锈钢管型材	$\phi 38 \sim 232$
			1500	卧式	碳钢、低合金钢管	$\phi 40 \sim 120$
			1100	卧式	碳钢、低合金钢管	$\phi 25.4 \sim 76$
53		山阳特钢（Sanyo）	1250	卧式	高速钢、高合金钢管	$\phi 38 \sim 128$
			2000	卧式	高速钢、高合金钢管	$\phi 40 \sim 148$
54		八幡制钢（Yawata）	2270	卧式	普钢、高合金钢管	$\phi 40 \sim 170$
55		新日铁（Nippon Steel）	2250	卧式	不锈钢管	$\phi 40 \sim 170$
					锅炉管	
56		日本钢管（Nippon Kokan）	3150	卧式	高合金不锈钢管	$\phi 50 \sim 230$
					合金钢不锈钢管	

续表 1-2

序号	国家	挤压机使用公司名称	挤压机/t	挤压机型成	生产品种	产品规格/mm
57	捷克	奥斯特拉伐钢管厂	1000	卧式	普碳钢不锈钢管	$\phi < 76$
58		霍姆托夫钢厂	1050	卧式	普碳合金钢管型材	$\phi 50 \sim 140$
59		普里仁	1800	卧式	合金、不锈钢管	$\phi < 100$

注：1. 表中所列国外钢挤压企业大部分的钢挤压机是在 20 世纪 50 年代初期，世界上第一个以采用"玻璃润滑剂高速挤压法"生产不锈钢管的车间在美国的 Babcock & Wilcox 公司建成投产后陆续建成的。至今，已经历了近一个世纪的历史荡涤，改制易主，停产或发展，变化极大。

2. 美国的 Al Tech 和奥地利的原 VEW 已被西班牙的 Tubacex 所收购。美国的 Pexco 被瑞典的 Sandvik 和日本的住友金属所收购，其中 Sandvik 占有 30% 的股份，而住友金属占有 70% 的股份。美国 Babcock & Wilcox 公司的 2500t 挤压机已为加拿大客商收购后投资韩国。

3. 美国的 Lone Star 5500t 挤压机和比利时的默兹钢管厂的 5500t 挤压机已经停产。

表 1-3　中国现有及曾有的部分钢管型材挤压机

序号	使用单位	挤压机/穿孔机/t	挤压机型式	设计制造单位
1	四川长城钢厂	3150/1000	卧式	德国（Schloemann）
2	浙江久立集团	3500/1200	卧式	意大利（Danieli）
3	上海宝钢集团	6000/2500	卧式	德国（SMS）
4	山西太钢集团	6000/2500	卧式	德国（SMS）
5	江苏华新丽华	3600/1600		太重、通泽
6	山东三山集团	1600	卧式	太重（原长钢）
7	江苏海路集团	1500	卧式	原上海异型厂
8	广西河池钢厂	2000	卧式	上重
9	上海交通大学	650	卧式	
10	中国兵器北方公司	36000	立式	太重、清华大学
		15000	立式	太重
11	河北新兴铸管	6500/2500	卧式	意大利（Danieli）
12	河北宏润公司	50000	立式	济南巨能
		16000	立式	济南巨能
13	青海康泰公司	66000	立式	太重、清华大学
		26000	立式	太重
14	河北铸管	6500/2500	卧式	意大利
15	天津重工	3500	立式	天重
16	陕西钛业	3150/1000	卧式	德国（Schloemann）
		4000/1250	卧式	
17	宁夏钽业	3500/1630	卧式	太重

注：原广西河池钢厂 2000t 卧式挤压机（上重设计制造）已易主上海高压容器厂，改造后用于专业生产氧气瓶等高压容器；中国上海异型钢管厂的 1500t 挤压机最近已经易主江苏张家港海路集团；原四川长城特钢的 1600t 挤压机已易主山东三山集团。

表1-4　国外一些钢挤压机的主要性能

参数名称	序号	挤压机												
挤压机型式	1	三柱卧式1150t挤压机	三柱卧式1250t挤压机	四柱卧式1620t挤压机	四柱卧式1800t挤压机	三柱卧式2000t挤压机	四柱卧式2270t挤压机	四柱卧式3000t挤压机	四柱卧式8150t挤压机	四柱卧式3150t挤压机	四柱卧式3150t挤压机	四柱卧式5500t挤压机	四柱卧式5700t挤压机	四柱卧式10800t挤压机
设计单位	2	劳威(美)	劳威(美)	阿勒格尼·卢德仓公司(美)	神户制钢所(日)	劳威(美)	劳威(美)	骏诺深谙公司(意)	中央设计局(前苏)	施劳曼(德)	神户钢铁厂(日)	神户钢铁厂(日)	劳威(美)	劳威(美)
使用单位	3	莫尔优质钢公司(英)	住友金属工业公司(日)	阿勒格尼·卢德仓公司(美)	神户钢铁厂(日)	住友金属工业公司(日)	山阳特殊钢公司(日)	南方钢管厂(前苏)	南方钢管厂(前苏)		日本钢管公司(日)	神户钢铁厂(日)	雷诺斯金属公司(美)	柯蒂斯·莱特厂(美)
安装时间/年	4	1955	1962	1952	1968	1959	1958	3000	1962		1970	1967	1959	1956
压力/t	5	850	1250	1370	1600	2000	2270	3000	3150	3150	2550	5000	4790	3600/7200/10800
主行程/mm	6		1950		2000	1950	2540	2565	2120	2450	1900	2300	3100	4100
主柱塞速度/mm·s⁻¹	7	152.4	500	75~250	约400	200	约300	25~400	300	0~300	400	400	338	76

挤 压 机 性 能

参数名称	序号												
主柱塞 回程力/t	8	153		200	250	227	450	250	250	820	600	640	
穿孔杆 穿力/t	9	120	75~250	200	200	168	450	500	600	600	500	910	
行程/mm	10	650		2900	800	838.2	3835	3180	1160	3250	4200	1700	6600
回程力/t	11					100	290		200		360		
挤压筒 直径/mm	12	110;135;159	187;143	153;164;185;205	175;190;215;250	147;184;210	190~360	200~2800	220;260;300;345	172;222;263	260;330;385	520	356;406;508;660
液体工作压力/MPa	13	20	30	31.5	30	25.3	31.5	32	31.5	31.5	31.5	31.5	31.5
挤压产品/mm	14	最大外接圆直径108	φ30~70 壁厚3.5~15	φ28~100	约φ130 壁厚≤约25	φ45~145 壁厚4.5~20	φ34~120 壁厚3.0~30	φ60~200 壁厚2.75~20	φ80~230 壁厚4~30	φ40~170 壁厚3.0~35	φ≤280 壁厚≤40	最大外接圆 圆φ457	φ≤610
挤压次数/次·h⁻¹	15	30~40	25~30			80		40~50	最大130		80		22
生产率 平均产量	16	24000t/a		25000t/a	36000t/a	20000t/a			30000t/a（二班）	24000t/a	180000t/a		约35 t/h

表 1-5　美国部分钢挤压机的主要参数

公司名称	Plymouth		Al Tech	Pexco	B & W	Camind	Inco	Ixpllc
挤压机吨位/t	2000	3600	2000	1800	2500	5500	5500	12000
挤压筒直径/mm	184.8 ~ 177.8	203.2 ~ 330.2	184.8 ~ 203.2	101.6 ~ 152.4	184.8 ~ 241.3	177.8 ~ 406.4	177.8 ~ 330.2	355.6 ~ 711.2
挤压筒长度/mm	609.6	914.4	609.6	609.6	762	990.6	1016	1727.2
设备制造厂	Farrell	Lotti	Lakeerie	Europe	Loewy	Loewy	—	Loewy
钢管直径范围/mm	25.4 ~ 101.6	50.8 ~ 203.2	25.4 ~ 101.6	19.05 ~ 63.5	60.3 ~ 152.4	76.2 ~ 203.2	50.8 ~ 178	203.2 ~ 508
最小壁厚/mm	3.18	8.89	8.89	3.18	5.54	9.56	4.78	9.56
最小内径/mm	25.4	50.8	50.8	25.4	50.8	69.85	69.85	127
生产率/支·h⁻¹	25	40	40	60	60	60	25	1
生产品种	不锈钢	不锈钢	不锈钢	不锈钢	不锈钢	—	镍合金	—

采用 3000 ~ 4000t 挤压机配置 16 ~ 24 机架张力减径机，张力减径机进口钢管的直径为 73 ~ 170mm，生产的成品管的最小直径为 20 ~ 30mm，最小壁厚为 2 ~ 3mm。一般进张力减径机钢管的长度为 10 ~ 20m。如果采用连铸坯生产碳素钢和低合金钢管，挤压钢管的坯重还要增大。通过张力减径机后的成品管长度可以达到 25 ~ 35m，张力减径的出口速度最大可以达到 4 ~ 6m/s，年产量在 10 万吨以上。

从当时的发展情况来看，挤压机与张力减径机配合使用时，具有以下几方面的优势：

（1）提高了挤压机的产量。1 台 3000t 挤压机，如果是单机生产碳素钢管，年产量在 5 万 ~ 6 万吨左右，而采用与张力减径机联合组成生产线时，使其年产量可提高至 10 万吨以上。

（2）扩大了挤压机组生产钢管的规格范围。一般 1 台 3000t 挤压机生产钢管的最小规格为 φ60mm × 2.5mm，而配置了张力减径机之后，由张力减径机减径后的钢管最小规格为 $\phi 28mm \times 2.0mm$，甚至可以减径至 $\phi 16mm \times 2.0mm$。

（3）降低了生产成本。由于挤压机使用的坯料规格较少，一般仅 3～6 个规格系列，使工模具的准备和消耗量相应减少。并且生产小直径钢管时，无需进行进一步的冷拔冷轧等冷加工工序。

（4）既可以生产批量小、塑性低的难变形高合金钢和合金钢管，又可以生产批量大的小直径碳素钢管和低合金钢管。

因此，当时联合使用挤压机和张力减径机的制管工艺曾一度以生产的灵活性和高效率、产品的低成本和高质量挑战传统的轧管工艺，并且其产量一度在钢管的总产量中占有相当的比重。但后来，由于挤压机和张力减径机联合生产线在进行大量生产和连续运行中，在生产工艺、品种质量和经济性等方面出现的不足，导致联合生产线终止生产。

例如，奥地利的 1 台 3100t 挤压机配置张力减径机后出现了不少问题，如挤压机适合于小批量、多品种的订单，而挤压机与张力减径机联用后，机组则适合大批量、少品种的订单。因此，在生产安排和设备效率等方面出现了矛盾。并且，带玻璃润滑剂挤压后的钢管经张减后，钢管的内表面出现了小球状的残留物，使钢管质量达不到标准要求。因此，挤压后需进行张减的钢管，只能采用石墨作为润滑剂。但采用石墨润滑剂挤压不锈钢管时，又可能会引起钢管表面渗碳。为此，该厂曾一度只采用石墨润滑剂，专门生产碳素钢管和合金结构钢管。

德国 1962 年建成的 1 台 3400t 挤压机组配置的张力减径机于 1968 年拆除。其原因是采用挤压机和张力减径机联合工艺，生产碳素钢管和合金结构钢管在经济上不合算。

日本神户制钢于 1967 年建成投产的 5500t 挤压机也配有张力减径机，主要用于生产碳素钢管和合金钢管，最后张力减径机大部分时间也处于停产状态。

我国长城钢厂在 20 世纪 60 年代从德国引进的 3150t 挤压机，配有 24 机架的张力减径机，未能很好使用就遭拆除。

此后建成的挤压机，如日本京浜厂的 3150t 挤压机和罗马尼亚共和国钢管厂的 3100t 挤压机等都不再配置张力减径机。其原因，一方面是由于挤压机和张力减径机联合使用后在运行过程中出现的工艺和经济性方面的问题；另一方面是由于连续轧管机组出现后，从生产效率和经济性两个方面考虑，生产碳素钢管和低合金钢管时，挤压—张减联合机组无法与连续轧管机组相竞争。

表 1-6 为某些曾与挤压机联合使用的张力减径机的性能，表 1-7 为挤压机曾与张力减径机联合使用生产钢管的典型规格。

由于热挤压工艺的变形方式所具有的金属流动特性，能够提高材料的变形能

表1-6　某些曾与挤压机联合使用的张力减径机的性能

技术性能		单位	φ168张力减径机（3500t挤压机）	φ91张力减径机（3000t挤压机）	φ140张力减径机（3150t挤压机）	φ90张力减径机（3000t挤压机）
减径机型式			三辊式	—	三辊式	三辊式
机架数目		架	22（6+16）	17	18（22）	16
进口速度		m/s	出口速度5.1	1.0	0.67/1.0	—
主电机	台数	台	—	—	1	1
	电流		—	—	交流	交流
	功率	kW	—	—	1500	600
	转数	r/min	—	—	1500	1000
调速方式			液压—差动调速	液压—差动调速	液压—差动调速	液压—差动调速
调速范围		%	—	—	±35 ±30 ±26	±30
最大减径率		%	—	约77.8	约73.5	约70
最大减壁量		%	—	约36	约29.4	约243
张力减径机总重		%	—	—	214	67
减径前钢管	钢种		碳素钢、合金钢	碳素钢、合金钢、高合金钢	碳素钢、轴承钢、合金钢、耐热不锈钢	碳素钢、不锈钢、合金钢
	最大直径	mm	168	91	140	90
	最大壁厚	mm	15	—	12	8
	最大长度	m	22	25	30	25
成品管	直径	mm	最小35	最小21	21.3~114	20~80
	壁厚	mm	3	2	2.65~11	2.65~8
飞锯	最大管子速度	m/s	5	—	6	3
	切断公差	mm			±20	±20
	最小定尺长度	m	28		10	6
减径前加热炉	型式		直通式辊底炉		步进式	步进式
	最大产量	t/h	—	—	33	15

表 1-7 挤压机与张力减径机联合使用的钢管典型规格

挤压钢管规格		张力减径后钢管规格	
外径×壁厚/mm	标准长度/m	外径×壁厚/mm	最终长度/m
$\phi60\times3.0$	33	$\phi16\times2.0$	200
$\phi100\times3.0$	27	$\phi22\times2.0$	190
$\phi110\times4.0$	25	$\phi25\times2.5$	185
$\phi130\times5.0$	24	$\phi30\times3.0$	180
$\phi160\times6.0$	24	$\phi38\times3.5$	165
$\phi180\times6.0$	23	$\phi44.5\times3.5$	160
$\phi190\times7.5$	23	$\phi51\times5.0$	135
$\phi220\times7.5$	23	$\phi60\times5.0$	130

力，加工采用其他加工方法（锻压和轧制）难以成型的低塑性、难变形的材料，以及其所具有的工艺上的灵活性和制品的高质量等有利条件，使其在一些制管的重要场合成为最佳的加工方法，有时甚至是唯一可选择的、无需进行经济性论证的加工方法。

挤压机可以生产各种钢种的产品，如碳素钢、合金钢、不锈钢以及高温合金和难变形金属的管材和异型材。国外 70% 以上的挤压机被用于生产钢管并且主要生产不锈钢管，专门用于生产型材的挤压机并不多。由于不锈钢无缝管约有 50% 要进行冷轧冷拔加工后交货使用，因此，国内外的挤压钢管车间大多配有冷轧冷拔钢管设备，以便生产高精度的冷加工不锈钢精管。

目前，不锈钢和各种难熔金属及合金热挤压工艺的发展，可以从现在已在使用的挤压机的挤压力来衡量。现在工业上专门用于钢质管型材的挤压机压力，已经从 400t 增至 30000t 以上。利用挤压法还可以制造横截面形状和尺寸都能符合结构元件精度要求的管材和型材。

特别是自 1951 年末期，世界上第一个采用玻璃润滑剂高速挤压法生产不锈钢管的工业性生产车间在美国的 Babcock & Wilcox 公司建成投产，此后的 10 ~ 20 年间国外几乎所有大的不锈钢管公司都逐渐地以挤压工艺来取代其他的不锈钢管生产方法，其中也包括自动轧管生产工艺。并且又有以生产低塑性的高合金钢管以及复杂结构型材为主的挤压机投产。有人曾对 20 世纪 50 年代初至 70 年代投产的挤压机组按时间区分进行不完全的统计，来观察世界各国建成并投产的挤压机的发展进程：

年　份	投产的挤压机数量/台
1951～1955	11
1956～1960	16
1961～1965	15
1966～1970	11
1971～1975	12

其中包括意大利的本特拉（Pietra）公司在1965年安装的两台1600t立式挤压机和1968年又安装两台类似的挤压机以及5450t卧式挤压机（用于生产对成品管几何尺寸有较高要求的碳素钢管和低合金钢毛坯管）；美国的孤星（Lone Star）钢铁公司建成的5500t挤压机（用于生产石油套管、油管等对质量和可靠性有高要求的专用管）；美国加美伦（Cameron）公司的20000～30000t大型挤压机（成功生产了直径达1220mm的煤气输送管以及大直径三通管、关闭阀体、管接头等配件管）；苏联于1959年先后在尼科波尔南方钢管厂建成投产的1250t、1500t挤压机（用于生产$\phi(25～70)$mm$×(2.5～3.0)$mm的碳素钢和合金钢商品管、12Cr5MoA、36Mn2Si等合金结构钢管以及GCr15滚珠轴承钢管），1961年投产的1650t和3150t挤压机各1台（用于生产$\phi(57～159)$mm$×(4.5～20.0)$mm的各种不锈钢管）；德国里萨（Riesa）钢管联合公司分别在格勒迪茨和杰里特契的2000t和1600t挤压机；捷克斯洛伐克的2000t挤压机（用于生产不锈钢管和轴承钢管）和1600t挤压机（用于生产碳素钢管和低合金钢管）。

目前在运行的挤压机大部分都是20世纪70年代以前建成投产的，70年代以后新建的挤压机为数并不多。其中主要有罗马尼亚共和国钢管厂的3100t挤压机、日本京浜厂的3150t挤压机、前苏联伏尔加钢管厂的5500t挤压机、美国孤星（Lone Star）钢管厂的5500t挤压机，以及新近建成的乌克兰Centravis钢管厂的4400t挤压机和中国久立集团的3500t挤压机、上海宝钢集团特殊钢分公司的6000t挤压机、山西太钢集团的6000t挤压机、江苏华新不锈钢管公司的3600t挤压机等。

目前，在国外热挤压工艺已经成为不锈钢管、高镍合金管以及难熔金属及其合金等高性能材料管型材产品不可缺少的生产手段。

1.1.2　我国钢管热挤压的发展

我国的挤压不锈钢管生产技术的发展则有着很大的不同。我国的挤压不锈钢无缝钢管的生产起步于20世纪50年代，基本上与国外挤压不锈钢无缝钢管生产技术的发展同步。

当时，我国的一家军工厂在1台改制的1500t挤压机上开始了钢管挤压技术的探索，其研究的内容涉及到钢挤压工艺和设备的多项核心技术，并成功地挤压出我国的第一支不锈钢无缝钢管、球墨铸铁管以及异型材。但是由于当时我国的国情，终止了对钢管挤压技术的进一步研究，因此没能跟上国外挤压不锈钢管生产技术发展的步伐。

1960 年初，因为小直径不锈钢无缝钢管生产的需要，根据当时的条件，采用了二辊斜轧穿孔加冷拔工艺，由鞍钢无缝钢管厂的 φ140mm 自动轧管机组进行试制；但产品质量不理想。后来，上钢五厂在其所属的一家"弄堂小厂"的一台 φ30mm 老式的小穿孔机上试验采用二辊斜轧穿孔加冷拔工艺（包括发明了冷拔不锈钢管的润滑剂——"牛油石灰"荣获时任国防科工委主任聂荣臻元帅签署的发明证书，以及热穿孔不锈钢管用 MTZ 合金顶头荣获冶金工业部鉴定证书），成功地生产出我国第一批航空工业用小直径不锈钢无缝钢管。在我国不锈钢无缝钢管生产的领域内，这一工艺一直延续至今，成为我国不锈钢无缝钢管生产的传统工艺。

20 世纪 60 年代以后，随着国防工业和尖端技术的发展，对金属材料的品种、质量都提出了更高的要求，热挤压工艺作为一项新技术，得到了有关方面的重视，于是开始和德国、法国及日本进行技术交流，技术谈判后决定从德国引进两台 3150t 管型材挤压机，其中一台用于挤压钛合金，安装在 901 厂。另一台用于挤压钢管，安装在长城钢厂，由于种种原因这台挤压机于 70 年代中期才建成投产。

上海异型钢管厂将一台闲置多年的 450t 引伸机，改制成一台 600t 挤压机，解决了小规格异型材生产的难题。

1966 年，上钢五厂等单位为了试制 GH39 高温合金管和双金属管等军用产品，在松江有色金属加工厂的 1500t 有色金属挤压机上进行了热挤压高温合金管的试验研究。

沈阳重型机器厂、上海重型机器厂和太原重型机器厂开始着手设计、制造 3500t、2500t、1600t 管棒型材挤压机。

作为上海市基础工程重点项目，上钢五厂利用一台从捷克引进的 4000t 锅炉封头专用水压机的七大部件，由上海重型机器厂设计改造成为一台 4000t 卧式挤压机，并于 1971 年安装投产。

1977 年援助阿尔巴尼亚的 3500t 挤压机和 1200t 穿孔机设备，由沈阳重型机器厂设计制造成功，在上钢五厂安装试车后留在上钢五厂试用，待取得经验另造一套出口援阿。

原国家科委、冶金部委托原钢铁研究总院组织上钢五厂、上海玻搪研究所、上海光明玻璃厂等，开展钢挤压玻璃润滑剂的试验研究工作。

21 世纪初，浙江久立集团从意大利引进了一套 3500t 管型材挤压机用于专业生产不锈钢管,成为我国第一个采用挤压法专业生产不锈钢管的民营企业。接着,宝钢集团、太钢集团分别从德国引进了 6000t 挤压机,主要用于生产不锈钢管。江苏华新钢管厂由太原通泽设计制造的 3600t 挤压机投产,专业生产不锈钢管。

目前,我国已在运行的和将要投入运行的钢管和型材挤压机有:四川长城钢厂的 3150t 挤压机(德国 Schloemann 制造);浙江久立集团的 3500t 挤压机(意大利 Danieli 制造);上海异型钢管厂的 1500t 挤压机(中国制造);山东三山集团的 1600t 挤压机(山西太原重型机械厂制造);宝钢集团特钢公司的 6000t 挤压机(德国 SMS 制造);太钢集团的 6000t 挤压机(德国 SMS 制造);江苏华新不锈钢管厂的 3600t 挤压机(中国太原通泽制造)。此外,尚有多台挤压机在拟议和意向之中。

由此可见,在我国不锈钢管和型材产品生产发展的领域内,挤压机组的应用将会有着广阔的发展前景。

1.2 热挤压技术的主要应用领域

钢管热挤压技术的迅速发展,除了玻璃润滑剂和坯料无氧化加热工艺的应用、挤压速度和工模具使用寿命的提高四个工艺和设备上的技术难题得到解决之外,还有挤压过程本身所具有的金属流动特性和挤压工艺的高效率、挤压制品的高质量等有利条件,使挤压法与传统的轧制法及自由锻相比较,具有以下优点:

(1) 能够加工任何塑性的材料。

(2) 能够将任何难变形材料从铸态组织转变为变形组织,破碎铸态粗晶结构,提高材料的可塑性,并有利于这类材料的再加工。

(3) 在一次工艺行程内的变形量就可以达到 90% 以上。坯料一次成材,变形时间仅需几秒钟,实行等温挤压,有利于变形温度范围很窄的材料的热加工。

(4) 有利于采用连铸坯直接挤压成钢管,减少坯料的准备工序,降低生产成本,实现短流程生产。

(5) 可以直接生产热挤压精品管,日本已用挤压法直接生产出热挤压精品管并投入市场,也可以为冷加工精密管提供高质量的毛管。

(6) 工模具准备简单,更换便捷,生产有很大的灵活性,同时适用于小批量生产或大批量生产。

(7) 除了生产简单断面的管型材之外,还能生产各种形状复杂的实心或空心型材。

(8) 变形速度快,变形量大,挤压制品的尺寸公差比热轧制品高,并且组织微密、性能均匀。

从以上对于挤压法优势条件的分析，可以确定挤压法的主要应用领域有以下几个方面：

（1）不锈钢管的生产。不锈钢管品种繁多，使用量大面广。挤压法除了能生产 300 系列和 400 系列不锈钢管之外，还可以生产含有 Mo、Si、Cu、Al、B 等元素的，具有耐强酸、强碱腐蚀性能的耐蚀不锈钢管和具有高温强度高、高耐热不起皮性能的耐热不锈钢管，以及沉淀硬化不锈钢管等品种。

（2）高强度、低塑性、难变形合金管的生产。

（3）高质量要求的专用管和特殊用管的生产。

（4）异型钢管和异型材的生产。

1.2.1　不锈钢管的生产

不锈钢是近代工业生产、科学技术和日常生活中不可缺少的材料。

不锈钢的种类繁多，包括各种耐蚀不锈钢、耐热不锈钢、抗氧化不锈钢、无磁不锈钢、无菌不锈钢、沉淀硬化不锈钢以及各种经济不锈钢等。与碳素钢相比较，不锈钢具有强度高、变形抗力大、加工温度窄、塑性低等特点。因此，在 20 世纪 50 年代玻璃润滑剂高速挤压法问世之前，由于当时已有的无缝钢管生产机组，如自动轧管机组、周期轧管机组、顶管机组以及三辊轧管机组等，无法满足不锈钢管产品的生产效率和经济性等方面的要求，要么生产效率很低，且不能保证内外表面质量，即便是生产出制品，也很不经济，导致一些具有很好使用价值的新型不锈钢材料无法加工成钢管和型材，从而限制了新型材料的使用和不锈钢管生产的发展。

直至 20 世纪玻璃润滑剂高速挤压法用于工业性生产后，世界上大部分制造不锈钢管的大公司都采用挤压法来制造不锈钢无缝钢管（表 1-1），由此证明，采用玻璃润滑剂高速挤压法能够制造长而薄的不锈钢无缝钢管，且其内外表面状态良好。因此，挤压法成为不锈钢管生产的最佳选择。

日本是在早期就取得"玻璃润滑剂高速挤压法"专利使用权的国家之一。1957 年，神户制钢公司首先购买了"玻璃润滑剂高速挤压法"专利权；1959~1960 年，住友金属工业公司、山阳特殊制钢公司和八幡制铁公司也先后开始采用于仁恩—赛茹尔内法生产热挤压不锈钢管。

目前，日本使用挤压不锈钢管的部门涉及到石油化学工业、化学药品工业、石油精制工业、纤维纺织工业、饮料工业、合成肥料工业、火力发电工业以及原子能工业等。在日本生产的挤压不锈钢管除了如表 1-8 所列出的典型不锈钢钢种之外，还制造热加工困难的钢和合金，例如合金结构钢、耐热铬钢、含 5%~30% Cr 的铁基合金、18-8 不锈钢、25-20Si 不锈钢、尼莫尼克耐热合金以及钼、钛、锆等金属与合金管等。

表1-8 日本热挤压不锈钢管的典型钢种

分　类	代　号	主　要　成　分
铁素体不锈钢	TP410	13Cr
	TP405	13Cr－Al
	TP430	17Cr
	TP443	22Cr－1Cu
	TP446	25Cr
奥氏体不锈钢	TP304	19Cr－10.5Ni
	TP304L	19Cr－11Ni
	TP316	17Cr－13.5Ni－2.5Mo
	TP316L	17Cr－14.5Ni－2.5Mo
	TP321	18Cr－12.5Ni－Ti
	TP347	18Cr－12.5Ni－Nb
	TP347	19Cr－13.5Ni－3.5Mo
	TP309	23Cr－14.5Ni
	TP310	5Cr－19.5Ni
	—	16Cr－13.5Ni－2.5Mo－Ti
	—	18.5Cr－13Ni－2.5Mo－Nb
	—	18Cr－12Ni－2Mo－1.8Cu
	—	15Cr－13.5Ni

　　日本的不锈钢管生产企业，在1957年引进玻璃润滑剂挤压法之前，也是采用二辊斜轧穿孔的工艺生产不锈钢管，存在的问题是，一些极具使用价值的金属及合金材料根本无法成型。即使对某些耐蚀和耐热的不锈钢可以成型，也是表面缺陷很多，内外表面磨修量很大，成材率极低，很不经济。而采用热挤压法之后，生产的不锈钢管内表面不需磨光，外表面的磨光量也大大减少。

　　特别是热挤压法生产的热挤压不锈钢管的表面质量很高，并且具有良好的尺寸精度，在日本被称为热精加工管，在一些使用领域，尤其是用作配管时，可以取代冷精加工管。而一些对加工精度有更高要求的使用领域，采用挤压钢管作为半成品，供生产冷加工精管时，可以选择更接近于最终成品尺寸的毛管，缩短生产周期，降低生产成本。热挤压不锈钢管的这些优点早已得到日本绝大部分不锈钢管使用部门的公认。

　　据了解，在挤压不锈钢管的总量中，热挤压成品管（热精加工管）使用的数量，在不锈钢管总量中已占有很大的比例。据统计，在美国的不锈钢无缝钢管的市场上，热挤压成品管（热精加工管）所占的市场比例达67%以上，而冷轧冷拔管（冷精加工管）占 33%；最近建成投产的乌克兰 Centravis 的 4400t 挤压机车间的产品中，热挤压成品管占 60% 以上。

尼科波尔南方钢管厂于 1961 年投产的 3 台挤压机（1500t、1650t 和 3150t），配有 1000t 立式穿孔机、工频感应加热炉，采用玻璃润滑剂，以最高挤压速度（400mm/s）挤压不锈钢成品管以及冷加工用毛管，其规格为：外径 57 ~ 159mm，壁厚 4.5 ~ 20.0mm，钢种除 300 系列不锈钢之外，还生产 Cr25Ti、1Cr17Ni13Mo2Ti、1Cr18Ni12Si4TiAl、1Cr21Ni5Ti、Ni77TiAlB、0Cr18Ni28MoCuTi 等高合金钢管。

美国的阿勒格尼·卢德仑钢铁公司，采用 1 台 1775t 的卧式挤压机，其主缸压力为 1500t，穿孔缸压力为 275t，两缸可以联合施压或单独施压。配有 1 台独立的立式穿孔机，大规模生产挤压不锈钢管与耐热钢管以及异型材。

采用坯料的外径为 155 ~ 178mm，直接穿孔后内径为 50 ~ 105mm，长度为 150 ~ 600mm。采用扩孔工艺时，预钻孔直径为 37 ~ 50mm。一般当壁厚大于 5mm 时采用穿孔工艺；壁厚小于 5mm 且管径小于 50mm 时，采用扩孔工艺。坯料长度与穿孔直径之比不超过 8。挤压出口速度为 0.25 ~ 0.75m/s（主柱塞速度为 80 ~ 300mm/s）。

生产的钢管规格为外径 50 ~ 100mm，长度 3.6 ~ 13.5m。型材的断面积为 300 ~ 1800mm^2，长度为 3.6 ~ 18m。产量为 25 ~ 30 支/h。

挤压制品的最薄壁厚为 2.5mm。挤压成品的尺寸精度达到热轧材的精度，其中钢管的偏心度为平均壁厚的 ±10%，直线度保持在 ±0.25mm/m 内。

生产车间里装有 1 台 100t 的拉伸—扭转矫直机，矫直型材的断面积达到 3250mm^2。生产的产品品种有 1Cr13、1Cr18Ni9、1Cr18Ni9Ti、Cr25Ni20Si2 等不锈钢管和不等边角钢、槽钢等型材。

1.2.2 高强度、低塑性、难变形合金管的生产

高性能的材料，普遍存在着低塑性和难变形的不利成型条件。从提高材料变形能力的角度出发，在挤压过程中，材料一直处于三向不均匀压缩的体应力状态之下，其变形图示呈现为两向压缩和一向压延的状态。即整个变形过程是在两向强压缩和一向弱压缩条件下，按照金属变形的最小阻力定律完成。在这种应力状态和变形图示条件下，变形金属呈现出最大的塑性指标。这对于低塑性和难变形材料的加工成型是十分有利的。

热挤压法可以让采用锻造和轧制的方法都难以加工的低塑性高合金钢和合金以及难熔金属材料钨、钼、钽、铌等顺利地实现变形。也可以将这类材料在高的压力（800 ~ 1500MPa）条件下进行预变形开坯，破碎粗晶结构，提高材料塑性，为进一步锻造和轧制等再加工创造条件。

特殊冶金已获得的重大成就之一，是成功研制出在高温下具有良好使用性能的新型热强钢和合金。这些材料由于复杂的化学成分和组织结构，同时又具有低的塑性，因此难以使其成型。例如，含铬量 5% ~ 30% 的耐热不锈钢、高温合金、Inconel 合金、Incoloy 合金、Hastalloy 合金、尼莫尼克合金 Ugimet 合金、Zr - 2 合金，以及钨、钼、钽、铌基多种合金。这类合金在锻轧时，难以获得满意的结果，或导致较高的消耗系数，从而影响到产品的成本。

国外一般采用热挤压法规模生产这类材料的棒材、管材、扁材、方材和异型材。如美国亨廷顿国际公司（Huntington International），采用 4000t 挤压机为机器制造业、造船业和其他工业技术部门提供蒙乃尔（Monel）合金、Inconel 合金管材和其他镍基合金管材。

美国柯蒂斯·莱特（Curtiss Wright）公司，采用钼、锆、铍挤压成管子、扁材、棒材、方材。1958 年又安装了 10800t 挤压机生产制造飞机发动机用的各种材料的零件和型材，口径为 ϕ90mm 的阶梯形炮筒，重量达 2t 的钢管和每米重 49 ~ 130kg 的型材。1961 年，18000t 的框架式立式挤压机投产，生产单重为 13.5t 的产品和单重达 2.7t 的变截面的铬镍钢的喷气式飞机发动机的轴。采用立式挤压机的好处是加工制品时，既进行了体积冲压，同时又进行了垂直挤压，制品的定中心比较精准。

英国建成的 5 台卧式液压挤压机，用于专门生产镍基合金产品。其中，4000t 和 6000t 立式挤压机各 1 台，由德国施劳曼公司制造；2000t 和 5000t 卧式挤压机各 1 台，由劳威公司制造；另 1 台吨位为 3500t 的卧式挤压机由菲尔汀公司提供。

英国著名的国际镍公司亨利·维金的一个工厂安装有 3500t 和 5000t 卧式挤压机各 1 台，用于生产直径为 ϕ13 ~ 127mm 的镍合金圆棒，36mm × 6mm ~ 20mm × 7.7mm 的扁材和直径为 ϕ41 ~ 216mm 的镍及其合金管子，以及制造圆环和数百种规格的透平叶片等各种异型材。

英国菲尔汀公司专门为高温合金的挤压设计制造了专用的挤压机，考虑了有关高温合金挤压时的各种有关工艺要求。挤压机的结构可以按照规定的工艺程序进行挤压，并且程序被记录在穿孔卡片上，放置在由挤压机自动控制的电子系统中。在挤压机上精确地按挤压速度为 3.8 ~ 76.2mm/s 挤压的型材，随后被弯成圆环并焊接其端部，作为飞机喷气发动机的零件，以达到最小的机械加工量。

1.2.3 高质量专用管和特殊钢管的生产

根据西班牙国家钢管公司（Tubacex）、日本神户制钢和尼科波尔南方钢管厂的经验，采用现代化的卧式液压挤压机生产普通用途的碳素钢管总是不能获得令人满意的经济效果。但是由于现代化的卧式挤压机组具有的优点，诸如高的生产率、产品性能的各向同性、高的钢管内外表面质量、较宽的产品规格范围以及其比轧制钢管具有更高的壁厚精度（±5% ~ ±8%）等，热挤压工艺在生产高质量的专用管和特殊管产品时具有特别的优势。

热挤压工艺用来生产空心钻杆被认为是合适的工艺。因为其制品具有以下特点：

（1）高度精确的尺寸，最小的偏心度和内孔椭圆度。

（2）不会产生折叠、裂纹之类的表面缺陷。

（3）当坯料采用工频感应加热时，完全防止了表面脱碳的可能性。

（4）钢管金属的力学性能较高，且各向同性。

（5）能够生产各种材料、各种形状要求的钻杆。

同样，热挤压工艺也特别适用于重要用途的和有特殊要求的锅炉管、地质勘探管和重要结构管等碳钢和合金钢专用管的生产。

俄罗斯伏尔加钢管厂建成 5500t 卧式挤压机和张力减径机联动的锅炉管生产车间，生产各种专用锅炉管。

美国孤星（Lone Star）公司与俄罗斯伏尔加（Voljski）钢管厂于 1976 ~ 1977 年同时建成的 5500t 挤压机组是德国曼内斯曼（Mannesmann）公司采用英国菲尔汀工厂设计公司的设计，由 Mannesmann Meer 公司制造并包建的"钥匙工厂"，同时采用了法国 Cefilac 公司的玻璃润滑技术，主要用于生产石油套管、油管和不锈钢管等专用管。其产品规格为外径 114.30 ~ 411.48mm，壁厚 6.5 ~ 63.5mm。根据市场的情况，大量生产 ϕ279.4 ~ 304.8mm 的钢管，也生产 ϕ240mm Inconel 合金管。生产钢管的长度一般为 12m 以上。ϕ114.3mm 的钢管最大长度可以达到 18m 以上，ϕ279.4mm 挤压管的最大壁厚达到 6.35mm。

孤星钢管厂配置 5500t 挤压机，2500t 穿孔机，采用圆坯和 314.3mm 的方坯。油井管的坯料由本厂的 60t 电炉和 2 流连铸机提供，Inconel 合金的坯料由阿姆科公司按挤压坯的倍尺长度提供锻坯。

此外，日本也组织各大钢管厂，利用各种挤压力的挤压机（5500t、3000t、2000t）生产钻杆。

1.2.4 异型管和异型材的生产

现代技术发展的特点，以过程的强化、功率的提高、在机器和机械上的负荷增加以及研究越来越深入的专门化技术发展为特征。任何在特殊条件下使用型材产品的技术部门都会要求型材具有与其使用条件相适应的性能，这也是异型材使用和发展的新领域。热挤压异型材的发展是由于其满足了工业部门对异型材产品的需求，因为许多复杂断面的异型材不能用轧制、模锻和焊接等方法得到，即便能得到也是十分的不经济。

对于形状复杂的零件，原来的加工工艺是先通过模锻或轧制得到毛坯，然后再通过机械加工得到零件成品。采用挤压工艺允许将产品设计成比原来由几个部分组成的、断面形状更加复杂的零件，直接通过挤压而成，无需经过进一步的机械加工，这将大大减轻产品的重量，简化生产工艺，使产品的断面结构更加合理，并且使生产周期时间成倍缩短，降低生产成本。并且，与轧制法相比较，挤压法生产型材更换品种比较灵活，仅需几分钟时间，有利于小批量生产，且制造工模具的费用很低，准备一套新孔型的轧辊要比一套挤压模的费用高出1000多倍。因此，挤压法在生产小批量（1~15t）的型材时，作为轧制法的补充方法是经济的；而生产大批量（300~400t）简单断面的型材时，采用轧制法则是比较经济的。

挤压法可以得到近似于成品型材的复杂断面形状的产品，其余量不大于成品断面积的10%。因此，采用热挤压法生产型钢，然后通过冷拔来制造高精度的型材也是十分经济的。

国外一般采用专门的型材挤压机来生产实心型材，而采用管棒型材挤压机来生产空心型材和实心型材。

俄罗斯的挤压型材专业生产厂有伊纳夫斯基冶金厂和契列波维茨轧钢厂等冶金工厂，前者采用2000t挤压机专门生产型材，后者则采用2000t和3600t挤压机生产外接圆直径达220mm、横断面积达4020mm^{2}的型材。尼科波尔南方钢管厂则除了生产无缝钢管之外，还采用管型材挤压机生产空心型材。

保加利亚别尔尼克的布拉戈波波夫厂的2500t挤压机组专门生产供电车和汽车工业、机床和机器制造业用的型材。

美国的柯蒂斯·莱特公司采用10800t挤压机挤压"T"字梁等异型材，其冲击韧性比轧材的更高。因此，潜水艇的潜望镜用钢管也用挤压法代替轧制法生产。并且，其生产的空心型材的外接圆直径达530~650mm。同时采用12000t挤压机生产大截面和大长度的复杂断面型材。

美国琼斯·拉弗林钢公司，采用1500t挤压机生产供航空和兵器工业用的特殊钢和合金的型材。

美国Amerex公司利用2500t挤压机生产的型材品种达2000多种，其最大外接圆直径165mm，最小横断面积19.5mm^2，成品最大长度10m，最小长度2.5m；挤压模的模孔数为1~4孔，挤压比为3~41。

日本住友金属工业公司尼崎厂采用2500t和3100t挤压机生产实心和空心型材。

日本采用挤压法生产的异型材应用范围很广，如航空工业的喷气式飞机的静叶片、钢环，核电站用实心和空心异型材，电力工业用各种异型材，石油钻井用异型管，舰船用锅炉管，车辆部件，冶金设备部件，医疗器械部件，枪支及兵器部件，机器制造零件，纺织机械以及各行各业用的各种异型材。

图 1-1 所示为日本生产的部分异型材产品。

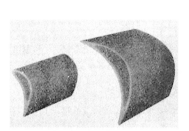
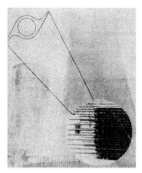

喷气飞机静叶片(其一)   喷气飞机静叶片(其二)   原子能发电站用管

猎枪部件   电力设备部件(其一)   电力设备部件(其二)

图 1-1 日本生产的部分异型材产品

2 不锈钢管的热挤压工艺

热挤压不锈钢管的坯料可以是轧坯、锻坯、连铸坯、模铸坯、离心浇铸坯和电渣锭，长坯或短坯，毛坯或光坯等。在坯料加工车间分别经剥皮、切断、钻深孔以及端面加工之后，进入挤压生产线。

加工好的挤压坯料经在线脱脂后进入环形预热炉进行预热。预热温度为材料的无氧化最高温度。对于不锈钢一般为 800 ~ 900℃，坯料在这一温度下充分热透，然后进入立式工频感应加热炉，快速加热到材料的挤压温度。

加热好的坯料进入在线外涂粉装置涂上玻璃润滑剂后，进入立式穿（扩）孔机的穿（扩）孔筒，在坯料端部的杯形孔内加入玻璃润滑剂之后进入穿（扩）孔工序。

经穿（扩）孔的空心坯，经辊道输送至立式工频感应再加热炉进行再加热，使其温度达到挤压温度后出炉，并进行在线的内外表面高压水除鳞。

除鳞后的坯料在线进行内外表面涂玻璃润滑剂之后，进入卧式挤压机挤压筒进行挤压。3 ~ 5s 内高速挤压出钢管，切除压余，钢管进入出料机构并进行切除头尾和分段、定尺切断，然后淬水冷却。

钢管在精整车间进行矫直、内外表面喷丸处理、清除表面润滑剂后进行酸洗。之后进入成品检验工段，进行热挤压成品管的表面质量、尺寸公差、力学性能、工艺性能、腐蚀性能检查，以及水压试验、超声波探伤、涡流探伤、磁粉探伤等无损检测合格后，最后进行产品的称重、标志、包装后入库。

对于有成品热处理要求的产品，则在表面喷丸处理后进行成品的固溶热处理，再进行矫直、酸洗之后进入检验工序。

不锈钢管热挤压的工艺流程图如图 2 - 1 所示。

2.1 挤压坯料的准备

在不锈钢无缝钢管的生产过程中，坯料的成本占成品总成本的 70% 以上。因此，选用低工艺成本的管坯就成为降低产品总成本、提高市场竞争力的关键。

2.1.1 坯料的种类

根据材料的性能以及其加工工艺的不同，用于生产不锈钢无缝钢管的挤压坯料一般有以下几种选择：轧坯、锻坯、连铸坯、模铸坯、离心浇注空心坯等。其

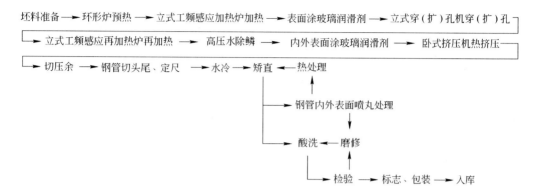

图 2-1 不锈钢管热挤压的工艺流程
（包括热挤压状态和热处理状态交货的成品和半成品）

中，轧坯和连铸圆坯一般用于生产批量大、普通牌号钢种的管坯，而锻坯、模铸坯以及离心浇注空心圆坯则用作生产批量小、大直径或难变形高合金的管坯。

2.1.1.1 轧坯

由于轧坯具有产量高、质量好的优点，并且其综合指标令人满意，因而成为中小型挤压机应用最为广泛的挤压坯料。但是，由于轧制加工时，在变形金属内部的应力状态条件不能适应高合金和低塑性材料产品加工的要求，并且对大挤压力的挤压机需要采用大型的专用开坯机供坯，而导致相对高的坯料加工成本。因此，限制了轧坯在高合金材料和大尺寸挤压坯料方面的应用。通常碳素钢、低合金钢以及合金钢和轴承钢的挤压都采用轧坯。

2.1.1.2 锻坯

坯料在锻压工艺加工过程中，变形金属具有较轧制工艺更好的应力状态条件，其铸态组织得到充分的破碎，坯料中心组织较致密，有利于改善挤压制品的内在质量。一般对于材料塑性较低和生产批量不大，不宜用轧制方法供坯的情况下，可以采用锻压工艺供坯。但是，与轧制工艺相比较，锻压工艺的生产效率比较低，且坯料加工之后表面比较粗糙，需要进行剥皮加工之后才能进行挤压，因而降低了产品的成材率，提高了坯料的加工成本。因此，锻坯一般只在生产高合金材料和大尺寸的挤压坯料方面得到了比较普遍的应用。

2.1.1.3 模铸坯

用于挤压钢管和型钢的模铸坯包括模铸圆坯、模铸方坯、模铸多角锭、离心浇铸空心坯以及电渣重熔的高合金坯等。

采用铸坯挤压的最大好处是简化了挤压的供坯工艺，并大幅度地降低了挤压供坯的加工成本。但铸坯不宜用作挤压型材的坯料，因为铸锭的缩孔和中心疏松将引起产品的内部缺陷，并在整个挤压长度上造成尺寸不一致。

由于挤压工艺所具有的最佳变形应力状态提高了材料的变形能力，使挤压过程能够达到材料的最大一次变形量（理论上挤压比可以达到200），并且，挤压前采用了具有镦粗功能的立式穿孔机，十分有利于铸坯的压力加工。经挤压变形后的制品内部粗晶组织得到充分的破碎，质量得到改善。因此，采用铸坯挤压的钢管，其力学性能不亚于轧坯。

挤压铸坯在大口径钢管的生产和低塑性、难变形材料的预加工作业中得到了普遍的应用。并且，也为高速钢和球墨铸铁制品的生产提供了可能。日本自1957年开始在生产轴承钢管时，成功地使用了铸坯。

2.1.1.4　连铸坯

连铸工艺包括水平连铸和弧形连铸、实心连铸和空心连铸。连铸坯的应用简化了挤压的供坯条件，降低了挤压坯料的加工成本，实现了挤压工艺过程的"短流程"。

根据国外资料报道，采用连铸管坯比采用模铸轧坯的材料利用率提高10%～20%，能源费用节省40%～50%。法国的资料报道，采用连铸管坯代替锻轧管坯后，金属收得率提高17%，劳动力减少60%，吨钢节能1.25×10^{16}kJ，总的加工时间减少25%，成本低40～50美元/吨。

近40～50年来，在不锈钢生产的领域，由于炼钢、精炼和连铸工艺技术的发展，尤其是最新电子技术和自动化控制技术在连铸工艺中的应用，如中间包加热技术、结晶器电动缸非正弦振动技术、结晶器及二冷段的联合电磁搅拌技术、结晶器液面自动控制技术以及在中间包内设置钢液液场的控制技术（使中间包的热力学物理与化学因素达到最佳水平），使连铸坯的质量得到了很大的提高。

同时，也由于挤压工艺的最大特点是提高了加工材料自身的变形能力，从而为连铸坯在挤压产品中的应用提供了极为有利的条件。目前，国外不少知名的钢管厂都已普遍采用连铸坯来生产不锈钢无缝钢管，如瑞典的山特维克公司的3台挤压机，挤压力分别为12.5MN、17MN和34MN，分别采用不同规格的不锈钢连铸坯生产规格为$\phi > 15$mm、$\phi < 140$mm和$\phi \leqslant 254$mm的不锈钢管。据资料介绍，该公司生产的连铸管坯有50%为自用外，另有50%供应欧洲市场，其连铸坯的最大规格为$\phi 320$mm。

另外，美国的Amerex挤压不锈钢管和型材公司在25MN挤压机上，采用不锈钢连铸圆坯挤压$\phi 60.3～152.4$mm的不锈钢无缝钢管和外接圆直径为$19.1～165.1$mm的不锈钢型材。据介绍，其采用不锈钢连铸坯挤压不锈钢管时没有问题，而在挤压异型材时会出现部分金属流动不均现象，导致型材断面缺陷和扭曲。这可能与连铸坯的组织不均或模具设计断面变形不均衡有关。

目前，普遍认为，对于占有不锈钢无缝钢管市场总量中90%以上市场份额的 ASTM304、316、321 等 300 系列的奥氏体不锈钢无缝钢管的热挤压生产，采用连铸坯是挤压供坯的最佳选择。

另外，据有关资料报道，采用连铸坯挤压的钢管，其性能指标并不亚于锻轧坯挤压管。连铸坯和轧坯挤压钢管的性能比较见表 2-1。

表 2-1　连铸坯和轧坯挤压钢管性能比较

性能指标	σ_b/MPa		σ_s/MPa		δ_5/%		α_K/kgf·m·cm^{-2}		备注
	平均	范围	平均	范围	平均	范围	平均	范围	
热挤压状态	508	528~467	322	337~310	28.6	26.3~25.8			连铸坯
正火状态	486	500~465	343	367~333	33.58	35.4~28.6	17.83	16.6~18.65	
20钢挤压管	492	522~458	334	363~302	31.1	38.5~28.1			轧坯
高压锅炉管	410		250		24		5		YB529
国外挤压管	480		310		30				比利时 C 0.30%

碳素钢的连铸坯经清除表面缺陷和喷丸去除氧化铁皮后即可使用，合金钢和不锈钢则需要进行剥皮后使用。近年来采用方坯和多角形连铸坯进行挤压，产品的力学性能和表面质量良好，大大降低了生产成本。

2.1.2　对挤压坯料的要求

挤压钢管和型钢坯料的种类、形状、尺寸和重量的选择受到产品规格、挤压设备和生产工艺等诸多因素的限制，正确地选择挤压坯料，有利于提高产品质量、成材率和机组的生产效率，达到高产、优质和低消耗的目标。

与轧管车间相比较，热挤压车间的一个特点是在坯料的准备工序，无论是内外表面的加工质量还是材料的内在质量，都必须给予高度的重视。

2.1.2.1　表面质量

对挤压坯料表面质量的高要求是针对挤压工艺过程中坯料金属的流动的特点所提出的。

在挤压过程中，坯料通过挤压模孔和芯棒所形成的环状间隙时，整个坯料的表面开始变形并形成挤压制品的内、外表面。因此，坯料变形后表面上的所有缺陷都会遗留在挤压制品的表面上，并且经过延伸而扩大。

同时，提高挤压前坯料表面质量的必要性也是由于挤压过程采用玻璃作为工艺润滑剂所提出的。这是因为塑性变形的金属与坚硬的挤压模具之间存在滑动摩擦，熔化的玻璃润滑薄膜填满变形坯料金属表面上的不平处，但在变形过程中并不能使不平度减轻，有时甚至还会加重。只有在高质量加工后的光滑坯料表面上，玻璃薄膜才能分布均匀，挤压后制品表面才能得到低的粗糙度，并预防挤压制品表面缺陷产生。

　　因此，提高热挤压后制品表面质量的最好办法，首先应该是提高挤压前坯料的表面加工质量，而不是求助于挤压后制品表面的磨修质量。

　　在不同的延伸系数的条件下，挤压坯料表面的显微不平度与挤压钢管表面质量的关系如图2-2所示。

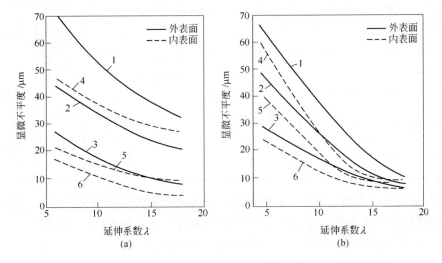

图 2-2　坯料原始粗糙度和延伸系数对热挤压管表面质量的影响
(a) 12Cr18Ni10Ti 钢；(b) 12Cr1MoV 钢
1，4—坯料表面粗糙度为 63~80μm；2，5—坯料表面粗糙度为 20~32μm；
3，6—坯料表面粗糙度为 5~10μm

　　从图2-2可以看出，在所有的情况下，钢管内表面都具有比外表面更低的表面粗糙度。随着延伸系数的增加，钢管表面的显微粗糙度值降低。低合金钢 12Cr1MoV 钢的降低更为明显，其显微粗糙度的绝对值比较高，这与在坯料加热和钢管冷却时的强烈氧化有关。

　　上述原始坯料的表面粗糙度和延伸系数对热挤压钢管表面质量的影响关系，也适用于所有的奥氏体不锈钢、碳素钢和合金钢。

　　对于高合金低塑性的材料而言，挤压前坯料的显微不平度值，在任何情况下都应当不超过 10μm。

　　对钢管表面上显微不平度数值未提出特殊要求的，其坯料允许采用的最大显微不平度值如下：碳素钢和合金钢 80μm，不锈钢 10μm，高合金钢及合金 5μm。

2.1.2.2 内在质量

热挤压是一种万能的加工手段，可以加工任何塑性的材料，这一说法是有条件的，其前提是在采用合适的玻璃润滑剂的条件下，必须采用符合质量要求的坯料。一般情况下，热挤压所使用的坯料都是通过化学冶金（包括冶炼各工序）和物理冶金（包括加工各工序）所得到。因此，在挤压坯料的选择和准备过程中，必须确保坯料在经过化学和物理冶金各工序之后，不存在任何超出标准所要求的各种冶炼和加工缺陷。因为采用玻璃润滑剂的热挤压法在挤压过程中能够改善坯料金属的加工塑性，但不能修补坯料金属原有的冶炼和加工缺陷。

因此，在挤压过程中，对制品质量有直接影响的坯料的化学成分、力学性能、抗腐蚀性能和 α 相含量等各种宏观和微观性能都会提出一定的具体要求。例如，美国 Amerex 挤压钢管厂在采购不锈钢管坯时，对挤压光坯提出以下技术要求：

（1）化学成分。奥氏体不锈钢挤压管坯的化学成分列于表 2-2。

表 2-2 奥氏体不锈钢挤压管坯的化学成分（质量分数） （%）

钢 号		C	Mn	P	S	Si	Cr	Ni
304/304L	最小值	*	1.25	*	0.010	0.25	18.00	8.50
	最大值	0.03	2.00	0.030	0.025	0.75	19.00	9.50
316/316L	最小值	*	1.25	*	0.010	0.25	16.00	11.00
	最大值	0.03	2.00	0.040	0.025	0.75	17.00	14.00
347/347H	最小值	0.04	1.00	*	0.005	0.20	17.00	10.00
	最大值	0.08	2.00	0.030	0.015	0.70	18.00	11.00
钢 号		Mo	Cu	N	Co	Cb+Ta	Ta	B
304/304L	最小值	*	*	0.05	*	*	*	*
	最大值	0.50	0.50	0.10	0.50	*	*	*
316/316L	最小值	2.00	*	0.05	*	*	*	*
	最大值	3.00	0.50	0.10	0.50	*	*	*
347/347H	最小值	*	*	*	*	$(10 \times C)$	*	*
	最大值	0.50	0.40	0.03	0.20	1.00	0.050	0.0015

注：* 为按标准执行，无标准之外的要求。

（2）力学性能。奥氏体不锈钢挤压管坯的力学性能列于表 2-3。

（3）奥氏体不锈钢挤压管坯的铁素体含量。奥氏体不锈钢挤压管坯的铁素体总含量由式（2-1）确定。

表 2-3　奥氏体不锈钢挤压管坯的力学性能

钢　号		强度极限/MPa	屈服极限/MPa	伸长率/%	断面收缩率/%	布氏硬度 HB
304/304L	最小值	517	207	40.0	50.0	140
316/316L 347/347H	最大值	793	*	*		223

注：1. * 为按标准执行，无标准之外的要求；

　　2. 屈服极限采用2%永久变形测法测得。

根据 ASME SA-213M：

$$铁素体(\%) = 1.335 \times 铬当量 - (镍当量 + 11)/0.415 \qquad (2-1)$$

式中：

$$铬当量(\%) = Cr\% + Mo\% + 1.5 \times Si\% + 0.5 \times Nb\%$$

$$镍当量(\%) = Ni\% + 30 \times C\% + 30 \times N\% + 0.5 \times Mn\%$$

式中的化学成分为供货炉号钢包取样的化学成分分析结果。对于 304/304L、316/316L，铁素体的总含量不大于 5.0%；对于 347/347H，铁素体的总含量不大于 3.0%。

（4）挤压不锈钢管坯的超声波检验。所有挤压管坯均应按 ASTMA388 标准，用 2mm 平底孔标准样管进行超声波检查，其检查标准的判废准则是：1）指示量等于或大于标准样管振幅的 100%；2）指示量在同一平面上是连续的，不论其振幅大小，并且在 2 倍于检查直径的区域内。其他指示量都应按 ASTMA-388 第 9 节的规定记入报告中。

（5）不锈钢挤压管坯的其他技术要求：1）从每炉钢的一根管坯上取样做抗腐蚀试验，应通过标准 ASTMA262，实施 E 法所规定的晶间腐蚀试验的要求；2）坯料的表面加工：管坯应经过剥皮/车削并抛光，表面粗糙度应不超过 125RmS；3）管坯的弯曲度应在任何 1524mm 内不超过 3.18mm；4）管坯端面切斜度应不大于 3.175mm；5）管坯的最大直径和最小直径之差（椭圆度）不得大于 0.38mm。

2.1.2.3　坯料的切斜度

坯料锯切时，其锯切平面与坯料轴线的垂直线偏差不应大于 1.0~1.5mm，这是因为过大的切割平面不垂直的坯料，在进入立式工频感应加热炉加热时，无法做到坯料与感应线圈中心线保持一致，而导致坯料加热温度不均匀，从而恶化挤压钢管的表面质量与尺寸精度。

2.1.2.4　坯料的端面加工

坯料一端的外棱需要以一定的半径倒成圆角，其半径的大小取决于坯料的直径，一般在 10~30mm 范围内。这样可以防止挤压时，模前玻璃垫的破坏和挤压开始时形成坯料金属流动的停滞区（死区）。

对于碳素钢和低合金钢，可以用相同尺寸的45°倒角来代替圆角。

倒棱的坯料端面还可以用车刀作补充加工，以降低表面粗糙度。

对于预钻孔的扩孔坯料或直接挤压的坯料，要在坯料的同一端中心加工成一个圆锥形，以有利于端面的最初变形，并放置扩孔时的玻璃润滑剂。

该圆锥形孔的尺寸取决于钻孔的直径，圆锥的角度 α 通常取46°，其仅取决于所供玻璃润滑剂的体积。而圆锥的高度可按式（2-2）计算确定：

$$h = \frac{1}{2}(D - d)\tan 67° \qquad (2-2)$$

式中　D——坯料直径，mm；

d——钻孔直径，mm。

对坯料的端面进行加工，是由于该表面挤压后形成钢管前端的外表面。

2.1.2.5　空心坯料的同心度

扩孔工艺要求扩孔坯料在扩孔前根据扩孔直径的大小，在实心坯料的中心，预钻相应直径的深孔。所钻深孔与坯料外径的同心度是影响挤压钢管壁厚不均的决定性因素，经钻孔后的空心坯，允许的最大壁厚差应不超过 1.00mm，且钻孔表面的粗糙度要达到坯料外表面的水平。

2.1.2.6　坯料脱脂处理

机械加工后的不锈钢坯料要在碱性溶液中进行脱脂处理，以防止在加热和随后的挤压过程中坯料表面增碳。

2.1.2.7　尺寸公差

坯料直径公差：$D = 200$mm 时，为 -2.0mm；$D > 200$mm 时，为 -3.0mm。

坯料长度公差：±3.0mm。

2.1.3　挤压坯料尺寸的确定

挤压管坯尺寸的选择是关系到挤压机的产量和产品质量的重要因素之一。挤压坯料的尺寸主要是指外径、内径和长度。挤压管坯尺寸的大小除了受到挤压筒尺寸的限制之外，同时还与生产产品的规格、材料的变形抗力、采用的变形量以及挤压机能力的大小有关。当材料的变形抗力越大时，挤压比不能选得太大，要选直径较小的坯料。反之，可以选用较大直径的坯料。

图 2-3 所示为挤压机压力、变形时的比压与坯料直径（挤压筒的大小）的关系。由图 2-3 可以看出：当材料的变形抗力越大时，需要的比压就越大。在已定的挤压机上挤压比就不能太大，要选择较小的坯料。反之，坯料直径就可以增大。

一些挤压机的压力与坯料尺寸及比压之间的关系见表 2-4。

表 2 - 4 挤压机压力与坯料尺寸及比压之间的关系

序号	挤压机压力/t	坯料直径/mm	坯料最大长度/mm	坯料重量/kg	比压/MPa
1	500	75 ~ 126	350	12 ~ 35	400 ~ 1100
2	1000	115 ~ 175	550	45 ~ 105	400 ~ 1000
3	1500	140 ~ 220	650	75 ~ 200	400 ~ 1000
4	1600	143 ~ 220	700	88 ~ 210	400 ~ 1000
5	1800	140 ~ 220	800	97 ~ 240	500 ~ 1200
6	2000	150 ~ 250	750	105 ~ 290	400 ~ 1100
7	2500	180 ~ 300	800	160 ~ 450	350 ~ 1000
8	3000	190 ~ 330	900	225 ~ 540	350 ~ 1050
9	3500	200 ~ 380	1000	250 ~ 900	310 ~ 1100
10	4000	200 ~ 400	1100	270 ~ 1050	320 ~ 1200
11	5000	250 ~ 450	1200	465 ~ 2700	310 ~ 1100
12	8000	300 ~ 650	1500	400 ~ 4000	240 ~ 1100
13	10000	350 ~ 730	1700	600 ~ 5700	240 ~ 1040
14	12000	380 ~ 800	1900	700 ~ 7100	240 ~ 1060
15	15000	430 ~ 900	2000	1100 ~ 10000	240 ~ 1060
16	18000	460 ~ 1000	2160	1200 ~ 13000	230 ~ 1080
17	20000	500 ~ 1100	2300	1700 ~ 17000	210 ~ 1020

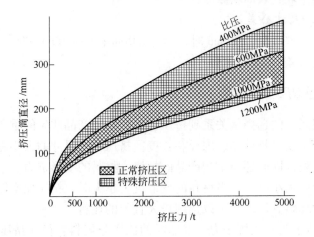

图 2 - 3 挤压机压力与挤压筒直径的关系

一般来说，50MN 以下的挤压机采用的比压约为 300 ~ 1300MPa，而 50MN 以上的挤压机采用的比压约 200 ~ 1100MPa。这是由于大吨位挤压机的坯料因摩擦引起的阻力相对于小吨位的挤压机要小。

挤压比即挤压时的变形程度。如果挤压机的能力许可，则挤压比越大越好。一般钢挤压时的挤压比在 10 ~ 60 之间。而对于铸坯，挤压比应大于 20。因为只有大的变形量才能改变铸态组织，得到细小的晶粒，提高挤压制品的质量。也有资料介绍，认为对于铸坯的挤压比取 35 是最为合适的。不过应该注意的是过大的挤压比，将导致过大的金属流动速度，使变形剧烈，当润滑剂不能满足要求时，某些材料的制品表面会有形成裂纹的危险。

图 2 - 4 所示为挤压比、比压和变形抗力之间的关系。此图对于选择挤压比十分有用。

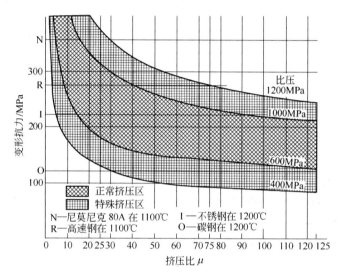

图 2 - 4　金属抗力与变形可能性的关系

此外，在选择坯料尺寸时，还应该考虑到挤压成品的定尺长度、辅助设备的能力等因素。

表 2 - 5 列出了部分钢挤压机采用的坯料尺寸。

表 2 - 5　国外部分钢挤压机采用的坯料尺寸

序号	挤压机压力/t	坯料尺寸		比压/MPa	生产钢种	公司（厂）
		直径/mm	长度/mm			
1	900	100 ~ 150	150 ~ 500	520 ~ 1200	碳素钢	琼斯·拉弗林（美）
2	1150	100 ~ 160	约 650	600 ~ 1300	碳素钢、不锈钢	马扎凯拉（意）
3	1150	100 ~ 160	250 ~ 610	600 ~ 1200	不锈钢	劳·莫尔（英）
4	1500	142 ~ 168	150 ~ 600	700 ~ 1000	高合金钢及锆	阿勒格尼·卢德仑（美）

续表 2 - 5

序号	挤压机压力/t	坯料尺寸		比压/MPa	生产钢种	公司（厂）
		直径/mm	长度/mm			
5	1800	140～200	600～800	600～1200	碳素钢、合金钢	施维尔特（德）
6	2270	146～203	230～700	750～1300	不锈钢	国家钢管公司（美）
7	3000	180～345	500～1100	320～1150	不锈钢	殷诺深谛（意）
8	3100	203～305	352～780	400～1000	合金钢	曼内斯曼·威登（德）
9	3150	200～340	约900	500～1000	不锈钢	尼科波尔南方钢管厂（俄）
10	3150	220～345	315～1000	340～830	不锈钢	施劳曼（德）
11	5700	约508	约1220	280	有色金属、钢及钛	雷诺斯厂（美）
12	10880	约660	约1150	320	合金钢管	柯蒂斯·莱特（美）
13	11000	<813	约1750	210～1040	低合金钢	（意）
14	2500	174～228	约760	600～1000	不锈钢、合金钢	Amerex（美）
15	5500	177.8～330.2	1000	670～2310	镍合金	INCO（美）
16	5500	355～457	1400	160～340	不锈钢	Lone Star（美）
17	12000	355～711	1700	310～1200	合金钢	Ixpllc（美）

挤压管坯尺寸选择的步骤如下：

（1）首先根据挤压的材料、产品的规格和设备的能力，参考图 2 - 3、表 2 - 1 预选挤压比 μ。

（2）计算挤压前坯料的直径 D_j：

$$D_j = \sqrt{\frac{4\mu F_r}{\pi} + d_j^2}\qquad(2-3)$$

式中　F_r——成品的横截面积，mm^2；

　　　μ——挤压比；

　　　d_j——芯棒直径，mm。

（3）预选挤压筒直径。根据计算的坯料直径，对比现有挤压机挤压筒系列的尺寸，预选挤压筒。在预选挤压筒时，要考虑到坯料加热时的热膨胀和坯料进挤压筒时应预留的涂润滑剂必要的工艺间隙。此坯料的最大直径应比挤压筒直径小 1.5%～2.0%（参见表 2 - 1）。同时，为了保证挤压钢管的内表面质量和壁厚的均匀性，坯料的内孔直径应比芯棒直径大 5%～10%（一般为 8～20mm）。

（4）坯料的截面尺寸确定之后，重新计算挤压比。

（5）按下式计算坯料的长度 L_{jt}：

$$L_{jt} = \left(\frac{Kl + l_t + l_w}{\mu} + L_y\right)F_{jt}/F_j\qquad(2-4)$$

式中　　l——成品定尺长度，mm；

　　　　K——倍尺数；

　　　　l_t——钢管切头长度，mm；

　　　　l_w——钢管切尾长度，mm；

　　　　L_y——挤压压余厚度，mm；

　　　　μ——挤压比；

　　　　F_{jt}——挤压筒面积，mm^2；

　　　　F_j——挤压管坯面积，mm^2。

坯料长度一般不应超过其直径的 3.5～4.0 倍。坯料过长，会使挤压力和挤压时间增加，降低工模具的使用寿命；而坯料过短则使生产率降低，金属消耗增加，操作频率增加。

（6）进行挤压力校核。在预选择坯料尺寸之后，需要进行挤压力校核，检查挤压力是否在挤压机的额定压力范围内。如挤压力太小，则不能充分发挥挤压机的能力；如挤压力太大，超过挤压机的额定压力，则无法实现产品的挤压过程。在这两种情况下，都必须重新进行坯料的选择。

（7）选择穿孔坯料。由于穿孔筒的系列与挤压筒的系列相匹配,故挤压坯料的直径即为穿孔筒的直径。一些挤压机组穿孔筒与挤压筒的配合情况列于表 2－6。一般，穿孔坯料的直径比穿孔筒最小直径小 1.5%～2.0%（约 5～10mm）。

表 2－6　挤压坯料、穿孔筒、挤压筒之间的尺寸关系

挤压机组吨位/t	坯料尺寸/mm	穿孔筒直径/mm	挤压筒直径/mm
1600	ϕ130	135	140
	ϕ180	165	170
	ϕ190	195	200
2500	ϕ174	180	185
	ϕ190	212	217
	ϕ205	222	228
	ϕ228	236	241
3150	ϕ210	216	220
	ϕ250	256	260
	ϕ290	295	300
	ϕ330	338	345

挤压机组吨位/t	坯料尺寸/mm	穿孔筒直径/mm	挤压筒直径/mm
3500	φ205	215	200
	φ245	255	260
	φ295	305	310
	φ335	346	350
5500	φ267，φ324	348，447	356，455
	φ282	368	376
	φ305	399	406
	φ324	424	432
6000	φ176，φ416	181/183，425	186，431
	φ236	242/244	247
	φ296	303/305	308
	φ346	354/357	360

穿孔坯料的长度按下式计算：

$$L_o = (F_j/F_o)L_j + \pi d_k^2 h/F_o \qquad (2-5)$$

式中　F_j——挤压管坯面积（即穿孔筒面积），mm^2；

　　　F_o——坯料面积，mm^2；

　　　L_j——挤压管坯长度，mm；

　　　d_k——穿孔直径，mm；

　　　h——穿孔余料高度，mm。

一般穿孔后的坯料长度不应大于穿孔芯棒直径的 6~7 倍，即：

$$L_p/d_{pm} \leqslant 7$$

式中　L_p——穿孔坯料的长度，mm；

　　　d_{pm}——穿孔芯棒的直径，mm。

当 $L_p/d_{pm} > 7$ 时，穿孔后坯料内孔容易产生偏心，很难保证挤压钢管的质量。此时，应该采用坯料预钻后的扩孔工艺。

坯料预钻孔的直径大小取决于其扩孔直径。扩孔直径与钻孔直径的关系如图 2-5 所示。一般坯料预先钻 φ20~50mm 的小孔，再热扩孔至 φ50~120mm 的空心坯内孔。坯料在预钻孔时必须确保其同心度，这是保证挤压钢管壁厚均匀的关键。

德国 Schloemann 公司的资料认为，对于挤压空心坯的加工方法，取决于坯料内径的大小。一般对 31.5MN 挤压机，空心坯的加工方法是：内孔 φ<50mm，采用钻孔；φ=20~80mm，采用预钻孔+热扩孔；φ>50mm，采用热穿孔（坯

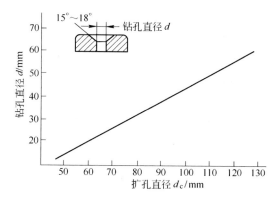

图 2 - 5　扩孔直径与钻孔直径之间的关系

料长度/内径 < 7)。

采用预钻孔后再热扩孔的方法，可使 L_d/d_{pm} 提高至 15。

扩孔直径与扩孔后坯料长度之比可允许 $d_{pm}/L_e = 1 : 15$。

（8）穿孔坯料尺寸确定之后，还应该用镦粗力和穿孔力的计算公式（3 - 7)，进行镦粗力和穿孔力的校核。

2.2　挤压坯料的加热工艺

钢挤压过程中，坯料的加热有以下两种工艺情况：

（1）穿孔前，实心坯料与预钻孔的空心坯料的加热；

（2）挤压前，穿孔或钻孔空心坯料的加热与再加热。

经以上两种工艺加热后的实心坯料和空心坯料，在穿（扩）孔和挤压时都必须满足坯料金属变形温度均匀分布的要求。因为在穿（扩）孔和挤压的工艺过程中，任何坯料金属变形温度的不均匀，都会引起金属变形抗力不均匀，从而导致其变形分布的不均匀，最终导致挤压制品缺陷的产生。

挤压坯料加热方式的选择取决于产品的品种。而不同的坯料（空心坯或实心坯）的加热，都必须适应其不同变形特点和由此提出的不同的工艺要求。

挤压坯料变形前加热的一个共同要求是坯料表面的无氧化。

不锈钢坯料无氧化加热的方法很多，如盐浴炉加热、玻璃浴炉加热、无氧化表面涂层加热、保护气氛下加热等。经过长期的从实际可操作性和经济性两个方面考量后，目前普遍采用的是：低温无氧化预热和感应炉快速加热的两步法无氧化加热工艺。这一工艺特别适用于不锈钢和高合金钢的坯料加热。因为，从可操作性和经济性两个方面来考虑，不锈钢和高合金钢坯料的高成本及其产品的高附加值，使采用感应炉加热的高运行成本的影响不甚明显，尤其是对于各类不锈钢及高镍合金，快速加热后，在坯料的表面上形成的氧化膜并不严重，挤压时无需清除。

对于碳素钢和低合金钢坯料，采用环形煤气炉进行微氧化加热后，再以高压水除鳞的工艺是"工艺上简单，经济上合理"的加热工艺。曾经有统计显示，采用煤气不完全燃烧形成的微氧化气氛保护加热炉加热时，其运行费用有一些降低，但投资费用增加20%～25%。采用感应加热炉加热时，虽然可以从根本上改善劳动条件，实现自动化操作，但会使投资费用增加60%～70%，运行费用增加1.5～2.0倍。

立式工频感应加热炉最适合于奥氏体不锈钢实心坯料和空心坯料的加热，尤其适合于空心坯料的再加热。其完全可以满足空心坯料对再加热温度的特殊要求，确保以高度的准确性将空心坯加热到指定的挤压温度。

2.2.1 加热温度的确定

穿孔前和挤压前坯料加热的温度应选择在材料的最高塑性温度范围之内，可按"塑性—温度关系图表"来确定。材料的塑性图表一般是在实验的条件下，采用加热至不同温度的试样进行的力学试验的基础上绘制而成的。这些力学试验包括高温拉伸试验、热扭转试验、热顶锻试验，以及模拟各种压力加工方法的坯料在受力条件下的试验设备上进行的高温试样的轧制、挤压、拉伸等试验。

图2-6所示为材料进行热扭转试验时的塑性图。试验条件：试样直径8.5mm，试样工作部分的长度40mm；试验时试样的扭拧转速130r/min；相应的变形速度（挤压速度）10～20mm/s。

图2-6中阴影部分所示为1Cr18Ni10Ti不锈钢材料的最高塑性温度范围。在此温度范围内进行材料的热加工时，材料的塑性最高，变形抗力最低。

最适合于挤压工艺条件下确定材料"塑性—温度关系图表"的试验方法，是在专用的液压试验挤压机上，采用圆锥形芯棒进行挤压试验的方法。试验时，根据试样材料的变形抗力，按规定的纯挤压时间或规定的试样挤压长度上，停止挤压过程，可得到不同厚度的压余，从而可测量出挤出试样钢管后端的不同截面上的壁厚，并可以计算出挤出的试样管在最小壁厚时的延伸系数，即为达到的延伸系数。

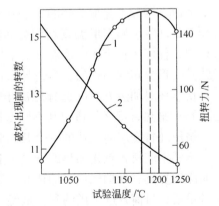

图2-6 1Cr18Ni10Ti 不锈钢热扭转
试验时的塑性
1—扭转试样破坏出现前的扭转转数；
2—扭转力

沿挤出试样管的轴线方向解剖钢管，清除润滑剂，检查钢管内外表面质量情况，确定钢管金属连续性开始遭到破坏的位置的试样长度，并计算出相应长度位置截面上的延伸系数，此为材料开始破坏时的临界延伸系数，即材料在该温度速度条件下的临界变形量。小于临界变形量以及相应变形抗力较低的温度区间，即为材料挤压加工的温度范围。

俄罗斯全苏管材科学研究所在 5MN 液压试验挤压机上装置采用圆锥形芯棒挤压管材的专用工具，可以保证在同一支试验钢管上的延伸系数在 6~85 的范围内变化。试验时挤压筒内衬的直径为 85mm，挤压模模孔的直径为 39mm，锥形芯棒和挤压坯料的尺寸如图 2-7 所示。

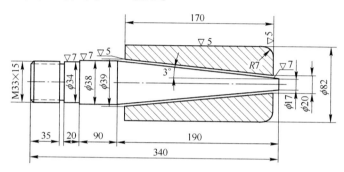

图 2-7 挤压图锥形管用的芯棒和坯料尺寸

在图 2-7 所示的挤压工模具配置的条件下，挤压时作用于坯料金属上的挤压力可以达到 11MPa。

在挤压有壁厚变化的试样管时，每个时刻的延伸系数计算后，得到所挤压出钢管的长度 L_T 与锥形芯棒相应的半径 r_z 的关系如下：

$$L_T = \frac{r_z - r_o}{\tan\alpha_{ur}} + \frac{R_K^2 - R_M^2}{2R_M\tan\alpha_{ur}}\ln\frac{(R_M + r_z)(R_M - r_o)}{(R_M - r_z)(R_M + r_o)} \qquad (2-6)$$

式中　L_T——挤出管子的长度，mm；

　　　r_z——锥形芯棒相应截面的半径，mm；

　　　r_o——锥管最小孔的半径，mm；

　　　α_{ur}——芯棒的锥角，(°)；

　　　R_K——挤压筒的半径，mm；

　　　R_M——挤压模孔的半径，mm。

通过挤压和研究具有变化壁厚的钢管，可以建立起临界延伸系数与坯料加热温度的关系图表，确定最佳塑性温度范围和在该温度允许的变形量。

在进行具有变化壁厚钢管的挤压试验时，芯棒尺寸的确定应考虑到在挤压时能够得到亚临界、临界和超临界变形程度的钢管。因为挤压时钢管金属连续性的破坏，只有在临界和超临界变形程度的条件下才会发生。即在采用圆锥形芯棒挤压钢管时，金属完整性的破坏只是在当材料的塑性非常低的情况下出现。如对于变形的1Cr18Ni10Ti不锈钢坯料，在一定的温度下，当延伸系数达到35～50时，也未出现完整性遭到破坏的现象。因此，采用圆锥形芯棒进行挤压试验，确定材料"塑性—温度关系图表"的方法，特别适合于高合金等低塑性、难变形的材料。

图2-8所示为挤压有变化壁厚的钢管时，计算指定时刻的延伸系数，得到的所挤出钢管的长度 L_T 与锥形芯棒相应的半径 r_z 及其与延伸系数 λ 的关系。图2-8可用于确定延伸系数。

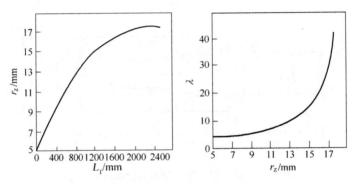

图2-8　锥形芯棒挤压钢管时确定延伸系数用曲线

2.2.2　不同品种坯料加热工艺的选择

对于碳素钢和低合金钢挤压坯料，采用环形炉直接加热到工艺规定的温度。对于不锈钢等高合金钢及合金挤压坯料，采用环形炉预热至坯料材料的无氧化最高温度，一般为750～800℃，然后在立式工频感应加热炉中快速加热至工艺规定的温度（挤压温度＋20～50℃）。应注意的是：

（1）穿孔前的坯料加热应确保沿坯料长度和横截面上达到最小的温差。实践指出，如果坯料上任意两点的出炉温差不超过30℃，则在坯料运输期间，这个温度差能够得到补偿，不会影响穿孔后空心坯料的同心度。重要的是，穿孔前坯料的加热要保持对称。

（2）为了保证穿孔后挤压前坯料温度沿长度和横截面上的分布更加均匀，在经立式工频再加热炉加热之后，采用专门的电阻均热炉进行温度的均匀化是有利的。

（3）对于挤压前空心坯的加热或再加热，其沿横截面的温度分布的要求截然不同。研究结果表明，钢管挤压时，芯棒接触的坯料内层金属的流动速度超前于外层，并导致模孔中流出速度的不均匀，引起钢管内表面上产生张应力，使空心坯的内表面有产生缺陷的危险。但这可以通过空心坯料在大功率立式工频感应加热炉或高频感应加热炉中加热时得到补偿。

（4）挤压前的空心坯一般都只是从 850～950℃ 加热到挤压温度。影响穿孔后热空心坯料热损失的因素很多，因此，进入再加热炉的空心坯的温度波动范围很大。并且，空心坯内表面温度一般都比外表面高 50～150℃。因此，再加热的目的主要是要提高空心坯外表面的温度，而不是提高内表面的温度。采用立式高频感应再加热炉，可以保证准确地将空心坯加热到指定的温度。

（5）在选择材料的变形温度范围时，必须注意到要使变形过程中温度的提高不会引起金属中的组织转变或晶粒长大现象产生。在挤压奥氏体钢钢管时，高的加热温度和大的变形量引起变形结束时金属温度的急剧升高、奥氏体晶粒长大和抗拉强度的降低。而在挤压铁素体钢钢管时，由于同样的原因引起晶粒急剧长大和塑性降低而达不到标准的要求。如挤压 0Cr17Ti 铁素体钢管时，加热温度为 950℃，$\delta_5 = 36\%$，而加热温度为 1150℃ 时，$\delta_5 = 29\%$，低于要求值。因此，一般坯料加热温度的上限应由晶粒长大的临界温度来决定。

表 2-7 为不同材料加热时晶粒长大的临界温度。

表 2-7 各种钢加热时晶粒长大的临界温度

钢 种	临界温度/℃	加工开始温度/℃
碳素钢（C 0.12%）	1250	1300
碳素钢（C 0.30%）	1150	—
碳素钢（C 0.40%～4.5%）	1200	1250
铬钢（C 0.34%～0.42%；Cr 0.8%～1.1%）	1200	1200
铬钢（C 0.20%；Cr 0.9%）	1150～1200	1200
铬钢（C 0.40%；Cr 1.1%）	1150	—
铬镍钢（C 0.25%；Cr 0.9%；Ni 2.5%）	1150	—
铬钼铝钢（38CrMoAlA）	1050	—
铬镍钨钢（18CrNiWA）	1200	1220

（6）此外，坯料变形终了温度的少许降低，可以通过降低挤压速度来调节。即创造坯料通过热传导给工具和周围介质的条件来达到。但此方法会导致操作工具受热而引起使用温度过高，降低其使用寿命。因此，一般不建议挤压速度降低到 100mm/s 以下进行挤压。

表 2-8 为各种材料的挤压温度、化学成分和变形抗力。

表2-8 某些钢种的挤压温度、化学成分和变形抗力

序号	钢 种	挤压温度/℃	变形抗力/MPa	备 注
1	碳素钢	1200 ± 100	130	C：0.1% ~ 1.0%，Mn：0.3% ~ 1.5%，Si < 0.1%
2	低合金钢	1200 ± 70	150	C：0.2% ~ 0.6%，Mn：0.3% ~ 1.0%，Cr：0 ~ 0.7%，Ni：0 ~ 3.7%，Mo：0 ~ 0.2%
3	轴承钢	1125 ± 25	160	Cr：15%
4	不锈钢	1175 ± 25	180	Cr：11% ~ 13%
5	不锈钢	1180 ± 30	190 ~ 200	Cr：17% ~ 19%，Ni：9% ~ 12%，Ti < 0.4%
6	耐热不锈钢	1170 ± 20	230	Cr：24% ~ 26%，Ni：10% ~ 22%，Si < 1.5%
7	高速工具钢	1140 ± 20	250	Cr：12%，Va（氮族元素）：0.9%
8	高速钢	1110 ± 20	300	Cr：4%，W：18%，Va（氮族元素）：1.0%
9	球墨铸铁	1050 ± 25	220	C：3.1% ~ 3.5%，Si：2.4% ~ 3.0%，Ni：1.1% ~ 1.8%
10	镍	1100 ~ 1200	180	Ni：90%
11	钴	1100 ~ 1200	180	—
12	钛	850 ~ 900	120	—
13	钼	1300 ~ 1400	400	—
14	钨	1600 ~ 1700	500	—
15	因科镍尔合金	1150 ± 25	280	—
16	尼莫尼克80A	1150 ± 20	300	Ni：76%，Cr：15%，Fe：20%，Ti：2% ~ 3.6%
17	尼莫尼克90A	1150 ± 20	320	Cr：20%，Si：1%，Fe：5%，Co：2% ~ 20%
18	铬镍钴合金	1150 ± 15	320	20 - 20 - 20 型
19	S816	1160 ± 10	350	—
20	Nichrome	1175 ~ 1100	—	Ni：65%，Cr：15%，Fe：20%
21	Brightriag	1200 ~ 1075	—	Ni：80%，Cr：20%

注：加热温度应比挤压温度高20 ~ 50℃。

2.2.3 挤压坯料的感应加热

采用电能来加热金属的方法有以下四种：(1)电阻炉加热。电流通过加热元件发出热量，靠炉膛的辐射和对流来加热金属。(2)电接触加热。电流由电源通过触头直接流过金属，金属坯料内的电阻使其得到加热。(3)盐浴炉加热。将直流电源的一极通入电解液，另一极接入加热的金属，通电后，电解出来的气体附在金属表面，形成一层气膜，把金属和电解液隔开，于是在金属和电解液间产生电弧，发出热量，使金属加热。(4)电感应加热。利用电磁感应，在金属内激励出电流，

使金属得到加热。

在电阻炉内加热时，热量的传递基本上与在火焰炉内一样，因此，金属的加热时间很长。

电接触加热是较为先进而又经济的方法，但是由于其要求加热的坯料的断面和长度的尺寸有一定的比例，而限制了其应用范围；此外，不能加热变断面的坯料、很难使触头下的金属加热均匀、平稳调节加热速度有困难等，迫使其要与其他加热方式配合使用。

盐浴炉加热时，由于热量是在金属表面附近的一薄层电解液中生成，而坯料本体是按热传导加热的，因此，加热速度较慢，且电能消耗较大。

感应加热的形式有两种：工频（50Hz）感应加热和增高频率的感应加热。工频感应加热一般坯料的直径大于150mm。同时，需解决一些技术问题，诸如如何使坯料在三相感应加热中温度均匀，如何平稳地改变感应器的输入功率，如何调整金属的加热速度等。用增高频率进行坯料的感应加热时，其规格范围广泛得多。

2.2.3.1 感应加热的工艺特点

坯料感应加热的工艺特点与感应加热时，电流通过感应线圈的特性有着密切的关系。

A 集肤效应

当直流电流通过等截面的导体时，导体截面中的电流密度（单位为 A/mm^2）是相等的。但当交变电流通过导体时，导体截面上的电流密度不是均匀分布的，最大电流密度出现在导体的表面层，这样导体的截面就没有得到完全的利用，这种电流集聚的现象叫做集肤效应。集肤效应使电流密度从导体中心向其表面逐渐增大，也即电流密度从表面向中心衰减，而且电流密度与深度的关系服从指数定律（图2-9）：

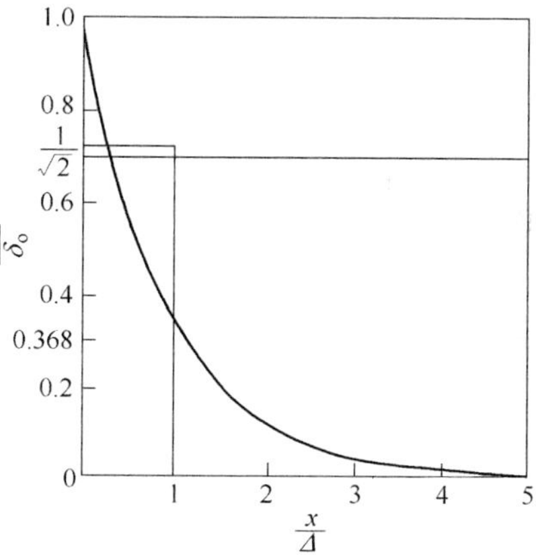

图2-9 电流穿透深度与
电流密度的分布曲线

$$\delta_x = \delta_o e^{-x/\Delta}$$

式中　δ_o——表面上电流密度的最大值，A/cm^2；

　　　δ_x——深度 x 处的电流密度的最大值，A/cm^2；

　　　e——自然对数的底；

　　　Δ——电流透入深度，cm。

由集肤效应可以看出，采用交变电流时，电流只流过导体的表面层。电流频率越高，电流通过的表面层越薄。为了简化整个感应加热的计算，引入电流穿透深度的概念，即导体某一深度处的电流密度为其表面电流密度的 $1/e =$

1/2.718＝0.368 时，这一深度 Δ 即为电流穿透深度（图2-9），可用下式确定：

$$\Delta = \sqrt{\frac{2\rho}{\omega\mu}}$$

式中 ρ——电阻率，$\Omega \cdot cm$；

  ω——角频率，$\omega = 2\pi f$，f 为电流频率，Hz；

  μ——$\mu = \mu_0\mu_r$，μ_0 为真空磁导率，H/cm；

  μ_r——相对磁导率。

由此可得出电流穿透深度的常用计算公式：

$$\Delta = 5030\sqrt{\frac{\rho}{\mu f}} \tag{2-7}$$

图2-10所示为电流频率与电流穿透深度的关系。

由此可知，感应加热时的电流穿透深度与采用的电流频率有关，频率越高，穿透越浅；而频率越低，则穿透深度越深（图2-10）。在坯料表面穿透深度外的中心部位的加热主要还是依靠来自被加热的穿透深度层的热传导进行加热。

表2-9为在不同的电流频率和温度下，部分材料的电流穿透深度。

表2-9 在不同的电流频率和温度下，部分材料的电流穿透深度

材料	温度 /℃	电阻率	磁导率	在以下电流频率时，电流的穿透深度/mm						
				50Hz	10^3 Hz	2.5×10^3 Hz	8×10^3 Hz	150×10^3 Hz	250×10^3 Hz	500×10^3 Hz
结构钢	20	10×10^{-6}	60	2.8	0.64	0.4	0.22	0.05	0.04	0.03
奥氏体钢	20	20×10^{-6}	1	32.2	7.15	4.5	2.5	0.58	0.46	0.32
结构钢和奥氏体钢	1000	130×10^{-6}	1	85.5	10	12	6.7	1.55	1.2	0.85
铝	20	2.9×10^{-6}	1	12	2.7	1.7	0.95	0.21	0.17	0.12
铝	600	11.3×10^{-6}	1	24	5.4	3.4	1.7	0.42	0.34	0.24
紫铜	20	2×10^{-6}	1	9.5	2.1	1.34	0.75	0.16	0.13	0.095
银	20	1.5×10^{-6}	1	8.7	1.93	1.22	0.68	0.15	0.12	0.087
黄铜	20	7×10^{-6}	1	18.7	4.2	2.57	1.48	0.32	0.26	0.19
黄铜	850	14.7×10^{-6}	1	27.4	6.1	3.86	2.16	0.47	0.39	0.27

在20℃和1000℃时，钢中的电流穿透深度为：

$$\Delta_{20℃} \approx 20/\sqrt{f}\ (mm)$$

$$\Delta_{1000℃} \approx 600/\sqrt{f}\ (mm)$$

在20℃和1000℃时，紫铜的电流穿透深度分别为：

$$\Delta_{20℃} \approx 67/\sqrt{f}\ (mm)$$

$$\Delta_{1000℃} \approx 230/\sqrt{f}\ (mm)$$

由上可知，由于电流传导时的表面集肤效应引起被加热坯料表里温差，导致坯料径向加热温度不均。这对于高合金钢坯料的加热是很不利的。

不过在坯料的感应加热过程中随着温度的升高，电阻系数增加，使电流穿透深度提高。同时采用感应加热时，坯料中的电流穿透深度值毕竟还有相当的宽度，而且坯料中部仍有涡

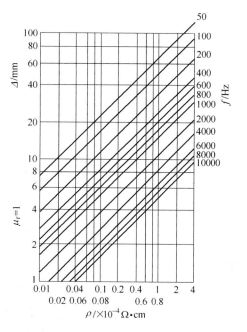

图 2-10　电流频率与电流穿透深度的关系

电流产生，其加热速度还是很快的。不会像在火焰炉内靠辐射和传导加热时那么慢。并且坯料在环形炉中经过预热到800~900℃的高温，这些因素都为坯料在感应加热时的表里温差提供了补偿。此时，坯料可以采用大功率进行快速加热。

B　边缘效应

感应加热时，在感应器内磁场的分布是不均匀的，感应器中部磁场强度最大，而两端部磁场强度则降低，此称为感应器的边缘效应。也正由于此，坯料的轴向加热不均匀。为了消除此现象，可将感应器制作得比坯料略长；或在感应器的两端各加上一个钢垫，将坯料两端温度偏低的部分移到两端的钢垫上。这两种方法都使感应加热的经济性和可操作性降低到无法接受。目前，普遍采用的方法是在感应器两端加设补偿线圈，以产生补偿磁场，来降低感应加热后坯料的轴向温差。另外，对于坯料的加热有冷和热两种规定，其定义为：从室温到磁性转变温度，称为冷加热规范。从磁性转变温度到加工温度，称为热加热规范。并且电流穿透深度也有冷和热之分。

C　邻近效应

在坯料进行感应加热时，往往必须将导体（感应线圈）和空心坯料置于同心，由于邻近效应，负载电流都分布在内管（空心坯料）的外表面和外管（感应线圈）的内表面，任何内管位置的偏移都会使电流分布更不均匀，如图2-11所示。

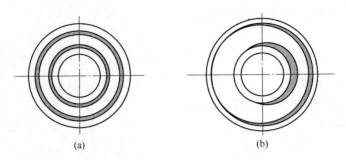

图 2 - 11　坯料与感应线圈中心位置偏移引起的电流分布不均匀

（a）空心坯与线圈同心；（b）空心坯在线圈内偏心

2.2.3.2　感应加热电流频率的选择

金属感应加热时的效率，取决于电流频率的正确选择（图 2 - 10）：

$$总效率 = 电效率 \times 热效率$$

式中　电效率——考虑到电流通过感应器铜线而引起能量损失的效率；

热效率——考虑到透过感应器热绝缘的热损失以及加热装置工作过程中辐射掉的热损失时的效率。

电效率随着电流频率的升高而提高，并以渐线的形式接近于其本身的极限。当坯料直径与热金属内电流穿透深度之比等于 10 时的电流频率，使加热装置的电效率达到最高。

由于感应电流只沿坯料的表面层流动，所以热量也只产生于坯料的表面层，而在这一活性放热层下的金属层是按导热的方式来进行加热。由于这种方式的传热需要较长的时间，因而增加了热损失。为了提高加热装置的热效率，采用降低电流频率来增加坯料的电流穿透深度，可缩短加热时间。

理论计算与实验得出，对于圆坯，当直径与电流穿透深度之比在 3 ~ 5 时，加热装置的总效率最大。而实际上当这个比值在 2.5 ~ 6.0 时，所选的电流频率已经能够满足要求。

各种直径的圆坯感应加热时，标准电流频率的合理应用范围列于表 2 - 10。

表 2 - 10　感应加热电流频率的选择

电流频率/Hz	50	500	1000	2500	8010	射频
坯料直径/mm	≥150	70 ~ 160	50 ~ 120	30 ~ 80	15 ~ 40	≤20

图 2 - 12 所示为感应加热装置的电效率、热效率和总效率与比值 d/Δ_{rop} 的关系特征曲线。

铁磁性坯料加热时，为了提高加热速度和减小单位能耗，可以用两种频率的电流，即在磁性转变点以前用低频，如 $\phi60mm$ 及更大直径坯料时用 50Hz 电流

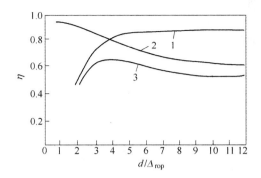

图 2 – 12　金属感应加热时的效率与比值 d/Δ_{rop} 的关系

d—坯料直径；Δ_{rop}—热态钢内电流透入深度；

1—电效率；2—热效率；3—总效率

频率。而在热规范时，则按上述原则选频。但选用双频时应该是经济的。

2.2.3.3　感应加热时间的确定

要减少感应加热时间，主要应考虑缩短坯料中心的加热时间。在一定的电流频率下，这会引起坯料表里温差的增加。一般坯料表里温差控制在100℃之内（图 2 – 13）。这个数值就明确了提高加热速度的极限，即限定了坯料的加热时间。对于不同断面尺寸的坯料，采用不同频率的电流时，其加热时间是不同的。

在规定的温差下，金属穿透加热的最短允许时间可用理论方法计算。但实际上用实验数据更为准确和便捷。

由示波器记录的坯料表面及中心温度的升高过程可以看出，在加热后期，即加热终了的均热时，中心温度超过表面温度（图 2 – 14）。

采用感应加热炉加热时，加热时间很短，当感应炉的功率、电压、电流频率一定时，可用式（2 – 8）近似计算加热时间：

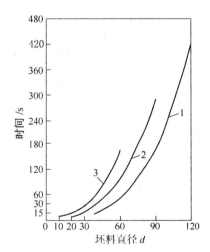

图 2 – 13　坯料穿透感应加热的最短允许时间与坯料直径的关系曲线（加热终了时坯料表层与中心的温度差为100℃）

1，2，3—电流频率分别为 1000Hz、2500Hz、8000Hz

$$t_{H} = \frac{c\ (T - T_{0})\ G}{P} \qquad (2 - 8)$$

式中　c——坯料的比热容，J/（kg·℃），见表 2 – 11；

T——坯料加热后的温度，℃；

T_0——坯料加热前的温度，℃；

G——坯料质量，kg；

P——炉子功率，kW。

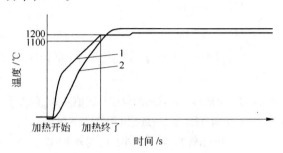

图 2 – 14　坯料温度升高的示波图

1—坯料表面；2—坯料中心

表 2 – 11　各种钢的比热容　　　　　　　　　　（J/（kg · ℃））

钢　号	加热温度/℃					
	200	400	600	800	1000	1200
40	0. 120	0. 129	0. 140	0. 171	0. 166	0. 163
T8	0. 125	0. 132	0. 144	0. 176	0. 170	0. 167
30Cr	0. 121	0. 128	0. 140	0. 168	0. 162	0. 160
30Ni3	0. 120	0. 128	0. 140	0. 167	0. 164	0. 162
30CrNi3	0. 121	0. 128	0. 143	0. 166	0. 162	0. 160
30Mn2	0. 118	0. 126	0. 139	0. 164	0. 158	0. 156
W18Cr4V	0. 100	0. 109	0. 118	0. 121	0. 135	0. 137

注：表中数据为从 50℃ 加热到加热温度时的比热容平均值。

各种规格的坯料，利用工频电流加热都能够达到均匀加热，具体时间如下：

坯料的直径	加热时间
$\phi100 \sim 130$mm	$3 \sim 5$min
$\phi130 \sim 150$mm	$5 \sim 7$min
$\phi150 \sim 200$mm	$7 \sim 9$min
$\phi200 \sim 250$mm	$9 \sim 12$min
$\phi250 \sim 300$mm	$12 \sim 15$min

2.2.3.4　不同形状坯料加热电流频率和加热时间的选择和确定

不同形状坯料加热电流频率和加热时间的选择方法如下：

（1）非实心圆柱形坯料选择加热电流频率及加热时间，原则上与实心圆柱形坯料相同。

（2）矩形断面坯料电流频率及加热时间的选择与圆柱形坯料一样，但必须把断面的短边作为圆柱形坯料的直径。

（3）钢管感应加热电流频率的选择原则为：

$$f = 30000/d_{mp}^2$$

$$0.35\Delta_{rop} < s < 2\Delta_{rop}$$

式中　s——钢管壁厚，mm；

　　d_{mp}——钢管的内径，mm；

　　Δ_{rop}——加热坯料金属内的电流透入深度。

坯料加热时间的确定与实心圆柱形坯料相同，但应把管壁厚度作为实心圆柱形坯料的半径。

（4）复杂断面坯料加热时，电流频率按尺寸小的断面选择；加热时间按已选的频率，再按尺寸大的断面来选择。

在圆柱形螺线管式感应圈中，电流线集中朝向螺线管里边的表面区域，这称为线圈效应。

在计算金属感应加热的参数和规范时，必须考虑被加热材料的电阻率 ρ 和磁导率 μ 与温度的关系：

$$\rho = RS/l$$

式中　R——工作物的电阻，Ω；

　　S——工作物的截面，mm^2；

　　l——工作物的长度，m；

　　ρ——电阻率。

例如，工业纯铁在室温下，$\rho = 0.1\Omega \cdot mm^2/m$。

应该注意，在 $\alpha \rightarrow \lambda$（铁素体与奥氏体）转变范围内，$\rho$ 曲线上升和下降的特性有显著的变化。

磁导率 μ 也是在确定感应加热参数时必须考虑的钢的重要特性，是磁感应强度 B 与磁场强度 H 的比例系数：

$$\mu = B/H$$

钢和铸铁的感应加热是以置于交变电磁场中的工作物的截面上不均衡地发出热量为基础的。为了阐明钢和铸铁感应加热的规律性，则要研究当感应器产生的平面电磁波到金属工作物表面上时的情况，及其在金属中的衰减过程。

室温下相对磁导率 μ 与磁场强度 H 的关系曲线如图 2-15 所示。

在空气中，感应器与工作物的间隙中 $\mu = 1$、$\rho = \infty$、介电常数 $q = 1$，经由推导可知：（1）无论电磁波以何种角度落到金属坯料上，其在坯料内部将总是向垂直于金属坯料表面的方向传播（表面的曲率半径大于金属中的波长）；（2）波

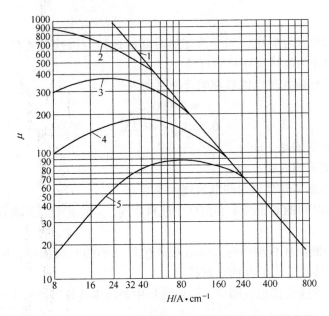

图 2 – 15 室温下相对磁导率 μ 与磁场强度 H 的关系曲线
1—工业纯铁；2—C 为 0.3% 的钢；3—C 为 0.45% 的钢；
4—C 为 0.6% 的钢；5—C 为 0.83% 的钢

的振幅是根据其以相应速度 v 向金属内推进的程度而逐渐减小的。

图 2 – 16 所示为进入金属中的电磁波。在空气中的波长的一半用 $\lambda/2$ 表示，在金属中的用 $\lambda_1/2$ 表示，在坯料金属中的波的衰减是发生在比较薄的表面层内。在频率很高的情况下，电磁振荡过程在距金属表面几分之一毫米处即停息。

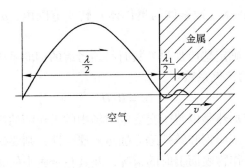

图 2 – 16 电磁波透入到金属中的示意图

图 2 – 17 所示为各个不同时刻（每隔 1/8 周期）金属层内电场强度的变化。

在加热到磁性转变点以上温度的钢中，$\mu = 1$、$\psi = 45°$，感抗（L 为电感、f 为频率）等于有效电阻 R，而金属内部的功率因数为 $\cos\psi = 0.7$。

当电磁波落到金属表面上时，涡流密度的振幅是按照指数规律由金属表面向金属深处逐渐减小的。这就形成了金属表面层的电流透入深度。

电流在金属中所产生的热量与电流值的平方成正比，即焦耳—楞茨定律：

$$Q = I^2 R \quad (J)$$

式中　Q——电流在坯料金属中产生的热量；

　　　I——坯料金属内的电流；

　　　R——坯料金属的电阻。

坯料感应加热时，在电流穿透深度层中，所发出的热量各占坯料感应加热所需总热量的 90% 左右，而坯料金属深层处所产生的热量总共不到 10%。

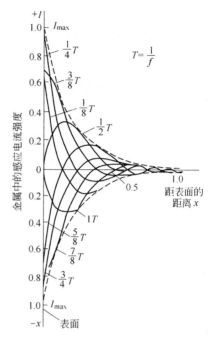

图 2-17　各个不同时刻（每隔 1/8 周期）金属层内电场强度的变化

感应加热过程的万能性，是对各种断面形状及其长度之比的坯料都能满足加热温度均匀的要求，但其主要的缺点是，变频时需要消耗所用电能的 20% ~ 30%。

2.2.4　空心坯料的再加热

冷坯料经加热后，一般在径向和轴向存在温差。当感应线圈的端部补偿调整适当、炉子的密封良好时，轴向温差可以控制在 30 ~ 50℃，而在径向上中心温度偏低。穿孔后，由于变形功和摩擦发热的作用使坯料内孔温度升高，而外表面因为热量的扩散和工模具的吸热使其温度降低。根据试验数据，坯料内孔的温度一般要比外表面温度高 80 ~ 150℃ 以上，空心坯料的感应再加热就是在这种条件下进行的。而在高温感应加热时，由于坯料的电流穿透深度较大，如加热时间较长，或采用大功率加热，则会使坯料内孔的温度进一步升高。这是不希望的。希望得到的是，空心坯料通过在挤压前的再加热，内表面的温度略低于外表面，以便在挤压后钢管的内外表面温差最小。

为此，曾有人提出，穿孔前坯料的感应加热采用工频加热炉。而穿孔后挤压前的空心坯料的感应再加热采用高频加热炉更为有利。

图 2-18 所示为坯料在各个阶段经感应加热后温度分布曲线。

2.3 挤压时的玻璃润滑工艺

钢管热挤压工艺过程能顺利进行，玻璃润滑剂起着关键性的作用。玻璃润滑剂既是润滑剂，又是隔热剂。

作为润滑剂，玻璃润滑剂的存在，允许变形金属能够顺利地流过变形模具，得到所要求尺寸的制品，而不致使二者黏焊在一起，并且大大地降低了挤压力，提高了挤压制品的表面质量。而作为隔热剂，玻璃润滑剂具有良好的绝热性能，其导热系数仅 0.50～1.21W/(m·K)。玻璃润滑剂的存在，可防止坯料将过多的热量传递给模具，保护了挤压模具，提高了模具的使用寿命。

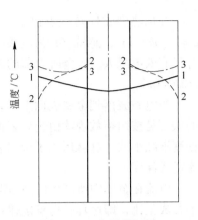

图 2-18　各阶段坯料
温度分布曲线
1—加热后；2—穿孔后；
3—穿孔坯再加热后

因此，最佳的玻璃润滑剂应该是在挤压温度下同时具备良好的润滑性能和隔热性能。

2.3.1　玻璃润滑剂的使用方法

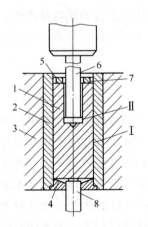

图 2-19　实心坯料在穿孔机上
穿孔成空心坯示意图
1—坯料；2—内衬套；3—穿孔筒；
4—剪切环；5—润滑剂；
6—带穿孔头的穿孔针；
7—对中环；8—下支承杆
I，II—滑动表面

图 2-19 所示为实心坯料在穿（扩）孔机上穿孔成空心坯，图 2-20 所示为在挤压机上挤压钢管。

从图 2-19 可以看出，坯料在立式穿（扩）孔机上的穿（扩）孔的工序中，穿（扩）孔筒内衬的内表面与穿（扩）孔坯料的外表面之间的滑动表面（图 2-19 中的I），以及穿孔芯棒（穿、扩孔头）与坯料内表面之间的滑动表面（图 2-19 中的II）为润滑面。

从图 2-20 可以看出，空心坯在卧式挤压机上的挤压工序中，挤压筒内表面与挤压空心坯的外表面之间的滑动表面（图 2-20 中的 I），坯料端面与挤压模之间的滑动面（图 2-20 中的III），以及挤压芯棒与空心坯料的内表面之间的滑动面（图 2-20 中的 II）为润滑表面。

在挤压过程中，玻璃润滑剂的使用效果与使用方法以及实际操作有着直接的关系。一般在大多数的情况下要求玻璃润滑剂对于润滑表面的覆盖要均

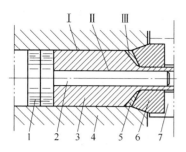

图 2 - 20 挤压钢管示意图
1—挤压垫；2—芯棒；3—空心坯；
4—挤压筒；5—润滑垫；6—模子；
7—模子支承；Ⅰ ~ Ⅲ—滑动表面

匀，或者是润滑剂定量逐渐进入变形区。但在特殊情况下，也会要求玻璃润滑剂以不均匀的方式进入金属的变形区，以便补偿或平衡变形金属在变形区内的流动速度，使玻璃润滑剂得到更有效的应用。

对于玻璃润滑剂的应用方法，许多公司都进行过专门的研究。目前，有专门的机构和机械自动地来完成各种润滑条件下润滑剂的施加。但是，也有部分操作仍然是依靠手工来完成的。

在不锈钢管和型钢的热挤压过程中，玻璃润滑剂的使用基本上有以下三种情况：

（1）实心或空心坯料的外表面润滑（图 2 - 20 中的 Ⅰ）。采用玻璃滚板装置在线的润滑方式。该装置由斜置的玻璃滚板、布料器、振动器、自动刮板和内外粗细粉勺以及重量可调的粗细粉筒组成。加热前经过除鳞的坯料，经辊道进入平面垂直布置的玻璃滚板，在布满粉状玻璃润滑剂的斜板上滚动一圈，坯料外表面上即涂上一层玻璃粉，作为挤压时坯料与挤压筒内衬之间的润滑剂。每挤压一支坯料，布料器自动往返一次，并用刮板装置自动刮平玻璃粉，作为挤压时坯料与挤压筒内衬之间的润滑剂，准备下一个挤压周期的坯料外涂粉。经验表明，采用带有梳子形凹凸的刮板下端部，刮后玻璃滚板平面上的玻璃粉呈横向波浪形分布，坯料涂粉后挤压时可以得到较好的润滑效果。

（2）空心坯料的内表面润滑（图 2 - 20 中的 Ⅱ）。采用内涂粉装置来完成。该装置由一瓢形长勺和自动送进、退出及翻转装置和刮板工具组成。空心坯料进入玻璃滚板的进口端停留时，盛满玻璃粉的长勺自动伸出，送玻璃粉进入坯料内孔后翻转并刮平后迅速退出。坯料在玻璃滚板上滚动时，同时完成坯料内外表面的涂粉。经验指出，当采用长勺进行内表面涂粉时，应使涂粉长勺的头部伸出空心坯料的尾端后再翻转长勺，要做到在坯料全长上的内孔撒粉均匀，否则，挤压后会造成挤压钢管内表面波浪形（橘子皮）的缺陷。特别是对于较软的金属挤压时尤为如此。

（3）挤压模的润滑（图 2 - 20 中的 Ⅲ或 5）。采用在挤压模和坯料前端面之间放置一个玻璃润滑垫的方法来实现挤压模的入口锥和工作带的润滑。

钢管挤压时，当坯料的前端进入挤压模，并逐渐形成挤压制品的外形轮廓时，不断形成新的制品表面。而新表面的尺寸与其延伸系数成正比例。为了在新表面与挤压模定径带之间建立起连续的隔离润滑层，采用以不同黏度的粉状玻璃润滑剂制作而成的润滑垫，玻璃润滑垫放置在挤压坯料和挤压模之间（图 2 - 20 中的 5），作为挤压模和挤压制品之间的润滑源。当玻璃润滑垫与加热到高温的坯料接触时，玻璃垫与挤压坯料接触的层面上开始熔化，并且在挤压力的作用下迅速地随着坯料金属的流动而被带出模孔，在挤压制品的表面上，形成一层厚度约为 0.025mm 的均匀覆盖层。与此同时，随着挤压过程的进行，加热的坯料不断地接触玻璃垫的表面，使玻璃润滑垫连续不断地重复熔化—流动，直至挤压过程结束。

玻璃润滑垫的结构形状，取决于挤压模工作锥的大小和坯料金属前端的形状。在挤压不锈钢管时，通常采用的挤压模有锥形模和平面模两种形状。因此，玻璃润滑垫的形状相应地也有两种，即锥形玻璃润滑垫和平面玻璃润滑垫。

锥形玻璃润滑垫在与挤压模接触的一边做成角度与挤压模工作锥角相应的圆锥形。在坯料挤压过程中镦粗时，坯料端部首先在镦粗力的作用下形成入口锥，接着，在挤压力的推动下，变形金属带着接触玻璃润滑垫时软熔的玻璃润滑剂，流出挤压模的工作带，形成制品的外形轮廓。

而平面玻璃润滑垫在与挤压模接触的一边做成与平面模相应的圆盘状，只是圆盘的中心部分稍薄。坯料在挤压过程中镦粗时，在镦粗力的作用下，首先是玻璃润滑垫被压碎；然后在挤压力的作用下，变形金属冲破玻璃润滑垫中部的薄弱部分，带着软融的玻璃润滑剂，流出挤压模的工作带；并且在挤压筒内金属流动的阻滞区部分，逐渐地形成玻璃润滑剂的自然流动锥角；之后，玻璃润滑垫不断地重复熔化—流动，直至挤压过程结束。

使用锥形模或平面模挤压异型材时，玻璃垫的中心可以做成具有型材断面形状型腔的空心玻璃垫，而挤压钢管等空心制品时，只能采用空心的玻璃润滑垫。经验证明，这在挤压时，可使挤压筒内金属流动的阻滞区逐渐形成玻璃润滑剂的自然流动锥角促使在整个挤压过程中，变形金属的正常流动。并且，其孔的直径可以取比管子的直径大 10% ~ 15%，这是为了避免未熔化的玻璃楔住由挤压模和芯棒组成的环状孔隙。生产实践表明，由挤压芯棒与挤压模组成的环状孔隙较小时，挤压模孔被残留的玻璃润滑剂堵塞是常有的现象，这将导致挤压时坯料前端温降，而使挤压力升高，引起挤压杆头部形成蘑菇状或者开裂缺陷，导致挤压杆过早损坏，甚至造成挤压机停机，使挤压过程无法进行。因此，保持挤压筒、芯棒和挤压模工作带的清洁，及时清除黏着的残留玻璃和钢屑等污染物十分重要。经验证明，对挤压模、芯棒和挤压筒内衬套的内表面等与变形金属直接接触的工作面进行表面镀铬处理，将可有效地减少残留玻璃润滑剂及其对工具表面的黏结，提高工模具的使用寿命和挤压制品的表面质量。

2.3.2 玻璃润滑剂的选用与典型玻璃润滑剂

玻璃粉的粒度是一个重要的参数。同其他的工艺润滑剂相比较，玻璃润滑剂的特点之一是具有一定的粒度可供选择。而此，对于在一定范围内，调整玻璃润滑剂的性能十分有利。一般认为玻璃润滑剂的使用粒度范围在50~150目（相当于106~280μm）之间。所以除了有玻璃润滑剂的黏度作用之外，还必须有适当的粒度配合。一般来讲，挤压模与坯料外表面的润滑采用较粗粒度的玻璃粉，而芯棒与坯料内表面的润滑采用较细粒度的玻璃粉。

据美国资料介绍，粗玻璃粉粒度为0.88~1.17mm，细玻璃粉粒度为0.15~0.42mm；德国资料介绍粗玻璃粉粒度为0.20~0.40mm，细玻璃粉粒度为0.01~0.10mm；俄罗斯资料介绍，坯料外表面滚涂玻璃粉的粒度为0.2~0.3mm，芯棒与空心坯内表面润滑的玻璃粉粒度为0.2mm，穿孔头的润滑采用粒度小于0.4mm的玻璃粉，润滑垫采用的玻璃粉粒度为0.1~0.2mm。

日本的资料认为，为了使玻璃润滑剂能够更有效地用来防止坯料的氧化和提高润滑效果，适应于作用时间，除了适当熔融以及必要的黏度指标之外，还必须具有适当的粒度。表2-12为法国和日本所使用的玻璃润滑剂的粒度分布。为了提高玻璃润滑剂的效果，进行了更为严格的粒度分布调节。采用了分别适合于各种挤压条件下、不同润滑点上使用的玻璃润滑剂的粒度。例如：对于挤压模使用的玻璃垫，由20~80目玻璃粉70%和80~120目（相当于120~178μm）玻璃粉30%的混合玻璃，而对于坯料内外表面滚涂的玻璃粉采用的粒度则为200~300目（相当于48~75μm）。

表2-12　法国和日本使用的玻璃润滑剂粒度的分布　　　　　　　（%）

国家	润滑情况	粒度/目				
		<20（相当于大于830μm)	20~50（相当于280~830μm)	50~80（相当于178~280μm)	80~100（相当于150~178μm)	>100（相当于小于150μm)
法国	坯料与挤压模润滑	0.07	76.38	18.60	4.95	—
	坯料内表面与芯棒外表面润滑	0.14	22.32	46.69	10.74	20.11
	坯料外表面与挤压筒内衬内表面润滑	0	10.18	44.20	13.25	13.99
日本①	坯料与挤压模润滑		56.70	15.40	80~130目（相当于113~178μm)占12.50	>130目（相当于小于113μm)占15.60

①日本使用的玻璃润滑剂粒度分布中有0.2%的误差。

表2-12中，坯料与挤压模的润滑采用熔融点稍高的玻璃粉。制作玻璃垫

时，加5%的水玻璃。

美国 Amerex 公司制作玻璃润滑垫时的操作规范，所选用的玻璃润滑剂材料牌号、配比及其性能、化学成分和工作温度范围见表2-13~表2-15。表2-16为美国 Amerex 不锈钢管型材厂在各种挤压温度下所使用的玻璃润滑剂牌号。

表2-13　Amerex 公司制作玻璃垫的材料及配比（混合物总量为68kg）

序　号	材　料	配　比	备　注
1	BSO	68kg	1 勺干玻璃粉约等于23kg
	水玻璃	3.4kg	
	水	1.1kg	
2	GWG	68kg	
	水玻璃	3.4kg	
	水	1.1kg	
3	GWG	45kg	在加入水玻璃和水以前，先要在搅拌器中将玻璃粉搅拌几分钟
	3KB	23kg	
	水玻璃	3.4kg	
	水	1.1kg	

注：表中 BSO，GWG，3KB 表示玻璃粉型号。

表2-14　制作玻璃垫的玻璃粉的性能及应用

牌号	玻璃粉型号	粒度/目	软化点/℃	熔点/℃	用　途
SL-4	GWG	100（相当于150μm）	1300	1500	内涂玻璃粉
SL-4	GWG	20~40（相当于380~830μm）	1300	1500	外涂玻璃垫
9E	BSO	20~40（相当于380~830μm）	1500	1750	玻璃垫
13	318	14（相当于1180μm）	1250	1450	低温外涂混合粉
19	3KB	20~40（相当于380~830μm）	1325	1500	外涂混合玻璃粉，玻璃垫，穿孔头
327			1150	1300	低温玻璃

表 2 – 15　部分玻璃润滑剂的化学成分和使用温度

玻璃牌号及型号	化学成分（质量分数）/%							工作温度/℃
ATP/PMAC	SiO$_2$	Na$_2$O	CaO	Al$_2$O$_3$	MgO	K$_2$O	B$_2$O$_3$	
ATP – 9E/BSO	52.00	1.0	22.0	14.5			9.6	1121 ~ 1260
ATP – SL – 4/GWG	72.50	13.7	9.8	0.4	3.3			1066 ~ 1177
ATP – 19/3KB	54.55		14.2	9.7		7.0	14.6	954 ~ 1066
ATP – 13/318	50.35		18.2	4.5		8.5	18.5	843 ~ 954
ATP327								621 ~ 704
ATP69								—

表 2 – 16　各种材料挤压温度下工模具所使用的玻璃润滑剂牌号

材料种类	材料实际挤压温度等级/℃	抗氧化涂料	坯料外壁滚涂	挤压模玻璃垫	坯料内径挤压芯棒
超高温	> 1300 Mo 1300 ~ 400 W 1600 ~ 1700	特殊的	特殊的	特殊的	特殊的
高高温	1300 ~ 1220	ATP69	20 ~ 40 目（相当于 380 ~ 830μm）	20 ~ 40 目（相当于 380 ~ 830μm）	100 目（相当于 150μm）
	316/316L				GWG
	304/304L		GWG	GSO	（ATP，SL4）
	347①		（ATP，SL4）	（ATP，SL4）	或更细的
高温	1220 ~ 1140	ATP69	20 ~ 40 目（相当于 380 ~ 830μm）	20 ~ 40 目（相当于 380 ~ 830μm）	100 目（相当于 150μm）
	Greek Hasteloy				GWG
	410		GWG	GWG	（ATP，SL4）
	Ti6Al4V		（ATP，SL4）	（ATP，SL4）	或更细的
中温	1140 ~ 978	ATP69	20 ~ 40 目（相当于 380 ~ 830μm）	20 ~ 40 目（相当于 380 ~ 830μm）	100 目（相当于 150μm）
	碳钢，1018，A36 等				

材料种类	材料实际挤压温度等级/℃	抗氧化涂料	坯料外壁滚涂	挤压模玻璃垫	坯料内径挤压芯棒
中温	321		GWG (ATP，SL4)	GWG (2/3) (ATP，SL4) 20~40 目 (相当于 380~830μm) 3KB (1/3) (ATP19)	GWG (2/3) (ATP，SL4) 20~40 目 (相当于 380~830μm) 3KB (1/3) 或更细的
低温	<978 Ti 3~2.5	特殊的 20~40 目 (相当于 380~830μm) 318 (ATP327)	特殊的 20~40 目 (相当于 380~830μm) 318 (ATP327)	特殊的 20~40 目 (相当于 380~830μm) 318 (ATP327)	特殊的 100 目 (相当于 150μm) 或更细的

注：1. 玻璃润滑垫一般是由 68kg 玻璃粉和 3.4kg 硅酸钠加 1.1kg 的水混合压制而成；

2. ATP 为美国玻璃润滑剂公司（Advanced Technical Products Supply Co. Inc）的全称。

①347 不锈钢的挤压温度必须保持在 1250℃ 以下。

目前，挤压钢管和型钢时，使用的玻璃润滑剂品种繁多，但基本上都是在 SiO_2、Al_2O_3、MgO、CaO、Na_2O、K_2O、B_2O_3、TiO_2 等成分的配比上进行适当的调配而成。将上述成分的配比作适当的调整，或加入专用的添加剂，可获得不同性能的玻璃润滑剂。

玻璃润滑剂按照软化点（软化温度）的高低，可以分为高温玻璃润滑剂和低温玻璃润滑剂。挤压模和芯棒的润滑应采用高温玻璃润滑剂，而挤压筒内衬的内表面应选用低温玻璃润滑剂。

挤压温度高的材料，应采用高软化点的高温玻璃润滑剂；而挤压温度低的材料，应采用低软化点的低温玻璃润滑剂。

挤压断面形状复杂的产品，应使用挤压温度下流动性能好的玻璃润滑剂。若选用的玻璃润滑剂的软化点过高，则挤压时来不及软化，流动性能差；而软化点过低，挤压时很快就被熔化，挤出流失，二者都起不到润滑效果。

玻璃润滑剂粉末的粒度也是一个重要参数，一般挤压模和芯棒的润滑采用粗粉，而挤压筒内衬的内润滑，坯料滚涂采用细粉。

玻璃润滑剂主要的性能指标是在挤压温度下的黏度，而在挤压温度下最佳黏度值的选择，取决于玻璃润滑剂的化学成分，变形金属的强度，坯料的加热温度、挤压速度和挤压比等因素。表 2-17 为不同化学成分的玻璃润滑剂在不同温度下的黏度值。表 2-18 为不同化学成分的玻璃润滑剂的使用温度及使用工模具。

表 2-17 不同化学成分的玻璃润滑剂在不同温度下的黏度

序号	化学成分（质量分数）/%							黏度/Pa·s			
	SiO_2	Al_2O_3	CaO	Na_2O	K_2O	B_2O_3	其他	900℃	1000℃	1100℃	1200℃
1	56	15	18	2	—	7	2	—	5120	580	140
2	65	3	10	15	—	—	7	—	1120	310	60
3	50	—	15	19	5	3	18	991	161	34.5	4.5
4	56	2	15	20	3	2	2	1356	189	52	16
5	60	3	15	15	1	3	4	2120	415	84	26

表 2-18 不同化学成分的玻璃润滑剂的适用温度及润滑的工模具

序号	SiO_2	B_2O_3	Al_2O_3	Na_2O	K_2O	BaO	Fe_2O_3	CaO+MgO	适用温度/℃	润滑的工模具
A	60	15	—	20	—	—	—	—	900	挤压筒内衬
B	55	20	3	5	—	—	2	15	900~1150	挤压筒内衬
C①	73	—	—	19	—	—	—	5	1100~1280	挤压模，芯棒
D	66	20	5	1	1	—	5	10	1260	挤压模，芯棒
E	66	—	5	10	5	10	5		1260	挤压模，芯棒

①窗玻璃。

国内外使用的部分不锈钢和高合金钢热挤压玻璃润滑剂的化学成分及润滑点见表 2-19。

表 2-19 国内外使用的部分不锈钢和高合金钢热挤压玻璃润滑剂的化学成分及润滑点

序号	型号	用途	SiO_2	Al_2O_3	CaO	MgO	TiO	P_2O_5	K_2O	Na_2O	LOI	B_2O_3	BaO	Fe_2O_3	备注
1	EG6802S1PA	不锈钢润滑垫	50/70	2/12	20/32	0.2	0.1	<0.1	0.1	0.4	0.06	0.17	4/10	<0.1	玻璃垫
2	EG6808S1PA	高合金润滑垫	55/70	4/11	15/25	0.2	<0.1	<0.1	2	1.8	0.03	0/8	1/8	<0.1	玻璃垫
3	GD19	不锈钢玻璃垫	56.4	4.4	27.6	7.9	0.2	<0.1	0.1	2.8	0.04	—	<0.1	0.2	30目以下

续表2-19

序号	型号	用途	SiO$_2$	Al$_2$O$_3$	CaO	MgO	TiO	P$_2$O$_5$	K$_2$O	Na$_2$O	LOI	B$_2$O$_3$	BaO	Fe$_2$O$_3$	备注
4	EG6826	高合金内涂粉	55/75	1/6	3/13	1/8	<0.1	<0.1	0/6	10/25	0.08	2/10	<0.1	<0.1	内径
5	MIANYANG	—	70.7	1	8.3	4.2	<0.1	<0.1	0.3	14.8	0.06		<0.1	<0.1	
6	VP68/2886	不锈钢高合金，外涂粉	45/65	0/6	5/15	0/6	<0.1	<0.1	0/6	10/22	0.19	10/20	<0.1	<0.1	外径
7	GN26	不锈钢内涂粉	68.1	1.2	<0.1	3.4	<0.1	<0.1	0.3	16	0.07	2.06	<0.1	<0.1	30~150目
8	EG6807	不锈钢内涂粉	65/85	0/6	5/15	0/6	<0.1	<0.1	0.5	8/20	0.05	—	<0.1	<0.1	内径
9	GW8	不锈钢外涂粉	68.5	1.1	8.6	3.5	<0.1	<0.1	0.3	15.7	0.06	1.85	<0.1	<0.1	150目

2.3.3 玻璃润滑垫

2.3.3.1 玻璃润滑垫的制作

根据挤压坯料的材质、变形抗力和挤压温度，选择在挤压温度下具有合适黏度值的玻璃润滑剂。玻璃粉的粒度为0.88~1.17mm（按美国资料中粗粉的粒度尺寸）。

以硅酸钠的水溶液（水玻璃）、膨润水胶（或黄蓍胶）、水作为黏结剂，其加入量为5%~10%，按一定比例精心搅拌均匀，然后在专用的成型模内捣实，并通过压力机或手工成型。成型后玻璃垫的强度为0.12~0.2MPa，或达到玻璃密度的50%~70%，具有一定的密度和强度。然后在烘烤炉内加热到180~200℃，保温75min左右，冷却出炉。

制作玻璃润滑垫时，除了根据坯料材料的挤压温度，选择合适的玻璃润滑垫剂的化学成分之外，还必须具有正确的形状。根据经验可以确定玻璃润滑垫的有关尺寸：玻璃润滑垫的外径比相应的挤压筒内径小2~5mm，内径比相应钢管直径大10%~15%。

玻璃垫的厚度是一个重要参数，其厚度应保证在挤压过程中整支钢管表面上都能均匀地覆盖上一层厚度为0.05~0.15mm的玻璃润滑剂薄膜。在挤压过程结束时，压余上面应残留一小部分的玻璃润滑剂，但应该是所剩无几，以免造成浪费。根据经验，挤压钢管时，玻璃垫的厚度可以取挤压坯料长度的 4% ~ 8%，而其质量约为变形坯料质量的 0.9% ~ 1.0% 。也可以根据图 2 - 21，按照不同挤压筒的直径与坯料长度的比值 L/D_z 来确定玻璃润滑垫的重量。

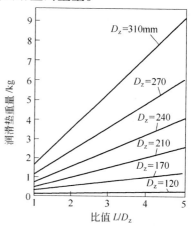

图 2 - 21　确定玻璃润滑垫重量的计算方法

此外，在制作玻璃润滑垫时，正确地选用水玻璃的型号很重要。美国专家推荐，采用 N 型水玻璃可以制成经久耐用和不易破碎的玻璃垫。在无水情况下，硅酸钠水玻璃的高温性能：软化点 649℃，熔化点 840℃。N 型水玻璃和一定比例的水混合后，加入到制垫用玻璃粉中制成的玻璃垫不易破碎。

制成的玻璃垫应储放在干净的场所，避免吸潮和尘土污染。玻璃垫成品可以存放几个星期，但不宜放置太久。

值得注意的是，在现场存放的玻璃粉，应放置在密封的容器或口袋内，防止玻璃粉受潮或混入杂物，特别是固体杂物混入玻璃粉内。任何在不同场合混入的固体杂物，都会在挤压时进入模孔，或被挤压到制品的表面，导致挤压产品产生表面缺陷。

2.3.3.2　玻璃润滑垫的运用

正确地选择玻璃润滑剂（黏度、粒度、工作温度范围）是顺利进行热挤压的关键。要成功地进行热挤压，玻璃润滑剂还必须与其他因素（工模具准备、坯料加热、挤压速度和挤压比等）相匹配。

工作正常的玻璃润滑剂挤压后，应当在制品的表面上留下一层薄薄的深蓝色或者绿色的玻璃薄膜。如果选用的玻璃润滑剂太硬，或者其工作温度高于坯料金属的加热温度，则在挤压过程中将不会流动，不但起不到润滑的作用，反而成为磨料，划伤钢管表面，造成表面凹坑。或者，在挤压后在钢管的前端部分表面上覆盖一层白色的粉状玻璃。这是由于钢管头部在形成管子前玻璃润滑剂没有完全融化，挤压开始时入口大，而进入模子前面开口后逐渐减小，挤压时坯料头部先被压缩，而后开始流动，遇到玻璃润滑垫被压碎，在模前堆积了太多的玻璃粉，有堵塞金属流动通道的现象。引起挤压初始压力增高，金属从模孔里挤出遇到了很大的困难。当一出现有薄弱环节时，就先挤出。一旦模孔被突破，在高压下未融化的玻璃粉就高速喷出，并黏附在钢管前端的表面上，这种情况在使用锥形玻璃垫时容易发生。

由于同样的原因，如果玻璃垫用的玻璃粉太细，或者挤压玻璃垫太厚、组织太软容易破碎等原因，也会导致金属流动通道被堵塞现象，当金属找到薄弱之处时就先冲破阻力，把堵塞的玻璃粉全部排除后才能进入正常的挤压程序，直到挤压过程结束。这时，又可能会在挤出钢管的前端出现勺子形状的缺口，或者可能造成钢管前端 300~450mm "开花"缺陷。如果对于玻璃润滑剂而言，坯料金属的温度太高，则在挤压后的钢管表面上会出现一层浅棕色的薄膜。这将不能起到隔离和润滑的作用，导致挤压模具和钢管表面的破坏。另外，在挤压大规格的钢管时，玻璃润滑垫又不能太薄，因为大规格钢管挤压时，坯料在圆角处需要更多的玻璃润滑剂。如果玻璃润滑剂供应不足以保证挤压模和润滑外表面，将会导致模具的损坏和钢管外表面产生缺陷。所以，一般可将玻璃垫外圆部分做得厚一些。

值得注意的是，目前绝大部分的卧式挤压机上，玻璃润滑垫的施加基本上是用手工来完成的。要使施加的玻璃垫更有效地发挥作用，首先要确保所施加的玻璃垫是竖直放置，并且完好无损的。在现场可以通过直接观察挤压筒内或者借助于一面镜子绑在铁杆上来检查玻璃垫是否竖直在原来的位置上，并且完好无损。同时，也可以通过观察挤压模和钢管表面上造成的磨损和拉痕来判断玻璃润滑垫工作情况是否正常。

有时在挤压过程中，可以看到钢管前端一定长度的外表面上出现白色的玻璃粉和干燥的钢管外表面，而钢管的内表面出现看似没有被融化的玻璃结晶被夹在芯棒和坯料内表面之间，然后嵌入塑性金属表面，并且钢管前端出现像砂皮一样的粗糙内表面。玻璃润滑剂没有起到融化和润滑的作用。这种现象可以通过降低挤压速度或改变挤压操作程序，使坯料在进行全力挤压之前，在玻璃垫前面停留 2~3s，使玻璃润滑垫得到软融，以改善挤压坯料头部的润滑条件，降低挤压初始压力。同时使用坯料外圆角处经加厚的玻璃垫，使外表面起润滑作用的玻璃粉增加。在坯料全力挤压前稍微停顿，然后再挤压，上述现象可能就会消失。

当芯棒和挤压模之间的环形孔隙较小时，模孔被玻璃堵塞是很常见的。这可能造成许多问题。可能从坯料前端吸走很多的热量，以致使起初压力过高，挤压杆头部损坏，形成蘑菇状或开裂，甚至使金属停止流动，挤压机停机，坯料被卡住。总之，除了玻璃的组织和成分外，玻璃垫还必须具有正确的形状。

为了区别在各种不同的挤压温度下使用的玻璃垫，可以采用食品色素混在水玻璃和玻璃粉中，使玻璃垫具有各种不同的颜色，以便于分别使用，并做出规定，成为标准，以避免混乱。这在生产现场特别有用。

另外，有一些玻璃粉只是用碎玻璃来生产的。这种玻璃里面混有各种各样的杂物，如带进镜子背面的涂料以及为了获得玻璃的组织、颜色和其他一些性能的需要而加入的铅等元素。挤压用的玻璃粉需要从可控成分的原始玻璃的成分来制备。玻璃粉应当过两道筛，去除细粉，检查质量，经过试验，检查粒度和性能合格后使用。

2.3.3.3　双层玻璃润滑垫的应用

在挤压过程中正常的润滑条件下，经镦粗的坯料头部会压碎玻璃润滑垫，使其充满模子的拐角部分，逐渐形成自然流动角，并保持正常的金属流动。坯料的前端首先开始流动，形成挤压钢管的头部，同时润滑坯料的外表面。然后，坯料的外表面和直径方向沿着玻璃润滑垫的表面流动，并在挤压制品的表面上形成一层厚度约为 0.025mm 的连续的玻璃薄膜。剩余部分的玻璃垫成为润滑源，直至挤压过程结束。

当坯料的头部由于在感应加热炉内加热时的轴向温度不均匀或玻璃润滑垫的玻璃黏度选择得过高，在坯料头部与冷的玻璃润滑垫接触时，玻璃润滑垫不仅不会被熔化，反而会被吸走过多的热量，导致坯料头部的"刚端"作用，引起挤压开始时的峰值负荷过高，并使坯料前端金属变形流动极不均匀，造成挤压钢管的头部缺陷。在这种情况下，为了降低挤压时的起始压力峰值，改善挤压开始时坯料金属的流动，提高钢管前端头部的质量，可采用双层玻璃润滑垫。即在与热坯料接触的一面采用具有低黏度（20～30Pa·s）的玻璃润滑剂，在与挤压模接触的一面采用具有高黏度（<100Pa·s 或更低一些）的玻璃润滑剂制作而成的双层挤压垫。

在使用双层玻璃润滑垫的情况下，挤压开始阶段，高温坯料头部首先接触到的玻璃润滑垫是具有较低黏度的一面，使坯料头部的温降由于接触到低黏度的润滑垫层而得到补偿，并首先开始熔融和流动；在进入正常的挤压温度范围后，流动金属接触到正常挤压温度所要求黏度的玻璃润滑垫层之后，形成熔融玻璃和坯料金属的正常流动，直至挤压过程结束。这样既可以避免挤压过程的起始压力峰值，又可以保持挤压过程的正常进行。

此外，值得注意的是，目前，玻璃垫的施加基本上是由手工来完成，在操作过程中难免由于模座和挤压筒在移动过程中的振动使润滑垫脱离挤压模而倒翻在挤压筒内，并在挤压一开始就被压碎、堆堵在挤压筒和挤压模孔的下缘，不仅无法起到润滑垫的作用，反而成为磨料或使挤压过程无法进行。因此，必须杜绝这种情况发生，小心操作，仔细检查玻璃垫是否处在正确的位置。

2.4　坯料的穿孔和扩孔工艺

钢挤压和有色金属挤压的一个很大的区别是，用于钢挤压的卧式管型材挤压机组都具有独立的立式穿孔机；用于有色金属挤压的卧式管型材挤压机组都不具备独立的立式穿孔机，而是挤压机本身带有内置式穿孔系统。这是因为有色金属的变形抗力都比较低，穿孔和挤压两道工序在挤压机上一次完成。

现代的卧式液压管型材挤压机组配备的立式穿孔机一般都是液压传动，其变形基本上是一个反挤压过程，立式穿孔机的能力一般为 2～38MN，约为相配挤压机能力的 0.2 ~ 0.4 倍。现代立式穿孔机已趋向于采用较大的吨位，以便得到较大的空心坯。如日本神户制钢 1967 年投产的 55MN 挤压机，采用的穿孔机能力为 23MN；美国 20 世纪 70 年代投产的 350MN 挤压机，其穿孔机的能力为 140MN；德国 2009 年设计制造的 60MN 挤压机，相匹配的立式穿孔机能力为 25MN。穿孔机的穿孔速度最大可达 400mm/s，每小时最大穿孔次数为 130 ~ 140 次。

表 2 - 20 为国内外部分挤压机与穿孔机的配用情况。表 2 - 21 为国外部分穿孔机的能力。

表 2 - 20　国内外部分挤压机和穿孔机的配用情况

序号	公　司	安装年份	挤压机能力/MN	穿孔机能力/MN	穿孔机和挤压机能力之比
1	喀麦隆飞机厂（美）	1970	350	140.0	0.400
2	巴布考克·维尔考克斯公司（美）	1952	25.0	5.0	0.200
3	巴布考克·维尔考克斯公司（美）	1951	22.5	4.5	0.200
4	阿勒格尼·卢德伦公司（美）	1953	16.2	5.5	0.340
5	神户钢铁厂（日）	1967	55.0	23.0	0.418
6	神户钢铁厂（日）	1958	18.0	6.3	0.350
7	新日铁公司（日）	1970	31.5	12.0	0.380
8	山阳特殊钢公司（日）	1968	31.0	12.0	0.390
9	山阳特殊钢公司（日）	1958	22.7	4.55	0.200
10	住友金属工业公司（日）	1958	20.0	5.0	0.250
11	曼内斯曼·米尔公司（德）	1963	31.0	11.0	0.355
12	蒙巴德·瓦卢瑞克公司（法）	1958	30.0	12.0	0.400
13	Sandvik 公司（瑞典）	1956	30.0	12.0	0.400
14	钢管投资公司（英）	1957	30.0	12.0	0.400
15	孤星钢管公司（美）	1976	55.0	25.0	0.450
16	布雷克曼公司（奥）		30.0	12.0	0.400
17	施劳曼公司（德）		31.5	10.0	0.320
18	宝钢集团公司（中）	2009	60.0	25.0	0.410
19	太钢集团公司（中）	2009	60.0	25.0	0.410
20	久立集团公司（中）	2007	35.0	15.0	0.430
21	华新公司（中）	2010	36.0	16.0	0.440

表 2-21 国外部分穿孔机的性能

穿孔机形式	1000t 立式四柱穿孔机	455t 立式双柱穿孔机	500t 立式双柱穿孔机	400/800/1200t 四柱立式穿孔机	1200t 四柱立式穿孔机	1200t 四柱立式穿孔机	1200/1400t 四柱立式穿孔机	1200t 双柱立式穿孔机
设计单位	施劳曼（德）	劳威（美）	劳威（英）	神户钢铁厂（日）	殷诺深谛公司（意）	劳威（英）	劳威（英）	劳威（英）
使用单位		山阳特殊钢公司（日）	住友金属工业公司（日）	日本钢管公司		瓦卢瑞克工厂（法）		山阳特殊钢公司（日）
安装时间		1958	1959	1970		1965		1968
液体工作压力/MPa	31.5	25.3	30	31.5	31.5	20/40	31.5	31.5
穿孔力/t	1000	455	500	400/800/1200	800/1000/1200	1200	600/1200/1400	1200
穿孔针行程/mm	2200	864	865	1825	2450	2450	1600	1455
穿孔针速度/mm·s^{-1}	0~300	150	281	400		400	300	300
穿孔针回程力/t	160				200			
镦粗力/t	500	200	218	400/800/1200	800/1000/1200		600/1200/1400	1200
镦粗杆行程/mm	1900	864	863	1350	1100	1570	1500	905

穿孔机形式	1000t立式四柱穿孔机	455t立式双柱穿孔机	500t立式双柱穿孔机	400/800/1200t四柱立式穿孔机	1200t四柱立式穿孔机	1200t四柱立式穿孔机	1200/1400t四柱立式穿孔机	1200t双柱立式穿孔机
镦粗杆回程力/t	100			1080				710
顶出杆顶出力/t	315	273	200	400	350			480
顶出杆行程/mm	1100	1346	1345	1375	1400			1035
穿孔筒规格/mm	217;257;297;342	180;206	210;245	168;218;258	<395	380	345	181;211;256;296;333
穿孔筒数量	1	1	1	1	1	1	1	2

2.4.1 实心坯料立式穿孔工艺过程

经环形炉预热和立式工频感应加热炉加热的坯料,经在线高压水除鳞和外表面涂粉之后,由上料机械手将坯料送入穿孔筒内,并和穿孔筒一起移入穿孔机中心线。下支承缸带动剪切环封闭穿孔筒的下端面。开始坯料的穿孔程序,如图2–22所示。

坯料的穿孔程序如下:

(1)在坯料的上端面均匀地撒上一层粉状玻璃润滑剂。

(2)柱塞带动镦粗杆和穿孔杆下降至坯料的上端面,镦粗头和穿孔头与坯料上端面相接触。

(3)镦粗和穿孔坯料所需要的力,由镦粗杆和穿孔杆通过镦粗头和穿孔头施加到坯料上。

(4)主柱塞开始工作行程。首先通过镦粗头以相应的镦粗力压缩坯料,使其充满穿孔筒后,镦粗缸卸压。此时,穿孔坯料的外径尺寸与穿孔筒的内径尺寸相同。

(5)穿孔缸以相应的穿孔力,通过穿孔头进行坯料的穿孔。与此同时,穿

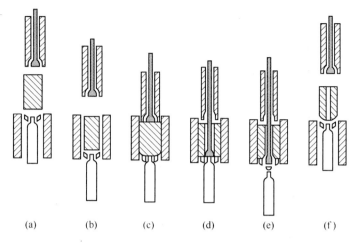

(a)　　　(b)　　　(c)　　　(d)　　　(e)　　　(f)

图 2 - 22　坯料穿孔工序

（a）坯料进入穿孔机中心线；（b）坯料进入穿孔筒；（c）坯料镦粗；（d）坯料穿孔；

（f）穿透（剪切）穿孔余料；（g）空心坯顶出穿孔筒

孔坯料金属借助于坯料变形向上延伸的作用力，克服镦粗杆和镦粗头的自重，上行延伸流动。

（6）穿孔头继续向下移动至距离坯料直径的 1/3 ~ 1/2，接近下支承杆、剪切环封闭端的瞬间，下支承杆迅速下降，穿孔头穿过剪切环模孔，剪切穿孔余料。

（7）穿孔杆带穿孔头回程，使穿孔头与坯料分离，同时，下支承杆将穿孔坯料从穿孔筒中顶出。

（8）穿孔筒移至卸料位置，卸料机械手取走顶出的穿孔坯料，进入下一道工序。

（9）穿孔余料进入收集箱，穿孔头和剪切环进入冷却、检查工序。

（10）穿孔筒进入检查、冷却、清理工序，为下一个穿孔周期做准备。

2.4.2　穿（扩）孔工艺的选择

钢管挤压时，使用的空心坯可以由以下三种方法获得：

（1）在实心坯料上，直接钻一个直径比挤压芯棒直径略大的孔。这种方法用于得到直径为 50mm 以下的孔。

（2）在实心坯料上，先预钻一个直径为 20 ~ 30mm 的小孔，然后在扩孔机上将孔扩大到指定的尺寸。这种方法用于得到 50 ~ 100mm 的孔。

（3）实心坯料在穿孔机上直接穿孔，得到所要求尺寸的孔。这种方法用于大于 100mm 的孔。

无论以何种方法获得的空心坯料，其主要的质量指标是空心坯料的同心度以及其内孔的弯曲度。在坯料进行穿孔或扩孔时，影响穿孔空心坯同心度和内孔弯曲度的，同时也是影响其挤压钢管壁厚均匀度极限值的参数，主要是坯料的长度 L_z 与其内孔的直径 d_g 的比值。一般情况下，为了确保空心坯的同心度和挤压钢管壁厚均匀度的极限值，将参数 L_z/d_g 限制在一定范围内。实心坯料穿孔时，$L_z/d_g = 5 \sim 7$（碳素钢7，不锈钢5～6）；空心坯料扩孔时，$L_z/d_g = 10 \sim 12$（最大 L_z/d_g 可达到15）。

L_z/d_g 比值的选择主要取决于材料的变形抗力以及对挤压钢管壁厚精度的要求。1Cr18N10Ti 不锈钢坯料穿孔后空心坯壁厚不均影响的试验结果显示，随着 L_z/d_g 的比值从 4.4 增大至 6.1，穿孔后空心坯的壁厚不均增大 15%。

根据奥地利原 VEW 公司在 34MN 挤压机上所得到的数据，空心坯的获得方法对不锈钢挤压钢管壁厚均匀度的影响示于图 2 – 23。由图 2 – 23 可知，扩孔工艺比穿孔工艺具有更高的空心坯壁厚精度。

55MN 挤压机上，采用 ϕ210mm、ϕ280mm 和 ϕ315mm 挤压筒时的芯棒直径与空心坯长度之间的关系示于图 2 – 24。

图中有细线的区域表示可能的芯棒直径与空心坯的长度的比值。采用坯料的穿孔工艺，将使这个区域向较小的空心坯长度方面明显地缩小。在许多情况下，缩小到一半。

坯料在穿孔和扩孔时，必须满足以下条件：在一次行程中，孔的扩大不应超过 5 倍；扩孔时的延伸系数不应超过 1.45；穿孔时的延伸系数不应超过 1.60。

采用扩孔工艺的效果随着穿孔机吨位或扩孔芯棒直径的减小而增加。在这种情况下，扩孔工艺可以用到挤压筒的整个长度的坯料。所以，对于 10～25MN 挤压机的挤压车间，立式穿（扩）孔机的选择应该是更简单的扩孔机，而不是穿孔机。

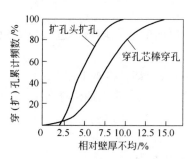

图 2 – 23　空心坯获得方法对
不锈钢挤压管壁厚均匀度
的影响

（工艺条件：直径为 ϕ229mm 坯料，
用直径为 ϕ112mm 的穿孔芯棒穿孔，
$L_r/d_r \approx 5$；生产钢管的规格为
ϕ127mm×10mm）

对于直径超过 150mm 的孔，采用扩孔工艺是不合适的，因为这就需要使坯料的钻孔直径超过 35mm，因而增加了金属消耗，或者是需要进行 2 次扩孔。其结果是使挤压生产线的部分设备闲置，降低了整条生产线的生产效率。

最直接影响穿（扩）孔坯料同心度的因素是穿（扩）孔坯料与穿（扩）孔筒内衬之间的间隙。穿孔时，由于实心坯料在穿孔筒内预先经过镦粗工序，因此当镦粗坯料的镦粗变形程度足够时，镦粗后坯料与穿孔筒内衬之间的间隙，基本上应等于零，在这种情况下，穿孔坯料与穿孔筒内衬之间的间隙对于穿孔后空心坯同心度的影响非常小。而当扩孔时，由于预钻孔坯料在扩孔筒内不进行预先镦粗，因此，当预钻孔坯料进行扩孔时，预钻孔空心坯料外径与扩孔筒内衬之间的间隙使扩孔过程的稳定性降低，因而直接影响到扩孔后空心坯的同心度。在扩孔时，对于坯料与扩孔筒内衬之间的间隙应当特别引起注意，并且应尽可能地做到最小，且做到精确。这是确保扩孔后空心坯同心度的关键。

另外，有资料认为碳钢和低合金钢穿孔时的延伸系数不应大于1.6，不锈钢不应超过1.5，而扩孔时不锈钢的延伸系数不应大于1.3。

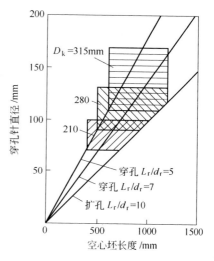

图 2 - 24　55MN 挤压机挤压筒芯棒
直径与空心坯长度之间的关系
（工艺条件：直径为 ϕ229mm 坯料，
用直径为 ϕ122mm 的扩孔头扩孔，
$L_r/d_r \approx 6$；生产钢管的规格为 ϕ127mm×4mm）

图 2 - 23 所示为空心坯获得方法对不锈钢挤压管壁厚均匀度的影响。坯料直径为229mm，穿孔芯棒和扩孔头的直径为112mm。前者 $L_r/d_r \approx 5$，生产的钢管规格为 ϕ127mm × 10mm；后者 $L_r/d_r \approx 6$，生产的钢管规格为 ϕ127mm×4mm。图 2 - 24 所示为 55MN 挤压机 210mm、280mm 和 315mm 挤压筒的芯棒直径和空心坯长度之间的关系。

2.4.3 扩孔工艺及其限制条件

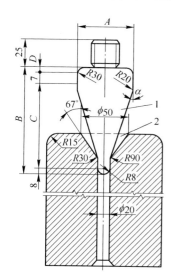

图 2 - 25　空心坯料扩孔时
扩孔头的尺寸和形状
1—扩孔头；2—坯料的喇叭口

为了获得高精度几何尺寸的空心坯，采用预钻孔坯料的扩孔工艺。与穿孔工艺相比较，扩孔工艺的特点主要是采用钻有小直径通孔的坯料。扩孔过程中空心坯不镦粗，坯料被送入穿孔筒之后，将玻璃纤维束或扩孔润滑垫放进坯料上端面的圆锥形中心孔内（图 2 - 25），并在坯料的上端面撒上玻璃粉，再用特殊形状的扩孔头（图2 - 25），对准坯料的孔向下推进，直至坯料下端产生冲余。在整个扩孔过程中，下支承杆被锁紧在下极限位置上。图 2 - 25 所示为空心坯料扩孔时，扩孔头的尺寸和形状。

穿孔杆上的扩孔头在预钻孔内移动，保证了扩孔后空心坯的同心度。为了获得高合金钢、难变形材料的空心坯一般都采用扩孔工艺。这是因为此类材料的变形抗力大，穿孔困难，或会引起穿后空心坯过大的壁厚不均。推荐的扩孔头尺寸列于表 2 - 22。

表 2 - 22　扩孔头的主要尺寸（对应图 2 - 25）

A/mm	B/mm	C/mm	D/mm	$\alpha/(°)$
50	105	82	8	13
55	125	95	15	13
60	135	110	10	13
65	140	115	10	13
70	145	120	10	14
75	150	120	15	14
80	160	130	15	15
85	170	140	15	15
90	175	142	18	16
100	185	152	18	17
105	187	154	18	17
110	190	155	20	18

注：1. 来自尼科波尔南方钢管厂的经验。
　　2. 扩孔头的其余尺寸，根据扩孔过程中金属完全充满坯料和穿孔筒间隙的条件以及为此使扩孔头和金属之间在整个流动过程中保持润滑剂的连续提供为条件来选择。
　　3. 在试验中，采用 3Cr2W8V 钢制造的无水冷却和带内水冷的扩孔头。带内水冷的扩孔头的使用寿命比无水冷扩孔头的寿命高 6~8 次/只，达到 80~100 次/只。

在坯料的扩孔过程中，扩孔头的锥形表面受到最大的磨损而形成划道和凹陷缺陷，如图 2 - 26 所示。立式穿孔机上使用的剪切环的磨损形式如图 2 - 27 所示。

剪切环和支承头的作用是在坯料穿（扩）孔过程中完成以下动作：封闭穿（扩）孔筒内衬的下端面，减小穿（扩）孔余料的高度；完成穿（扩）孔空心坯下端面的定型；剪断穿（扩）孔余料；从穿（扩）孔筒内推出穿（扩）孔后的空心坯。

剪切环和支承头与加热到高温的坯料在穿（扩）孔及空心坯推出的整个周期内直接接触，一般的使用寿命为 100~150 次/只。其报废的主要原因是棱缘翘曲和焊瘤。

图 2 - 28 所示为 25MN 立式穿（扩）孔机工模具装配及其剪切环组件。

图 2 - 26　扩孔头的结构　　　图 2 - 27　10MN 立式穿孔机上
　　　　及其磨损形式　　　　　　　　　使用的剪切环的磨损形式

对扩孔头和剪切环间隙对空心坯端部质量的影响试验的结果认为，扩孔头和剪切环的直径差不应该超过 0.6mm，否则将会导致不适当的增大冲余的直径，提高金属消耗系数，并引起空心坯端部形状的歪曲。

应该指出，扩孔工艺的优点是获得的空心坯的几何尺寸准确，由于扩孔工艺使用的坯料长度比较长，穿孔机的生产率比较高；缺点是坯料金属的消耗较大，成材率比较低，并且增加了加工预钻孔的设备与人力，提高了钢管的生产成本。

在预钻孔坯料扩孔时，扩孔力可以按照实心坯料穿孔时，穿孔力计算结果的 25% ~ 30% 来取，也可以按式（2 - 9）或式（2 - 10）计算：

$$P_{K} = \frac{\pi}{4}（D^2 - d^2）K_C\left(\frac{1}{\gamma}\ln\delta - \frac{\delta}{2}\ln\gamma\right)$$

$$(2 - 9)$$

或　　　　$$P_{K} = \frac{1}{2}K_C\pi（D_K^2 - d^2）\quad(2 - 10)$$

式中　D_K——扩孔头直径，mm；

　　　d——坯料钻孔直径，mm；

　　　K_C——扩孔温度下的变形抗力（约为穿孔时变形抗力 1/2）；

　　　γ——$\gamma = \left(\dfrac{D_K}{D}\right)^2$；

　　　δ——$\delta = \dfrac{D^2}{D^2 - D_K^2}$；

　　　D——穿孔筒直径，mm。

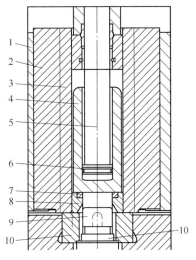

图 2 - 28　25MN 立式穿（扩）孔机
工模具装配及其剪切环组件
1—穿（扩）筒外壳；
2—穿（扩）筒外套；
3—穿（扩）筒内衬；4—穿孔坯料；
5—穿孔杆；6—穿孔头；
7—剪切环；8—剪切环座；
9—支承头；10—下支承头座

2.4.4 穿孔工艺及其限制条件

坯料在穿孔机上直接穿孔的工艺，适用于空心坯直径大于 100mm 的孔。因为空心坯的内孔大于 100mm 时，预钻孔的金属消耗太大，影响挤压钢管的经济性。而内孔直径大于 100mm 的空心坯，穿孔时采用的芯棒直径比较大。因此，穿孔芯棒能承受压力的刚性和稳定性增加，提高了穿孔芯棒承受极限穿孔力的能力。采用穿孔工艺时，不仅能获得高质量的空心坯，同时提高了挤压钢管的成材率。

对于空心坯直径超过 150mm 的孔，采用扩孔工艺是不合适的。因为在这种情况下，需要预钻孔的直径超过 35mm，增加了金属消耗。如果采用二次扩孔工艺，则又要影响机组的生产率。

穿孔的空心坯规格与穿孔力和被加工的材料以及挤压机的产品大纲有关。不同能力的穿孔机所采用的最大坯料的尺寸如下：

穿孔机的能力/MN	9	12	20	25
坯料最大直径/mm	270	310	400	480
空心坯最大长度/mm	700	1000	1250	1400

穿孔时，为了减小坯料与穿孔筒内衬之间的间隙，坯料需经过预镦粗工序，目的是为了提高穿孔后空心坯的同心度和减小空心坯内孔的弯曲度，此外还必须满足以下条件：

对于碳素钢和合金钢，坯料和穿孔筒内衬直径之差 6 ~ 15mm；

对于不锈钢和高合金钢，坯料和穿孔筒内衬直径之差 2 ~ 3mm。同时，还必须考虑到在坯料装入穿孔筒时，厚度约为 1mm 的润滑剂层不被擦掉。

为了使坯料在穿孔筒内衬中的对中，经常把内衬做成不大的锥度（1：500）。这也便于在推出坯料时，空心坯能顺利退出。

穿孔时的延伸系数 μ_{pt} 等于镦粗时的延伸系数 μ_f 和穿孔时的延伸系数 μ_p 的乘积：

$$\mu_{pt} = \mu_f \mu_p \qquad\qquad (2-11)$$

其中，每一个系数都被定义为坯料的原始面积和变形后的面积的比值。因此，可以通过工艺工具尺寸的延伸系数完成以下形式：

$$\mu_f = \frac{D_z^2}{D_{pk}^2}$$

$$\mu_p = \frac{D_{pk}^2}{D_{pk}^2 - d_{pu}^2}$$

式中　D_z——穿孔坯料直径，mm；

　　　D_{pk}——穿孔筒直径，mm；

d_{pu}——穿孔芯棒直径，mm。

镦粗延伸系数 μ_q 始终小于 1，且坯料金属的塑性越低，μ_q 与 1 的差值越小。穿孔的延伸系数 μ_q 始终大于 1。

扩孔时的延伸系数 μ_q 由下式确定：

$$\mu_q = \frac{D_z^2 - d_c^2}{D_{pk}^2 - d_{pu}^2}$$

式中 d_c——预钻孔坯料内径，mm。

μ_q 应当大于 1。

坯料的镦粗力 P_f 按式（2-12）计算：

$$P_f = \frac{\pi}{4} D_z^2 \sigma_u \qquad (2-12)$$

式中 σ_u——在所选择的变形温度和速度下，材料镦粗时的变形抗力（表2-23）。

表 2-23 材料镦粗时的变形抗力 σ_u

钢 种	变形温度/℃	变形抗力/MPa
碳素钢	1200 ± 100	$100 \sim 120$
低合金钢	1200 ± 10	$110 \sim 130$
滚珠轴承钢	1125 ± 25	$125 \sim 130$
铬不锈钢	1175 ± 25	$140 \sim 150$
铬镍不锈钢	1180 ± 30	$150 \sim 160$
镍合金	1150 ± 20	$220 \sim 250$

在稳定穿孔过程中的穿孔力按式（2-13）确定：

$$P_p = 2.6 \sigma_u D_{pk}^2 \left(\ln \frac{D_{pk} + d_{pu}}{D_{pk} - d_{pu}} + 4.85 \ln \mu_p \right) \qquad (2-13)$$

在预钻孔坯料直接扩孔时，扩孔力可以按照实心坯料穿孔的公式计算，取低于其25%~30%的穿孔力。

坯料在镦粗和穿孔过程中，其长度发生两次变化，镦粗后坯料被压缩变短，其轴向减小的体积等于径向增加的体积。穿孔之后，坯料长度变长，轴向增长的体积等于穿孔头所穿出的整个内孔的体积。制定工艺制度时，可按下式确定镦粗坯料的长度 L_f 和穿孔后坯料的长度 L_p：

$$L_f = \frac{V_0}{F_f}$$

$$L_p = \frac{V_0}{F_p}$$

式中 V_0——坯料的体积，m³；

F_f——坯料镦粗后的断面积，mm^2；

F_p——坯料穿孔后的断面积，mm^2。

对于不同直径的穿孔杆，其在穿孔时所能承受的穿孔力（单位为 MPa）可由下式计算：

$$P_{kp} = \frac{\pi^2 EI}{L} \tag{2-14}$$

式中　E——弹性模量，MPa；

I——截面惯性矩（截面模数），mm^4；

L——穿孔杆自由部分的长度，mm。

根据尼科波尔南方钢管厂的经验，在无对中的穿孔杆自由穿孔芯棒穿孔时，穿孔芯棒的强度安全系数的选择不能小于4。

在实心坯料进行穿孔时，影响穿孔后空心坯同心度和内孔弯曲度，进而导致在挤压时影响到挤压钢管壁厚不均度极限值的重要参数是空心坯长度 L_z 与其内孔的直径 d_z 的比值。

一般情况下，为了确保空心坯的同心度和其内孔的直线度，将参数 L_z/d_z 值限制在以下范围内：对于实心坯料穿孔时，$L_z/d_z = 5\sim 7$；碳钢穿孔时为7；不锈钢穿孔时为 $5\sim 6$。

根据关于空心坯长度与其内径之比对于 1Cr18Ni10Ti 不锈钢坯料穿孔后空心坯壁厚不均影响的试验结果显示，随着 L_z/d_z 的比值从 4.4 增大到 6.1 时，穿孔后空心坯的壁厚不均增大到 15%。

当坯料和穿孔筒内衬之间的间隙增大，而穿孔前坯料又没有充分镦粗，穿孔后空心坯的壁厚不均增大。如果间隙从 3mm 增大至 15mm，则空心坯的壁厚不均提高到 5%～15%。

当坯料镦粗时，在金属中要达到为完全充满间隙所足够的单位压力，但又不能使工具超负荷。对于 1Cr18Ni10Ti 钢，镦粗最佳的单位压力值计算得出为 100～150MPa，否则，将使空心坯的壁厚不均增大。

采用图 2-29 所示断面形状的穿孔头作为实心坯料的穿孔工具时，得到的穿孔空心坯的壁厚不均较小。这已经在生产实践中得到证实。

坯料穿孔时，穿孔头承受最繁重的工作条件，其工作带和沿外径的棱缘，即侧面和端面的圆角承受最大的加热和磨损（图 2-30），棱缘的磨损引起穿孔空心坯的壁厚不均匀。而当这种棱缘磨损不均衡，甚至是单方面的磨损时，对产生空心坯壁厚不均匀的影响将特别严重。

一般采用热稳定性好、钨含量高的钢来制造穿孔头，如 3Cr2W8V、4Cr5W2VSi、35Cr5WMoSi、Ni12 等钢种，并用制造穿孔芯棒的余料来制造。其用于穿孔不锈钢坯料时，穿孔头的使用寿命不超过 30～40 次/只。

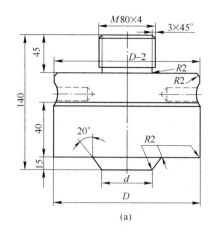

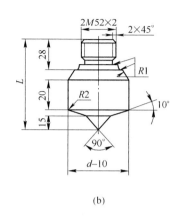

(a)   (b)

图 2-29 立式穿孔机的穿孔头

生产中，轮流地利用安装在穿孔芯棒上的成套穿孔头（由 10~15 个组成）是最有效的。

穿孔芯棒采用不同的对中系统对空心坯壁厚不均有影响。坯料经过定心的穿孔垫镦粗和穿孔之后，得到的空心坯的壁厚不均最小。仅极少数空心坯的壁厚不均达到 3mm。在这种情况下，空心坯长度 L_z 与内径 d_z 之比可以增大至 7。

为了消除穿孔头侧面和端面棱缘的不均匀磨损，减小穿孔空心坯的壁厚不均，在现代化穿孔机上，采用了镦粗杆和穿孔芯棒运动的套管系统（图 2-31）。坯料镦粗后，镦粗杆不返回，而是继续压在坯料上，这样可以

图 2-30 10MN 立式穿孔机上使用的穿孔头（已磨损）

让穿孔芯棒精确地对准坯料中心，并减小穿孔芯棒的自由长度。

采用波状的穿孔头进行穿孔时，实现了穿孔头对于穿孔坯料的附加定心。穿孔时借助于插在穿孔头切口上的弹簧，将穿孔头固定在穿孔杆上。

带有穿孔杆在套管系统中运动的穿孔机上的穿孔头，其使用条件十分恶劣，不仅在镦粗过程中，而且在整个穿孔过程中与高温坯料接触。因此，一般采用热稳定性能良好的高钨钢制造，如 4Cr5W2VSi 和 3Cr2W8V 或 H13 等。

可以将穿孔头和高温坯料的接触表面做成有圆弧倒棱的凹面（图 2-32），这样可以保证在整个穿孔周期中，润滑剂均匀地进入变形区，以提高穿孔后空心坯的质量。

加热温度及其在坯料中分布的均匀性对穿孔后空心坯壁厚不均的影响试验表明：温度从 1160℃ 升高到 1225℃ 穿孔时，空心坯的平均壁厚不均值下降了

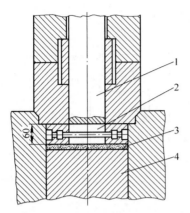

图 2-31 穿孔芯棒和穿孔杆在
套管运动的情况下穿孔芯棒头的
固定方法
1—穿孔杆；2—穿孔头；
3—工艺润滑剂；4—坯料

36.5%。这是由于穿孔力下降所致。穿孔前，坯料的加热温度应该是均匀的，但要做到加热温度绝对均匀是不现实的。一般当坯料横截面上的温差不超过 30℃ 时，得到的结果是可以令人满意的。这是由于加热到高温的坯料在输送过程中，低温区通过热传导而使温度得到补偿。但在感应加热炉中加热的坯料端部温度降低，引起坯料在长度上，尤其是端面温差增大时，会导致穿孔后空心坯壁厚不均和内孔弯曲度增加。

此外，穿孔头的形状不正确，穿孔头和穿孔对中模的间隙不当等，都会导致空心坯壁厚不均或内孔弯曲。但当穿孔头带有导向的尖头时，可以减小空心坯偏心或内孔弯曲缺陷。

采用带有定心孔的实心坯料穿孔，也可以

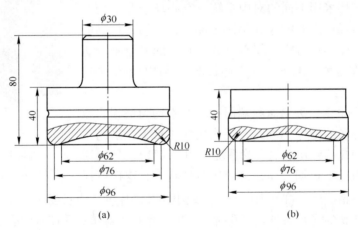

图 2-32 带柄的 (a) 和平支持端面的 (b) 穿孔头

提高穿孔后空心坯的同心度和内孔的平直度。定心孔的直径大小与穿孔头头部导向尖的直径相匹配，定心孔的深度为坯料上部端面起 1/4 ~ 1/3 坯长。这是由于在坯料穿孔的不稳定阶段，定心孔的导向作用对穿孔后空心坯的质量起到事半功倍的效果所致。

2.5 钢管的热挤压工艺

挤压机可以生产各种钢种的产品，如碳素钢、合金钢、不锈钢、轴承钢以及高温合金和难熔金属及其合金的管材、异型材和异型管材。挤压钢管机组在碳素钢和低合金钢管生产的效率和经济性方面虽然无法与连轧管机组相比较，但其在生产特殊钢管和复杂断面的异型材的领域中，却占有特殊的地位，特别是在不锈钢管的生产方面，挤压机组已经成为不可缺少的重要生产手段。

2.5.1 挤压钢管和型钢生产的工艺流程

根据所生产品种的不同，挤压钢管和型钢生产的工艺流程有以下几种：

（1）不锈钢管生产工艺流程如图 2 - 33 所示。

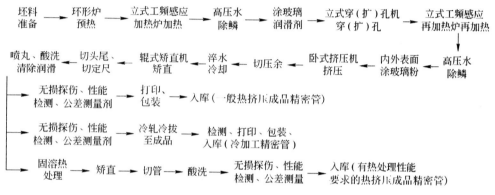

图 2 - 33　不锈钢管生产工艺流程图

该工艺流程特别适合于生产量大面广的不锈钢管，如 300 系列不锈钢管、400 系列不锈钢管、奥氏体及铁素体不锈钢管和奥氏体 - 铁素体双相不锈钢管等。产品可以是以一般热轧成品管、有热处理性能要求的热轧成品管或用作冷加工精密管的坯料管状态交货。

该生产线设备配置的特点是：精确地选择了坯料准备工段的各种加工设备，采用具有准确的挤压速度控制的挤压机，以及能使加热坯料比较准确地得到规定加热温度的工频感应加热炉和再加热炉，并且整条生产线具有很大的灵活性，因此特别适用于各种高合金钢及合金管的生产。

（2）低塑性难变形材料管型材的热挤压工艺流程如图 2 - 34 所示。

该工艺流程适用于低塑性难变形材料管棒型材的生产，例如铸铁管，高硅、钨、钼等含量的耐蚀耐热不锈钢管，尼莫尼克合金及难熔金属、合金等材料的管材。这类材料一般不在立式穿孔机上进行预穿孔，而是采用经预钻孔的坯料直接进入挤压工序。

该工艺还用作生产双金属管材和复杂断面的实心型材，并且也有采用离心铸造的空心坯直接生产管材。

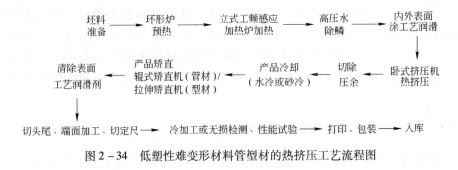

图 2-34 低塑性难变形材料管型材的热挤压工艺流程图

(3) 碳素钢、低合金钢、专用管的挤压工艺流程如图 2-35 所示。

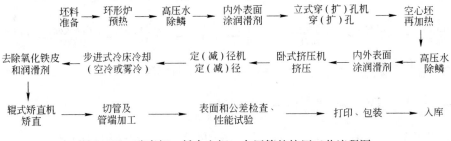

图 2-35 碳素钢、低合金钢、专用管的挤压工艺流程图

　　该工艺流程适用于品种比较单一、产量比较大的钢管的生产。其产品主要是一般用途的碳素钢管、低合金钢管以及专用管,如滚珠轴承钢管、锅炉钢管、石油钢管等其他用途比较重要的钢管。

　　该生产线的特点是:挤压过程的高度机械化和自动化。使用多工位的穿(扩)孔机和管型材挤压机,保证挤压次数达到 120~140 次/h,并且,由于在工艺生产线中使用了多机架、连续式定(减)径机,在保持挤压机高生产能力的情况下,大大扩大了小直径和薄壁钢管的生产品种。

　　在国内外使用大功率的万能挤压设备来生产单一产品的工艺已有实际经验。这种挤压设备的主要特点是:工艺设备的选型、设备能力的确定主要取决于产品品种的定位。如前苏联伏尔加钢管厂的 55MN 挤压机组主要生产品种定位于锅炉管、地质勘探管以及有重要用途的合金结构管等低合金钢管;前苏联电炉钢厂 1975 年建成投产的 63MN 挤压机组生产车间用于低塑性材料钢锭的初次开坯。美国柯蒂斯·莱特公司和加美伦公司采用大吨位的挤压机生产潜水艇的潜望镜钢管、直径达 1200mm 的煤气输送管道、三通管以及连接件、蒸汽锅炉管、大容积罐毛坯等。按其生产线总体设备的组成来看,这种特殊装备的挤压生产线也属于本工艺的范围。

2.5.2 钢管热挤压的工艺程序

经立式工频感应再加热炉加热，并经在线内外表面涂粉的空心坯料，连同挤压垫一起由上料装置送到挤压中心线，开始钢管的热挤压周期。钢管热挤压的工艺程序如下：

（1）带有玻璃垫的挤压模组件封闭挤压筒的前端。

（2）挤压杆推动空心坯料、挤压垫进入挤压筒，至与玻璃垫接触为止。

（3）挤压芯棒前进并穿过挤压垫、空心坯料，进入挤压模的模孔，形成环状型腔。

（4）挤压钢管所需要的力，由挤压杆通过挤压垫施加到坯料上。

（5）主柱塞开始工作行程。首先压缩空心坯料，使之镦粗充满挤压筒。此时，挤压坯料外径的尺寸与挤压筒的内径尺寸相同。

（6）在相应的压力下，空心坯料由挤压模和挤压芯棒组成的环状孔隙，高速挤出钢管。

（7）挤压杆、挤压芯棒和带有压余及挤压垫的挤压筒一起返回一段距离。穿孔缸回程、抽出芯棒。

（8）滑锯下降并切断压余。

（9）挤压杆在推出压余和挤压垫后返回。

（10）挤压垫和压余在专门的垫片分离装置上分离之后，挤压垫通过溜槽进行循环使用，压余则掉入收集箱。

（11）与此同时，挤压筒内衬进行自动清理和冷却。

（12）压模部件带着挤压模进入冷却、检查、修理或更换工位。并开始下一个挤压周期的准备。

挤压好的钢管通过拉出装置拉出，在出料辊道上通过热锯切除头尾和定切。一般的奥氏体不锈钢管进入淬水槽进行冷却。

对于产量为 60 支/h 的挤压机，完成整个钢管热挤压周期，一般需要 1min 左右。

在同一台管棒型材挤压机上生产不同的产品时，根据生产产品的工艺特点，有着不同的工艺程序和操作程序。因此，设计有多品种生产要求的挤压机设备和生产线时，应考虑在设备功能上具备满足各种选择的可能性，以便适应各种产品生产的工艺要求。

图 2-36 所示为管型材挤压机的工艺图。

2.5.3 钢管挤压时芯棒的工作状态

根据挤压过程中芯棒所处的状态，钢管的热挤压可以分为固定芯棒挤压、随

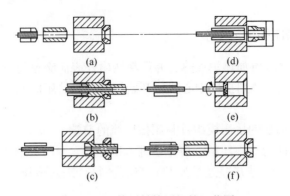

图 2-36 管型材挤压机的工艺图

（a）空心坯装入挤压筒；（b）钢管挤压；（c）切压余；

（d）从挤压筒中将压余组合推进溜槽中；（e）清理和冷却挤压筒内衬；（f）回到挤压起始位置；

动芯棒挤压和浮动芯棒挤压三种。

固定芯棒挤压：钢管挤压时，芯棒固定在挤压机穿孔装置的芯棒座上。挤压前预先将芯棒的位置调整到芯棒的头部工作带进入挤压模的定径带位置，并加以固定。在整个挤压过程中，芯棒的位置保持不变。在这种工艺条件下，芯棒的磨损集中。但在使用过程中，芯棒可以通过调整工作带的位置多次使用，达到提高芯棒利用率的目的。同时，挤压机上的固定芯棒装置可以设计成在挤压过程中转动芯棒的位置，以便旋转或调节芯棒。在挤压非圆形管材时，芯棒能够精确地装置在挤压模的模孔中。并且，还能用于挤压变断面的产品。

随动芯棒挤压：在设有独立穿孔系统装置的挤压机上，钢管挤压时的芯棒固定在挤压杆的头部，即在挤压过程中，芯棒和挤压杆同步，所以又称为同步芯棒挤压。采用空心坯料挤压时，金属流出挤压模出口的速度，大大超过芯棒的前进速度。因此，在出口处，挤压金属和芯棒之间存在着速度差，引起变形金属与芯棒之间的相对移动。在这种工艺条件下，有利于挤压钢管内表面质量和芯棒使用寿命的提高，并且操作简单，制品的尺寸容易控制，但在挤压结束后，抽出芯棒比较困难。

浮动芯棒挤压：在现代卧式挤压机上，已经有设计成在结构上允许与挤压杆运动无关的独立调节芯棒运动速度的挤压机穿孔装置。这种芯棒运动速度独立调节装置允许芯棒在40%的挤压杆行程中，以比挤压杆运动速度高的速度通过挤压模模孔移动。也即在金属流动过程中，芯棒在挤压变形区内可以浮动500～700mm，因而使芯棒的受热温度和磨损情况有所降低。

浮动芯棒的设计，主要是根据在挤压过程中芯棒受到的阻力或拉力来浮动，使芯棒在不受轴向力的情况下工作。对于小直径的芯棒来说这是十分必要的，因为可以防止芯棒在挤压过程中被拉断。

2.5.4 模前锯和模后锯

为了提高挤压机的小时挤压次数，提高生产率，在设计挤压机时，除工作行程的移动速度必须根据工艺要求选择之外，往往把空程速度提高，一般为 300~500mm/s，有的甚至高达 600~700mm/s，为了防止高速回程对设备造成的冲击和振动，采用了回程速度控制的"慢—快—慢"变速系统，并在挤压将近结束时剩余 10~30mm 的压余作为缓冲。压余在挤压结束后必须切除，切除压余的方法有模前锯和模后锯。

模前锯切（图2-37（a））：挤压结束后，挤压杆后退，挤压筒松开，压余和挤压垫留在挤压筒中离开挤压模一段下锯间隙的距离

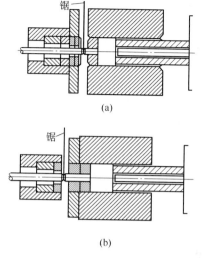

图2-37　挤压结束后切除压余的方法
（a）模前锯切；（b）模后锯切

（靠挤压筒的一边为模前），与此同时，芯棒快速返回，滑锯下降锯切压余。一般挤压管材和简单形状的型材采用模前锯。模前锯节约材料，提高成材率，但需要配置拉出装置，对于大口径厚壁管的挤压，也可以采用顶出装置。拉出装置一般采用液压夹钳，其使用时夹紧力的大小要适当，以免夹偏或夹不住，钳口根据钢管的规格更换，夹紧之后由液压缸拉出。

模后锯切（图2-37（b））：挤压结束后，启动模架轴向移动装置并与挤压筒一起移动到模后锯切的位置进行锯切。模后锯浪费材料，但挤压制品从挤压机抛出方便。一般挤压小断面的型材、薄壁管材和经多孔模挤压的型材采用模后锯切除压余。采用模后锯时，制品的尾端形状不会受损。

如果挤压机不允许在模后锯切压余，而型材的横断面又很小，则为了使压余与产品容易分开，可采用带有缓冲垫的挤压坯料。缓冲垫完全留在压余里。为了防止坯料和缓冲垫焊合，可在坯料和缓冲垫之间装设一个橡胶石棉垫，或采用不同材料制成的无压余挤压使用的塑性垫代替缓冲垫。

2.5.5 钢管热挤压的速度制度

挤压速度直接影响到挤压生产的经济性和挤压产品的质量。在同一台挤压机上，根据材料、变形程度和挤压制品断面形状的不同，挤压速度可以在 50~500mm/s 范围内变化。设计中采用速度调节回路和行程调节回路并联工作的混合数字调节来实现。挤压时，根据材料的不同和温度的变化会出现各种不同的变形阻力，影响到挤压速度的改变，因而在同一个节流阀的位置上有各种不同的挤

压速度。挤压速度的调节机构由操纵台操作各种结构的液压节流阀来实现。带有微调速度的机构由 2~3 个节流阀组成，经过节流阀向挤压机主缸提供高压水。使用在操纵台上带指示器的专门机构来实现对挤压速度的控制，并且在挤压机的出口处还装有测量挤压制品出口温度的仪表。

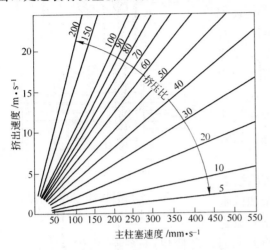

图 2-38 主柱塞速度（挤压速度）
与金属挤出速度的关系

挤压时，从提高挤压机的生产率和挤压工模具的使用寿命来考量，要求采用尽可能高的挤压速度。但是，最高挤压速度的采用又取决于润滑剂的使用效果和材料在高速挤压条件下导致的局部晶间熔化（过烧）现象的限制。

一般挤压比、挤压速度（主柱塞的前进速度）和金属流动速度（挤压模出口的金属流出速度）三者的关系如图 2-38 所示。由图 2-38 可以看出，当挤压比一定时，挤压杆的前进速度越高，则挤压模出口处的金属流动速度越快；当挤压杆的前进速度一定时，则挤压比越大，挤压模出口处的金属流动速度越快。

挤压速度和挤压比都是影响金属流动速度的重要因素。在制定挤压工艺制度时，如果挤压比已定，根据允许的金属流动速度，可以选择适当的挤压速度。

综合以上因素的考虑，也有资料建议挤压速度不应小于 100mm/s，一般可达到 300mm/s 左右。

各种材料管材的最大挤压速度示于表 2-24。

表 2-24 不同材质管材的最大挤压速度

材 质	模孔出口速度/m·s⁻¹
10 钢	8~10
20 钢	8~9
35 钢	8~9
低合金钢（C 0.15%，Mo 0.3%）	7~9
铬钼钢（C 0.15%，Cr 1.0%，Mo 0.5%）	7~9
耐热钢（C 0.17%，Cr 18%，Si 1.0%，Al 1.0%）	7~8
不锈钢（18-8）	7~8[①]

材 质	模孔出口速度/m·s⁻¹
铬镍钢（C 1.00%，Cr 18%，Ni 9%，Mo 4%）	4 ~ 6[①]
铁镍合金（Ni 47%）	2 ~ 5[①]
镍钴合金（Co 28%，Ni 8.0%）	2 ~ 5[①]
双金属：不锈钢—碳素钢	2 ~ 4
双金属：不锈钢—紫铜	1.5 ~ 3.0
双金属：不锈钢—黄铜	1.5 ~ 3.0
双金属：碳素钢—紫铜	3 ~ 5
镍合金：挤压比小于 40 时（挤压比大于 40 时）	1 ~ 2（2 ~ 3.75）
钼合金	1.8 ~ 4.5
钨合金	8 ~ 16

①钻孔坯料。

2.5.6　钢管热挤压时的变形制度

根据金属变形的体积不变定律，变形前的体积 $V_前$ 和变形后的体积 $V_后$ 相等，即

$$V_前 = V_后$$
$$F_前 L_前 = F_后 L_后$$

式中　$F_前$——变形前的坯料横断面面积；

　　　$L_前$——变形前的坯料长度；

　　　$F_后$——变形后成品横断面面积；

　　　$L_后$——变形后的成品长度。

从上式可以推出：

$$F_前/F_后 = L_后/L_前 = \mu（挤压比） \tag{2 – 15}$$

理论上的挤压比是挤压前后面积之比或挤压后前管长度之比。挤压比的选择取决于一系列的因素，如挤压机的能力、挤压材料的性能、润滑剂的类型等。根据试验认为，当采用玻璃润滑剂进行挤压时，理论上挤压比可达到 200；而当采用石墨润滑剂进行挤压时，挤压比仅可达到 20。实际上，一般钢挤压时，采用玻璃润滑剂挤压的挤压比通常在 60 以下，以 35 ~ 40 为佳。

也有资料认为，金属的变形速度受到延伸系数（挤压比）的影响，挤压比越大，金属的流动速度越快，挤压制品出口温升越高。因此，为了控制挤压金属的出口温度，防止由于变形金属的流动速度过快，而引起挤压制品的出口温度过高，导致变形金属中晶粒长大以及不利金属变形的金相组织出现，而将挤压时的

延伸系数 μ 控制在以下的数值范围内：

碳素钢和低合金钢	$\mu < 70$
滚珠轴承钢	$\mu < 40$
高合金钢和铁镍合金	$\mu < 25$

尼科波尔南方钢管厂推荐的挤压比 μ 如下：

碳素钢管	< 50
碳素钢异型材	$25 \sim 30$
合金钢和不锈管	$30 \sim 35$
合金钢和不锈钢型材	$15 \sim 20$

立式穿孔机的延伸系数 μ 推荐如下：

碳素钢和合金钢	< 1.6
不锈钢穿孔	< 1.5
不锈钢扩孔	< 1.3

挤压变形的限制条件：挤压变形参数的限制条件与各种情况下具体的生产条件有关。以下数据适用于大批量生产的条件，在个别的、小批量钢管生产时，其经济性并不起重要作用。因此，以下限制参数的数值可以相应变化和扩大使用范围：

对于钢管外径和壁厚之比，碳素钢和低合金钢为 $D/S \leqslant 30$，不锈钢为 $D/S \leqslant 25$。

对于挤压时芯棒的最大直径，不超过挤压筒直径的 0.6 倍。

对于挤压时芯棒的最小直径，不小于挤压筒直径的 0.2 倍。

对于挤压时的延伸系数，最小不小于 2.5，小于该数值时，采用挤压工艺是不经济的；而最大延伸系数受挤压时因热效应引起的金属中晶粒长大和不利的组织结构变化的限制。

挤压时金属可能的变形程度主要受挤压机上达到最大负荷时，在挤压垫上产生的压力大小的限制。

奥地利席勒尔布卢克曼厂 31MN 挤压机上得到的数据所确定的这个关系如图 2 -39 所示。而对于各种挤压机挤压筒直径（坯料直径）的选择可参考图 2 - 40。图 2 - 39 所示为挤压的单位压力与延伸系数的关系，图 2 - 40 所示为对各种挤压力的挤压机的挤压筒直径初步选择图。

2.5.7 挤压工模具的预热与冷却

为了减少坯料与工模具接触表面的温降，有利于玻璃润滑剂的软化，提高润滑效果，降低工模具表面热冲击引起的温度应力，提高工模具的使用寿命，挤压工模具使用前应进行预热，其预热温度与挤压材料和工模具的材质有关。挤压钢管和型材时，工模具的预热温度见表 2 - 25。

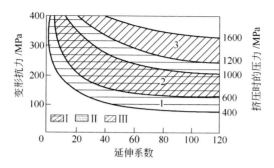

图 2 - 39　挤压的单位压力与延伸系数的关系

Ⅰ—广泛应用的范围；Ⅱ—狭窄的应用范围；Ⅲ—在采用高强度钢挤压杆的条件下；
1—1200℃条件下的碳素钢；2—1200℃条件下的不锈钢；3—1100℃条件下的高速钢

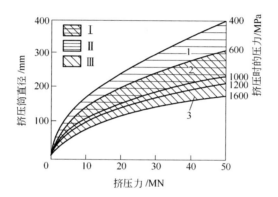

图 2 - 40　对应各种挤压力的挤压筒直径初步选择图

Ⅰ—广泛应用的范围；Ⅱ—狭窄的应用范围；Ⅲ—在采用高强度钢挤压杆的条件下；
1—1200℃条件下的碳素钢；2—1200℃条件下的不锈钢；3—1100℃条件下的高速钢

表 2 - 25　钢挤压工模具的预热温度

工模具	预热温度/℃	工模具	预热温度/℃
挤压筒	300 ~ 350	穿（扩）孔筒	300 ~ 350
芯棒	350 ~ 400	剪切环	300 ~ 350
挤压垫	250 ~ 300	扩孔头	250 ~ 300
挤压模	250 ~ 300	—	—

　　美国 PMAC 公司的 2500t 挤压机推荐的预热温度如下：工具钢制作的挤压模和穿孔头为 200℃，挤压芯棒为 260 ~ 320℃，挤压筒为 260 ~ 320℃，穿孔筒为360 ~ 370℃。

挤压模、挤压垫、芯棒等小型工模具的预热一般采用箱式电炉。挤压筒的预热主要有电阻加热和感应加热两种。感应加热是将感应线圈放入挤压筒内进行加热，加热时热流由内衬向外传导，挤压筒内的温度分布较电阻加热合理（图2－41），因为内衬、中和外套之间的过盈配合应力不会降低，但感应加热时操作不便，感应圈易损坏，所以目前主要还是采用电阻加热。

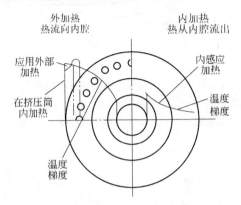

图2－41　挤压筒的预热曲线

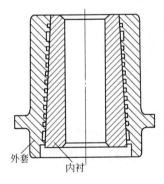

图2－42　穿孔筒的
内冷却方式

在正常挤压生产过程中，挤压工模具连续使用时，温度将会逐渐升高，而引起工模具材质高温回火，降低了红硬性，导致工模具产生变形而影响挤压过程的顺利进行。如挤压垫的使用温度过高，因热膨胀过大产生变形而引起挤压垫卡在挤压筒内。为此，挤压工模具在使用过程中又需要进行必要的冷却，使其保持在所要求的温度范围内工作。对于挤压垫，挤压模和小直径的芯棒一般可以采用3～4个循环轮流使用，必要时也可以在挤压结束后进行水冷或喷水冷却。对于挤压筒和大直径的芯棒等大型工模具，在使用过程中吸热量大，更换又不方便，故只能采用专门的冷却装置来进行冷却。如挤压筒的冷却方式有内部通水冷却（内冷式）和内衬喷水冷却（外冷式）两种。内冷式（图2－42）是在中衬内孔表面加工有螺旋形冷却槽，当挤压筒温度过高时，通入水温不低于60～65℃的冷却水，以防止过冷引起裂纹，设有电加热器与水冷却装置的挤压筒如图2－43所示；外冷式是当挤压循环结束时，采用环状喷嘴在挤压筒一端向筒内喷入压力水冷却，这种方法比较简单，但内衬的材质要具有良好的耐急冷急热性能。挤压芯棒的冷却也有内冷式和外冷式两种（图2－44）。

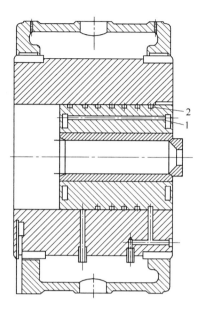

图 2-43　设有电加热器与水冷却装置的挤压筒
1—加热器；2—通水冷却用的沟槽

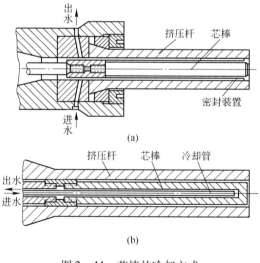

图 2-44　芯棒的冷却方式
（a）外部冷却；（b）内部冷却

2.6　不锈钢管挤压后表面玻璃润滑剂的清除

挤压钢管和轧制钢管一样，在挤压后还要经过冷却、矫直、切管、修磨等一系列的精整工序和检验、测试工序，才能成为商品管。挤压钢管精整工艺的特点是，由于挤压钢管在热挤压时采用了玻璃润滑剂，因而在挤压后的钢管内外表面上形成了一层 0.05～0.15mm 厚的坚硬的玻璃润滑剂薄膜，影响了挤压后进一步的加工和使用，因此必须首先应予以清除。

从挤压钢管表面上清除玻璃润滑剂是一个困难而又昂贵的工序。因此，从开始采用玻璃润滑剂起就将钢管表面玻璃润滑剂的去除作为一个重要的研究课题，试验通过玻璃润滑剂成分的调整来加大玻璃润滑剂和钢管膨胀系数的差异。在钢管挤压后淬水冷却时，使表面的玻璃润滑剂实现自动剥落。这一研究虽然取得一定的成果，但尚未达到彻底清除残余玻璃润滑剂的目的。

2.6.1 钢管表面玻璃润滑剂的清除方法

进一步清除钢管表面玻璃润滑剂的方法有机械法和化学法两种。

2.6.1.1 机械法——喷丸处理

采用喷丸处理来清除挤压钢管表面残留的玻璃润滑剂的方法是一种比较经济的方法。

喷丸处理设备的结构基本上有两种形式：一种是用压缩空气使铁丸流动，并通过喷嘴将铁丸喷向被加工钢管的表面，实现对钢管的表面处理；另一种是喷丸设备有一个离心装置，依靠离心力将铁丸摔向钢管表面，实现对钢管的表面处理。

为了清理钢管内表面残留的玻璃润滑剂，在钢管内表面引入在压力作用下供给铁丸的带喷嘴的软管。通过一次喷吹即能将钢管内表面残留的玻璃润滑剂清除。此时，在钢管的另一端设有强力抽丸装置。

日本神户（Kobe）公司的喷丸设备长约 10m，设有单独传动提供铁丸的 8 个喷嘴。铁丸是反复循环使用的，直径为 1mm。喷丸过程借助于倾斜布置的辊道，钢管一边移动，一边旋转。喷丸机的工作空间是完全密封的，并且，为了排出玻璃尘埃，设有强力抽风装置。

美国 Amerex 挤压钢管厂的喷丸机，喷丸处理钢管的最大直径为 228.6mm，采用的丸粒有两种，一种是带尖棱角的，另一种是圆滑无棱的。现场所见，丸粒为袋装外购。根据现场工程师介绍，丸粒也有用细钢丝切成的。

当被挤压制品表面上的玻璃润滑剂薄膜层的厚度不超过 0.05mm 时，对于钢管和空心型材外表面的清理，采用在辊道架上，将型材或钢管引至砂流或者铁丸流的下面，使喷嘴可以从四面八方朝着挤压制品的外表面进行喷丸清理。

对于挤压空心制品的内表面进行清理残留玻璃润滑剂薄膜时发现，当用带有砂子或铁丸的空气流从钢管的内表面喷吹时，玻璃薄膜去除得很慢，并且沿着钢管的长度方向上玻璃膜去除很不均匀。引入加速度喷吹带有砂子或铁丸气流进行清理，可在钢管的长度方向的横截面上，形成带砂子或铁丸的高压空气流忽大忽小变化的旋风式喷吹，并且使喷吹过程沿着钢管的长度方向往复来回地运动，可以获得较好的喷吹效果（图2-45）。

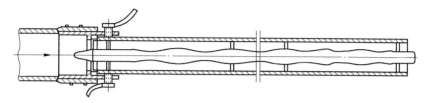

图2-45 钢管内表面清除玻璃润滑剂的喷吹装置

2.6.1.2 化学方法——碱酸洗处理

挤压钢管内外表面残留的玻璃润滑剂具有很大的化学稳定性，因此需采用碱溶液或包含有氢氟酸的碱溶液来清除。碱与二氧化硅或其他不溶解的硅酸盐玻璃反应形成可溶解的碱金属硅酸盐，其化学反应式如下：

$$SiO_2 + 2NaOH \longrightarrow Na_2SiO_3 + H_2O$$

氢氟酸与二氧化硅的化学反应为：

$$SiO_2 + 4HF \longrightarrow SiF_4 + 2H_2O$$

不锈钢管的碱酸洗制度如下：首先，将钢管放在熔融碱内处理，然后在酸洗溶液中酸洗。钢管在熔融碱中处理之前，要先在煤气炉中加热至150~200℃，以防止钢管浸入时熔融碱被冷却。钢管在温度为480℃的熔融碱槽内处理20min，在冷水槽内冷却6min。在温度为60℃的5%~8%硫酸溶液内中和10min，冷水洗涤5min。在硝酸（12%~16%）和氢氟酸（4%~8%）溶液中，温度为60℃时，酸洗30min。用压力为0.5MPa的冷水冲洗1min。用冷水充分洗涤3次，每次5min。在10%~15%硝酸溶液中（温度为50℃）钝化15min。先用冷水，后用热水（60℃）分别洗涤2次，每次5min。

碱酸洗可清除挤压制品上的玻璃膜，特别是在其厚度不一致时。存在于制品上的玻璃液和厚的玻璃层，可以在几次碱酸洗后被清除。由于腐蚀物的存在而使化学反应速度减慢，因此可能会增加个别工序的持续时间。

挤压制品的碱酸洗会使钢管表面的粗糙度有一些降低，特别是碳素钢和合金钢制品。因此此法可应用在对表面光洁度有较高要求的产品的生产中。

瑞典山特维克公司不锈钢管表面残留玻璃润滑剂的碱酸洗工艺如下：NaOH + NaCO₃碱洗：温度500℃，时间10~12min，水中清洗5min；H₂SO₄酸洗：20%硫酸溶液中酸洗5min，15%~20% HNO₃ + 3% HF酸洗5min，水中清洗。

尼科波尔南方钢管厂的碱酸洗工艺如下：碱洗：60%~70% NaOH + 25%~30% NaNO₃ + ≤5% NaCl₂，温度420~450℃，时间30~50min，冷水冲洗；酸洗：

1.68% H_2SO_4 + 2% ~ 3% NaCl + H_2O 余量，温度 50 ~ 60℃，时间 5 ~ 0min，高压水（5 ~ 10 大气压）冲洗，时间 3 ~ 5min；酸洗：20% HF + 8% HNO_3 + H_2O 余量，时间 10min；压水冲洗，热水清洗。

美国 Amerex 公司挤压钢管厂去除挤压不锈钢管表面残留玻璃润滑剂采用"喷砂 + 酸洗"工艺。对于一般的钢种仅进行喷丸处理，对于不锈钢管则在喷丸处理之后，还必须进行酸洗。经喷丸处理之后的钢管表面残留的玻璃润滑剂薄膜已经处于疏松状态，酸洗时极易清除。其"机械处理 + 化学处理"的工艺如下：钢管内外表面经喷丸处理后，在 20% HNO_3 + 3% HF + H_2O 的混合酸溶液中酸洗后，在清水中洗涤干净。

2.6.2 不同材料挤压钢管的碱酸洗工艺

以下是国内外部分用于不同材料挤压钢管的碱酸洗工艺。

2.6.2.1 不锈钢及高合金钢管的碱酸洗工艺

不锈钢及高合金钢管的碱酸洗工艺如下：

（1）碱液成分（质量分数）为 NaOH 60% ~ 70%，$NaNO_3$ 25% ~ 30%，NaCl 0% ~ 5%；加热溶液温度 420 ~ 450℃；碱洗时间 30 ~ 50min；冷水洗。

（2）酸液成分（质量分数）为 H_2SO_4（密度 1.68）20% ~ 22%，NaCl 2% ~ 3%，H_2O 余量；酸液温度 50 ~ 60℃，酸洗时间 5 ~ 10min。

（3）酸液成分（质量分数）为 HNO_3 8%，HF 2%，H_2O 余量；酸洗温度为室温，酸洗时间 10min；水冲洗；热水洗；干燥。

2.6.2.2 硅酸硼和高炉渣为原料的玻璃润滑剂碱酸洗工艺

硅酸硼和高炉渣为原料的玻璃润滑剂碱酸洗工艺如下：

（1）碱液成分（质量分数）为 NaOH 70%，$NaNO_3$ 20% ~ 25%，NaCl 5% ~ 10%；碱液温度 400 ~ 430℃；碱洗时间 30 ~ 60min；冷水洗。

（2）酸液成分（质量分数）为 HNO_3 4% ~ 8%，HF 4%，H_2O 余量；酸液温度 45 ~ 65℃，酸洗时间 15 ~ 45min；冷水洗。

2.6.2.3 碳素钢碱酸洗工艺

碳素钢碱酸洗工艺如下：

（1）碱液成分（质量分数）为 NaOH 60% ~ 70%，$NaNO_3$ 25% ~ 30%，NaCl 0% ~ 5%；碱液温度 420 ~ 450℃，碱洗时间 40 ~ 60min；冷水洗。

（2）酸液成分（质量分数）为 H_2SO_4（密度 1.68）20% ~ 22%，NaCl 2% ~ 3%，H_2O 余量；酸液温度 50 ~ 60℃，酸洗时间 40 ~ 60min；水冲洗；热水洗；干燥。

2.6.2.4 一般玻璃润滑剂挤压钢管的碱酸洗工艺

一般玻璃润滑剂挤压钢管的碱酸洗工艺如下：

（1）碱液成分（质量分数）为 NaOH 80%，NaNO₃ 20%；碱液温度 400~500℃，碱洗时间 20~30min；冷水洗。

（2）酸液成分（质量分数）为 HNO₃ 10%~15%，HF 3%，H₂O 余量；冷水洗。

2.7 挤压钢管的缺陷及其形成原因

2.7.1 钢管的壁厚不均缺陷

挤压钢管壁厚不均的影响因素如下：

（1）空心坯质量影响。钢管挤压时，采用的空心坯的偏心度以及内孔的弯曲度对挤压后钢管的壁厚不均影响极大。挤压空心坯的偏心和内孔弯曲是由于钻孔、穿孔或扩孔工序操作和坯料尺寸选择不当造成的。

（2）工模具配合精度的影响。钢管挤压时，挤压筒和挤压模、挤压模和挤压杆、芯棒和挤压杆配合的同心度，以及挤压筒和挤压垫、挤压垫和芯棒的配合间隙的大小，也直接影响到挤压钢管的壁厚不均。

（3）坯料与工模具间的间隙影响。坯料和挤压筒、坯料和芯棒之间的间隙会影响到挤压钢管的壁厚不均。如间隙过小，坯料推进挤压筒或芯棒插入坯料内孔时，会将表面的玻璃润滑剂刮去，引起挤压时润滑剂的不均匀，导致挤压时钢管的壁厚不均；而间隙过大，坯料在预镦粗时，导致充填不足，且挤压筒上半部的金属首先流出模孔，也会导致挤压钢管头部的壁厚不均，俗称"鸭头"。

设 D_t 为挤压筒直径，D_o 为坯料外径，d_u 为模孔直径，d_o 为坯料内径，d_x 为芯棒直径。当满足以下条件时：

对于薄壁钢管 $D_t/2 + d_u/2 \leqslant D_o/2 + d_o/2$

对于厚壁钢管 $D_t/2 + d_x/2 \leqslant D_o/2 + d_o/2$

则可以得到挤压钢管具有较小的壁厚不均。而坯料的预镦粗比较充分时，挤压后钢管的偏心度较小。

（4）坯料加热温度的影响。坯料的加热温度不均匀，引起挤压钢管时金属变形抗力的差异；同时由于坯料温度的不均匀，引起玻璃润滑剂黏度的不均。二者同样都会导致挤压时钢管壁厚的不均匀。

坯料由于加工时端面切斜度过大，或者坯料在感应加热炉内放置时位置与感应圈不同心，以及感应线圈的端部补偿磁场调节不当，都会导致加热时坯料的径向或轴向温度不均，挤压时引起钢管的壁厚不均缺陷。

日本是引进法国发明的"玻璃润滑剂高速挤压法"专利较早的国家之一，并且在引进这一先进工艺之后，一直十分关注挤压钢管的壁厚偏差缺陷的问题。日本钢铁协会钢管分会和各个挤压钢管厂也不断地进行了试验和专题研究，并且取得了一定的成果。

从挤压钢管壁厚偏厚发生的形态来分析，沿挤压钢管的轴线方向，可以分为三部分，即挤压管的头部偏厚、挤压管的尾部偏厚以及挤压管的中部偏厚（图 2-46）。

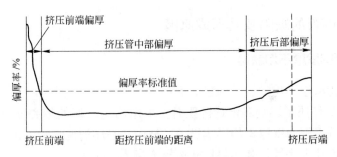

图 2-46 挤压钢管壁厚偏差的形态

钢管的壁厚偏厚率 ΔS 定义为：

$$\Delta S = \frac{t_{max} - t_{min}}{(t_{max} + t_{min})/2} \times 100\%$$

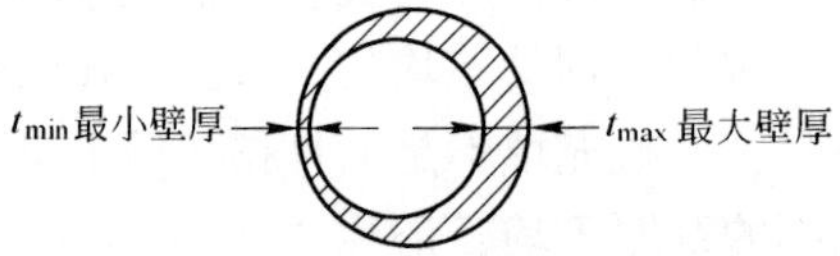

图 2-47 钢管的壁厚偏厚

钢管的壁厚偏厚示意如图 2-47 所示。

挤压钢管前端的头部偏厚尤为显著。这是因为在挤压开始时，挤压芯棒的自动定心尚未形成；在此瞬间挤压过程由于玻璃润滑剂的供应尚未形成均匀和连续的薄膜，挤压过程的稳定阶段尚未到来所致。挤压钢管前端头部偏厚的长度并不长，如果没有由于其他原因造成的挤压管头部缺陷，一般在切头时即被切除。

挤压管的尾部偏厚可以认为是由于挤压机的同心度不佳所致，或者是由于挤压工模具（主要是挤压杆和挤压垫）加工或装配不当时，外力通过挤压垫使挤压芯棒的颈部产生偏心所造成。而在挤压坯料的后端部与挤压垫相接触，导致坯料端面温度降低，造成附加的不良影响所致。

在挤压管的中部，挤压过程是在比较稳定的条件下进行的。但在挤压管的偏中后部位，管壁偏厚的现象往往仍很明显，这一部分成为成品钢管中的劣质部分。

挤压管中间部分的壁厚偏差，大部分是由于坯料内孔的偏心、挤压机同心度不当或工模具的对中不良所造成。另外，在卧式挤压机上挤压时，坯料下部与挤压筒接触时温度偏低，并在把坯料装入挤压筒内时，坯料下部的玻璃润滑剂被刮去一部分，二者同时导致变形阻力增大，不可避免地引起钢管管壁下部偏厚。

为了降低挤压钢管的壁厚偏差，应采取如下各项措施：

（1）改善挤压机和工模具的对中。图 2－48 所示为卧式挤压机工模具结构配置。从图 2－48 可以看出，为了减小挤压钢管的壁厚偏差，在挤压过程中必须保持挤压筒和挤压杆同心以及挤压筒和挤压模同心。因为卧式挤压机沉重的工模具和机械部分都是作为水平往复运动的机构，因此主柱塞和挤压筒的各滑动部分的磨损都必须进行定期的检修，并及时纠正由于工模具相互配合处的磨损而引起的不正常情况，挤压杆的微小弯曲等都必须彻底地预防和维护。

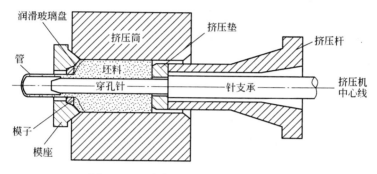

图 2－48　卧式挤压机工模具结构配置

（2）维护工模具的形状。挤压杆、挤压垫、挤压模以及模座，每经一次挤压，即经受一次高压力的压缩，在短时间内会引起屈服。通常为了保持工模具形状的正确性，要进行维护。可以将挤压次数或使用天数等作为尺度进行定期的检修。

（3）防止坯料偏心。坯料的偏心对挤压管材的壁厚偏差有着极大的影响。当坯料放置在挤压机中心线上时，开始的状态就是一侧厚一侧薄。穿孔芯棒是偏心放置的，进而进行镦粗时其结果是，金属在挤压模和穿孔针所形成的不是同心圆的环形空隙中流出，坯料的壁厚偏差便形成了严重的钢管壁厚不均，但坯料的壁厚偏差与挤压管的壁厚偏差不成比例。

另外，在机加工内孔的坯料中，机床的精度、钻头或镗刀的磨损、操作者的熟练程度等，也都是影响坯料偏心的因素。

（4）调整坯料和工模具、工模具和工模具之间的间隙。坯料和挤压筒、坯料和穿孔芯棒之间的间隙都会影响到坯料在挤压开始前镦粗时的形状变化。间隙过大会引起镦粗不均匀，但如果间隙过小则在装坯料、插入穿孔芯棒时，使坯料内外表面上的玻璃润滑剂刮落的倾向增大，因而引起润滑不均匀，使管壁壁厚偏差增大。挤压筒和挤压垫、挤压垫和穿孔芯棒之间的间隙，对挤压后管材的后部管壁偏差的影响特别大。

以上所有的工艺间隙，都应用试验的方法来确定，根据经验形成标准化。

（5）均匀加热坯料。挤压坯料的加热温度不均，将造成变形阻力的不均，两者同时会导致玻璃润滑剂的黏度不均，促使挤压钢管的壁厚偏差加大。

在仅用感应加热炉加热的情况下，重要的是正确地把坯料置于感应线圈的中心，正确保持坯料端面的垂直度，保持下部坯料与托盘平面的水平度。

在采用环形炉预热和工频感应加热炉加热的两步法加热工艺加热坯料时，根据各种材料不同的无氧化加热的最高温度（对于不锈钢一般为 800～900℃），在环形炉内进行均匀地热透很重要。在此基础上，坯料再进入立式工频感应再加热炉内进行快速再加热，才有条件实现坯料的均匀加热。

对于大尺寸坯料的加热，往往会在立式工频感应再加热炉后面设置一座室式的、能容纳 3～5 支坯料的均热电阻炉。一方面是为了均热坯料，另一方面又可以保证挤压机的作业节奏。

2.7.2 钢管的表面缺陷

表 2－26 为挤压钢管的主要表面缺陷，表 2－27 为预钻孔坯料扩孔时的主要表面缺陷。

表 2－26 挤压管材的主要表面缺陷

缺陷名称	特 征	产 生 原 因	防 止 措 施
线状折叠	覆盖伤痕呈线状	坯料本身有伤痕	把坯料本身的伤痕修平滑
丘状折叠	叶状、毛刺状、重叠状的伤痕呈丘状覆盖在钢管表面	坯料的缺陷	修整坯料表面
鳞状缺陷	在钢管外表面产生鳞状凹凸，主要发生在奥氏体不锈钢上	润滑剂使用不适当，坯料表面有氧化皮	调整润滑剂，防止坯料表面产生氧化皮
人字状缺陷	管材外表面特别是在管头附近产生的波纹状缺陷	坯料表面的切削加工不良	坯料表面光洁度要适量
纵裂向内裂纹	沿轴向内裂纹，主要产生在高碳钢、高铬钢上	急速加热时，靠坯料内表面产生裂纹	避免急速加热
横向缺陷	垂直于管中心或倾斜地发生呈缝隙状或月牙状缺陷	润滑剂不适当，加热温度不适当	调整润滑剂，调整加热温度
内表面筋条	管内表面沿轴向产生直线筋条或是线条状的黏附（一条或数条）	因穿孔针表面有龟裂或玻璃润滑中断等，使穿孔芯棒表面和金属直接接触，黏附状地蔓延	防止穿孔针表面产生龟裂，充分供给润滑剂

缺陷名称	特 征	产生原因	防止措施
外表面筋条	管材外表面沿轴向产生直线筋条或线条状黏附（一条或数条）	因模子的表面有龟裂、玻璃润滑中断等，使模子表面和金属直接接触，黏附状地蔓延	防止模子表面产生龟裂，保持适当的挤压速度，选择黏度适当的润滑剂
皱皮	橘皮状的不规则的凸凹表面，产生在管材的内外表面	内表面玻璃润滑剂过剩，主要产生在奥氏体不锈钢上	适当供给润滑剂
波纹状表面	在管材内外表面产生的大波纹状的凹凸不平，大多数产生在管材的尾部	内外表面玻璃润滑剂过剩，t/D 越小越容易产生	适当供给润滑剂，调整挤压速度
凹坑	在管材的内外表面上被挤出了异物，除去异物后产生局部的凹坑	加热时的氧化皮及其他异物挤压加工时自然会被挤到管子上去	防止粘上异物

表 2 - 27 预钻孔坯料扩孔时的主要表面缺陷

缺陷名称	缺陷特征	缺陷产生原因	缺陷防止措施
外表面小裂纹	裂纹分布方向无规则，裂纹深度较深	坯料剥皮不净、表面留有裂伤	坯料剥皮干净，表面不许存在裂纹
外表面蒙皮	坯料表面呈局部性黑皮	有覆盖于外表面上的伤痕、坯料弯曲	坯料外表面加工后达到要求的光洁度
横向大裂纹（内壁划伤）	多数出现在奥氏体不锈钢空心坯上	坯料中铁素体含量高，变形时出现拉裂	严格控制奥氏体钢中的铁素体含量
内表面重皮（翅皮）	内壁粘着箔状金属片	内壁润滑不良，扩孔头设计不当	选用适当的润滑剂，改进扩孔头的设计
外壁拉伤	轴向线状伤痕	外壁润滑不良	选用适当的润滑剂
扩孔时包扩孔头	坯料包住扩孔头，甚至坯料金属和扩孔头焊合	坯料预钻孔直径尺寸和扩孔头设计不当，坯料加热温度不均，润滑不到位	改进扩孔头设计，选用适当的润滑剂并施加均匀；适当放大预钻孔直径；加热均匀

挤压钢管时，影响钢管表面质量的因素如下：

（1）坯料表面加工质量。玻璃润滑剂和坯料的原始表面质量是影响挤压制品表面质量的两个基本因素。从钢管挤压时的金属流动规律可以看出，当使用玻璃润滑剂挤压时，坯料的整个表面通过挤压模和芯棒组成的环状间隙之后，即形成挤压钢管相应的表面。因此，坯料内外表面的加工和其端面加工后的任何残留

缺陷，都将导致挤压钢管相应的内外表面
上存在经过变形后扩大或延伸的缺陷。例
如，坯料表面上的残留结疤、折叠、裂纹
和氧化铁皮等缺陷，挤压后，在钢管的外
表面上将产生鳞状凹坑、折叠以及直道划
伤（裂纹）等缺陷。而坯料表面上的环状
缺陷，例如，剥皮粗加工车纹，挤压后将
导致钢管表面出现均匀的锯齿形拉裂等横
向外壁缺陷。提高坯料的原始表面光洁
度，能使挤压管材的内外表面质量得到
改善。

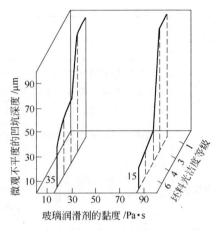

图 2-49 所示为挤压钢管的外表面质
量与管坯表面质量及润滑剂黏度的关系。
由图 2-49 可以看出，当坯料表面的光洁
度由粗加工表面提高到 6 级时，
1Cr18Ni10Ti 挤压不锈钢管表面的微观凹凸
不平的深度由 100μm 降低到 15μm（使用
的玻璃润滑剂的黏度为 70～100Pa·s）。

图 2-49　挤压钢管的外表面质量
与管坯表面质量及
润滑剂黏度的关系
（试验条件：材料 1Cr18Ni10Ti，
规格 φ108mm×5mm，
挤压温度 1180℃，延伸系数 14.5，
模子入口锥角 90°）

而当玻璃润滑剂的黏度为 15～25Pa·s 时，其表面微观不平度的深度由 100μm
降低到 35μm。因此，为了获得高质量表面的钢管，必须采用表面及端面加工光
洁的管坯，其表面光洁度不能低于 4 级。而对于有特殊表面质量要求的钢管，应
将坯料的表面光洁度提高到 6 级。

（2）坯料加热温度。钢管挤压时，过高的加热温度和过大的挤压比，都会
导致过高的挤压制品的出口温度，其结果是会使挤压钢管的外表面产生横向
裂纹。

（3）坯料表面润滑条件。钢管挤压时，有无润滑剂或润滑剂的使用效果，
对于钢管的表面质量有着严重的影响。采用过低黏度值的玻璃润滑剂，当接触高
温坯料时，玻璃润滑剂会急速熔化，在变形区未被封闭的情况下，液态的玻璃润
滑剂即流失，起不到润滑效果。而当变形区被封闭时，过剩的液态玻璃润滑剂会
在变形区内造成流动的堆积，并在高温高压下被压入塑性金属，形成挤压钢管表
面的橘子皮状缺陷或麻点凹坑缺陷。

在挤压过程中，如果坯料表面的玻璃润滑剂涂敷过厚，在高温坯料的作用下
会形成过厚润滑膜，由于过厚润滑膜的不稳定性，会导致润滑膜连续性的破坏，
引起挤压钢管表面的裂纹或压痕缺陷。

钢管挤压时，在钢管表面形成过薄的玻璃润滑剂，薄膜的连续性遭到破坏

时，挤压钢管的表面金属裸露，并与变形模具表面直接接触，导致钢管表面被擦伤，或因进一步的热摩擦引起咬合。直致钢管的直径增大至挤压模孔的直径时，玻璃润滑剂被中断，挤压模孔被覆盖，变形区内的液态玻璃润滑剂在高压作用下，使被隔离润滑剂的表面得到补充，再次出现流体薄膜，恢复了玻璃润滑剂的连续性，挤压过程进入正常程序。

同样，黏度过高的玻璃润滑剂，其熔融层可能会不足以使挤压模与变形金属之间形成完整的隔离层，而导致挤压钢管表面划伤。

如果钢管内表面的玻璃润滑剂过剩，生产薄壁钢管时，会导致产生钢管皱纹缺陷。

（4）挤压工模具表面质量。挤压工模具的表面光洁度和表面硬度没有达到规定的技术要求，或者存在龟裂和黏结物时，将会引起挤压钢管表面质量的恶化，导致制品表面产生划伤、凹坑、划道或筋条等缺陷。

2.7.3 挤压产品断面尺寸公差

影响挤压产品断面尺寸公差的主要因素如下：

（1）挤压温度。挤压温度不仅决定着挤压产品的冷却后的断面收缩量，而且影响到挤压时玻璃润滑剂的软化过程和玻璃膜的厚度。因此，挤压温度的过大波动或沿坯料长度方向的分布不均，都将引起产品断面尺寸波动，甚至导致其公差出格。

（2）产品的断面形状。产品本身的断面形状对挤压后断面形状和尺寸的稳定性有很大的影响。尤其是带薄筋的产品，由于冷却时断面各部分的冷却速度和收缩量不同，筋部与模孔接触边界长，金属阻力大、润滑剂分布不均匀等，使金属充填模孔不良，造成产品断面形状和尺寸不正确。

（3）挤压产品的材质。变形抗力较大的材料将使挤压后的温升增高，收缩量增大，模具的磨损加快，润滑剂沿产品长度方向分布不均，从而引起产品尺寸公差的波动。

（4）挤压比。挤压比越大，挤压筒内的单位压力（比压）越大，模具的磨损加大。因此，实际生产中如发现磨损过快，可采用在较小的挤压筒内进行挤压，往往能得到满意的结果。

（5）玻璃润滑剂。玻璃润滑剂的种类、黏度等，直接影响到模具的温升、磨损和玻璃膜的厚度与分布，从而影响到产品断面的尺寸公差。

（6）挤压速度。实践证明，挤压速度越快，产品断面尺寸沿长度方向越均匀；而低速挤压，产品断面尺寸波动很大，往往导致公差出格。这是因为挤压速度的提高，减少了金属与挤压工模具的接触时间，使坯料温降和模具温升降低的缘故。

（7）挤压模具。挤压模具（挤压模、芯棒）的断面形状、加工精度及其刚度和耐磨性对产品断面尺寸的影响极大。挤压模具的形式和结构参数对挤压力和挤压过程中金属的流动也有一定的影响，并影响到产品断面尺寸的稳定性。对于产品尺寸公差有严格要求的制品，必须控制模具的预热温度，由于挤压时挤压模受热后，中间（模孔处）温度较外部高，而使模孔尺寸减小，所以过热的模子往往会使产品公差出格。

2.7.4 挤压产品的扭曲

扭曲是挤压异型管材或型材常见的缺陷，因此挤压型材的车间必须配备带有扭转头的张力矫直机，对挤压后的产品进行整形。

挤压产品产生扭转的原因如下：

（1）由于挤压坯料加热温度不均匀或润滑不到位等原因，使挤压过程中变形金属产生不均匀流动，模孔断面上局部通过的金属流量过多，导致该部分金属出挤压模后绕产品轴线旋转，形成螺旋状扭转缺陷。

（2）产品断面形状不对称，挤压模设计或制作不良。

（3）挤压模加工质量不良，如定径带宽度不一，定径带圆角不对称以及定径带柱体母线与模孔轴线不平行等，使金属通过模孔时受到扭转力矩的作用。

（4）模孔位置安放不正，致使从挤压模出来的钢管不稳定，因自重倾倒而产生扭转。

2.8 挤压表

挤压表是计算挤压工艺过程中各项工艺参数的挤压程序表，是制定挤压工艺制度、保证产品质量、提高设备生产率、确保挤压生产过程有序进行的基础。

挤压表编制的主要内容包括产品品种规格、选用的坯料尺寸、穿孔和挤压时的工艺参数的选择、工模具尺寸的确定以及其力能参数的计算。

挤压表的计算主要由以下三个部分组成：

（1）选择挤压工艺过程的主要工艺参数；

（2）确定金属的消耗系数；

（3）计算主要挤压设备的生产能力。

挤压表编制的主要原则：在现有的挤压设备上或设计新的挤压设备时，利用积累的生产实际经验，通过工艺计算，获得具有最高质量的挤压产品和达到最高生产率的目的。

以下三种情况需要编制挤压表：

（1）根据产品大纲，设计新的挤压设备；

（2）根据现有的挤压设备，评估其再利用的可能性；

（3）在现有的挤压设备上，根据合同的要求，编制挤压生产工艺。

挤压表的计算必须是在挤压设备的生产产品大纲确定之后开始。挤压表的计算一般采用逆工艺流程的顺序进行。

以下挤压表的编制是根据尼科波尔南方钢管厂，于 1959 年建成的 15MN 和 12.5MN 挤压机以及 1962 年投产的 16MN 和 31.5MN 挤压机，多年来生产碳素钢、合金钢钢管和型材，特别是生产不锈钢、高合金钢钢管和型材的经验，以及在新进行的工艺试验的基础上，结合国内外挤压钢管和型材的生产经验所制定的挤压表的计算方法。其目的主要是为了在获得高质量产品的同时，挤压设备实现高的生产率。

2.8.1 现有挤压设备生产钢管时的挤压表编制

2.8.1.1 提供原始资料

所提供的原始资料包括：

（1）成品钢管的规格：外径 D_E（mm），内径 d_E（mm），壁厚 S_E（mm），长度 L_E（m）。

（2）钢和合金的牌号、标准及性能。

2.8.1.2 确定挤压模孔尺寸

热挤压过程中诸多因素影响挤压产品的精度，如挤压温度、产品材质、润滑剂的种类、工具制造精度及其使用时的磨损、产品的冷却和模具的加热等。因此，在确定挤压模模孔的最终线尺寸时，应考虑到所有因素。

模孔最终线尺寸 l 可由下式决定：

$$l = l_H K_1 K_2 K_3 K_4 K_5 \qquad (2-16)$$

式中　l_H——模孔的名义线尺寸，mm；

　　　K_1——考虑产品冷却时线尺寸变化的系数；

　　　K_2——考虑挤压时模子被加热后模孔尺寸变化的系数；

　　　K_3——考虑挤压模磨损时产品几何尺寸变化的系数；

　　　K_4——考虑玻璃润滑膜的厚度的系数；

　　　K_5——考虑拉伸矫直时（型材）断面线尺寸变化的系数。

系数 K_1 和 K_2 由下式确定：

$$K_1 K_2 = (1 + \alpha_1 T_1)(1 - \alpha_2 T_2) \qquad (2-17)$$

式中　α_1——产品的线膨胀系数（一般取 1.012 ~ 1.015）；

　　　α_2——工具的线膨胀系数（一般不予考虑）；

　　　T_1——模子出口处的成品温度（可取比料温高 40 ~ 80℃）；

　　　T_2——工具被加热的温度（可取平均温度 400℃）。

为了增加挤压模的使用周期，模孔尺寸的选择按成品尺寸的负公差考虑，因此：

$$K_3 = 1 - \Delta/100 \quad (\Delta \text{ 为成品尺寸的负公差,} \%)$$

此外，还必须考虑玻璃润滑剂层的厚度，或者其他硅酸盐润滑剂层的厚度，此值一般为 0.05 ~ 0.15mm。因此，模环内尺寸应该增加。对于小尺寸的制品，选择较大的系数；而对较大尺寸的制品，则选择较小的系数。

则钢管挤压时，模孔直径由下式确定：

$$d_{dE} = D_E(1 + \alpha_1 T_1)(1 - \alpha_2 T_2)(1 - \Delta/100)[1 + (0.05 \sim 0.15)] \quad (2-18)$$

选择模孔几何尺寸和角度时，考虑到在拉伸矫直机上矫直时，产品几何断面的变化，系数 K_5 由下式确定：

$$K_5 = \frac{l_1}{l_2} = \sqrt{\mu_P}$$

式中　l_1——拉伸矫直前产品的线尺寸，mm；

　　　l_2——拉伸矫直后产品的线尺寸，mm；

　　　μ_P——拉伸时的延伸系数。

2.8.1.3　确定挤压筒的直径。

预选挤压筒直径用式（2-19）：

$$D'_{CE} = \sqrt{\mu_E(D_E^2 - d_E^2) + d_E^2} \quad (2-19)$$

式中　D_E——钢管的外径，mm；

　　　d_E——钢管的内径，mm；

　　　μ_E——挤压延伸系数。

一般，挤压延伸系数 μ_E 有以下限制因素：（1）挤压碳素钢管时的延伸系数 μ_E 不应超过 50，挤压碳素钢型材时 μ_E 不应超过 25 ~ 30。（2）挤压合金钢和不锈钢钢管时，μ_E 不应超过 30 ~ 35，挤压合金钢和不锈钢钢型材时，μ_E 不应超过 15 ~ 20。在个别情况下，延伸系数也可以大一些，但此时工具寿命降低，并使挤压法总的经济性变差。（3）挤压铸锭时，μ_E 不应小于 20。

由预选挤压筒的计算结果，结合表 2-28 可选择挤压筒的最接近于计算数值的直径。

表 2-28　推荐的挤压筒直径及坯料与工具间的间隙值

挤压力 /MN	挤压筒直径 D_{CE}/mm	穿（扩）孔筒 直径 D_{cp}/mm	坯料直径 D_B/mm	空心坯最大 长度 L_p/mm	推荐的间隙值	
					空心坯与内衬 （挤压）/mm	实心坯与内衬 （穿孔）/mm
16.0	140, 150, 160, 180, 200	136, 146, 156, 177, 195	130, 140, 150, 170, 190	750	约 5	约 7

挤压力/MN	挤压筒直径 D_{CE}/mm	穿（扩）孔筒直径 D_{cp}/mm	坯料直径 D_B/mm	空心坯最大长度 L_p/mm	推荐的间隙值	
					空心坯与内衬（挤压）/mm	实心坯与内衬（穿孔）/mm
31.5	180，200，230，245，265，295	177，197，225，240，260，290	170，190，215，230，250，280	1000	约 5	约 10
35.0	220，260，310，350	215，255，305，345	205，245，295，335	1100	约 5	约 15
50.0	265，295，320，350，400	260，290，315，345，395	250，280，300，330，380	1200	约 5	约 15

注：挤压筒内衬的长度与挤压机结构无关，应比全部挤压产品所要求的空心坯最大长度长 50mm。

用下式分别求出真实的延伸系数：

对于钢管

$$\mu_E = \frac{D_{CE}^2 - d_E^2}{D_E^2 - d_E^2} \qquad (2-20)$$

对于型材

$$\mu_E = \frac{Q_z}{Q_n} \qquad (2-21)$$

式中　D_{CE}——挤压筒内衬直径，mm；

　　　Q_z——坯料镦料状态下的断面积，mm^2；

　　　Q_n——型材成品的断面积，mm^2。

如果延伸系数大大小于以上限定值，必须另选较大直径的挤压筒。

挤压后钢管的外径和异型材的外接圆直径不应超过挤压筒直径的 3/4。挤压钢管直径与壁厚之比应该在 10~30 内。对于碳素钢和低合金钢，$D_E/S_E \leq 30$；对于不锈钢，$D_E/S_E \leq 25$。

挤压筒直径与钢管外径或异型材外接圆直径之比必须选择在 1.5~3.0 内。

挤压后钢管的最大长度：对于碳素钢、低合金钢，$L_E \leq 35m$；对于不锈钢，$L_E \leq 25m$。

当所选取或计算的数值偏离该限制范围时，挤压法则变得较不经济。

2.8.1.4　挤压芯棒的选择

管型材挤压机的芯棒直径 d_{ME} 等于挤压钢管的内径 d_E。

钢管挤压芯棒的最大直径一般取 $d_{ME} \leq 0.6D_{CE}$。挤压芯棒的最小直径应该大于 $0.25D_{CE}$。否则，将引起挤压芯棒的过热，使其使用寿命明显降低。一般挤压芯棒的直径大多数在 $(0.3 \sim 0.5)$ D_{CE} 的范围内。

挤压芯棒的直径 D_{ME} 应该是在其送进挤压筒时，不触及空心坯的内孔，并在其自重的作用下，不发生弯曲。一般有以下关系：

$$d_{ME} = \frac{d_{dE} - 2S_E - 2(0.05 \sim 0.15)}{1 - \alpha_3 T_3}$$

或

$$d_E = d_{ME} + (D_{CE} - D_z) + (3 \sim 5)$$

式中　d_{dE}——模孔直径；

　　　α_3——芯棒材料的线膨胀系数；

　　　D_z——坯料外径；

　　　T_3——挤压时芯棒的受热温度，计算时可取为 450℃。

2.8.1.5　坯料长度的确定

充填挤压后空心坯长度的计算。在镦粗状态下空心坯长度 L_{FE} 按照成品管长度和挤压压余金属的体积来确定。设压余厚 20mm，压余上余管长 100mm，切头尾长度 250mm，则：

$$L_{FE} = \frac{(D_E^2 - d_E^2)\left[L_E + 10n_1 + 350 + 20(D_{CE}^2 - d_E^2)\right]}{D_{CE}^2 - d_{ME}^2} \qquad (2-22)$$

式中　n_1——切管次数；

　D_{CE}，d_E——分别为挤压筒的直径和挤压管的内径。

穿孔后空心坯的长度 L_p 可结合表 2-28 确定：

$$L_p = \frac{(D_{CE}^2 - d_{ME}^2)L_F}{D_p^2 - d_p^2} \qquad (2-23)$$

式中　D_p，d_p——分别为穿孔后空心坯的外径和内径，mm；

　　　　　L_F——镦粗状态下空心坯的长度，mm。

穿孔后空心坯的尺寸应符合以下条件，即空心坯长度与内径之比应满足以下条件：

　　对于碳素钢和合金钢穿孔时　　　　　$L_p/d_p \leqslant 7$

　　对于不锈钢和高合金钢穿孔时　　　　$L_p/d_p \leqslant 6$

　　对于钻孔坯扩孔时　　　　　　　　　$L_p/d_p \leqslant 10$

　　对于钻孔坯挤压时　　　　　　　　　$L_p/d_p \leqslant 12$

2.8.1.6　计算最大挤压力

计算的最大挤压力不应大于额定挤压力的 85%，即

$$P_{max} \leqslant 0.85 P_E$$

式中　P_E——额定挤压力。

如果计算的最大挤压力不能满足上述条件，则必须减小空心坯的长度或重新选择较小直径的挤压筒。

2.8.1.7 挤压杆的强度校核

挤压杆的长度应比空心坯最大长度长 175mm。挤压杆的外径应比挤压筒内衬直径小，见表 2 - 29。

表 2 - 29　挤压筒直径与挤压杆外径的关系

D_K/mm	≤200	201~250	251~350	≥350
Δ/mm	5	6	8	10

注：Δ 为挤压杆外径比挤压筒直径小的数值。

挤压杆的内径应比挤压芯棒或芯棒支承的最大直径大 4mm。挤压杆的内径同时还受其断面积的显著减小和其所允许的单位压力的限制。

挤压杆的尺寸选择后，还必须校验其在最大负荷作用下产生的应力。按下式校核挤压杆的强度：

$$P_S = \frac{4P_{max}}{\pi(D_{SE}^2 - d_{SE}^2)} \leq [\sigma] \qquad (2-24)$$

式中　P_S——挤压杆在最大负荷作用下产生的应力，MPa；

P_{max}——挤压杆所承受的最大挤压力，MN；

D_{SE}——挤压杆外径，mm；

d_{SE}——挤压杆内径，mm。

当采用 3Cr2W8V 和 5CrW2Si 钢制作挤压杆时，挤压杆上的最大许用应力值取 1100MPa；当采用 H13 钢制作挤压杆时，最大许用应力值取 1200MPa。当采用马氏体时效钢制作挤压杆时，挤压杆的许用应力值可高达 1600MPa。

2.8.1.8 确定穿（扩）筒及穿（扩）孔坯料的尺寸

参考表 2 - 28 选择穿（扩）孔机工具及坯料的尺寸。穿孔坯料的长度按下式计算：

$$L_B = \frac{L_p(D_p^2 - d_p^2) + h_p d_p^2}{D_B^2} \qquad (2-25)$$

式中　L_B——实心坯料长度，mm；

D_B——实心坯料直径，mm；

D_p——穿孔空心坯料的外径，mm；

d_p——穿孔空心坯料的内径，mm；

L_p——穿孔空心坯料的长度，mm；

h_p——穿孔残料的高度，一般为 30~40mm。

2.8.1.9 计算穿孔或扩孔时的延伸系数及其限制条件

穿孔机上的总延伸系数 μ_{FP}，由镦粗时的延伸系数 μ_F 和穿孔时的延伸系数 μ_P 所组成。

镦粗时的延伸系数由坯料的断面积和穿孔筒的断面积之比来确定：

$$\mu_F = \frac{D_Z^2}{D_P^2}$$

穿孔时的延伸系数由穿孔筒的断面积和空心坯的断面积之比来确定：

$$\mu_P = \frac{D_P^2}{D_P^2 - d_P^2}$$

镦粗时的延伸系数 $\mu_F < 1$，而穿孔时的延伸系数 $\mu_P > 1$。

穿孔时的总延伸系数：

$$\mu_{FP} = \mu_F \mu_P$$

对于碳钢和低合金钢坯料穿孔时，延伸系数不应超过 1.6，而对于不锈钢穿孔时的延伸系数不用超过 1.5，扩孔时为 1.3。预钻孔坯料扩孔时，坯料扩孔前不进行镦粗，延伸系数取大于 1，但比实心坯料穿孔时要小。

2.8.1.10　镦粗和穿（扩）力的计算及其与名义变形力的比较

A　镦粗力的计算

镦粗力的计算按下式：

$$P_F = \frac{\pi}{4} D_B^2 \sigma_{NF} \tag{2-26}$$

式中　D_B——实心坯料直径，mm；

　　　σ_{NF}——在选定的温度和速度下金属的变形抗力（表2-30）。

表2-30　穿孔坯料镦粗时的材料变形抗力

材　料	加热温度/℃	变形抗力/MPa
碳素钢	1200±100	100~120
低合金钢	1200±70	110~130
轴承钢	1125±25	125~135
铬不锈钢	1175±25	140~150
铬镍不锈钢	1180±30	150~160
镍合金	1150±20	220~250

注：表内数据是在试验基础上得到的。

B　穿孔力的计算

穿孔力的计算按下式：

$$P_P = 2.6\sigma_{NP} D_{CP} \left(\ln \frac{D_{CP} + d_{MP}}{D_{CP} - d_{MP}} + 4.85\ln\mu_P \right) \tag{2-27}$$

式中　σ_{NP}——在一定温度和速度下穿孔时材料的变形抗力，按 A. A. Диннпк 图表法求得，MPa；

　　　D_{CP}——穿孔筒直径，mm；

d_{MP}——穿孔芯棒直径，mm；

μ_P——穿孔时的延伸系数。

C 扩孔力的确定

预钻孔坯料扩孔时，坯料不进行镦粗，延伸系数 μ_P 取大于 1；但比实心坯料穿孔时小，μ_P 不应超过 1.45。

扩孔时，孔的扩大值为 1~5 倍。

扩孔力可以按实心坯料穿孔的公式计算，其大小取为计算值的 25%~30%。

2.8.1.11 选择变形力的限制条件

考虑到高压缸、高压罐以及高压输送管道工作时的压力损失，所计算的各种产品的最大镦粗力、穿孔力，包括挤压力都不应超过设备额定压力的 85%。

表 2-31 为在现有设备上生产钢管时的挤压表。

表 2-31 在现有设备上生产钢管时的挤压表

序号	钢管名义尺寸			总延伸系数 μ	坯料尺寸		镦粗后尺寸		压缩系数 μ_F	镦粗力 P_F	穿孔后尺寸			延伸系数 μ_P	穿孔力 ρ_P	挤压工具尺寸		挤压后尺寸		挤压长度 L_E	挤压比 μ_E	挤压力 P_E
	外径 D_E	壁厚 S_E	长度 L_E		外径 D_B	长度 L_E	外径 D_F	长度 L_F			外径 D_P	内径 d_P	长度 L_P			挤压筒 D_K	芯棒 d_u	外径 D_E	壁厚 S_E			
1																						
2																						
3																						
4																						
5																						
6																						

注：除了名义尺寸和坯料尺寸为冷态尺寸之外，其余尺寸均为热尺寸。

2.8.2 设计新挤压设备时的挤压表计算

挤压表的编制必须在挤压设备的产品大纲确定之后才能进行。挤压表编制计算时，按照逆工艺流程的顺序进行。

2.8.2.1 根据产品大纲中的典型产品选择挤压模

如前所述，影响产品精度的因素包括挤压温度、产品材质、使用的润滑剂、工具的设计和制造精度及其磨损情况等。因此，在确定模孔的最终线尺寸 l 时要考虑上述因素，见式（2 - 15）。

2.8.2.2 预选挤压筒

挤压机挤压筒的大约直径由下式确定：

$$D'_K = \sqrt{\mu(D_T^2 - d_T^2) + d_T^2}$$ (2 - 28)

式中 D_T——挤压钢管的外径或型材外接圆直径，mm；

      d_T——产品的内径，mm；

      μ——在管型材挤压机上的延伸系数。

一般，挤压碳素钢管时 $\mu \leqslant 50$，挤压碳素钢型材时 $\mu \leqslant 25 \sim 30$，挤压合金钢和不锈钢钢管时 $\mu \leqslant 30 \sim 35$。挤压合金钢和不锈钢型材时，$\mu \leqslant 15 \sim 20$。

在个别情况下，延伸系数也可以比较大，但此时挤压工模具的寿命降低，并且挤压过程总的经济性降低。

也可由表 2 - 27 选择挤压机挤压筒的接近直径，然后由下式检验其实际的延伸系数：

对于钢管： $\mu = \dfrac{D_K^2 - d_T^2}{D_T^2 - d_T^2}$

对于实心型材： $\mu = \dfrac{Q_z}{Q_{np}}$

式中 D_K——挤压筒内衬直径，mm；

      Q_z——坯料在充填状态下的断面积，mm²；

      Q_{np}——型材成品的断面积，mm²。

如果延伸系数大大小于以上限定数值，必须另选较大直径的挤压筒。挤压后钢管外径和型材的外接圆直径不应超过钢管挤压机挤压筒直径的3/4。挤压钢管直径与其壁厚之比应在 10 ~ 30 范围内。挤压筒直径与钢管外径和型材外接圆直径之比必须选择在 1.5 ~ 3.0 范围内。如果偏离上述限定范围，挤压法将变得比较不经济。

在计算挤压设备的全部程序时，应力求挤压筒规格的数量最少，这样可以减少工模具的备品备件。一般情况下，一台挤压机有 4 ~ 6 种尺寸的挤压筒，因而具有 4 ~ 6 个系列的工模具就可以了。而在特殊情况下，同一台挤压机可有 2 ~ 3 种规格的挤压筒，即有 2 ~ 3 个系列的工模具，这样不仅可以使挤压工模具大大简化，同时还可以简化坯料的准备工序。

2.8.2.3 挤压芯棒的选择

挤压芯棒的直径 d_H 等于挤压钢管的内径 d_T。挤压芯棒的最小直径应该大于 $0.25D_K$，否则将引起挤压芯棒过热，使其使用寿命显著降低。一般挤压芯棒的直径大多数在 $(0.3 \sim 0.5)D_K$ 的范围内。

挤压芯棒应该在其送进挤压筒时，不触及空心坯的内孔，并且在其自重的作用下不产生弯曲，因此：

$$d_T = d_H + (D_K - D_H) + (3 \sim 5)$$

应注意的是，上式最右项中，小挤压筒取 3，大挤压筒取 5。

2.8.2.4 验算挤压力

对于钢管按照 J. 赛茹尔内公式：

$$P = \frac{\pi}{4}(D_K^2 - d_H^2)\sigma_T \ln \mu e^{\frac{fL}{D_K - d_H}}$$

式中　P——最大挤压力，N；

　　　D_K——挤压筒直径，mm；

　　　d_H——芯棒直径，mm；

　　　σ_T——变形抗力，MPa；

　　　μ——延伸系数，$\mu = \dfrac{D_K^2 - d_H^2}{D_T^2 - d_H^2}$；

　　　D_T——钢管外径，mm；

　　　L——坯料镦粗后长度，m。

对于型材推荐采用 T. B. 普罗佐洛夫公式：

$$P = \frac{\pi}{4}(D_K^2 - d_H^2)C\sigma_T\left(1 + f\frac{L}{D_K}\right)\ln\mu$$

式中　P——最大挤压力，N；

　　　D_K——挤压筒直径，mm；

　　　d_H——芯棒直径，mm；

　　　C——考虑挤压时金属的变形和应力状态的系数；

　　　σ_T——金属的屈服极限，MPa；

　　　f——摩擦系数，作者推荐取 0.08；

　　　L——坯料在挤压筒中预镦粗后的长度，mm；

　　　μ——挤压比。

2.8.2.5 计算空心坯最大长度

按表 2-28 选择用于计算的空心坯最大长度。

2.8.2.6 选择穿孔机穿孔筒的尺寸

根据表 2-28 推荐的数据选择穿孔机穿孔筒的尺寸。

2.8.2.7 确定空心坯长度与内径之比：

空心坯长度与内径之比应在以下数值范围之内：

碳素钢和合金钢穿孔时　　　　　　$L_T/d_T \leqslant 7$

不锈钢和高合金钢穿孔时　　　　　$L_T/d_T \leqslant 6$

钻孔坯料扩孔时　　　　　　　　　$L_T/d_T \leqslant 10$

钻孔坯料挤压时 $L_T/d_T \leqslant 12$

根据表 2-28 选择接近于系列化的坯料直径。

2.8.2.8 确定坯料穿孔时的延伸系数

穿孔机上的总延伸系数 μ_{FP}，由镦粗时的延伸系数 μ_F 和穿孔时的延伸系数 μ_P 所组成。

镦粗时的延伸系数由坯料的断面积和穿孔筒的断面积之比为确定：

$$\mu_F = \frac{D_z^2}{D_P^2}$$

穿孔时的延伸系数由穿孔筒的断面积和空心坯的断面积之比来确定：

$$\mu_P = \frac{D_P^2}{D_P^2 - d_P^2}$$

式中　D_z——穿孔坯料的直径，mm；

　　　D_P——穿孔筒的直径，mm；

　　　d_P——穿孔芯棒的直径，mm。

镦粗时的延伸系数 $\mu_F < 1$，而穿孔时的延伸系数 $\mu_P > 1$。

穿孔时的总延伸系数为：

$$\mu_{FP} = \mu_F \mu_P$$

对于碳素钢和低合金钢坯料穿孔时，延伸系数不应超过 1.6；而对于不锈钢穿孔时的延伸系数不应超过 1.5，扩孔时为 1.3。预钻孔坯料扩孔时，坯料扩孔前不进行镦粗，延伸系数取大于 1，但比实心坯料穿孔时要小。

2.8.2.9 坯料（圆坯或方坯）穿孔时变形力的确定

A　镦粗力的确定

镦粗力按下式确定：

$$P_F = \frac{\pi}{4} D_z^2 \sigma_{NF}$$

式中　D_z——穿孔坯料的直径，mm；

　　　σ_{NF}——在选定温度和速度下金属的变形抗力，MPa。

B　穿孔力的确定

穿孔力按下式确定：

$$P_P = 0.26 \sigma_{NP} D_P \left(\ln \frac{D_P + d_P}{D_P - d_P} + 4.85 \ln \mu_P \right)$$

式中　σ_{NP}——在一定温度和速度下钢的变形抗力，MPa，按 А. А. Диннпк 图表法选择。

C　扩孔力的确定

扩孔力可以按实心坯料穿孔的公式计算，其大小取计算值的 25% ~ 30%。

2.8.2.10 穿孔—挤压新设备能力的确定

根据产品大纲中对于典型产品进行挤压表的计算之后，选择挤压机和穿孔机设备的能力时，其挤压力和穿孔力（包括镦粗力）应该大于最大计算压力的 15%。这主要是考虑到高压缸和高压罐以及输送管道工作时的压力损失。

表 2-32 为用于设计新挤压设备时标准的挤压表。

表 2-32 用于设计新挤压设备时的挤压表

成品钢管				挤压钢管													
外径 D_T /mm	壁厚 S_T /mm	长度 L_T /m	单重 /kg·m^{-1}	外径 D_T /mm	壁厚 S_T /mm	切管长度 L_T /m	D_T/S_T	挤压筒直径 D_K /mm	芯棒直径 d_u /mm	延伸系数 μ_E	D_K/d_u	D_T/D_K	最大挤压力 P_{Emax} /t	挤压杆上单位压力 P_{Emax} /MPa	单重 /kg·m^{-1}	切管后质量 /kg	切头尾重 (350mm) /kg	压余重 /kg	空心坯质量 /t

穿孔空心坯料							原 料					总的金属的消耗系数
穿孔筒直径 D_P/mm	穿孔针直径 d_P/mm	空心坯长度 L_P/mm	L_P/d_P	延伸系数 μ_P	镦粗力 P_F/t	穿孔力 P_P/t	穿孔余料质量 /kg	外径 D_z /mm	内径 d_z /mm	长度 L_z /mm	质量 /t	烧损切损量/kg	

设备生产能力								年 计 划				
按钢管		按坯料		年平均/h		薄弱环节		坯料数	切管后钢管数	坯料质量	成品质量	年工作小时数
根/h	t/h	根/h	t/h	按钢管	按原料	按钢管	按原料					

2.8.3 金属消耗系数

确定金属消耗系数，要考虑在各个工序操作过程中的全部废料。计算过程按照逆工艺流程的顺序进行：

（1）成品钢管的质量 G_T：

$$G_T = g_T L_T n$$

式中　g_T——每米成品钢管的质量，kg；

　　　L_T——成品钢管切定尺的长度，m；

　　　n——切定尺的次数。

在非定尺管的情况下，L_T 的数值为成品管的锯切长度。此时，$n=1$。

（2）挤压后的钢管质量 G_E：

$$G_E = G_T + G_{cf}$$

式中　G_{cf}——钢管切定尺时的金属消耗，kg。

每切割一次消耗钢管的长度为 10mm（切屑及毛刺），则定切时消耗钢管的总长度为：

$$L_{cf} = (n-1) \times 10$$

钢管切定尺时的金属消耗总质量为：

$$G_{cf} = g_T L_{cf} = g_T (n-1) \times 10$$

（3）空心坯的质量 G_H：

$$G_H = G_E + G_{Ed} + G_{ht}$$

式中　G_{Ed}——压余的质量，kg；

　　　G_{ht}——钢管切头切尾的质量，kg。

$$G_{Ed} = 0.785 (D_K^2 - d_U^2) h_{Ed} \rho$$

式中　D_K——挤压筒的直径，mm；

　　　d_U——挤压芯棒的直径，mm；

　　　h_{Ed}——压余厚度，mm；

　　　ρ——金属的密度，kg/m³。

在现代化挤压机上，压余厚度取 20mm。

挤压钢管切头长度 $l_h = 250$mm，切尾长度 $l_t = 100$mm（残留在压余上），则切头切尾的总长度为：

$$L_{ht} = l_h + l_t = 250 + 100 = 350 \text{mm}$$

钢管切头切尾的质量为：

$$G_{ht} = g_T l_{ht} = 350 g_T$$

（4）穿（扩）孔前坯料的质量 G_{PE}：

$$G_{PE} = G_H + (G_{pd} \text{或} G_{ed}) + G_{ct2}$$

式中　G_{pd}——实心坯料穿孔时的金属消耗表达式如下：

$$G_{pd} = 0.785 d_{pd}^2 h_{pd} \rho$$

　　　G_{ed}——预钻孔坯料扩孔时的金属消耗；

　　　G_{ct2}——坯料端面加工时的金属消耗；

d_{pd}——穿孔余料的直径（等于剪切环的直径，比穿孔针头的直径大0.3 ~ 0.6mm）;

h_{pd}——穿孔余料的高度，根据穿孔针的直径大小取（穿孔芯棒直径小于100mm 时取30mm；穿孔针直径不小于100mm 时取40mm）。

由于扩孔余料质量 G_{ed} 的计算复杂，故可按实验数据确定（表 2 – 33）。

表 2 – 33　扩孔余料质量的实验数据

穿孔针直径/mm	75	85	90	100	105	115	120	130	150	175	190	200	215
扩余质量/kg	0.4	0.5	0.7	1.0	1.1	1.5	1.7	2.0	2.8	5.2	6.1	8.0	8.6

钻孔时消耗的金属质量 G_{ct1} 为：

$$G_{ct1} = 0.785 d_{ct1}^2 L_B p$$

式中　d_{ct1}——钻孔直径，mm；

　　　L_B——坯料长度，mm。

坯料预钻孔的直径与扩孔头直径有关，一般选择预钻孔的直径时，取小于扩孔直径的4倍。例如，扩孔头直径100mm 时，取预钻孔直径25mm；扩孔头直径100 ~ 150mm 时，取预钻孔直径 35mm；扩孔头直径 200mm 时，取预钻孔直径50mm。

坯料端面加工时的金属消耗 G_{ct2} 为：

$$G_{ct2} = 0.2 G_{ct1}$$

因此，实心坯料穿孔前的质量 G_P 为：

$$G_P = G_H + G_{pd} + G_{ct2}$$

预钻孔坯料扩孔前的质量 G_E 为：

$$G_E = G_H + G_{ed} + G_{ct1} + G_{ct2}$$

（5）原始坯料的质量。

原始坯料的质量除了以上各工序计算的质量之外，还包括以下金属消耗：

1）全部加热过程中坯料金属的烧损。不锈钢和其他高合金钢的烧损取1%；碳素钢和低合金钢的烧损取2%。

2）不锈钢及其他高合金钢的剥皮消耗，一般坯料的剥皮量按直径的5mm计算。

3）长坯料切割成定尺长度的坯料和倒棱时的损耗，每米按坯料质量的0.009 倍计算。

4）不可避免的工艺损耗，按坯料质量或钢管总支数的0.5%计算。

因此，原始坯料的质量 G_B 为：

$$G_B = G_{PE} + G_f + G_c + G_M + G_t$$

式中　G_{PE}——穿（扩）孔前坯料的质量，kg；

　　　G_f——坯料金属加热时的烧损，kg；

　　　G_c——坯料外剥皮时的金属耗损，kg；

　　　G_M——长坯切断和端部倒棱时金属消耗，kg；

　　　G_t——不可避免的工艺损耗，kg。

（6）总的金属消耗系数：

$$K = G_B/G_T$$

式中　G_B——原始坯料的质量；

　　　G_T——成品钢管的质量。

2.8.4　挤压机的生产能力

挤压生产工艺是一个由诸多工序组成的综合的系统工程。整个工程各个工序的工作质量是保证工程生产能力和产品质量的关键。

挤压设备的生产能力一般是按挤压机的生产能力来确定。机组其余设备能力的选择应以确保挤压机的生产能力为前提。

现代挤压机设计的理论工作周期一般为 25～45s，这就决定了挤压机的生产能力，即每小时的挤压次数为 90～140 次。但是，由于挤压设备各机组的复杂性，不可能全部都以最大速度协调工作。因此，为了计算挤压机组的年生产能力，应考虑到生产的不均匀系数。对于挤压车间，一般推荐采用的"不均匀系数"为 0.8～0.9。因此，挤压设备的小时生产能力为：

按坯料计算　　　　　$q_{Bh} = 0.85(90 \sim 140)G_B$

按成品管计算　　　　$q_{Th} = 0.85(90 \sim 140)G_T$

在确定挤压设备的年生产能力时，首先按公式计算各品种生产能力的平均值：

$$Q_c = \frac{100}{a_1/n_1 + a_2/n_2 + a_3/n_3 + \cdots + a_n/n_n}$$

式中　a_1，a_2，a_3，$\cdots$，a_n——指定尺寸的钢管品种在设备年计划中的百分数；

　　　n_1，n_2，n_3，$\cdots$，n_n——在生产相应尺寸钢管品种时的小时生产能力。

挤压时的年生产能力由平均小时产量与年总工作小时来确定。

对于 3 班工作制，年总工作小时取 5400h，则年生产能力为：

$$Q_{y3} = 5400Q_c$$

对于 4 班 3 运转工作制，年总工作小时取 6500h，则年生产能力为：

$$Q_{y4} = 6500Q_c$$

2.8.5　挤压钢管工艺流转卡

表 2-34 为挤压钢管工艺流转卡。

表 2 – 34 挤压钢管工艺流转卡

编　号		钢管		炉号		生产日期	
成品尺寸				坯料尺寸			
生产工艺流程	预热→感应加热→高压水除鳞→涂润滑剂→穿（扩）孔→感应再加热→涂润滑剂→挤压→冷却→矫直→切头尾、定切→倒棱→碱酸洗→检验→包装入库						
预热制度	预热温度/℃		再加热制度	进炉温度/℃			
预热制度	预热时间/min		再加热制度	加热温度/℃			
预热制度	出炉温度/℃		再加热制度	加热时间/min			
预热制度	轴向温差/℃		再加热制度	出炉温度/℃			
加热制度	进炉温度/℃		挤压工艺制度	轴向温差/℃			
加热制度	加热温度/℃		挤压工艺制度	润滑剂			
加热制度	加热时间/min		挤压工艺制度	挤压筒尺寸/mm			
加热制度	出炉温度/℃		挤压工艺制度	芯棒尺寸/mm			
加热制度	轴向温差/℃		挤压工艺制度	挤压模尺寸/mm			
穿（扩）孔工艺制度	润滑剂		挤压工艺制度	穿孔速度/mm·s⁻¹			
穿（扩）孔工艺制度	穿（扩）孔筒尺寸/mm		挤压工艺制度	穿孔力/t			
穿（扩）孔工艺制度	穿（扩）孔头尺寸/mm		挤压工艺制度	挤压速度/mm·s⁻¹			
穿（扩）孔工艺制度	镦粗力/t		挤压工艺制度	挤压力/t			
穿（扩）孔工艺制度	镦粗速度/mm·s⁻¹		挤压工艺制度	挤压后长度/mm			
穿（扩）孔工艺制度	镦粗后长度/mm		挤压工艺制度	压余厚度/mm			
穿（扩）孔工艺制度	穿（扩）孔力/t		精整制度	冷却速度/℃·m⁻¹			
穿（扩）孔工艺制度	穿（扩）孔速度/mm·s⁻¹		精整制度	定尺长度/m			
穿（扩）孔工艺制度	穿（扩）孔长度/mm		精整制度	水压试验压力/MPa			
穿（扩）孔工艺制度	剪（压）余厚度/mm		精整制度	成品检验标准			

3 钢管挤压时的金属流动及变形力的确定

3.1 钢管挤压时的金属流动

研究挤压时的金属流动规律是正确制定挤压工艺和确保挤压制品高质量的基础。钢管挤压时的金属流动与其挤压时表面有无工艺润滑剂或润滑剂的好坏有着密切的关系。为了说明使用润滑剂与不使用润滑剂的挤压条件的区别，采用以下试验方法：在预先从中心轴面切为两半的圆坯料的平面上，刻上格子形的槽（图3-1）。然后，把两个相等的部分重叠起来，加以焊接并挤压，挤压后再重新分开。如果仔细地用合适的制品填塞细槽，在挤压后就能发现细槽延长了，这样就可以看出挤压坯料变形过程的全貌。

图3-2（b）显示了钢管挤压时使用玻璃润滑剂的结果。可以看出，当坯料向前推进时，并不发生变形，只是在坯料靠近挤压模，其边缘陆续接近模前区域时，才发生变形。坯料的整个表面形成了挤压制品的表面。

图3-2（a）显示了当无玻璃润滑剂进行挤压时，坯料的中部首先受到挤压，而坯料的外部及其与挤压模接触的部分却倾向于停留在原处不动。这是由坯料与工具之间的高度摩擦以及坯料表面的冷却所引起的变形阻力的增加所造成的。其后果是在模座的角上形成了不移动的部分金属成为"死区"。而"死区"的存在，将会导致无润滑剂挤压时操作上的许多复杂情况。

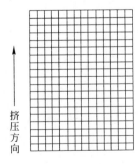

挤压方向

图3-1 挤压前预刻过
细槽的坯料

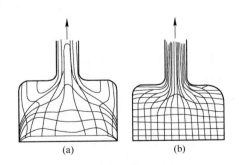

（a） （b）

图3-2 挤压后刻槽的坯料
（a）不用玻璃润滑剂时金属的流动；
（b）使用玻璃润滑剂时金属的流动

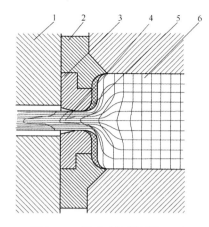

图 3－3　用玻璃润滑剂挤压时
金属的流动

1—模垫；2—模套；3—挤压模；

4—棒材；5—玻璃垫；6—坯料

分析带玻璃润滑剂挤压棒材时坯料金属的流动情况（图 3－3），可以看出，挤压时，具有高温润滑性能的玻璃润滑剂（玻璃垫）被坯料压向挤压模，并由于接触高温坯料而熔化；熔化的玻璃润滑剂和被挤压的坯料同时流向挤压模孔，并从模孔中流出。于是随着挤压过程的进行，玻璃润滑垫不断地熔化，并在挤压棒材的表面上形成一层连续的厚度约为 0.02mm 的玻璃薄膜，将高温棒材与挤压模隔离，防止了模子的过热和棒材的氧化。

为了证明挤压时金属流动的这一特性，采用无外层偏析的沸腾钢铸坯经挤压成异型材后，制成显微磨片试样观察其金属流动的情况。由图 3－4 可以看到，在异型材全长的外表面上，仍然保留着原来铸坯表面上的一层无偏析组织结构。

另外，在采用合适的和足够的玻璃润滑剂配合无外层偏析的沸腾钢坯料，经挤压成条材之后，在酸浸高倍试样（试剂配方为：氯化铜 10g、氯化亚锡 0.5g、氯化铁 30g、盐酸（浓）30L，水（稀释用）500L，乙醇 500L）上，显示的金属流动情况（图 3－5）证明，在挤压过程中，坯料金属的各个断面相继流过模孔，钢坯中心部分的偏析组织在挤压成条材后仍然留在中心部位。而无偏析坯料的外表面经挤压成条材后，形成了条材无偏析的外表面。

图 3－6 所示为无润滑剂挤压轻合金坯料，挤压后压余的低倍组织图像。从图 3－6 可以看出网格，研究其组织结构所得出的结论是，用适当的润滑剂挤压条材时，结晶组织很均匀。而条材全长上的力学性能是一致的，挤压操作不会影响变形金属的质量。因为挤压过程只在几秒钟时间内结束，在该变形条件下，能够很精确地掌握金属的变形温度，变形操作几乎是在"等温"条件下进行，所以，在挤压制品内可以避免出

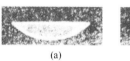
(a)

(b)

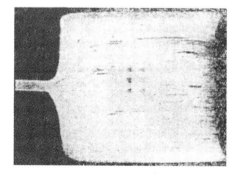

图 3－4　部分变形的镇静钢坯料的
纵截面和挤压棒料经过抛光的横截面

（a）端头；（b）有用的部分

现多相组织。

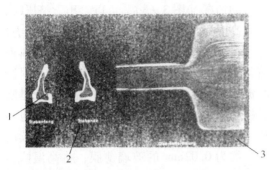 

图 3-5　钢坯的表面挤压后形成了条材的表面　　　　图 3-6　挤压前刻有网格的轻
1—前端；2—尾端；3—酸浸试样　　　　　　　　合金坯料的无润滑挤压低倍组织

　　据上所述，钢管热挤压过程中的塑性变形，使金属产生的流动可描述如下：
当挤压过程开始时，接近挤压模一端的坯料金属几乎旋转了 90°，并流入挤压模
和芯棒组成的环形孔隙，形成钢管的外表面。而坯料的内层金属流动超过外层，
形成钢管的内表面。在变形金属的稳定流动过程中，管坯的侧面转为相应的钢管
表面。当挤压过程将近结束时，在留有一定压余的情况下，变形金属的流动状况
起了改变，金属流动不仅沿着模子，而且还沿着挤压垫，形成钢管的内表面。可
见，坯料加工的原始表面的加工精度和端面加工精度对于挤压后钢管的表面质量
有着重要的影响。

　　图 3-7 所示为经过挤压和热处理的 1Cr18Ni9Ti 不锈钢挤压条材的显微组
织。图 3-8 所示为经过挤压、冷拔和热处理的 0Cr18Ni10 不锈钢挤压条材的显
微组织。

 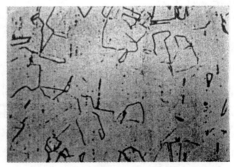

图 3-7　321 号不锈钢挤压条材的显微组织　　　图 3-8　304 号钢挤压条材的显微组织

　　挤压的方法能够在三个主要方向上进行压力变形（应变）。因此，只要在工
具设计上预先采取措施，避免张应力区，就能挤压特别难于变形的金属品种，例

如，含钨量为18%的高速钢、含钴量为4%的S.816（美）、钼及其合金、球墨铸铁以及尼莫尼克型难熔合金。

挤压时，研究金属流动特点的主要问题集中在研究变形在坯料中的分布。分析试验资料表明，金属变形时的内摩擦是影响变形区大小和形状的主要因素。使用有效的玻璃润滑剂，可以使变形区集中在"模前区"，当金属的塑性一致时，金属各点的流动速度几乎相等；而当采用的玻璃润滑剂摩擦系数较大时，金属的流动则分为两部分，中心部分的流动速度较快，外层部分流速较慢；当摩擦系数很大时，金属的塑性变形不均匀。根据以上情况分析，挤压时坯料金属的流动可以分为三个区：靠近模口的"模前区"，这部分金属向模口流动的速度很快；接近挤压垫的"垫前区"，这部分金属由于温度较低，变形较小，金属流向中部；接触挤压筒的"坯料外层区"，因为摩擦力较大，其中一部分金属流向补充中心区，而另一部分金属则流向后部区，并部分进入挤压余料。

挤压时，金属变形流动不均导致制品各点的变形量不一致，在制品径向截面上离中心越远的点，变形量越小。摩擦系数越大，变形沿径向分布的不均匀程度越大。

不同的材料，在相同的润滑条件下，挤压钢管时，其变形区分布的大小取决于金属变形抗力与摩擦力的比值。并且，随着该比值的增加，不均匀变形减小。而最强烈的变形集中在挤压模里，并可描绘成以挤压模入口锥角线的交点为中心的半圆区内（模前区），如图3-9所示。并且挤压高强度镍合金管以及球墨铸铁时，所形成的金属流动图像不变。

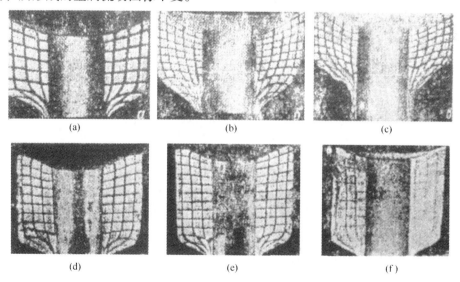

图3-9 各种钢和合金挤压时变形区的分布

(a) 10号钢；(b) Cr18Ni10Ti奥氏体不锈钢；(c) Cr25Ti铁素体不锈钢；

(d) CrNi77TiAlB合金；(e) ВЖ-98镍合金；(f) 球墨铸铁

随着模孔工作锥角度的增大，变形区的高度增加。当角度达到一定值时，分布在挤压筒和挤压模壁上被称为"死区"的金属产生破裂，破口使管子表面出现纵向折叠和直线形的缺陷。而这种情况也取决于工艺润滑剂的使用效果。

钢管挤压时，金属流动的连续性是极为重要的工艺指标，而此需由合适的工艺润滑剂来提供保障。润滑薄膜的效果，同样可以用坯料纵向或端部刻坐标网格及显微磨片的方法来判断。图 3 - 10 所示为 Cr18Ni10Ti 不锈钢钢管纵向外表面层显微结构的磨片试样。

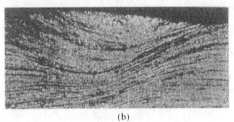

图 3 - 10　Cr18Ni10Ti 不锈钢钢管纵向外壁
表层的显微结构

（a）合格的润滑条件；（b）（润滑薄膜的
连续性遭到破坏时）不合格的润滑条件

从图 3 - 10（a）可以看出，金属流线纤维平行分布。说明剪切变形被限制在润滑层内，不分布在金属的深处，玻璃润滑剂的效果良好。而图 3 - 10（b）所示为玻璃润滑剂薄膜的连续性遭到周期性的破坏。在接触工具处金属裸露，并粘在工具上，之后粘离的金属又随同钢管前行。可以看出，在钢管的入口处少部分变形结构呈波浪形纤维结构。而邻近的金属绕过接触处形成不均匀变形区，因此，在一定的条件下将引起钢管的表面缺陷。

图 3 - 11 显示了挤压钢管时金属流动的顺序。由图 3 - 11 可以看出，坯料两

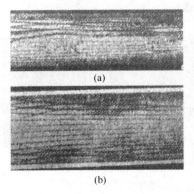

图 3 - 11　挤压钢管时金属的流动

（a）管子前端的外表面；（b）管子后端的内表面；（c）压余

端刻有坐标网格经挤压后，在接近挤压模一端的全部坐标网进入管子的前端外表面上，并且坐标网变得窄了（图 3 - 11（a））。而管坯表面接近挤压垫一端的部分在管子后端形成内表面（图 3 - 11（b））。而这一端带坐标网格表面的其余部分留在压余内（图 3 - 11（c））。

3.2　带内外翼钢管挤压时的金属流动

挤压带翼钢管时，局部的金属有较大的不均匀变形，这就可能导致金属断裂，型材形状充不满或型材扭曲。因此，研究金属流动的规律性对于工模具孔型设计具有重要意义。

挤压带翼钢管时的金属流动特性的研究借助于坐标网和组合坯料来进行。挤压带翼钢管时，挤压模入口在较宽范围内变化，对变形区的分布和金属在挤压芯棒空隙里的径向变形的大小不产生重大的影响。因此，模子锥角的大小应该以保证金属流动不产生破裂为条件进行选择。一般 70°~80° 被认为是最合适的。

在异型芯棒的空隙里金属的径向流动在挤压筒里就已经开始，并随着向变形区的靠近而增加（图 3 - 12）。延伸增大的同时，引起挤压筒中金属流动压力增高，因而导致过早充满芯棒的异型空隙。采用碳素钢挤压带内翼的钢管时，延伸系数取 10~12，能保证正常充满翼的形状。

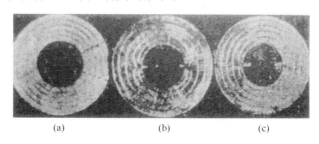

(a)　　　　　　　　(b)　　　　　　　　(c)

图 3 - 12　在不同断面的挤压筒里挤压带内翼钢管时金属的径向流动
(a) 靠近挤压垫；(b) 挤压筒长度一半的断面；(c) 变形区里

如前所述，当挤压光管时，内层金属超过外层金属。如果在芯棒上也有更接近于挤压轴线分布的空隙，则其不均匀流动层被加深（图 3 - 13）。

在挤压内翼布置不对称的钢管时，金属的流动图像原则上没有改变。

尼科波尔南方钢管厂在挤压鳍片管时，研究了带外翼钢管金属流动的特征，指出该过程的特点是不均匀变形较大。这是由于制品和坯

图 3 - 13　组合管坯挤压时
金属流动的不均匀性

料的几何形状没有相似之处引起的变形的不均匀性，可由坐标网线横向歪曲的大小来评定。

挤压模入口在60°～90°间变化，对变形区的分布和沿管坯断面的不均匀变形不发生重大影响（图3-14），纵向坐标网线在翼的断面上沿管子全长仍然是平行的，其间隔距离几乎没有变化，这就证实了在此断面上的径向变形不大。

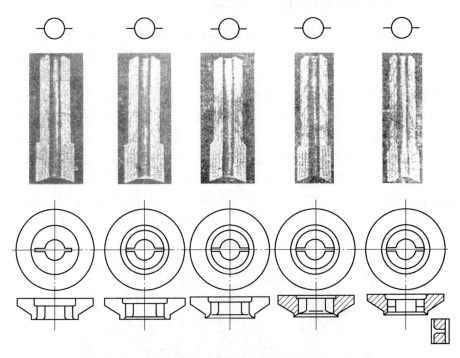

图3-14　采用不同入口锥角的挤压模挤压鳍片管时的金属流动

当挤压单个圆盘组成的管坯时，在翼的空隙处出现局部区域性强烈变形（图3-15（b））。在该区域内，金属具有切向流动。此为中止挤压管坯的翼带和光管部分的纵断面低倍磨片所证实（图3-15（a）、图3-15（b））。翼上局部区域的高度不超过变形区的总高度。

在挤压外表面上有同心小槽的坯料时，发现表面层金属流动的不均匀性（图3-16）。在图上可明显地看到翼的金属流动超前于光管部分。根据实验结果组成了挤压带外翼钢管金属流动的一般系统图像，并考虑了在横断面和纵断面上的不均匀变形（图3-17）。

从图3-17可以看出，线段 AB 和 NK 变形前分布在一个平面上，而在管子里其位置发生了明显变化。B 点和 N 点的内层金属超过了 A 点和 K 点的外层金属，而且线段 $N'K'$ 和 NK 之差远大于线段 $A'B'$ 和 AB 之差。这是由于管子光滑部

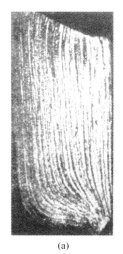 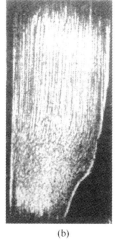 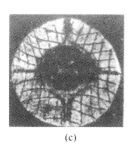

(a)　　　　　　　　(b)　　　　　　(c)

图 3 – 15　挤压带外翼的钢管时在变形区断面上金属的切向流动
（a）光管部分的纵断面；（b）翼的纵断面；（c）横断面

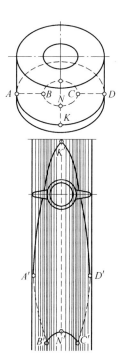

图 3 – 16　带同心小槽的坯料表面层
金属流动的不均匀性

图 3 – 17　挤压鳍片管时
金属流动的一般示意图

分横断面上金属流动的不均匀性比带翼部分大。管子外表面翼上的点超过了相应的光管部分的点。

碳素钢挤压试验中止坯料各断面显微磨片试样所表现出的图像可以证实变形的不均匀性（图3-18）。在挤压带翼的钢管时，金属流动的连续性和相对变形的分布与挤压光管时没有原则上的区别。实验表明，挤压钢管和挤压有色金属制品时，金属流动情况原则上一样。

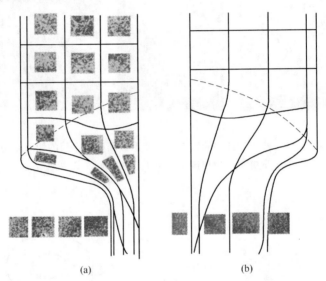

图3-18 碳素钢挤压试验中止坯料各断面显微组织
(a) 上；(b) 下

3.3 钢管挤压时变形力的确定

3.3.1 挤压力的特性曲线

无润滑挤压时，很难用一个公式表示挤压时所需要的力；而在一定温度下，使用润滑剂挤压某种金属所需要的力，却可以由理论公式表示，并且由实验所证实。

将变形金属坯料加热到适当的温度，放置在一个高压钢制圆筒形的密封容器（挤压筒）内，密封容器的一端由挤压模封闭，模孔的面积即为所要求得到的制品的断面。挤压筒的另一端由活塞（挤压杆）密封。挤压杆可以在挤压筒内移动，挤压金属并使之变形。挤压杆装置在挤压机的主柱塞上，并由挤压机提供足够的压力。

挤压钢管时，采用带圆孔的挤压模，将一根装置在穿孔柱塞上，并可在挤压杆内孔中移动的芯棒通过在挤压筒中的空心坯料，伸入挤压模孔的定径带。然后，挤压杆在挤压模和芯棒组成的环形间隙中挤压出钢管。

挤压力的大小主要取决于材料的变形抗力、润滑剂以及挤压过程工艺参数的选择。

3.3.1.1 挤压力大小的表示

设 F 为在一个半径为 R 的挤压筒中挤压长度为 L 的坯料时所需要的总力。一段厚度为 dl 的金属离开模子的距离为 l；f 为挤压时金属与挤压筒之间的摩擦系数，则：

$$dF = 2\pi R f \frac{F}{\pi R^2} dl \quad \text{或} \quad \frac{dF}{F} = \frac{2f dl}{R}$$

且

$$F = F_0 e^{\frac{2fl}{R}}$$

式中，F_0 为 $l = 0$ 时的挤压力，即在挤压结束时，已经没有摩擦了。

西拜勒氏认为，进行一次变形所需要的力等于断面上的变形和变形总阻力的乘积。所指变形即为变形材料的原始断面与最终断面之间的自然对数比例。

设 μ 为挤压比，即挤压筒面积与挤压模孔断面积之比；K_W 为挤压温度下抵抗金属变形的阻力，则：

$$F_0 = \pi R^2 K_W \ln\mu$$

可见，在操作中某一段时间的挤压力公式为：

$$F = \pi R^2 K_W \ln\mu e^{\frac{2fl}{R}} \tag{3-1}$$

则挤压内半径为 r 的管子时挤压力公式为：

$$F = \pi \left(R^2 - r^2 \right) K_W \ln\mu e^{\frac{2fl}{R-r}} \tag{3-2}$$

这就是计算挤压力大小常用的 J. 赛茹尔内公式。

当已知主缸的水压，挤压杆施加于坯料的总力为 F。假设操作结束时的力为 F'，即当 $l = 0$ 时，则式（3-1）为：

$$F' = \pi R^2 K_W \ln\mu$$

$$K_W = \frac{F'}{\pi R^2} \frac{1}{\ln\mu} \tag{3-3}$$

即计算 K_W 而得知 μ，可以计算出坯料与挤压棒材的尺寸。

同样，对于钢管挤压时，式（3-2）有以下形式：

$$K_W = \frac{F'}{\pi \left(R^2 - r^2 \right)} \frac{1}{\ln\mu} \tag{3-4}$$

即计算 K_W 而得知 μ，可以计算出坯料与挤压钢管的尺寸。

当已知开始挤压时的力为 F，以及挤压结束时的力为 F'，则：

$$\frac{F}{F'} = e^{\frac{2fl}{R}} \quad \text{或} \quad \frac{F}{F'} = e^{\frac{2fl}{R-r}}$$

即可以算出摩擦系数：

$$f = \frac{R}{2l}\ln\frac{F}{F'} \tag{3-5}$$

使用一般的润滑剂时，摩擦系数为 $f = 0.05$，而有色金属不同润滑剂挤压时，摩擦系数为 $f = 0.12$。

各种金属及合金的变形阻力如图 3-19 所示。在不同的温度下挤压金属及合金时，挤压力随温度的变化而增减。用式（3-3）、式（3-4）可以算出金属和合金在不同挤压温度下的变形阻力。因此，对每一种金属和合金都可以画出一条表示温度与变形阻力的关系曲线。在挤压温度范围内，这些曲线都是直线。

上述变形阻力值是应用挤压力公式计算出来的。可以发现，在这种已得到的数值及各种高温阻力试验（蠕变试验、高温抗压强度试验）中所得到的数值之间存在着一个简单的关系。

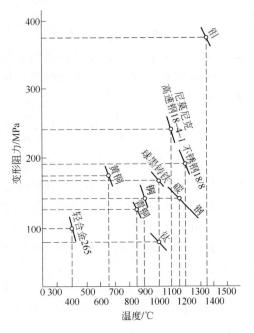

图 3-19 各种金属及合金的变形阻力

把挤压筒的"比压"定义为：

$$p = \frac{F}{\pi R^2} \tag{3-6}$$

实际上 p 值位于 $400 \sim 1200 \text{MPa}$，此可作为参考。挤压机的比压 p 值的高低取决于挤压筒的直径。如果所选择的直径过大，比压就很低，不能得到足够的力来完成操作；如果相反，所选择的挤压筒直径太小，挤压筒就有变形或因不能承受太大的压力而破裂的危险，还有可能使挤压杆弯折。

图 2-3 已经指出，在不同的挤压机压力下，应该使用的最大及最小挤压筒的尺寸，以及最通常的操作所使用的挤压筒直径。

图 2-4 也表明，金属的变形阻力与变形可能性（挤压比）之间的关系。式（3-1）和式（3-2）还指出，金属的变形阻力越高，则变形的可能性越小。

假设摩擦力可以略而不计，即 $f = 0$，则公式如下：

$$K_w\ln\mu = \frac{F}{\pi R^2} = p$$

图 2-4 的曲线是以 $p = 400 \sim 600 \sim 1200 \text{MPa}$ 绘制的。由图 2-4 可以看出，由于碳素钢的变形抗力很低，其挤压变形的可能性很大。作为试验数据，可能以

挤压比 $\mu = 225$ 进行挤压加工，即可用直径为 $\phi120\,mm$ 的圆坯料直接挤压成 $\phi10\,mm \times 5\,mm$ 的扁钢。而相反，耐热钢的变形可能性则小得多。如尼莫尼克难熔合金，无论使用什么样的挤压机都不可能在一道次挤压工序中，使其延伸系数能够超过 $\mu = 80$。

从以上挤压公式可以预见，如果按照挤压杆的进程测绘挤压所需要的力，则曲线将有如图 3 - 20 所示的形状。图 3 - 20 (a) 所示为不使用润滑剂时，挤压力与坯料长度的关系。当挤压开始时，挤压力很高，随着操作的进行，挤压力不断地减小，当挤压结束时，此力只相当于无摩擦变形时所需要的力。

图 3 - 20 (b) 所示为使用润滑剂挤压时，挤压力与坯料长度的关系。摩擦系数值 f 的高低决定于所使用的润滑剂的质量，当选用适当的玻璃润滑剂时，可使摩擦系数值 f 很小，操作开始时就没有顶峰压力。

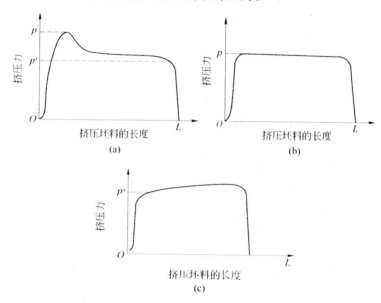

图 3 - 20 不同工艺条件下挤压时挤压力与坯料长度的关系
(a) 不使用润滑剂；(b) 使用润滑剂挤压；(c) 使用润滑剂慢挤压

图 3 - 20 (c) 所示为使用润滑剂慢速挤压时，挤压力与坯料长度的关系。当缓慢地进行挤压时，精确地记录挤压力，可以发现在挤压过程中，压力有所上升，这是由于操作过程中挤压坯料的冷却，导致变形抗力增加，于是总的挤压力随着操作的进行而增加。

最后，如果采用不适当的润滑剂慢速挤压时，所需要的挤压力与坯料长度的关系曲线将会出现两个峰值压力，即操作开始时和挤压结束时的顶峰压力。而因坯料冷却所引起的阻力升高，并未因摩擦的减小而抵消。

3.3.1.2 挤压过程中挤压力的变化

挤压开始和挤压过程中的挤压力，取决于坯料的化学成分、加热温度、挤压速度、工模具温度、润滑剂和坯料长度以及挤压方法和挤压模形状等一系列的因素。

在一定的挤压速度下，挤压力随着坯料长度变化的特性曲线如图3-21所示。

图3-21中，横坐标表示挤压杆头部对坯料前端的距离。挤压开始时，由于首先在挤压件上形成金属流线，出现挤压力迅速上升。在挤压末期，由于挤压杆移近挤压模前端的"死区"，而对于"死区"则挤压力不足，

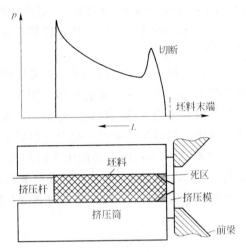

图3-21 一定的挤压速度下，挤压力随坯料长度的变化

所以压力再次上升。如果此时挤压机不切断（关机），则挤压杆就会被制动，液压系统的压力上升到额定压力。

A 坯料装入温度和挤压筒温度的影响

挤压力随着坯料的装入温度的下降而上升，对挤压筒温度的关系也相同。

如图3-21所示，只是挤压力变得更大。但是，挤压过程中，由变形功传给挤压坯料的热量比从挤压筒放出的热量是大或是小，对于压力曲线有很大的影响。如果输入的热量比放出的热量大，则由于挤压坯料的温度上升，变形抗力下降，因而挤压过程中压力减小（图3-22）。如果从挤压筒放出的热量大于变形热，则关系曲线相反，在挤压过程中压力上升（图3-23）。

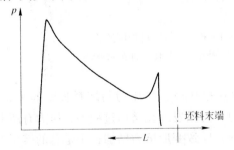

图3-22 变形功输入的热量大于从挤压筒放出的热量时的压力曲线

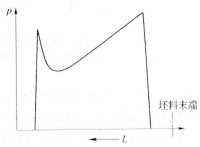

图3-23 变形功输入的热量小于从挤压筒放出的热量时的压力曲线

B 挤压速度的影响

为了提高挤压速度需要加大挤压力，为了降低挤压速度则需要减小挤压力。

如果在挤压过程中，挤压速度从 v_1 变到 v_2，则挤压力随坯料长度变化的曲线如图 3 – 24 所示。

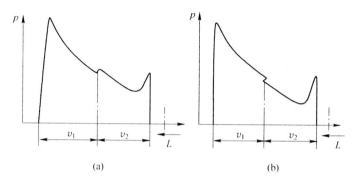

(a)　　　　　　　　　　　(b)

图 3 – 24　变形功输入的热量大于从挤压筒放出的热量
（a）速度由 v_1 提高到 v_2；（b）速度由 v_1 下降到 v_2

在每一挤压过程中，通过调节，可使挤压速度保持在恒定值。

由于挤压时间不同，因而压力曲线长度的不同是由于挤压速度不同所致，如图 3 – 24 和图 3 – 25 所示。

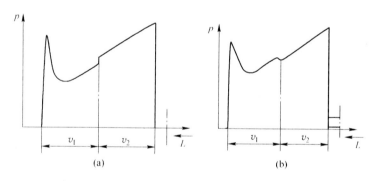

(a)　　　　　　　　　　　(b)

图 3 – 25　变形功输入的热量小于从挤压筒放出的热量
（a）速度由 v_1 提高到 v_2；（b）速度由 v_1 下降到 v_2

（1）在 20 ~ 25mm/s 速度情况下，随坯料长度而变化的挤压力下降，并在挤压到一大半坯料长度后，挤压力变得最小。

（2）在 10 ~ 15mm/s 速度时，挤压力随坯料长度变化保持不变。

在恒定的速度下挤压时，挤压力能以 1∶2 的比例变化，这是因为坯料装入温度、挤压筒温度和变形热综合影响的结果。

在挤压开始和挤压结束这两种工作条件下，挤压力和挤压速度之间并不存在单一的关系。如果不考虑这两种情况，则可用图 3 – 26 来表示挤压速度和挤压力之间的基本关系。

挤压机在某一定的挤压力以下，不能
进行挤压，并处于停止状态。从这一点起
的整个曲线很平坦，即很小的挤压力变化
已经足够使挤压速度变化很大。

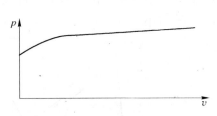

在挤压开始时，首先必须在挤压坯料
中形成"金属流线"，在此瞬间内，挤压
杆几乎完全处于停止。当挤压铜和青铜时，
这个时间一般在 1.5 ~ 2.0s。而在挤压难

图 3 - 26　当不考虑挤压开始和
结束的条件下，挤压力和
挤压速度的基本关系

挤压的高合金时，这个时间在 2s 以下，但在特殊情况下可能大大超过 2s。

在挤压杆停止的时间内，由于节流阀打开，活塞泵在运转，所以挤压缸压缩
体积增加，压力很快上升。只要挤压件金属开始流动，压力就突然下降，因此，
在挤压开始时总是出现剧烈的压力峰值。

3.3.2　钢管挤压时挤压力的计算

选择挤压设备和编制挤压工艺必须首先确定钢管挤压力。

确定钢管热挤压时挤压力的方法基本上有两种：实验法（测压法）和分析
法（计算法）。其中，测压法是利用电子测压仪器直接测量钢管挤压时挤压力的
方法。而计算法则是在利用金属的塑性变形理论以及在分析实验资料结果的基础
上建立起来的计算公式进行一系列计算的结果。由于尚未完全掌握各种金属与合
金在不同变形条件下的强度特性，金属的塑性理论尚不完善，因而计算结果的精
确性受到限制，一般误差在 15% 左右。

分析计算法又可分为两类：主应力平均法和滑移线理论法。其中滑移线理论
法较为先进，但由于至今尚研究不足，所以生产中并未得到普遍的应用。而用得
较多的还是由主应力平均法导出的公式，例如 C. N. 古布金公式和 H. A. 匹尔林
公式。前者有些系数尚难以较准确地选择，而后者计算时比较复杂，且对挤压模
角度变化的反应"不敏感"。此外，有些公式采用了变形区平面流动假设、全塑
性假设或材料不可压缩性假设，同时也由于计算过程复杂，且计算结果与试验资
料不能较好吻合，而没有在实际生产中得到应用。

于是出现了简化的和修正的计算挤压力的公式。这些公式也是属于主应力平
均法一类，是按照挤压时"变形区金属流动的平面假设"和"全塑性假设"以
及"常摩擦应力定律"推导出来的。这些公式主要考虑到坯料金属在变形状态
下的塑性、变形程度以及摩擦的影响。而公式中考虑其余因素的影响时，则采用
"经验系数"。因此，公式便于计算挤压力，并且成功地选择经验系数可以获得
近乎实际的结果。

为了确定挤压钢管时的挤压力，下面推荐几个计算挤压力的简化和修正公式，并分别举例将计算结果与采用测压法测得的结果相比较，以便评价这些公式计算结果的精确度。所推荐的公式考虑到钢管挤压时的特点，并且经过多次验证，证明这些公式用于工艺计算是可行的。

3.3.2.1　J. 赛茹尔内公式

J. 赛茹尔内公式如下：

$$p = K_w \frac{\pi \left(D^2 - d^2\right)}{4} \ln \mu e^{\frac{4fl}{D-d}} \tag{3-7}$$

式中　　　　　K_w——挤压材料的变形抗力，MPa（表 3-1）；

　　　　　　　D——挤压筒内衬的直径，mm；

　　　　　　　d——挤压芯棒的直径，mm；

$\pi \left(D^2 - d^2\right)/4$——挤压筒净面积，mm²；

　　　　　　　μ——挤压比；

　　　　　　　f——摩擦系数，采用玻璃润滑剂时，推荐 $f = 0.015 \sim 0.025$；

　　　　　　　L——坯料长度，mm。

p 为一支钢管挤压时所需要的力。一般情况下该力不应超过整个公称静挤压力的 85%。这是因为有大约 15% 的有效压力可能不得不用于在工作行程中克服液压回路中的摩擦损失，以维护挤压杆的前进速度。该压力与挤压速度的平方成正比。有时，这一压力允许达到最大有效静态挤压力的 90%，但是这时要求这样高的挤压力挤压钢管时，可能必须以稍低的速度进行挤压。

值得注意的是，如果在产品计算时发现产品钢管的挤压力接近最大的有效静态挤压力时，这就意味着该批钢管不可以挤压，因为这时挤压机的挤压速度将降至为零。

$e^{\frac{4fl}{D-d}}$ 是与摩擦系数 f、坯料长度 L、挤压筒直径 D 和芯棒直径 d 有关的一个衡大于 1 的系数。其意味着在挤压行程过程中，克服坯料外表面和挤压筒内表面之间以及坯料内表面与芯棒表面之间的摩擦力所必须增加的力的大小。很明显，对于每次挤压，该系数的值都必须单独计算。因为摩擦力不仅取决于玻璃润滑剂的摩擦系数 f，而且也取决于摩擦面的总面积。而摩擦面积又分别取决于挤压筒和挤压芯棒的直径 D 与 d，同时还取决于坯料的长度 L。应该注意的是，该公式中 L 表示的是镦粗时，坯料金属在充分填满挤压筒内表面和芯棒外表面之间的间隙之后的坯料长度。因为，只有当坯料经过充分镦粗之后，才能建立起在稳定的挤压过程中，坯料外表面与挤压筒内衬的内表面以及坯料内表面与芯棒外表面之间的摩擦条件。

表 3-1 中的 K_w 数据是在实验基础上，按式（3-7）验算后得出的结果。

表3-1 各种钢和合金热挤压时的变形抗力

材料	挤压温度/℃	化学成分（质量分数)/%							变形抗力 K_W/MPa
		C	Mn	Si	Cr	Ni	Fe	其他	
碳素钢	1200±100	0.1~1.0	0.3~1.5	0.1	—	—	余量		130
低合金钢	1200±70	0.2~0.6	0.3~1.0	—	0~1.7	0~3.7	余量		150
轴承钢	1125±25	1.0	≥0.45	0.3	1.5		余量		160
不锈钢	1175±25	0.15	1.0	0.5	11~13		余量		180
	1175±25	0.15	1.0	—	11.5~13.5		余量	Ti：0.4	180
耐酸钢	1180±30	0.03~0.1	2.0		18~20	8~12	余量		190
	1180±30	0.08	2.0		17~19	9~12	余量		200
耐热钢	1170±20	0.25	2.0	1.5	24~26	10~22	余量		230
	1160±20	0.03~0.08	2.0		16~18	10~14	余量		240
高速钢	1140±20	2.0	0.3		12		余量	V：0.9	250
	1110±20	0.7	—		4		余量	W：18, V：1.0	300
球墨铸铁	1050±25	3.1~3.5	0.3~0.5	2.4~3.0		1.1~1.8	余量	Cu：0.7	220
镍	1100~1200	—	—	—		99	余量		180
	1150±25	0.15	1.0	0.5	14~17	余量	6~10	Ti：1.8~2.7	280
尼莫尼克80A	1150±25	0.1	1.0	1.0	18~21	余量	5	Ti：1.8~2.7, Al：0.5~1.8, Cu：2.0	300
尼莫尼克90A	1150±20	0.1	1.0	1.5	18~21	余量	5	Ti：1.8~3.0, Co：15/21, Al：0.8/2.0, Nb：4	330
镍铬钴合金	1150±15	0.15	1.5	1.0	21~22	19~20	余量	Mo：3, W：2.5, Co：20	320
	1160±10	0.4	1.5	0.7	20	20	3	Mo：4, W：4, Co：43	350
钛	850~900	—	—	—	—	—			120
钼	1300~1400	—	—	—	—	—			400

采用 J. 赛茹尔内公式计算的挤压力与实验资料相比较得到令人满意的结果。但是，应该指出，使用 J. 赛茹尔内公式计算挤压力时，因为变形抗力的数据不够充分，使用时有所不便。如果所挤压的材料在不同于表 3-1 所列的温度下挤压时，或者材料的化学成分不同时，必须要预先测量挤压力，并经验算得到变形抗力。

3.3.2.2 T. B. 普罗佐洛夫公式

T. B. 普罗佐洛夫公式如下：

$$p = \frac{\pi}{4} \left(D_K^2 - d_K^2 \right) C\sigma_T \left(1 + f\frac{L}{D_K} \right) \ln\mu \tag{3-8}$$

式中　p——挤压力，N；

D_K——挤压筒直径，mm；

d_K——芯棒直径，mm；

σ_T——以 $8.3 \times 10^{-5} \sim 25 \times 10^{-5}$ m/s 的变形速度和挤压温度下断裂试验时材料的屈服极限（一般取挤压温度下的 σ_b），MPa；

C——不均匀变形系数，简单断面的棒材、厚壁管取 4，钢管、带小肋管、复杂断面型材取 5，复杂断面异型管取 6；

L——坯料在挤压筒中预镦粗后的长度，mm；

f——摩擦系数；

μ——挤压比。

T. B. 普罗佐洛夫公式没有 J. 赛茹尔内公式的不足，用于计算简单、方便，并且计算结果和实测值比较，能吻合得很好。

3.3.2.3 C. H. 鲍里索夫和 A. B. 普里托马诺夫公式

C. H. 鲍里索夫和 A. B. 普里托马诺夫公式如下：

$$p = 2.5\pi \left(D_K^2 - d_K^2 \right) \left(\sigma_M - \sigma'_T \right) e^{\frac{4fLD_K}{D_K^2 - d_K^2}} + 10\sigma_T$$

其中：
$$\sigma_M = \frac{2\sigma_T L\mu \left(d_K^2 + D_T^2 \right)}{\left(D_K^2 - d_K^2 \right) D_T} + \frac{\sqrt{3}\sigma_T D_K}{\sqrt{2}\varphi \left(D_K + d_K \right)} \ln \frac{D_K - d_K}{D_T - d_K}$$

式中　D_K——挤压筒直径，mm；

D_T——钢管直径，mm；

d_K——芯棒直径，mm；

L_l——模子圆柱带长度，mm；

μ——挤压比；

σ'_T——挤压温度下材料的屈服极限，MPa；

L——坯料在挤压筒内镦粗后的长度，mm；

ϕ——$\phi = \sqrt{2 + 3/2\tan^2\alpha}$；

α——挤压模入口锥角的一半，（°）；

n——材料硬化系数，根据试验资料图表决定；

σ_T——$\sigma_T = n\sigma'_T$，在变形条件下金属的屈服极限；

f——摩擦系数，普罗佐洛夫推荐取 0.08。

需要说明的是，确定摩擦系数有多种方法，用于挤压较合适的方法是 C. N. 古布金的流出法和 T. B. 普罗佐洛夫方法。当沿挤压杆行程挤压力变化曲线的斜度减小时采用 C. N. 古布金的流出法。而当在一定条件下，曲线平行于横坐标轴时则采用 T. B. 普罗佐洛夫方法。

挤压钢管时，摩擦系数的计算公式如下：

C. N. 古布金法：

$$f = \frac{D_K + d_K}{4\,(L_1 + L_2)} \ln \frac{p_1 + \sigma_{T1}}{p_2 + \sigma_{T2}}$$

式中　L_1，L_2——分别为到测量挤压力的 1 点和 2 点挤压杆的行程长度，m；

p_1，p_2——分别为按图表相应于 L_1，L_2 点测量的单位压强，MPa；

σ_{T1}，σ_{T2}——分别为在 L_1、L_2 时相应变形速度下的材料屈服极限，MPa。

T. B. 普罗佐洛夫法：

$$f = \frac{(D_K - d_K)(\sigma'_z - \sigma'_M - \sigma''_z + \sigma''_M)}{2(L_1 - L_2)(\sigma'_z + \sigma''_z)}$$

式中　σ'_z，σ'_M——分别为在 L_1 时挤压垫和挤压模上的单位压强，MPa；

σ''_z，σ''_M——分别为在 L_2 时挤压垫和挤压模上的单位压强，MPa。

应注意，摩擦系数直接影响到挤压力的大小，而挤压力的大小可用以评价所采用的工艺润滑剂的效果。因此，摩擦系数计算方法的选择，必须有针对性。C. H. 古希金法的实质在于，随着挤压杆在挤压筒内的推进，摩擦面积减小，用于克服摩擦的力也减小，因而总挤压力减小。采用试验得到的"挤压力—挤压杆行程图表"和挤压杆在 L_1、L_2 位置时的挤压力，进行计算后可以得到摩擦系数值。而 T. B. 普罗佐洛夫法则是在于传送到挤压杆和挤压模上的力的差别，及每一瞬间消耗在克服坯料与工具之间摩擦力的差别。为了利用这个方法，需要同时测量在挤压杆和挤压模上的压力。

3.3.2.4　BX 卡西扬图表法

采用 BX 卡西扬图表法确定挤压力，由两个步骤组成：首先确定实际的材料屈服极限，然后确定挤压力。

当已知挤压速度时，按钢管的内径（d_T）和壁厚（S_T），查 BX 卡西扬根据不同的挤压筒直径绘制的钢管挤压力计算图表确定坯料金属的变形速度（ε）；然后，对于一定的材料和加热温度，按照"AAДинник 图表"查得变形抗力（σ_n）；再根据已知的内径（d_T）和壁厚（S_T）以及材料的变形抗力 σ_n，在 BX

卡西扬绘制的图表上确定挤压力。

表 3 - 2 为 Cr18Ni10Ti 不锈钢在 1200℃温度下挤压钢管时，计算的挤压力（以吨计）与实测挤压力的比较。从表 3 - 2 可以看出：

（1）按照 J. 赛茹尔内公式计算的挤压力为最大值，而按其余公式计算的挤压力为稳定值。

（2）在 T. B. 普罗佐洛夫公式中，系数 C 取 6，代替推荐值 5，与实测的资料比较得到的结果较接近。

（3）比较绝对偏幅，J. 赛茹尔内公式为 27.9t，T. B. 普罗佐洛夫公式为 26t，C. N. 鲍里索夫公式为 31.3t，BX 卡西扬图表法为 50.3t。

在生产实际中，使用比较普遍的挤压力计算公式还是 J. 赛茹尔内公式。

表 3 - 2　Cr18Ni10Ti 不锈钢在 1200℃温度下挤压钢管时，实测与计算挤压力的比较

| 挤压钢管规格/mm | 挤压筒直径/mm | 延伸系数 | 实测挤压力/t | | 公式计算的挤压力 | | | | | | | |
| | | | 最大值 | 稳定值 | J. 赛茹尔内公式 | | T. B. 普罗佐洛夫公式 | | C. N. 鲍里索夫公式 | | BX 卡西扬图表法 | |
					挤压力/t	偏差/%	挤压力/t	偏差/%	挤压力/t	偏差/% · t^{-1}	挤压力/t	偏差/%
67 × 4.0	140	15	1020	850	965	− 5.4	708	− 16.7	830	− 2.4	550	− 47
57 × 4.5	175	18.5	1480	1210	1610	+ 8.8	1320	+ 9.1	1040	− 14.0	1200	− 0.8
76 × 3.5	175	25.5	1510	1290	1740	+ 15.2	1300	+ 0.4	1170	− 9.7	1200	− 7.3
60 × 3.5	175	35.2	1780	1400	1940	+ 9.0	1530	+ 9.3	1280	− 8.6	1400	0.0
89 × 10.0	190	9.75	1350	1100	1210	− 10.4	1100	− 0.9	1060	− 4.5	1100	− 0.9
89 × 8.5	190	11.1	1380	1130	1280	− 7.2	1150	+ 1.8	1180	+ 4.4	1150	+ 1.8
89 × 4.5	190	19.2	1730	1420	1510	− 12.7	1360	− 4.2	1660	+ 17.0	1380	− 2.8
89 × 3.0	190	27.8	1630	1500	1670	+ 2.5	1500	0.0	1760	+ 17.3	1550	+ 3.3
159 × 6.0	270	13.5	2530	2220	2230	− 11.9	1950	− 12.2	2520	+ 13.5	1700	− 23.7

3.4　坯料穿（扩）孔时的金属流动及变形力的确定

3.4.1　坯料穿（扩）孔时的金属流动

钢管挤压生产工艺过程中的穿孔工艺是指在立式穿孔机上，采用特殊形状的穿孔头，将实心的坯料穿孔成空心坯。而扩孔工艺则是将经预钻孔的空心坯料在立式穿（扩）孔机上，采用特殊形状的扩孔头，进行空心坯的再扩孔。

实心坯的穿孔和钻孔坯的扩孔，其金属流动可以按相同的图像来描述。

3.4.1.1　实心坯料穿孔时的金属流动

为了研究在立式穿孔机上穿孔时金属的流动，采用在两端刻有坐标网格、不带润滑剂的坯料镦粗后，穿孔"中止"，从径向平面上取样制作显微磨片（图 3 - 27）来进行分析。

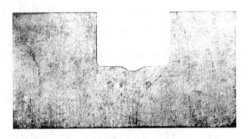

图 3 - 27　穿孔时"中止"坯料的显微磨片

由图 3 - 27 可以看出，穿孔头下端面形成倒锥形体的金属"停滞区"，其大小取决于穿孔头的形状和所使用的工艺润滑剂的效果。

而从穿孔余料（图 3 - 28）可以看出，在其上端面（图 3 - 28（a））留有坐标网格的痕迹，下端面（图 3 - 28（b））也留有坐标网格的痕迹，并在其径向断面的显微磨片上看得出有倒锥形"停滞区"的金属流线痕迹（图 3 - 28（c））。

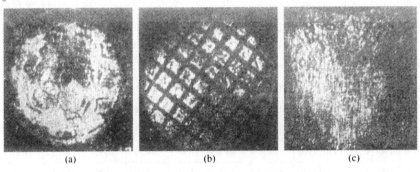

（a）　　　　　　　　　　（b）　　　　　　　　　　（c）

图 3 - 28　坯料穿孔后的穿孔余料

（a）上端面；（b）下端面；（c）径向断面显微磨片

据上所述，对于不带玻璃润滑剂的实心坯料穿孔工艺过程的金属流动可做如下描述：

当穿孔过程开始时，坯料进行预镦粗，使坯料沿圆周方向金属流动充满穿孔筒。此时，坯料直径与穿孔筒直径相同。当穿孔杆下降，穿孔头接触坯料上端面时，由于工具与接触坯料端面间的摩擦，在其接触面下形成倒锥体形的"停滞区"。当穿孔杆继续下降时，停滞的锥体状金属成为穿孔头的"前锥"，并随着穿孔头的向下推进，"前锥"金属楔入坯料中心，使向径向延伸的变形金属沿着穿孔头周边和穿孔筒内壁向上流动。

在穿孔过程结束时，穿孔头下面的停滞金属留在穿孔余料的上端面。穿孔余料进入"封底"剪切环后被切断。而穿孔坯料的下表面则由未变形的金属组成。

在穿孔过程中，由于穿孔头下面部分金属产生最强烈的变形，导致坯料中心部位金属的严重不均匀变形。穿孔空心坯内表面金属强烈的不均匀变形是最容易产生缺陷的部位。因而，往往在低塑性材料管材生产时，穿孔空心坯在挤压前，会进行冷却、酸洗、检查及磨修工序。

穿孔时，玻璃润滑剂的使用，使穿孔头下面的金属停滞区大大减小，甚至良好的润滑剂可以完全取代金属停滞区的体积。特别是下端面凹形穿孔头（图2-28）的采用，使穿孔头的凹形端面的接触处成为润滑剂的"特殊储存器"，润滑剂的熔化部分在穿孔头的周围及其与变形金属之间被均匀地挤出一层玻璃润滑剂，润滑穿孔头和坯料的内表面，以降低摩擦系数，使剪切变形限制在润滑层的范围内，从而降低了管坯内表面产生缺陷的可能性，尤其是对于长坯料的生产效果更为显著。

同样，坯料的外涂粉为坯料金属与穿孔筒内衬的内表面接触提供了润滑条件，使穿孔时的摩擦力和不均匀变形区减小，有利于空心坯表面质量的提高。

3.4.1.2 预钻孔坯料扩孔时的金属流动

预钻孔坯料的扩孔过程没有坯料的镦粗工序。

扩孔过程开始时，在特殊形状扩孔头向下移动的作用下，坯料金属开始塑性流动。金属首先向侧面扩张流动，至充满坯料和穿孔筒内表面之间的间隙。然后向上流动。当扩孔时的扩径力转变为剪切力的瞬间，进行扩孔余料的切除，结束整个扩孔过程。

扩孔过程中各阶段金属的流动如图3-29所示。

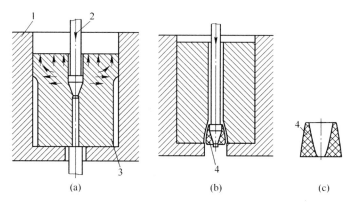

图3-29 扩孔时的金属流动

（a）稳定过程；（b）切断扩孔余料的瞬间；（c）扩孔余料的形状

1—穿孔筒；2—穿孔针；3—坯料；4—扩孔余料

3.4.2 坯料穿（扩）孔时变形力的确定

3.4.2.1 坯料穿孔时镦粗力的确定

表述在穿孔筒中镦压圆柱体的公式尚无，采用 Siebel 自由锻公式来确定坯料的镦粗力。一般模锻的压力为自由锻压力的一倍。根据阿亨工业大学塑性变形研究所的试验指出，锻压力模锻比自由锻大一倍以上。坯料穿孔时镦粗力的计算公式如下：

（1）根据 Siebel 公式：

$$p = K_W F\left(1 + \frac{1}{3}f\frac{d_B}{h_0 - h_i}\right) \tag{3-9}$$

式中　F——穿孔筒面积，mm^2；

d_B——坯料直径，mm；

h_0——镦粗前坯料长度，mm；

h_i——镦粗后坯料长度，mm；

f——摩擦系数；

K_W——变形强度（表3-3）。

表3-3　各种材料的变形强度

序　号	钢　种	K_W/MPa
1	碳素钢：St35.8	45
2	低合金钢：15Mo3	66
3	轴承钢：100Cr6	66
4	不锈钢：1Cr13	66
5	高合金钢：1Cr18Ni8	88
6	耐热钢：1Cr6Si	88
7	高温钢：0Cr16Ni16MoN	99

注：1. 表中列出的是当穿孔温度为1200℃，速度为300mm/s时的 K_W 值；

　　2. 当温度降低到1100℃穿孔时，K_W 值提高20%；

　　3. 一般为了提高产品质量，镦粗时采用全压力操作，即采用穿孔机的额定镦粗力进行镦粗，使坯料镦粗充分。

（2）尼科波尔南方钢管厂计算镦粗力的简单公式：

$$p = \frac{\pi}{4}D_z^2\sigma_n \tag{3-10}$$

式中　D_z——实心坯料的直径，mm；

σ_n——在选定的温度和速度下金属的变形抗力，MPa，由表3-4选择。

表3-4 在立式穿孔机上坯料镦粗时的变形抗力

序 号	材 料	加热温度/℃	变形抗力/MPa
1	碳素钢	1200 ± 100	100 ~ 120
2	低合金钢	1200 ± 70	110 ~ 130
3	轴承钢	1125 ± 25	12.50 ~ 13.50
4	铬不锈钢	1175 ± 25	140 ~ 150
5	铬镍不锈钢	1180 ± 30	150 ~ 160
6	镍合金	1150 ± 20	220 ~ 250

注：该数据是在实验的基础上得出的。

3.4.2.2 实心坯料穿孔时穿孔力的确定

实心坯料穿孔时穿孔力的计算公式如下：

（1）根据 Schloemann 提供的公式：

$$p = K_W F_0 \varphi_r \tag{3-11}$$

式中 K_W——变形抗力（表3-5），MPa；

F_0——穿孔筒面积，mm^2；

φ_r—— $\varphi_r = \ln \dfrac{D}{D-d} - 0.16$；

D——穿孔筒直径，mm；

d——穿孔头直径，mm。

表3-5 变形抗力 K_W 的数值

序 号	钢 种	K_W/MPa
1	碳素钢	90
2	低合金钢、轴承钢	132
3	高合金钢、耐热钢、不锈钢	176
4	高温钢	198

注：1. 表中列出的是当加热温度为1200℃，速度为300mm/s时的 K_W 值。
　　2. 当穿孔头下的料长小于穿孔头直径的一半时，适用上述公式，而当超过上述情况，则穿孔力增加。

（2）尼科波尔南方钢管厂确定穿孔力的公式：

$$p = 26\sigma_n D_K \left(\ln \dfrac{D_K + d_K}{D_K - d_K} + 4.85\ln\mu \right) \tag{3-12}$$

式中 σ_n——在一定温度和速度下钢的变形抗力（按 A. A. 丁尼克的资料选择），MPa；

D_K——穿孔筒直径，mm；

d_{K}——穿孔针直径，mm；

μ——穿孔时的延伸系数。

（3）采用特厚板冲孔公式确定穿孔力：

$$p = \pi d L_0 \tau_{\mathrm{c}} \tag{3-13}$$

式中　d——穿孔头直径，mm；

L_0——穿孔前坯料长度，mm；

τ_{c}——材料平均剪应力，$\tau_{\mathrm{c}} = (0.5 \sim 0.6)\sigma_{\mathrm{b}}$；

σ_{b}——高温下材料的强度极限（表3-6），MPa。

（4）经验公式：

$$p = 4.2 \frac{\pi d^2}{4} \sigma_{\mathrm{b}} \tag{3-14}$$

式中　d——穿孔头直径，mm；

σ_{b}——高温变形抗力（表3-6），MPa。

表3-6　各种材料在不同温度下的强度极限

温度 /℃	不同含碳量的碳素钢/%						不同钢种的强度极限/MPa							
	0.06	0.13	0.2	0.32	0.45	0.70	18CrNiWA	30CrMnSiA	60SiMn	W9Cr4V	T7	1Cr13	Cr28	1Cr18Ni9Ti
20	38	43.9	47	57	60	54	1220	711	1021	746	637	—	541	—
600	11	12.6	25	27	32	20	644	186	275	318	192	165	144	268
700	5.8	5.6	13	15	17	11	229	97	167	196	86	66	77	—
800	4.3	5.8	9.1	10	9.6	9.6	113	74	81	92	61	36	26	163
900	3.5	4.5	7.7	7.9	8.3	6.4	66	42	57	83	38	27	19	84
1000	3.4	2.8	4.8	4.9	5.1	3.7	49	36	34	57	31	37	11	44
1100	2.9	2.4	3.1	3.1	3.1	2.2	27	22	26	33	19	22	8	29
1200	2.0	1.4	2.0	2.1	2.1	1.7	19	18	33	21	11	12	8	18

3.4.2.3　预钻孔坯料扩孔时扩孔力的确定

预钻孔坯料扩孔时扩孔力的计算公式如下：

$$p = \frac{\pi}{4}(D^2 - d^2) K_{\mathrm{C}} \left(\frac{1}{\gamma} \ln\delta - \frac{\delta}{2}\ln\gamma \right) \tag{3-15}$$

或

$$p = \frac{1}{2} K_{\mathrm{C}} \pi (D_{\mathrm{K}}^2 - d^2) \tag{3-16}$$

式中　D_{K}——扩孔头直径，mm；

d——坯料钻孔直径，mm；

K_{C}——扩孔温度下的变形抗力，约为穿孔变形抗力的1/2；

γ——$\gamma = (D_{\mathrm{K}}/D)^2$；

δ——$\delta = D^2/(D^2 - D_K^2)$;

D——穿孔筒直径，mm。

尼科波尔南方钢管厂的经验认为：

（1）在预钻孔坯料扩孔时，坯料在穿孔机上不进行镦粗。其延伸系数取大于1，但比实心坯料穿孔时小。

（2）扩孔力可以按实心坯料穿孔的公式来计算，其大小取为计算值的25%～30%。

4 钢管和型钢热挤压时的工艺润滑剂

钢管和型材热挤压时的工艺润滑剂是钢挤压技术发展过程中三个工艺难题中的关键。玻璃润滑剂的发明，在钢挤压技术发展过程中起到里程碑的作用。

钢管热挤压时，金属从挤压模和挤压芯棒组成的环状孔隙中挤出。当金属和工具发生相对移动时，极高的单位压力，导致相当大的接触摩擦力，使变形金属产生"附加应力"，引起变形区内不均匀变形增加，导致变形能量的消耗也随之增加。玻璃润滑剂的使用，有效地降低了金属与工具之间的摩擦力，降低了变形金属中的不均匀变形。而在挤压过程中，玻璃润滑剂就是借助于降低"附加变形"，即不均匀变形来均衡金属的流动，使挤压钢管和型钢的表面光滑，并且防止表面缺陷的产生。

据研究指出，采用不同质量的润滑剂可以使坯料和挤压筒之间的摩擦力消耗，达到所需要的总挤压力的 10%~30%。

而在有色金属挤压时，带有润滑剂的坯料挤压时的挤压力要比不带润滑剂的坯料挤压时的挤压力低 30%~50%。

因此，挤压过程中润滑剂的基本作用，首先是改变了变形金属和变形工具之间接触表面的边界条件，使得变形金属中的不均匀变形集聚到被加工金属之外的高塑性的润滑剂层内，防止在坯料内由于不均匀变形而产生的附加拉应力，导致缺陷产生。其次是由于润滑剂薄膜层的隔热作用，使得坯料在运输过程中以及在与工具的接触时的热损失减小，防止坯料降温，从而降低了挤压时的挤压力，并且提高了工模具的使用寿命。

4.1 钢挤压用工艺润滑剂的发展

早期使用的润滑剂，曾采用"包套挤压"不锈钢等贵重产品，即在不锈钢坯料的外表面包套上一层铜，作为挤压时的润滑剂。20 世纪 20 年代末，开始采用石墨、二硫化钼、滑石、锯末、氯化钠和重油等作为钢质材料和各种产品挤压时的润滑剂。

与此同时，曾经还使用过一种"新型的润滑工艺"，即"Cgatot 工艺"作为钢挤压的润滑工艺，即采用石墨、西麻子油和锯末的混合物，并在其内还加入烟火，铸成盘状，放置在挤压模与坯料之间。当其和加热的坯料接触时，发生爆炸后呈粉状涂敷在挤压坯料的表面上作为润滑剂。

多年来，许多工业国家受到用挤压法生产有色金属产品的启示，都曾经考虑甚至试验过用热挤压法来生产黑色金属的产品，并得出了黑色金属同有色金属一样可以用挤压法来生产钢管和型钢的结论。只是在挤压黑色金属时，设备容易损坏，特别是模子，常常是经过一次操作之后，就不能再使用了（图4-1），影响了这一技术的发展。但是，人们还是不断地进行挤压法用于挤压钢质材料变形的试验研究，因为普遍认为挤压法如果用于黑色金属制品的生产成功后将会意义更大。

图4-1 没有使用润滑剂
而仅挤压过一次的挤压模
的磨损情况

首先是用挤压法能像有色金属一样制造实心和空心不规则断面的型材，这是因为一些形状复杂的型钢通常是无法用轧制的方法生产的。其次是由于工业发展需要含有大量附加元素的、高性能的产品，而这类产品在轧制时会给操作带来很多的困难，成材率极低或者根本就无法加工。特别是当这类产品的需要量不多，批量很小，特地为此制成轧制设备和工具的成本很高。而对于多品种、小批量产品的生产，挤压法的灵活性和经济性都是吸引人的。因此，当时曾有人应用挤压钢的某些方法，少量地、有条件地制造毛坯，但始终没有得到过成品。

当时的情况下认为，挤压钢质材料的主要技术问题是，寻找新的模子材料以提高挤压模的使用寿命。

1938年，法国电气化学公司研制成功一种耐高温的合金，他们以为可以用这种新材料制造挤压模，以承受挤压钢时产生的高温和应力。于是很快开展了用这种新材料制造挤压模可行性研究，并在一台600t小型挤压机上进行了试验。试验研究结果并不令人满意。在经过了深入的试验研究之后，他们开始认识到应该寻找一种有效的润滑方法。因为挤压时，存在于坯料与工具之间的摩擦使挤压筒及挤压模都受到严重的磨损。于是他们试验了各种不同的润滑剂，其中包括滑石、白垩粉、石墨、硼砂以及各种动物、植物、矿物油类。可是，无论是能耐挤压温度的固体油脂或者是液体油都没能得到令人满意的效果。根据观察，任何液体润滑剂在操作过程中，甚至在操作之前就被挤压的压力从模孔中压出，因此，也就不能保证润滑的效果。相反，固体润滑剂（滑石、石墨）虽能冷却模子，但其腐蚀性很强，加速了模子的磨损。

综合所有的研究结果得出了结论：有效的润滑剂必须在操作温度下具有胶黏性能。在试验过程中发现，要保证润滑剂的效能，在与热坯料接触时，所使用的润滑材料应该是由固体状态变成胶黏固体，而不是液体状态。在这种情况下，胶黏的润滑剂提供了适当的机械阻力，能够抵抗所产生的压力。同时一面软熔一面不断地产生一层隔热的胶黏薄膜，裹住了挤压条材。玻璃或在挤压温度下具有黏性的材料（如黏结剂、炉渣或者某些盐类或盐的混合物）符合以上要求，同时还有隔热的性能，这就能保护工具不致高温，同时也能防止热坯料表面的冷却。

润滑剂的基本原则确定之后，这一新技术运用于工业中所产生的许多细节问题也就接着在试验研究中逐一得到解决。

法国的金属拉拔与轧制工厂改造了原来的 6MN（600t）挤压机，同时，于仁恩电炉钢公司及金属拉拔与轧制工厂联合共同建成了一台 15MN（1500t）新式的挤压机，以便用于新工艺进行各项工业性试验。

此后几年，金属拉拔与轧制工厂和法国瓦鲁雷克联合公司一起共同使用 6MN（600t）挤压机和 15MN（1500t）挤压机继续进行这一新工艺的试验研究，在挤压技术上及使用的材料上都进行了许多重要的改进，并逐步地解决了新工艺用于工业生产时的许多实际操作问题，创造并进一步完善了钢挤压的新工艺。

1941 年，"玻璃润滑剂高速挤压法"专利许可证颁发给塞菲拉克（Cefilac）公司（原金属拉拔与轧制工厂）的技术经理 J. 赛茹尔内（J. Sejournet），并且很快被美国、英国、西班牙、奥地利、日本、瑞典等 30 多个国家购买。

到了 20 世纪 50 年代初期，由于相关科学技术的进步，尤其是材料科学和无氧化加热技术的发展，钢挤压的工艺和设备得到进一步的完善和提高。1951 年底，世界上第一个采用"玻璃润滑剂高速挤压法"生产不锈钢管的工业性生产车间在美国的 Babcock & Wilcox 公司建成投产。此后十来年间，国外的几乎所有的生产不锈钢管的大公司，都逐渐以挤压工艺来取代了其他的不锈钢管生产方法，包括普遍采用的二辊斜轧穿孔工艺。

目前，在国外使用的玻璃润滑剂，已经实现了专门化、系列化和多元化。人们还在不断地寻找高效、经济和取材方便的玻璃润滑剂的新品种，以适应热挤压法的发展对玻璃润滑剂所提出的高效率、多品种和高质量的要求。

表 4-1 为美国 Amerex 挤压不锈钢管公司推荐使用的玻璃润滑剂系列，表 4-2 为美国 Amerex 公司使用玻璃润滑剂成分及性能。

表 4-1　美国 Amerex 挤压不锈钢管公司推荐使用的玻璃润滑剂系列

设 备	用 途	推荐使用的玻璃润滑剂		备 注
		300 系列不锈钢、高温合金（HT）	400 系列不锈钢、碳钢	
穿孔机	外表面润滑	75% GWG（14）+ 25% 318（14）	75% GWG（14）+ 25% 318（14）	GWG/318 混合，软化 GWG

续表 4 - 1

设 备	用 途	推荐使用的玻璃润滑剂		备 注
		300 系列不锈钢、高温合金（HT）	400 系列不锈钢、碳钢	
穿孔机	扩孔头润滑	50% GWG（ -20/ +40）+50% 3KB（ -20/40）	50% GWG（ -20/ +40）+50% 3KB（ -20/40）	GWG/3KB 混合，软化 GWG
				3KB/318 混合，软化 3KB
挤压机	外表面润滑	100% BSO（ -20/ +40）	100% GWG（ -20/ +40）	
	内表面润滑	100% GWG（100）	100% GWG（100）	
	玻璃垫润滑	100% BSO（ -20/ +40）	400SS：100% GWG（ -20/40）碳钢：50%（ -20/ +40）+50% 3KB（ -20/40）	

注：1. 括号内的数字为玻璃粉粒度组成，其中 14 目相当于 1.168mm，20 目相当于 0.883mm，40 目相当于 0.420mm，100 目相当于 0.147mm；

2. GWG、318、3KB、BSO 为玻璃润滑剂的牌号，其成分和性能见表 4 - 2；

3. 备注说明两种牌号玻璃润滑剂的混合与软化状态。

表 4 - 2　美国 Amerex 挤压不锈钢管公司使用玻璃润滑剂成分及性能

玻璃牌号	成分（质量分数）/%							软化点 /℃	熔点 /℃	工作温度范围/℃
	SiO_2	Na_2O	CaO	Al_2O_3	MgO	K_2O	B_2O_3			
ATP - 9E/BSO（硅酸硼玻璃）	52	1	22	14.5			9.6	843	945	1121 ~ 1260
ATP - SL - 4/GWG（碱石灰玻璃）	72.5	13.7	9.8	0.4	3.3			704	816	1066 ~ 1177
ATP19/3KB（硅酸硼玻璃）	54.55		14.2	9.7		7	14.6	718	816	954 ~ 1066
ATP - 13/318（硅酸硼玻璃）	50.35		18.2	4.5		8.5	18.5	677	788	843 ~ 954
ATP327										621 ~ 704
ATP69（抗氧化涂层）										N/A

注：特殊涂层 2/3 3KB +1/3 $CaCl_2$（或 $BaCl_2$）用来破碎碳素钢氧化铁皮。坯料预热后，滚上这种润滑剂再进行感应加热，然后通过高压水除鳞。ATP 为玻璃润滑剂生产公司。

我国的高温玻璃润滑技术起步较晚，20世纪60年代初，上海第五钢铁厂采用 $\phi 76mm$ 穿孔机试制不锈钢管成功之后，为了提高穿孔顶头的使用寿命，原冶金部下达了研制钼合金顶头及相应的玻璃润滑剂的要求。由北京钢铁研究院、上钢五厂和本溪玻璃厂共同参加。课题的研究成果是 MTZ（钼—钛—锆）合金顶头及其相应的玻璃润滑剂 M1，并通过了由冶金部组织的技术鉴定。

20世纪70年代，由于"援阿"35MN（3500t）挤压机工程的需要，原国家科委、冶金部委托北京钢铁研究院组织上钢五厂、上海异型钢管厂、上海光明玻璃厂、上海玻塘研究所等单位，开展挤压钢管用玻璃润滑剂的试验研究工作，研究成果为碳素钢和低合金钢管挤压玻璃润滑剂 A5，高合金钢管挤压玻璃润滑剂 GG11。

80年代，北京玻璃研究所、本溪玻璃厂与长城钢厂合作，开展为长城钢厂31.5MN（3150t）挤压机拓展玻璃润滑剂品种的研究，取得了很好的成果。

2000年，北京玻璃研究所、沈阳金属研究所联合研制成功高温合金热挤压玻璃润滑剂，并获得了专利。

2002年成立的北京天力创玻璃科技开发有限公司，从事不锈钢、钛合金、高温合金、难熔金属挤压时的玻璃润滑剂产品的开发，广泛地开展与国内各不锈钢管生产企业，如长城钢厂、上海异型钢管厂、浙江久立集团、上海宝钢集团特殊钢公司、太钢集团不锈钢公司、江苏华新丽华公司等专业单位的技术合作，取得了很好的成果。该公司的挤压不锈钢、钛合金及难熔金属钨、钼等的玻璃润滑剂产品及用途见表4-3。

表4-3 北京天力创公司钢挤压玻璃润滑剂产品及用途

挤压材料的种类	用途	玻璃润滑剂型号
不锈钢管型材	外涂粉	7号、8号
	内涂粉	A5、4号、26号
	玻璃垫	A5、3号、35号、A5-2
高温合金管型材	—	SA35、M1、A5、B11
钛及钛合金管型材	—	M1、TB3、TB4、TB5、TB8、TB10
钨、钼等难熔合金挤压	—	TW2、TA1350

应该看到，我国对钢挤压玻璃润滑剂的研究与开发方面的工作虽然断断续续，但确实是做了一定的工作，并取得了一定的成绩。近年来随着我国钢挤压技术的发展，新建挤压机的增加，对玻璃润滑剂的品种、性能、质量和数量都会提出更高的要求。因此，进一步加强对钢挤压玻璃润滑剂的研究和开发，实现产品

的系列化和专业化，实为当务之急。

4.2 工艺润滑剂的种类

在钢的热挤压过程中，曾采用的工艺润滑剂有以下四种类型：层状固体为基质的润滑剂、盐类润滑剂、玻璃润滑剂和结晶型润滑剂。

4.2.1 层状固体为基质的润滑剂

固体润滑剂中，石墨基润滑剂和二硫化钼基润滑剂以及氮化硼、云母和滑石获得最广泛的应用。这类润滑剂可在对各种金属和合金进行热压力加工时较宽的温度范围内应用。而且，由于其晶格的层状结构，使其具有良好的润滑性能。

层状固体物质的摩擦力取决于存在于结晶自由表面上的作用力。石墨层表面之间的相互作用力并不太大，因此摩擦力很小。

二硫化钼、氮化硼、云母、滑石的润滑性能也如同石墨一样。但是由于晶氮较大的表面能量，其润滑性能相应要差一些。对于以上固体润滑剂被单独采用的很少，它们经常是作为各种润滑剂组成的基本部分之一使用。而充填物的引入取决于涂抹润滑剂的方法以及热绝缘和所要求的性能。

石墨润滑剂含有各种各样有机添加剂，这类添加剂中有木材粉或者少于10%的锯屑，还有推荐采用高分子有机物（如聚苯乙烯树脂）和各种油类（动物油、植物油、石油和人造油等）。这类润滑剂在挤压时，借助于高温燃烧，有机充填物质形成游离碳和气罩而改善润滑剂的性能。

石墨和氮化硼的混合物或者带有玻璃润滑剂的二硫化钼使用时得到良好的效果。此种混合的润滑剂一般用于制造润滑垫或用于在热挤压管时以液态或油悬浮液和膏状涂在坯料或工具的表面上。

在热挤压钢管生产中，石墨基润滑剂主要用于立式机械挤压机上和用作碳素钢管或低合金钢管生产的润滑剂。这类润滑剂虽然具有良好的抗磨性能，但是含石墨的润滑剂会造成挤压制品金属的表面增碳，其结果是获得相当于在生铁或超共析钢中的高浓度的碳含量。正是因为在挤压过程中的增碳现象，此种润滑剂在生产不锈钢管和低碳或超低碳制品时，是绝对不允许使用的。

挤压时，金属表面层增碳过程的实质与钢制品的渗碳处理过程没有区别。尽管含碳物质的作用时间在挤压过程中很短，但在金属变形区内的高温和高压促使了挤压制品表面相当程度的增碳，使碳元素在挤压制品表面的渗入深度达到0.4~0.6mm，局部渗碳可达2%的碳。

类似钢渗碳的过程，挤压时制品表面的增碳过程同样是依靠碳原子的饱和，其反应式如下：

$$2C + O_2 \longrightarrow 2CO_2 ; \quad 2CO \longrightarrow CO_2 + C \text{（原子）}$$

$$3Fe + C（原子）\longrightarrow Fe_3C \text{ 或 } 3Fe + 2CO \longrightarrow Fe_3C + CO_2$$

可见，CO 是增碳的必要条件，而 CO_2 对增碳起促进作用。当 CO 过剩时，化学反应优先向右进行。为了获得过剩的 CO，顺利地使碳原子转移，在增碳物质空隙中有为数不多的氧存在。为了预防挤压制品的增碳，可以采取以下办法：

（1）向石墨润滑剂中引入强烈吸收氧气和阻止石墨氧化成一氧化碳的物质。

（2）引入某些在加热时分解出氧气和能使石墨更充分地氧化为二氧化碳的物质。

（3）引入能包围石墨颗粒并隔绝其与变形金属相接触的物质。

（4）清除或减少润滑剂中含碳成分的含量。

（5）降低金属的加热温度。

防止增碳的物质已知的有铝粉和镁粉，为此，经常利用数量为 2% ~15% 的软锰矿。

在不含增碳成分的润滑剂中采用滑石，将其与水玻璃混合涂到坯料或工具上，或采用由 20% ~40% 皂土，80% ~60% 氧化铁和亚硫酸化学浆碱液（介质）。

为了防止增碳，可采用含碳量最低的润滑剂。作为石墨的代用品可采用蛭石。低硬度的蛭石，鳞状结构、高熔点、低导热性和化学惰性都是利用作为工艺润滑剂基体时的重要性能。采用以蛭石为基质，带有少量石墨添加剂的润滑剂能够保持润滑剂的良好工艺性能，并降低了挤压后钢管表面增碳的深度和程度。

采用石墨作为挤压润滑剂时，其润滑性能良好。可用于挤压具有锐角的型钢。但石墨的隔热性能较差，挤压时的纯挤压时间不能长，这就限制了其坯料的长度。且使用石墨润滑剂时，环境污染严重，劳动条件很差。

采用滑石作为润滑剂时，虽然其作为一种固体润滑剂，挤压时对挤压模的冷却效果良好，但对模子的腐蚀和磨损较为严重。

二硫化钼用作润滑剂时润滑性能最好，使用效果也很好；但是挤压后产品有表面增硫的危险。

4.2.2 盐类润滑剂

盐类润滑剂由金属盐类及其混合物组成。盐类润滑剂的熔化温度比被加工的金属温度低 250 ~300℃。盐类润滑剂在干燥的状态下使用，同样可以水剂或油浴剂状态下使用。

熔化状态的盐类润滑剂一般具有微小的黏度，因此，为了提高黏度，在盐类润滑剂中添加云母、滑石、皂土、石墨和氧化镁粉末，其添加量一般为 5% ~75% 。

盐类润滑剂的优点是大部分在水中都有良好的溶解性。因此，盐类润滑剂很容易从热变形以后的制品表面上清除。但盐类润滑剂在挤压复杂断面的型材时很少使用。同样，在挤压低塑性的和难变形的钢和合金时，由于在变形区内的单位压力很高，而未能被采用。

4.2.3　结晶型润滑剂

在20世纪70年代初，出现了关于以结晶物质为基质的润滑剂的研究和使用，发现这类润滑剂比其他类型的润滑剂更为有效。

在英国采用在玄武岩天然矿物质的基础上研制出的结晶型润滑剂。为了降低以玄武岩为基础的结晶润滑剂的熔化温度，均质其化学成分和获得一定的玄武岩结构，可采取下列工序：熔化、加入易熔化的添加剂、第二次再熔化、控制其结晶结构。

采用上述结晶型润滑剂可以提高挤压速度。当在1150～1250℃挤压镍基合金型材时，采用玄武岩结晶润滑剂特别有效。当挤压温度范围为1050～1150℃，挤压铬镍钢及其合金型材时，推荐采用玄武岩与玻璃或硼砂和晶石组成的结晶润滑剂，以降低其熔化温度。

为了简化制作结晶型润滑剂的工艺，俄罗斯曾研究了采用硅酸硼一组的易熔矿物质和冶金炉渣来制作结晶型润滑剂。

当挤压温度在1150～1250℃范围内时，用于坯料外表面滚涂的结晶型润滑剂广泛使用硅钙硼石和硅钙硼石—钙铁辉石、石榴石。而用于制作挤压模润滑垫时，广泛采用高炉炉渣。

结晶型润滑剂的特点是其使用的温度范围比较狭窄。因此，对于挤压不同的材料时，必须选择具有不同熔化温度的润滑剂。

在20世纪70年代，国外通过研究又获得了结晶玻璃用于难变形合金和低塑性材料制品挤压时，更完善的润滑剂及其使用方法。这样，通过改变玻璃的成分可以在更大的范围内调整其用于相应的挤压金属和合金强度，并具有合适的熔化温度的结晶玻璃润滑剂。

为了进一步提高润滑剂的性能，又研制出以结晶矿物质为基础的润滑剂。这种润滑剂是由 $NaCl$ 和 Na_2CO_3 等物质组成的粉状混合物。其既非均质，又非无定形的，其特点是：

（1）塑性薄膜的导热系数约为同样厚度一层塑性钢的导热系数的 $1/62$，玻璃润滑剂的 $1/10$。

（2）摩擦系数高，$f = 0.052$，而玻璃润滑剂 $f \geqslant 0.05 \sim 0.035$。

（3）挤压过程中，润滑剂分裂成细小的晶粒，保护制品表面不被氧化。并对挤压模以及制品的表面起磨光作用，无黏附性。

（4）为了适应不同的挤压工艺的要求，其成分可以调整。

（5）价格比玻璃润滑剂高。

（6）挤压温度下，管壁内外表面上的残留润滑剂容易裂落，也可以用一般碳钢的酸洗方法去除。

4.2.4 玻璃润滑剂

4.2.4.1 玻璃润滑剂的物理化学性质

在挤压条件下应用的玻璃润滑剂有天然硅酸盐和人造硅酸盐。人造硅酸盐是由石英砂和氧化铝、白垩、白云石、碳酸钠、碳酸钾、硼酸等各种材料一起熔炼而成的多组分硅酸盐玻璃。天然硅酸盐大多数是晶态物质，而硅酸盐玻璃则是非晶态的。特殊成分的硅酸盐通过特定制度下的热处理也能成为晶体组织。

所有硅酸盐的基体组成都是二氧化硅，由 SiO_2 在 1730℃ 熔化温度下得到石英玻璃。为了得到具有较低熔化温度的玻璃，在二氧化硅中添加各种氧化物，如 Na_2O、K_2O、CaO、B_2O_3、Al_2O_3 等。对于润滑剂而言，需要深入研究的是：与加工温度相适应的玻璃的特殊成分以及如何满足挤压工艺对玻璃润滑剂所提出的各种使用性能的要求。

硅酸盐玻璃和许多天然硅酸盐都要经过干燥，并在专门的设备上进行磨碎和筛分才能作为润滑剂使用。

冶金炉渣和燃料炉渣属于人造硅酸盐。颗粒状的炉渣以及许多硅酸盐都是各种产品生产的残渣。使用时不需要进行磨碎，但是要经过干燥和筛分，在必要时还要进行磁力分选。这是因为作为润滑剂使用的硅酸盐玻璃，在成分中必须要清除有毒的和贵重的氧化物以及难熔物和杂质。

当使用粉状玻璃润滑剂时，在生产环境的空气里会散落有尖针状或带锐棱角的细小颗粒粉尘，影响到操作人员的安全和健康。因此，不应使用颗粒小于 0.1mm 细的玻璃粉。同样，使用玻璃纤维材料不可避免地会导致玻璃细针污染操作环境，也应属于不可使用的润滑材料。

玻璃状物质的主要特点是，加热时逐渐地从固态过渡到黏滞状态和液体状态，以及在不同的温度下其性质变化的连续性和可逆性。

对于玻璃而言，其特性是两个温度点：

T_g——玻璃从脆性状态到高延性状态的转变温度；

T_f——玻璃的软化温度。在这个温度以上，玻璃便获得典型的流体性质。

对不同的玻璃而言，这些温度是不同的，但在这些温度下的黏度值都是相同的，且其值相当一致地等于 $10^8 Pa \cdot s$ 和 $10^{12} Pa \cdot s$ 左右。

$T_g \sim T_f$ 温度范围内的大小取决于玻璃的化学成分，在几十度到几百度之间变化。$T_g \sim T_f$ 之间的区域为过渡区，在这个温度区域内，玻璃处于塑性状态。

玻璃润滑剂的主要物理性质是其黏度。黏度表示流体显示出阻碍一部分相对于另一部分移动的能力。玻璃的黏度决定了玻璃膜的厚度，以及这些玻璃润滑膜承受金属变形时的负荷的能力。

玻璃黏度随着温度的变化确定了玻璃的"长度"。如果玻璃的黏度随着温度的变化而急剧地改变，称之为"短玻璃"。如果玻璃黏度随温度的变化不很强烈，称之为"长玻璃"。

玻璃润滑剂的黏度和软化点（软化温度）可以根据其化学成分进行调整。

玻璃润滑剂在高温时的附着性良好，在挤压制品的表面上能形成一层连续均匀的薄膜，使产品表面质量良好。作为挤压润滑剂使用的玻璃，一般都是呈颗粒状的粉末或者是玻璃粉末制品。

除了对许多具有复杂的化学成分的玻璃润滑剂需要进行专门的生产之外，对大量使用的，挤压温度为 1160 ~ 1250℃ 范围的材料的挤压，可采用普通的窗玻璃来制作玻璃润滑垫，以及作为芯棒用的润滑剂。

影响玻璃润滑剂性能的主要因素是在挤压温度下的黏度。一般用作卧式挤压机润滑剂的玻璃的黏度值都在 1 ~ 200Pa·s 内；用于制作挤压模润滑的玻璃垫的玻璃润滑剂的黏度应为 60 ~ 100Pa·s；用于坯料外表面润滑的玻璃粉的黏度范围为 10 ~ 25Pa·s；而用于坯料内表面润滑的玻璃粉和用于挤压芯棒的润滑剂的玻璃粉的黏度为 60 ~ 100Pa·s。实际上玻璃润滑剂的最佳黏度值取决于许多因素，如变形金属的强度、坯料的加热温度、挤压比以及挤压速度等参数。而玻璃润滑剂的润滑效果与挤压工具的形状、润滑剂的施加方法、玻璃垫的制作和形状，以及玻璃粉的粒度、挤压坯料表面的加工状况等因素有关。

通常挤压模和芯棒使用的玻璃润滑剂，按其成分和性质区别于坯料外表面滚涂用的玻璃润滑剂，其中首要的是具有较高的黏度，以便能在变形区内获得薄而牢固的润滑膜。例如，英国在挤压不锈钢管时，为了制造润滑垫和芯棒用的玻璃润滑剂，推荐采用窗玻璃，而为了坯料的滚涂则采用较易熔的玻璃。其组成成分为：40% ~ 60% SiO_2、5% ~ 20% B_2O_3、5% ~ 25% Al_2O_3 + Fe_2O_3、10% ~ 15% CaO + MgO、0.2% ~ 1.0% Na_2O + K_2O。

当挤压温度为 800 ~ 1000℃ 时，作为挤压润滑剂可以采用硅酸硼成分或带有 90% 硼酐或 45% 的碱性氧化物的组合成分。

当挤压温度高于 1000℃ 时，作为润滑剂使用的是含硼酐达 20% 和含有其他化合物成分的玻璃。

当挤压镍基合金时，也普遍使用玻璃润滑剂，但其中不能含有 PbO 和其他的有害的氧化物。

挤压钼合金时，挤压温度高达 1500℃，此时，玻璃润滑剂中的 SiO_2 含量达到 98%，其余的 2% 为添加剂。

为了使玻璃润滑剂能够更加有效地用来防止坯料金属氧化起到润滑剂和隔热

剂的作用，玻璃润滑剂的粒度是一个重要的参数。因为要使玻璃润滑剂适应于作用的时间，达到适当地熔融，除了有玻璃润滑剂的黏度作用之外，还必须有适当的粒度配合。与某些其他的润滑剂相比较，玻璃润滑剂具有一定的粒度可供选择。一般认为玻璃润滑剂的使用粒度在 50~150 目（0.104~0.282mm）范围内。

玻璃润滑剂在高温下具有良好的减磨性能，摩擦系数比较小，一般 $f=0.015~0.025$，而一般的润滑剂 $f \geqslant 0.05$。

玻璃润滑剂的线膨胀系数小于变形金属的热膨胀系数，当需挤压后水冷的挤压产品淬水冷却时，内外表面的玻璃润滑剂很容易脱落清除。这一点对于奥氏体不锈钢管和型钢产品的热挤压尤为重要。

玻璃润滑剂在高温下具有较低的导热系数，其导热系数一般为 0.502~1.213W/(m·K)，隔热性能良好。因此，挤压时减小了加热坯料的温降和工模具的温升，提高了挤压工模具的使用寿命。

所有挤压的钢和合金的品种各不相同，其宽阔的加工温度范围以及其他的工艺因素，都需要深入地研究玻璃润滑剂，使其能够满足对玻璃润滑剂提出的一切要求。因此，寻找高合金及不锈钢钢管的型钢挤压时所使用的玻璃润滑剂，仍然是今后的一个不容忽视的课题。

表 4-4 列出了几种国外使用的玻璃润滑剂的化学成分和黏度值。表 4-5 为挤压碳素钢管时，可以使用作为润滑剂的窗玻璃的化学成分。

表 4-4　几种国外使用的玻璃润滑剂的化学成分（质量分数）**和黏度数据**

玻璃润滑剂	化学成分（质量分数）/%										不同温度下的黏度/Pa·s		
	SiO_2	Fe_2O_3	Al_2O_3	TiO_2	B_2O_3	SO_3	CaO	MgO	Na_2O	K_2O	1220℃	1140℃	1100℃
用于芯棒和毛管内表面的玻璃粉	71.5	0.1	0.6	微量	0.5	0.2	8.6	3.2	15.3		—	—	—
	65.6	0.2	—	0.1	7.6	—	10.0	2.3	13.0	0.3	—	—	—
用于坯料和毛管外表面的玻璃粉	47.7	0.1	9.6	8.0	10.4	微量	7.4	—	16.8		0.48	9.6	14.3
	33.4		0.1	39.5			6.0	4.4	16.3	0.3	—	—	—
用于润滑模子的玻璃垫	71.0	0.3	0.7	微量	0.5	0.2	8.6	3.2	15.4		58.3	175	—
	67.4	0.1	—	0.1	0.6	—	9.2	2.2	13.8	0.6	—	—	—

表 4-5　作为碳素钢挤压润滑剂用窗玻璃的化学成分（质量分数）　（%）

玻璃润滑剂	SiO_2	Al_2O_3	CaO	MgO	Na_2O	SO_3	Fe_2O_3
No. 1	71.45	0.4	8.2	3.3	15.85	0.15	0.1
No. 2	75.0	0.49	6.4	5.2	14.4	1.5	0.72

4.2.4.2 玻璃润滑剂的应用

A 坯料穿（扩）孔时玻璃润滑剂的应用

坯料在立式穿孔机上穿（扩）孔时，玻璃润滑剂按一定的量以粉状或杯状制品或纤维制品拖加到实心坯或经预钻孔坯料的端面上（图2-19中的5），用以降低坯料金属与穿（扩）孔头之间的摩擦，并防止变形工具的受热。

为了得到优质内表面的穿（扩）孔空心坯，减小穿（扩）孔头的磨损，粉状玻璃润滑剂应以均匀的一层放置于穿（扩）孔头的下面。当坯料穿（扩）孔时，玻璃粉在与金属接触时熔化，并在穿（扩）孔头进行穿（扩）孔时被带入穿孔坯内，形成穿（扩）孔头与变形金属之间的隔离层。

当坯料在扩孔时，在预钻孔坯料的一端的锥形入口内放置玻璃纤维球或玻璃粉压制的润滑垫，或先放入杯形玻璃润滑剂再加入玻璃粉，作为扩孔时坯料内表面和扩孔头之间的润滑。

坯料外表面的润滑采用安置在坯料输送辊道端部的在线玻璃滚板。在斜板上撒上一层均匀的玻璃粉或放置规定长度的玻璃布，其长度为1~2倍坯料外径的周长，通过坯料在斜板上滚动一周，玻璃润滑剂熔化并黏附在高温坯料的表面上，穿（扩）孔时，作为坯料外表面和穿（扩）孔筒内表面之间的润滑。

采用玻璃布作为润滑剂的优点是可以把规定厚度的润滑层施加到坯料的表面上。但这润滑方式受到玻璃化学成分的限制。

在大多数的情况下，都是采用穿孔的方法得到不锈钢的空心坯，在不锈钢穿孔时，采用工业成分的玻璃和含有硅氟酸钠的玻璃（表4-6），也可以用氧化钾和氧化镁的惰性填料添加物的铬酸钾或铬酸钠玻璃。

表4-6　国外不锈钢实心坯穿孔时采用的润滑剂成分（质量分数）及其黏度值

序号	润滑剂化学成分（质量分数）/%						穿孔温度/℃	在穿孔温度下润滑剂黏度/Pa·s	备注
	SiO_2	Na_2O	MgO	CaO	Al_2O_3	其他			
1	74.0	16.5	0.4	8.0	0.2	Fe_2O_3 0.1	1180~1250	78.5~62	俄罗斯
2	70.5	14.5	5.2	6.4	—	Fe_2O_3 0.7	1180~1200	120~67.5	俄罗斯
3	$K_2Cr_2O_7$ 或 $Na_2Cr_2O_7$ 93~95 ΣSiO_2，MgO 5~7						1200	—	专利（英国）No. 903957
4	76.0~60.0	Σ（Na,K）$_2$O 11~15	—	1~5	4~8	Na_2SiF_6 8~12	1150	75	俄罗斯

坯料外表面的润滑采用在变形温度下黏度为5~30Pa·s的玻璃。难变形材料变形时，采用黏度范围为70~100Pa·s的高黏度玻璃。外表面润滑用滚涂玻

璃粉的粒度为 0.2 ~ 0.3mm（表 4 – 7），对于在 1100 ~ 1200℃ 范围内变形坯料的润滑，也可以采用天然化合物——硅钙硼石和赛黄晶岩石。

表 4 – 7 国外挤压坯料外表面用的玻璃润滑剂成分（质量分数）及其黏度值

序号	润滑剂化学成分（质量分数）/%									挤压温度/℃	挤压温度下的黏度/Pa·s	来源
	SiO$_2$	Na$_2$O	K$_2$O	MgO	CaO	BaO	Al$_2$O$_3$	B$_2$O$_3$	其他			
1	—							100		1000	10	专利（美）
2a	60.0	22.0	—	Σ16.5			1.3	—	—	1200	10	专利（美）
2b	60.0 ~ 80.0	—					20.0 ~ 40.0			1200	—	专利（美）
3	65.0	12.0		5.0			3.0	20.0	—	1100 ~ 1200	37 ~ 12.5	Ччцко. H. N. （俄）
4	碳酸钠（Na$_2$CO$_3$）或碳酸钾（K$_2$CO$_3$）与 2 ~ 12 MgO 和 0.1 ~ 3 铬酸钾混合物，在低于挤压温度 300℃ 下热处理									1200	—	专利（德）
5a	53.0			4.4	16.8		14.8	10.4	<0.6	1200 ~ 1260	—	专利（德）
5b	54.7	12.5	9.6	—	3.5	15.0	3.5	—	<0.5	1200 ~ 1260	—	专利（德）
6	硅钙硼石和赛黄晶岩石									1100 ~ 1200		Ччцко. H. N. （俄）

B 坯料挤压时玻璃润滑剂的应用

坯料在卧式液压挤压机上挤压时玻璃润滑剂的工作表面如图 4 – 2 所示。由图示可知，挤压时的润滑面主要有以下 3 个：

（1）坯料内表面与芯棒之间的润滑；

（2）钢管外表面与挤压模之间的润滑；

（3）坯料外表面与挤压筒内表面之间的润滑。

坯料外表面的润滑是借助于在线的"玻璃滚板"。而坯料内表面的润滑仍然是采用半圆形长勺，挤压模的润滑采用玻璃垫。

玻璃润滑剂做成在卧式挤压机上生产钢管和型钢时用的润滑垫，在与加热的挤压坯料接触时局部熔化后，玻璃垫能够保证润滑剂连续地供应到变形区内。未与变形金属接触的玻璃层作为

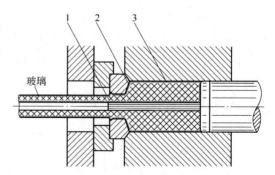

图 4 – 2 在挤压过程中玻璃润滑剂的应用
1—坯料内表面和芯棒之间；
2—挤压模与钢管外表面之间；
3—坯料外表面与挤压筒内表面之间

"储存"，以保障挤压在较沉重的负荷下持续进行。玻璃具有低的导热系数，并在正确选择参数的条件下，可靠地防止工具与变形金属的接触和过热，提高了工具的耐热性与获得较长的复杂断面挤压材的可能性。同时，完全消除了挤压制品表面增碳的危险性。

在不同的变形条件下，采用具有不同化学成分的玻璃润滑剂，其成分决定了它具有的基本性能，即熔化温度范围及其黏度。挤压时玻璃润滑剂的成分选择，应使其黏度在指定的变形温度下，处于 $1 \sim 200 Pa \cdot s$ 的范围内。

坯料的外表面润滑采用与 A 节中坯料穿（扩）孔时相同的润滑剂。

有时，为了改善挤压开始时的金属流动和降低峰值挤压力，采用"多层玻璃润滑垫"。在这种情况下，挤压模一面与有较低黏度（$20 \sim 30 Pa \cdot s$）的玻璃润滑层相接触，而在高温坯料的一边，则以具有较难熔的黏度较高（$<100 Pa \cdot s$ 或更低）的玻璃润滑层相接触。

除了采用单一型的玻璃润滑剂之外，还可以根据使用要求，采用带有改变润滑剂性能的添加剂的玻璃润滑剂。例如，在玻璃与固态的耐磨材料——石墨、二硫化钼或氮化硼的配比中，玻璃可以作为润滑剂的基础，或黏合添加剂，其数量在混合物重量的 40% ~ 90% 内变化。

为了提高隔热性能，有时向玻璃润滑剂中加入石棉或者使在熔化的润滑剂中易形成孔穴的膨胀添加剂，以此来降低润滑剂的导热性。

法国的有关专家还曾建议向玻璃润滑剂中加入以下的一种金属：铜、铅、锌、镍、铁、铝的粉末，数量为 3% ~ 30%，金属微粒均匀地分布在玻璃润滑剂层中，能使玻璃润滑剂从挤压制品表面上容易去除。

国外在挤压不锈钢管时，高温工业玻璃得到了应用。其使用的挤压温度为 1100 ~ 1200℃。

下面是原苏联国家玻璃研究所，原全苏管材研究所和尼科波尔南方钢管厂等单位联合进行钢挤压润滑剂的试验研究所取得的部分成果。为了润滑不锈钢空心坯的表面，采用了专门成分的玻璃和窗玻璃。为了挤压不锈钢管时芯棒的润滑，采用窗玻璃和金属加工温度下可挥发液体组成的悬浮液。为了改善悬浮液的使用性能，在其中添加黏土粉、黄蓍胶、硅酸钠或黄蓍胶和硅酸钠的混合物（表 4 - 8）。

表 4 - 8　国外芯棒和空心坯内表面用的玻璃润滑剂化学成分、挤压温度及其黏度

序号	化学成分（质量分数）/%							挤压温度 /℃	挤压温度下的 黏度/Pa·s	来　源
	SiO$_2$	Na$_2$O	K$_2$O	MgO	Al$_2$O$_3$	B$_2$O$_3$	其他			
1	加甘油酯的硅酸盐玻璃							1200	—	专利（法）1584308
2a	8.08	3.3	1.4	—	2.0	12.5	—	1200	—	专利（英）901770

续表 4 - 8

序号	化学成分（质量分数）/%							挤压温度 /℃	挤压温度下的 黏度/Pa·s	来　源
	SiO₂	Na₂O	K₂O	MgO	Al₂O₃	B₂O₃	其他			
2b	窗玻璃类							1200	—	专利（英）901770
3	40.0	15.0	—	5.0	—	30.0	CaO 10.0	1200	—	专利（英）1081583
4	加火热黏土的硅酸盐玻璃							1200	—	专利（法）1228196
5	加火热黏土、硅酸钠和黄蓍胶的窗玻璃							1200	43	专利（英）921086

在挤压难熔金属时，使用特殊的润滑剂的粉末和各种黏结添加剂组成的悬浮液态润滑剂。在空心坯内表面和挤压芯棒表面直接用刷子将悬浮液态的润滑剂涂刷在其上面，作为芯棒和空心坯料的内表面之间的润滑。

挤压模的润滑采用由各种润滑剂制作成的"润滑垫"。在钢管和型材挤压时，作为润滑剂应用得最多的还是在挤压温度范围内黏度为 80~100Pa·s 的玻璃润滑剂。采用低黏度的玻璃（<50Pa·s）会导致玻璃垫急速熔化以及熔化了的玻璃从变形区流失。如变形区内有过剩数量的液态润滑剂会引起流动时"堆积"。液态润滑剂被压入塑性金属的结果，则导致钢管表面形成"橘子皮"缺陷，或在制品上形成"麻点麻坑"缺陷。过厚的流体润滑剂膜是不稳定的，并且会周期性地遭到破坏而导致制品表面出现裂纹或变形金属上产生压痕。可见，润滑膜的厚度的增加有一个"极限值"，当达到或超过这个极限时，润滑膜破坏。同时，挤压棒材或管子的直径增大至接近模孔的直径。此时，润滑剂出口又一次被覆盖，流体膜又再次出现。

在采用具有更大黏度（>100Pa·s）的熔融层的润滑垫的情况下，润滑剂可能不足以使模子同变形金属完全隔离。

黏度为 80~100Pa·s 的玻璃润滑剂的熔化就比较均匀，且保证在整个挤压周期中形成不间断的润滑膜。但这个黏度水平对一系列难变形材料是不够的。对于具有高变形抗力的金属和合金，例如镍基高温合金，必须采用具有更大黏度（≥1000Pa·s）的润滑剂。

根据挤压金属的种类和变形规范，采用由各种成分组成的玻璃、晶态玻璃材料、天然硅酸盐、炉渣以及这些物质的混合物制成的润滑垫（表 4-9 和表 4-10）。

以冶金炉渣和许多天然硅酸盐为主的润滑剂属于晶态玻璃润滑剂，这些润滑剂与非晶态的润滑剂相比具有短的黏度曲线，可以形成薄的连续润滑膜，并可以比使用的非晶态玻璃以更高的流出速度进行挤压。这一点在挤压钢和合金时，在国外已经得到了证明。

可以利用冶金生产的炉渣作为润滑剂，如化铁炉渣和高炉生产的水淬渣。后

表 4 - 9　国外制造挤压垫用的玻璃润滑剂的化学成分、挤压温度及其黏度

序号	化学成分（质量分数）/%										挤压温度/℃	在挤压温度下的黏度/Pa·s
	SiO_2	Na_2O	K_2O	MgO	CaO	BaO	PbO	Al_2O_3	B_2O_3	其他		
非晶态的硅酸盐玻璃												
1	72.0	6.0	—	—	10.0	—	—	—	12.0	<5	1100~1200	330~93
2	50.0	—	—	—	14.0	3.0	—	21.0	7.0	Li_2O <3, F<2	1100~1200	—
3a	52.6~60.0	23.0~35.0	≤10	<6	3~7	≤5	≤5	5.0~14.0	<5	F<1	1150~1250	—
3b	53.0	26.0	—	1.0	4.0	0.5	2.0	10.5	2.0	ΣZnO, Nb_2O_3, TiO_2<1	1100~1200	—
4a	70.75	14.65	1.72	—	5.95	3.4	≤0.1	2.01	—	ZnO 2.2, F 2.3	1100~1200	140~50.4
4b	69.5	13.65	1.72	—	6.4	1.2	0.85	2.5	—	As_2O_3 0.1 ΣFe_2O_3, TiO_2 0.2		
5	65.0~73.0	9.0~13.0	1.0~12.0	3.0~5.0	4.0~7.0	—	1.0~3.0	1.0~4.0	1.0~5.0	BeO 1~3	900~1300	—
6	30.0~45	25.0~30.0	—	—	—	—	—	5.0~10.0	—	TiO_2 25~30	—	—
7	48.0~52.0	—	—	≤5	8.0~12.0	2.0~6.0	—	18.0~23.0	≤3	P_2O_5<5, Al_2O_3<2	1380	—
晶态的硅酸盐玻璃												
8	50.9	17.5	—	—	31.6	—	—	—	—	CaF_2 2	1140~1200	挤压温度 1080~1140
9	73.0	—	—	1.0	—	—	—	16.8	—	Li_2O 4, F 0.8, TiO_2 4.4	1300~1400	挤压温度 900~1000

者中有在不同温度下熔化的共晶化合物，变形时则形成润滑膜。因此，应用其作为在宽的温度范围内挤压时的润滑材料。

表 4-10　国外制造玻璃润滑垫用的天然硅酸盐和冶金炉渣化学成分、挤压温度及润滑剂的熔化温度

序号	润滑剂的名称和化学成分（质量分数）/%										挤压温度/℃	润滑剂的熔化温度/℃	来源
	SiO_2	Na_2O	K_2O	MgO	CaO	Al_2O_3	Fe_2O_3+FeO	TiO_2	MnO	其他			
1	40~50	$\Sigma(Na,K)_2O\leq1$		1~4	19~33	8~17	4~10	1~3	4~9	P_2O_5, S<1	1050~1190	950	化铁炉渣
2	37.5	$\Sigma(Na,K)_2O<1$		3	46.7	7.8	4			S<1	1040~1250	1280~1320	高炉渣
3a	36.5~39.5	—		19.2~21.3	13.2~15.8				14.2~18.8	$CaF_2$4.2~5.8	1050~1150	1020~1120	焊接熔剂
3b	42.8~46.3	—		0.5~3	3~9.8				36.3~39.7	$CaF_2$5.75	1150	1200~1140	焊接熔剂
3c	19.32	—		9.2~11.2	14.2~17.8	21.2~24.8			4.65	$CaF_2$21.2~24.8	1200	1190	焊接熔剂
3d	29.3~32.7	—		15.2~18.8	4~7.9	19.2~22.8			2.5~4		1200~1250	1200~1250	
4a	57.25	3.9	3.2	1.32	5.96	19.54	3.75	1.73	—	S<1	—	—	火山渣
4b	44.28	$\Sigma(Na,K)_2O=1$		18.02	8.16	9.7	13.0	1.92		—	1100~1250	1130	页岩
5	48~50	≤2	≤1	6~7	8~10	14~15	14~15	≤2	≤2	P_2O_5≤0.5	1150~1260	800~1000	玄武岩
6	4.5	12.23	7.8	≤5	≤1.5	28.35	≤1.5	≤0.5	—	—	1140~1300	1120~1250	霞石精矿
7	58~74	4.25	3.63	$\Sigma(Mg,Ca)O$	≤0.5	13~15	≤0.5				1500~1700	1100~1500	长石、伟晶花岗岩
8	32.79	—	—	—	—	1.6		0.35		$ZrO_2$65.3	1700~2000		锆石

　　高炉渣和化铁炉渣被有效地应用于碳钢、低合金钢、高合金钢以及以镍和难熔金属为基的合金的各种形状型材的挤压。冶金炉渣作为润滑剂的材料的缺点是某些化学成分的不稳定性和相成分自发地改变的能力。化铁炉渣中含有硬的杂质，必须将其从混合物中清除。

　　为了获得成分更加稳定的润滑材料，又引出了焊接熔剂在制作润滑垫中的应用（表 4 – 10 中的 3）。

　　俄罗斯在 1100 ~ 1200℃ 温度范围内挤压难变形金属时采用晶态润滑剂——霞石精矿（表 4 – 10 中的 6），黏度高达 3000Pa·s，在 1500 ~ 1700℃ 温度下挤压难熔金属时，采用长石或伟晶花岗岩，而在高于 1700℃ 温度下挤压时，采用铬精矿（表 4 – 10 中的 7、8）。

　　此外，由玻璃、炉渣、耐火材料、天然硅酸盐等为基础组成的混合物制成的复合型润滑剂来制作挤压垫，得到更广泛的应用。

　　在润滑剂混合物的基本组分中加入各种添加物的目的是：

　　（1）改变润滑剂的黏度或熔化温度，改善润滑膜的形成。

　　（2）改善润滑性能，提高润滑膜的隔热性能。

　　（3）易于清除挤压制品上残存的润滑剂。

4.3　工艺润滑剂的润滑机理

　　已进行的试验研究结果，为进一步了解硅酸盐润滑剂在钢的热挤压过程中的作用机理和挤压制品表面缺陷的形成原因提供了可能。

　　在钢管和型材的挤压过程中，于挤压模和加热坯料之间放置一个润滑垫，作为坯料金属变形时挤压模的润滑。挤压开始时，挤压模前的玻璃润滑垫和模子接触的一面具有挤压模预热的温度，而玻璃垫与坯料接触的表面瞬间被加热到接近坯料的温度，并开始熔化。进一步在被挤压金属变形压力的作用下，玻璃润滑剂的所有熔化层逐渐地被挤出，并以润滑薄膜层的形式覆盖在挤压制品的表面上。

　　玻璃作为润滑剂的作用机理在于，玻璃表层连续不断地熔化，并随着被挤压金属流出，而且其流出时比变形金属有着较低的位移极限应力。玻璃润滑剂的润滑效应，也即其所降低的摩擦力，取决于摩擦表面屏幕作用的可靠性和润滑层的流变性能。

　　如果摩擦表面覆有一层连续的润滑薄膜，则接触中的金属表面的面积就会大范围地减小。此时，其摩擦系数可以写成如下形式：

$$f = \beta S_m / \sigma_b + (1 - \beta) S_f / P_f \tag{4-1}$$

式中　β——额定接触面积与真实面积之比；

　　　S_m——摩擦表面接触点位移的阻力；

　　　σ_b——变形金属的强度极限；

　　　S_f——玻璃润滑剂的位移阻力；

　　　P_f——玻璃润滑层的强度极限。

当玻璃润滑剂使摩擦表面充分地屏幕化时，$\beta \to 0$，则 $f = S_f / P_f$。

由此可知，当保证润滑剂处于液态动力的润滑制度时，摩擦消耗的最低限度才会出现。

玻璃润滑剂的作用是使挤压过程中的摩擦力降低到最低的限度，而挤压时保证润滑剂液态动力制度的重要性，取决于该过程一系列的特点。高温和高的单位压力，摩擦表面的连续更新等都会导致变形金属与工具的黏结，使制品表面质量恶化。当润滑剂的"机械阻力"不能适应于挤压力的增加时，上述对于制品表面质量的不利影响就会不可避免地出现。此时，玻璃润滑剂的黏度就成为该过程的基本技术指标。

润滑层的拉断和制品缺陷形成的最大几率出现在挤压模具的出口处，可以观察到此处变形金属和工具被熔化的润滑剂薄膜隔开。由于润滑层拉断而引起变形金属与工具黏附的结果，使得在接触变形前区内金属各个层次的均匀流动遭到破坏，并形成区域性的"阻滞区"。金属各层的流动都绕过停滞区而形成挤压制品表面层的波浪形的组织。管壁波浪形的波及深度取决于润滑剂的黏度与挤压单位压力不相适应的程度。

对带有表面波浪形组织结构钢管的纵向解剖试样的显微金相组织进行的观察表明（图 3 - 10），甚至当黏结区的绝对尺寸并不大（1 ~ 2mm）时，也会导致金属与工具间周期性接触的特点，而此足以使挤压力增高。而当低塑性材料挤压的情况下，例如离心铸造的 Cr18Ni10Ti 和 0Cr23Ni28Mo3Cu3Ti，即会出现横向拉裂。

在各种单位压力的作用下，润滑剂黏度的正确选择能确保润滑薄膜的致密性，使挤压制品具有直线成行的加工流线型金属结构。金属纤维的平行分布说明，变形金属与工具交界处的位移变形在润滑剂层内是带区域性的，并不波及金属的深处（图 3 - 10）。其相应于挤压力的最低点，因为润滑剂的黏度会产生运动阻力，并且黏度越低，黏度产生的黏性阻力越小。

但是，润滑剂黏度的降低存在着某一个界限，因为润滑剂对于挤压的阻力在挤压过程中会减小，结果导致摩擦表面相互靠近。如果挤压制品和模具之间的最短距离是指以表面的凹凸不平度相比而言，则其润滑的液态制度会被破坏。由此，润滑剂的黏度对于阻止摩擦表面靠近的阻力应该是足够的。润滑剂黏度增大到一定的限度时，并不会改变制品表面层的金属组织，但是会导致挤压力成比例地增长。润滑剂黏度的提高是在润滑层位移阻力达到变形金属内位移阻力数值时才受到限制。这与母体金属开始形成环状伤痕相关，也是导致制品表面的折叠和划伤缺陷的原因。在这种条件下，挤压力大大增加。

挤压 $\phi57mm \times 7.5mm$；$\phi63.5mm \times 5mm$；$\phi76mm \times 3mm$ 和 $\phi60mm \times 3.5mm$ 不锈钢管时，挤压力与玻璃润滑剂黏度相关的试验曲线的特点（图 4 - 3）得到了证实。

由图 4 - 3 可知，挤压力的关系曲线有两个相应于最低值和最高值的转折点。

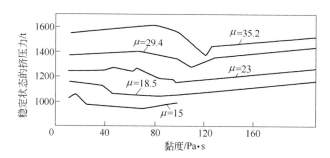

图 4 - 3 Cr18Ni10Ti 不锈钢管的挤压力与玻璃润滑剂黏度和延伸系数的关系
（工艺条件：挤压温度 1180℃；挤压速度 350mm/s；
挤压模入口锥角 $\alpha = 90°$（平面模）；μ 代表挤压比）

随着玻璃润滑剂黏度的增大，挤压力开始增长，然后减小，在此以后又增长。尤其是对大的变形系数时此特点更加明显，且此曲线上的转折点随着伸长率的增加，向玻璃润滑剂黏度增大一侧移动。

通过对钢管微观组织的分析可以看出各曲线相似的特点。因而，对挤压力的数值具有影响的是润滑膜的强度，也即对摩擦表面屏幕化的程度。当润滑膜的强度不足时，随着玻璃润滑剂黏度的增加，挤压力增大。

随着黏度的增加，润滑膜的强度提高，金属与工具接触的可能性减少，挤压力随之减小。但随着润滑剂黏度的增加，挤压力的减小不可能是无限的。其最低值对应润滑剂保持摩擦表面充分屏幕化的条件。润滑剂黏度的进一步提高，相应于流体动力学理论的原则会导致挤压力的增长。

较高的变形系数也取决于较大的单位挤压力。因此，滑动表面的充分屏幕化在利用高黏度的玻璃润滑剂时，才能得到保障。

分析碳素钢管挤压时，挤压力的参数表明，挤压力的最低值相应于使用小黏度的玻璃润滑剂，因为碳素钢管挤压时比不锈钢管挤压时的单位压力低将近一倍半，因此，其润滑剂润滑膜的强度在所研究的黏度范围内是足够的。而为了使用黏度为 70Pa·s 的玻璃润滑剂时，在保持较薄的润滑膜的条件下，也能获得较好的钢管表面质量。

当挤压低塑性的钢种时，采用最佳黏度值的玻璃润滑剂具有特别重要的意义。润滑剂最佳参数的偏差都会导致挤压钢管出现拉裂现象。因此，获得低塑性优质钢管的前提之一是采用能保证在横断面内金属均匀流动的润滑剂。即采用热挤压工艺，以获得低塑性奥氏体铸钢的优质产品，前提是使用最佳黏度的玻璃润滑剂和将坯料中的 α 相铁素体含量控制在足够低的水平。

对 Cr18Ni10Ti 和 0Cr23Ni28Mo3Cu3Ti 钢管挤压采用离心浇注坯和轧坯进行了比较，轧坯的塑性指标要比离心浇注坯高 3 倍。结果表明，离心铸坯挤压时，金属外层流动不均匀，并且由于 α 相含量过高，导致钢管表面拉裂。而当正确的选择玻璃润滑剂时，能够获得直线成条的金属微观显微组织的优质产品。

钢管纵向解剖试样的金相观察表明，当润滑剂不适当时，α 相以波纹状层次存在，而且，裂纹的端部为 α 相成条状分布（图 4-4）。

由图 4-4 可以看出，轻微变形的，处于波谷的被挤压的金属，局部的黏结到工具上。当受阻的金属粒子绕过局部的黏结区流动时，在金属中产生了局部的破碎应力导致钢管表面裂纹的形成。

从上述挤压钢管表面裂纹形成的机理可以看出，挤压钢管表面裂纹的形成与挤压坯料的状态有关。当挤压铸态金属时过低的塑性和过高的 α 相

图 4-4 离心浇注坯料 Cr18Ni10Ti
挤压钢管缺陷处的 α 相分布

含量能导致缺陷的形成（图 3-10（b）），而挤压较高塑性的轧制坯料时，在同样的金属流动条件下没有裂纹形成（图 3-10（a））。因此，从液体动力学理论的观点来分析挤压的结果指出，挤压效果仅在摩擦表面充分屏幕化的条件下才有意义。当没有液态动力摩擦制度时，黏度不是决定润滑剂效果的因素，而金属与工具实际的接触面积成为其主要的特性因素。

试验和理论研究表明，润滑膜的强度主要决定于单位挤压力，所使用的玻璃润滑剂的黏度、金属的流动速度和模具的形状。

当采用硅酸盐类润滑剂时，挤压制品具有特点的表面缺陷之一是"斑痕"——可观察到的不平度和微小的斜棱。"斑痕"发展的程度主要取决于变形区内熔化润滑剂的数量。

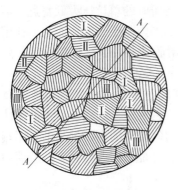

图 4-5 在多晶体晶粒中
滑移面的不同取向

在液态润滑制度下，表面质量的改变与润滑层的变化有关。这种现象在于，处于工具和变形体之间的润滑介质的作用下，实现塑性变形。由于润滑介质本身的不可压缩性，而将实现塑性变形所需的压力传递给变形体。综合结晶力学性能的各自异性，该压力会导致斑痕的形成。由于多晶体受外力系的作用，则塑性变形不是同时在所有的晶粒内开始。首先其在滑移平面方位取向最有利的晶粒内发生。

如上所述，可以设定，由不同取向的晶粒组成的多晶体的受压变形图如图 4-5 所示。

可能的滑移平面与图面相交在每一个晶粒内部，以斜线表示。在与受力方向呈45°布置的滑移面中的晶粒（晶粒Ⅰ）中首先建立滑移塑性变形条件，因为在这些平面内切向应力达到最大值。在与受力方向垂直和平行的滑移面附近的晶粒（晶粒Ⅱ和Ⅲ）中塑性变形的条件不存在，因为在这些平面内的切应力等于0。具有滑移面过渡取向的晶粒同样将没有塑性变形。由于晶粒Ⅰ开始塑性变形的结果，而其余晶粒将引起弹性变形。

当无润滑剂变形时，晶粒的相互影响会消除其过早的变形。而当带润滑剂变形时，则变形情况可能取决于润滑层的厚度。靠近润滑层的个别晶粒的选择性变形的程度取决于晶粒的类型，即滑移系的数目。

多相合金的选择性变形几率更大，因为这类合金的结晶不仅区别于取向，而且还区别于化学组成以及强度特性，而且时常区别于晶间结合力的强弱。

如前所述，润滑剂密实性未遭破坏时，将不均匀地被挤压进塑性金属，在其表面上形成与薄膜厚度成比例的印痕。因此，润滑膜的厚度应该是最薄的。这可以借助于提高润滑剂的黏度，或者靠提高挤压速度来减少金属与润滑垫接触的持续时间来达到。在许多情况下，这取决于润滑剂与金属的热物理性能，以及其间的热交换条件。而挤压结果在实际上并不取决于玻璃润滑剂的化学成分，仅要求其在挤压过程中不会引起黏度值的改变。采用同样的黏度值，而具有不同化学成分的玻璃润滑剂挤压后，得到相应于大致相同的钢管表面上的微观凹凸不平度和条状微观组织的弯曲程度。

挤压钢管表面上的"水纹"来源于坯料在挤压筒内镦粗时，车削刀痕形成的微小叠痕。叠痕特别明显地表现在挤压模的圆锥形部分（图4-6）。从挤压模挤出的钢管在模口处坯料表面开始剧烈地伸长，叠痕被拉长，并取决于其原始深度，在钢管表面上以"水纹"的形式留下痕迹。当润滑剂熔化的薄膜越厚时，叠痕也越大，并在通过模子后变得平滑，在管子表面形成更粗的水纹（图4-6）。采用合乎要求的润滑剂，当黏度系数 $\eta = 70\mathrm{Pa \cdot s}$ 时，可以很大程度地减轻上述缺陷形成的机理作用（图4-7）。

曾经采用表面粗糙度 $R_a = 2.5 \sim 5\mu\mathrm{m}$（▽5）的离心铸造管坯挤压成管子后，检查其表面质量，结果由于表面粗糙度和叠痕严重而报废。

对于挤压管坯金属的试验研究表明，铸坯具有相对于坯料的轴心径向取向的粗大树枝状奥氏体柱状晶的独特结构，导致其在变形时对金属流动产生很大的影响。

图4-6　外表面粗加工痕迹的管坯挤压之后其压余表面状态

轧坯圆柱形试样镦粗之后拥有表面光滑正确的鼓形试样（图4-8（a））。铸坯圆柱形试样镦

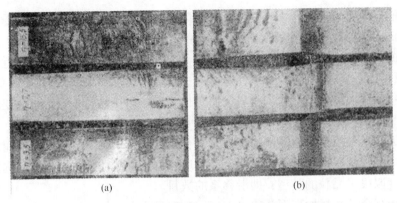

图 4 - 7　用不同的玻璃润滑剂挤压钢管的压余试样
(a) 内表面状态；(b) 外表面状态

粗之后则具有中心树枝状奥氏体拉长的椭圆体形状。在铸造金属的侧面，得到带微小叠痕的粗糙表面（图 4 - 8 (b)），当变形程度提高时，叠痕扩大。

　　上述轧坯和离心铸坯的镦粗试验结果可以揭示离心铸坯挤压时，形成制品表面粗糙的原因。

　　铸态金属化学成分的不均匀性和粗晶结构引起金属微观组织的不均匀性，导致其力学性能的不均匀。在镦粗过程中，金属充满挤压筒时，导致管坯表面粗

图 4 - 8　镦粗后的轧制坯和离心铸坯试样形貌
(a) 轧坯圆柱形试样；(b) 离心铸坯试样

糙。坯料表面的粗糙度不取决于玻璃润滑剂的选择。挤压前空心坯表面的粗糙同样会恶化钢管的表面质量。

　　镦粗过程中较小的镦锻比可减小镦粗后空心坯的表面粗糙程度。

　　当挤压铸态金属时，采用具有更薄润滑膜的结晶型润滑剂取代玻璃润滑剂可以取得较好的效果。

　　挤压钢管表面的最普遍的缺陷是斑痕和划伤，其产生是由于对挤压过程参数中玻璃润滑剂黏度的选择不当造成的。同样，如坯料前端棱角倒圆半径不足，会导致由于挤压时棱缘过冷，在挤压模旁出现停滞区，并将其拉入变形区内而导致钢管表面拉痕缺陷。

　　为了获得良好的钢管内表面质量，必须使用较小粒度（0.4mm 以下）的玻璃润滑剂。但对于带强制冷却芯棒和金属变形高流速的挤压工序，虽然其对钢管内表面有导致刮伤和气孔缺陷的危险，其润滑剂的原始参数可不必像玻璃垫那样选择在润滑层内具有温度区别的双层挤压玻璃润滑垫。

为了获得优良的钢管内表面，在挤压前向管坯内孔精确地计量和均匀地供给润滑剂具有很大的意义。

一般向管坯内孔供给玻璃润滑剂粉末的分量借助于半圆形长勺盛满玻璃润滑剂粉末后伸入并倾倒在坯料内孔内，然后通过坯料在铺满玻璃粉的斜台板上滚动或在一个旋转的装满玻璃粉的布料装置下转动时，玻璃润滑剂即均匀地分布并熔化在内孔表面上。

当送入到坯料内孔的玻璃润滑剂不能做到均匀地覆盖在坯料的内表面时，就会导致管材内表面的一侧由于润滑剂过量而引起挤压钢管内表面产生气泡和巨大的斑痕缺陷。而另一侧则因为润滑剂的不足而出现划伤带。为了避免上述缺陷的产生，必须根据挤压钢管的不同规格，采用不同尺寸的送粉长勺，控制送入管坯内孔的玻璃润滑剂数量。

控制对不同规格钢管挤压坯料内孔的布粉数量，建议通过以下经验公式计算送粉半圆形长勺的直径：

$$d_A = (0.154 d_H \cdot \mu)^{1/2} \qquad (4-2)$$

式中　d_A——送粉长勺的直径，mm；

　　　d_H——芯棒直径，mm；

　　　μ——延伸系数。

润滑剂的喷涂均匀度还取决于磨碎程度（玻璃粉的粒度）。粉尘状的润滑剂（颗粒直径小于 0.1mm）沿管坯内表面分布的均匀程度要比粗粉差一些。当采用玻璃粉的粒度为 0.25~0.40mm 时，能得到最佳内表面质量的挤压钢管。

非常重要的一点是，要采用内孔直径不超过挤压芯棒直径 5~7mm 的空心管坯。否则在镦粗时，润滑垫的材料会挤入管坯和芯棒之间的缝隙，而导致挤压钢管内壁的气孔和刮伤缺陷。并且，随着管坯和芯棒间缝隙的增大，钢管内表面缺陷的数量和范围增加。当采用炉渣和结晶型润滑剂制作润滑垫时，这一点尤为重要。严格地讲，这类润滑剂不适合管坯内表面的润滑。

此外，当滚涂玻璃粉时，如在坯料外表面上聚集厚厚的一层玻璃粉，将会导致挤压钢管外表面严重的"桦树皮痕"缺陷。为了消除这一缺陷，曾研究使用天然矿物质作为润滑剂，促使其形成薄薄的一层润滑膜，而无需复杂地修补失去连续性的坯料表面润滑层。

对各种矿物质黏度及热物理参数的研究表明，在 1150~1250℃温度范围内，用于坯料外表面滚粉的硅钙硼石和硅钙硼石—钙铁辉石—石榴石完全符合润滑剂的要求。而采用这类润滑剂的实际效果在于润滑剂能均匀地滚涂到坯料的外表面。但操作时，粗糙地撒粉到斜滚板上，引起在坯料上玻璃层薄的地方先熔化而成斑点覆盖其表面上。穿孔或挤压时，变形区的润滑膜失去连续性，不仅导致空心坯和挤压钢管的内表面缺陷，而且引起管坯和钢管的壁厚不均，同时也降低了穿孔筒和挤压筒内衬的使用寿命。只有均匀地滚涂润滑剂时，才能满足穿孔和挤压对润滑剂的工艺要求。

在挤压时，挤压筒内衬的直径对于挤压坯料表面润滑用的润滑垫的致密度的要求具有重要意义。

使用结晶型润滑剂和使用玻璃润滑剂的情况不同。结晶型润滑剂在使用时，其和高温坯料接触后没有逐渐软化的过程，而是当其表面层达到熔化温度时，瞬时地熔化。并且熔融态的结晶型润滑剂具有很低的黏度。一般认为，在高温下润滑剂的低黏度会导致高压下挤压时的不良效果。但正是由于这类润滑剂在挤压时迅速地由固态过渡到液态，以及当温度降低时又迅速地由液态转变为固态的特性，使挤压钢管的质量得到了改善，消除了钢管上的裂纹缺陷。这是由于当润滑剂的表层达到熔化温度时，即瞬时的熔化并由被挤出的金属带出模孔，均匀地覆盖在钢管表面上，在挤压模的出口处已不存在润滑垫，而熔化的覆盖在制品表面上的润滑剂薄膜与冷态的工具相接触，并迅速地凝结成极薄的制品表面覆盖层，急剧地提高了润滑层的屏幕特性。虽然结晶型润滑剂的熔化温度有很大的差别，而对得到的无裂纹缺陷的钢管来看其润滑层的强度已是足够的了。

结晶型润滑剂对于挤压钢管表面质量具有的较实质性的影响的是润滑剂的数量。当润滑剂的熔化温度与挤压过程温度相适应时，获得了最佳结果。即润滑剂的熔化温度与挤压过程坯料金属温度之差取决于变形材料，其最佳值应为 80 ~ 150℃。当上述温差增大时，会导致钢管表面质量恶化，这可在采用低黏度的玻璃润滑剂时能观察到。而当该温差减小时会导致划伤缺陷。

曾采用高炉炉渣来制作在 1150 ~ 1200℃温度范围内使用的润滑垫。但高炉炉渣的润滑机理与玻璃和结晶型润滑剂相比较的主要区别在于，高炉炉渣的熔化温度高达 1280 ~ 1320℃，相应的挤压温度为 1180 ~ 1200℃。

从粒化的高炉炉渣加热时的放热效应（图 4 - 9）可以看出，在实验室炉内慢速加热时炉温和渣温的变化特点，在 850 ~ 950℃温度下，炉渣发生玻璃状成分的再结晶和使润滑剂补充加热的放热反应。在 850 ~ 950℃温度下，预焙烧过的炉渣无放热效应。

高炉炉渣的润滑作用是当润滑垫的表面与变形金属接触时被加热到接近金属变形时的温度。而同时发生的再结晶放热反应，导致润滑垫的表层温度提高到 1300 ~ 1320℃，

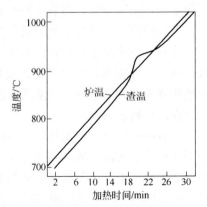

图 4 - 9 粒化的高炉渣加热时的
放热效应

在此温度下，润滑垫表面熔化，并使挤压过程正常地进行。

应该指出，使用在950℃下专门焙烧的高炉炉渣润滑垫时，由于炉渣来不及熔化，挤压钢管表面出现严重的擦伤。可见高炉炉渣与热坯料紧密接触时，在炉渣再结晶的放热效应和变形热的同时作用下才会有效。而当没有放热效应或无变形热的情况下，达不到炉渣熔化所需要的温度时，也起不到润滑剂的作用。因为炉渣再结晶热在变形开始前来不及传递开，所以炉渣作为管坯内表面的润滑剂是不合适的。

4.4 玻璃润滑剂的选择

处于固态的玻璃润滑垫，在挤压过程中与变形金属相接触，而被加热与熔化。然而，只有当玻璃润滑垫的表面温度相应于玻璃润滑剂具有最佳黏度值的温度时，才能获得最好的挤压润滑效果。该玻璃润滑剂才能被认为是该变形材料的最适合的润滑剂。

从玻璃润滑剂熔化条件下具有最佳黏度时的温度与变形金属的加热温度相一致的假设出发，提出选择玻璃润滑剂的推荐方法。但是如前所述的研究结果表明，润滑剂的温度低于变形金属的温度，并且，当坯料的直径减小时，两者的温差增大。因此，其黏度的实际值有别于要求值。

从获得的结果可以提出选择玻璃润滑剂的方法：

在一定的挤压温度—速度条件下，在已知的玻璃润滑剂中选择具有最佳黏度（η）的玻璃润滑剂。即按照 Г. И. Гуляев（Г. И. 古里亚耶夫）公式，计算出黏度：

$$\eta = \frac{K h_{min}^2 (\sigma_M - \sigma_T)}{1.4 u_n r} \qquad (4-3)$$

式中　η——黏度，Pa·s；

　　　K——系数，$K = h_{min}/b$；

　h_{min}——润滑薄膜的最小厚度，$h_{min} > \delta_z' + \delta_z'' + b$；

δ_z', δ_z''——标准规定的摩擦表面的粗糙度数值；

　　　b——润滑层的余量，取5μm；

　　　u_n——被挤压金属在挤压模过渡区域的流速；

　　σ_M——坯料金属通过模具时的应力；

　　σ_T——钢管材料的屈服极限；

　　　r——挤压模定径带入口处倒圆半径。

接着确定挤压玻璃润滑垫表层所达到的温度 T_K，其取决于变形金属的终结温度以及金属与润滑剂的热物理常数。

在以一次有效变形时间相当短为特点的现代高速挤压机上挤压时，对于工程

计算温度 T_M 以足够的精度可由下式确定：

$$T_M = T_H + \Delta T_n + \Delta T_g \tag{4-4}$$

式中　T_H——坯料原始加热温度，℃；

ΔT_n——由炉子输送到挤压机时间内坯料的温降（取决于原始加热温度 T_H、输送时间和坯料规格）；

ΔT_g——变形过程中温度的增量。

ΔT_n 值可按以下已知的热传导方程来确定：

$$T_H - \Delta T_n = T_0 + (T_H - T_0) U_{max} \tag{4-5}$$

$$U_{max} = M_o(-\varepsilon^2 Fo) \tag{4-6}$$

式中　T——挤压坯料的温度，℃；

T_0——环境介质温度，℃；

U_{max}——无度量的温度值；

Fo——傅里叶数；

ε^2——（对有限长度的圆柱体）从有关热传导手册中所选择的函数。

采用 R. B. 茹劳包夫公式确定 ΔT_g 值：

$$\Delta T_g = \frac{0.9 \sigma_u \mu}{c\rho} \tag{4-7}$$

式中　σ_u——变形阻力，kg/mm；

μ——延伸系数；

0.9——考虑提高物体结晶能量的功耗系数；

c——物体的比热容，J/(kg·℃)；

ρ——密度，kg/m^3。

计算时所必需的金属热物理常数可查有关热传导手册。

已知变形金属的温度 T_M，可采用 A. B. 雷科夫和 H. K. 达依茨公式，确定润滑垫表层的温度 T_K：

$$T_K = \frac{T_M + K_e T_W}{1 + K_e} \tag{4-8}$$

其中：

$$K_e = \frac{c_1 \rho_1}{c_2 \rho_2} \sqrt{\frac{a_1}{a_2}}$$

式中　K_e——一个物体对另一物体的热抗准数；

T_W——润滑垫的原始温度，℃；

c_1，c_2——分别为所用润滑剂比热容，J/(kg·℃)；

ρ_1，ρ_2——变形金属的密度，kg/m^3；

a_1，a_2——变形金属的温度传导系数，m^2/s。

试验结果表明，各种玻璃润滑剂的常数 c_1、a_1、ρ_1 相近。因此，为了计算可取中间值：

$$a_1 = 3.3 \times 10^{-7} \, m^2/s, \quad c_1 = 1214 J/(kg \cdot ℃), \quad \rho_1 = 1750.0 kg/m^3$$

为了最终选择润滑剂，已知玻璃的黏度参数在温度—黏度图表上画成曲线形式，然后在图表上找出相应的 η 和 T_K 的点，通过所要求的点，或者距离其最近的黏度曲线，即相应于所要采用的玻璃润滑剂。

近年来，研制成功了具有各种黏度参数的大量的玻璃润滑剂。因此，可以通过上述所建议的方法能使得在实践中为任何工艺条件的热挤压选择适用的玻璃润滑剂。

为了在尼科波尔南方钢管厂的卧式液压挤压机上校验对 1Cr18Ni10Ti 不锈钢管的挤压玻璃润滑剂最佳黏度的计算值和试验值的比较，进行了一系列的不锈钢管的挤压试验。挤压试验的工艺条件如下：

管坯材料	1Cr18Ni10Ti 奥氏体不锈钢
挤压筒直径	175mm
钢管规格	$\phi57mm \times 75mm$，$\phi76mm \times 3mm$，$\phi63.5mm \times 5mm$，$\phi60mm \times 3.5mm$
挤压比	18.5，23，29.4，35.2
坯料加热温度	1180℃
平均挤压速度	取自挤压温度实际记录
坯料表面粗糙度	$\delta_z' = 40\mu m$
挤压模面粗糙度	$\delta_z'' = 5\mu m$
润滑薄膜的厚度	$h_{min} = 50\mu m > (\delta_z' + \delta_z'') = 45\mu m$

对于所要求的加热温度下，其屈服点的静态极限 σ_T，即钢管材料的屈服极限取自相关资料的数据。

坯料金属通过挤压模时的应力 σ_n 可查阅相关文献资料。

挤压试验的原始数据和试验结果列于表 4-11。由表可以看出，在所有的情况下，玻璃润滑剂最佳黏度的计算值离试验值的偏差不超过 9%。

表 4-11 1Cr18Ni10Ti 钢管的挤压试验玻璃润滑剂的最佳黏度的计算值和试验值的比较

钢管规格 $\phi \times S/mm$	延伸系数 μ	加热温度 $T_H/℃$	平均挤压速度/$m \cdot s^{-1}$	屈服极限 σ_T/MPa	模具应力 σ_n/MPa	最佳黏度 $\eta_0/Pa \cdot s$		偏差百分数/%
						计算值	试验值	
57×7.5	18.5	1180	0.41	20	312	84.0	82.5	+2
63.5×5	23	1180	0.35	20	411.5	105.5	97.0	+9
76×3	29.4	1180	0.32	20	507	112.5	108.0	+4
60×3.5	35.2	1170~1180	0.25	21	477.3	113.0	120.0	-6

4.5 工艺润滑剂对挤压工艺参数的影响

俄罗斯巴尔金中央黑色冶金科学研究院曾进行了关于玻璃润滑剂成分对挤压工艺过程中力学参数、金属流动特点、摩擦系数和挤压制品性能影响的研究。研究曾采用以下4组玻璃润滑剂成分，见表4-12。试验用玻璃润滑剂的化学成分和黏度值列于表4-13。

表4-12 试验采用的玻璃润滑剂成分系列

三元系	$SiO_2 - Na_2O - CaO$
四元系	$SiO_2 - Na_2O - CaO - B_2O_3$
多元系	$SiO_2 - Na_2O - CaO - B_2O_3 - Al_2O_3$
	$SiO_2 - Na_2O - CaO - B_2O_3 - Al_2O_3 - BaO$

表4-13 试验用玻璃润滑剂的化学成分和黏度值

玻璃润滑剂系列	牌号	化学成分（质量分数）/%						黏度 (1180℃)/Pa·s
		SiO_2	Na_2O	CaO	B_2O_3	Al_2O_3	BaO	
$SiO_2 - Na_2O - CaO$	1n	52.0	24.0	18.0	—	—	—	9.5
	3n	66.0	24.0	10.0	—	—	—	28.0
	15n	73.0	22.0	5.0	—	—	—	43.0
	5n	72.0	13.0	15.0	—	—	—	79.0
$SiO_2 - Na_2O - CaO - B_2O_3$	10n	61.0	18.0	4.0	17.0	—	—	9.0
	9nb	64.0	10.0	9.0	17.0	—	—	32.0
	14nb	71.8	7.7	9.2	11.3	—	—	87.0
	10nb	72.0	6.0	10.0	12.0	—	—	115.0
	48T	52.9	0.5	2.4	43.2	—	—	418.0
	19nb	77.5	5.1	9.3	8.1	—	—	1780.0
$SiO_2 - Na_2O - CaO - B_2O_3 - Al_2O_3$	185B2	60.0	23.0	5.0	10.0	2.0	—	10.0
	12T	48.6	3.5	5.2	37.2	5.5	—	34.0
	26b	54.1	3.6	11.7	11.6	17.0	—	73.0
	50T	67.1	10.9	3.3	17.6	1.1	—	132.0
	39T	44.0	2.5	2.5	40.0	11.0	—	320.0
	42T	64.4	10.9	2.9	8.8	13.0	—	1580.0
$SiO_2 - Na_2O - CaO - B_2O_3 - Al_2O_3 - BaO$	3T	40.0	3.1	3.9	36.7	4.9	8.8	10.0
	16T	49.3	4.2	5.7	26.8	5.1	8.9	30.0
	20q	40.0	5.0	5.0	35.0	5.0	10.0	74.0
	24b	42.7	3.2	1.7	27.7	13.7	11.0	126.0
	34b	56.1	5.1	1.5	15.2	13.9	8.2	805.0

试验研究的设备：1500t卧式液压挤压机；

试验研究用材料：1Cr18Ni10Ti 奥氏体不锈钢；

试验坯料的尺寸：$\phi78mm$，长度 $L = 200mm$；

坯料表面粗糙度：$R_a = 2.5 \sim 5\mu m$（$\nabla5$）；

坯料加热温度：1180℃；

采用挤压筒直径：$\phi80mm$；

挤压模入口锥角：$\alpha = 120°$；

挤压制品尺寸：$\phi25mm$ 棒材。

为了试验润滑垫和滚涂的玻璃粉对挤压过程工艺参数的影响程度，分别采用各种润滑剂种类安排专门的试验，试验方法如下。

在两种施加润滑剂方法共同使用的条件下，首先，改变用于制作润滑垫的玻璃润滑剂的黏度，而用于坯料表面滚涂的玻璃粉的黏度始终保持不变，黏度 η 为 $80 \sim 100Pa \cdot s$。其次，改变润滑剂用于表面滚涂的玻璃的黏度，采用在 1180℃时黏度 $\eta = 100Pa \cdot s$ 的玻璃润滑垫。

将黏度变化方案，结合施加润滑剂的方式包括在内总共试验了 7 种挤压方案，详见表 4 - 14。

表 4 - 14　挤压试验方案

试验方案	玻璃润滑剂的施加方法	试验用玻璃润滑剂牌号	1150℃下玻璃球黏度变化范围/Pa·s
方案 I	仅用作润滑垫	271，206，185b，209，77a，77a，6nd，15n，287，5n，14nd，278，123，10nd，31s，124，19nd，600，224 - 18	5 ~ 20000
方案 II	仅用作外表面滚涂粉	217，206，185b，209，77a，278，123，31s，124，19nd，600，224 - 18	5 ~ 20000
方案 III	润滑垫	按方案 I	5 ~ 20000
	表面滚涂粉	185b	15
方案 IV	表面滚涂粉	按方案 II	5 ~ 20000
	润滑垫	10nd	120
方案 V	悬浮液	206，209，123，31s	16 ~ 540
	润滑垫	10nd	120
方案 VI	悬浮液	按方案 IV	16 ~ 540
	润滑垫	10nd	120
	表面滚涂粉		30
方案 VII	无润滑	209	—

在方案中也列入了无润滑挤压工艺。为了确定采用玻璃润滑剂的效果，引入"有效系数"的概念。有效系数被定义为：无润滑剂挤压时的最大挤压力 p 与采用润滑剂时的最大挤压力 p_{max} 的比值。

$$K = p/p_{max} \qquad\qquad (4-9)$$

式中　p——无润滑剂挤压时的最大挤压力；

　　　p_{max}——有润滑剂挤压时的最大挤压力。

除了润滑剂对挤压过程力学参数的影响之外，还评定了润滑剂对挤压棒材表面质量的影响。为此，采用表面光洁度仪 M-201 测量棒材表面的显微不平度值。测量在棒材 10° 的圆周表面上进行，计算显微不平度的平均值，并应用坐标网格法观察金属的流动特点。

试验结果所显示的黏度对有效系数的影响（对应于表 4-14）结果如下。

在单独使用润滑垫的情况下（表 4-14 中方案 I），玻璃润滑剂的黏度从 5Pa·s 增大到 20000Pa·s，对有效系数没有明显影响。随着玻璃垫黏度的增加，棒材表面的显微不平度值有下降的趋势（图 4-10（b））。此时，有效系数具有最小值，在 $K = 1.00 \sim 1.04$ 范围内变化（图 4-10（a））。挤压力的示波图与无润滑挤压时相同。其特点是：从流动开始到过程结束，压力急剧下降（图 4-11），这表明，在挤压筒中有极大的接触摩擦力。在挤压带有坐标网格的坯料时，所得到的金属流动图像证明了这一结论（图 4-12（a））。

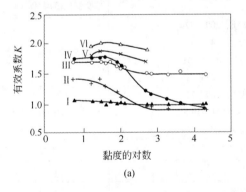

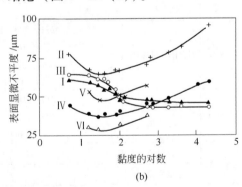

(a)　　　　　　　　　　　　　(b)

图 4-10　对应于表 4-14 中不同润滑剂施加方案的有效系数
（a）及表面显微不平度（b）与玻璃润滑剂的关系

由图 4-12（c）可看出，变形区域扩展到坯料的整个深度。坯料表层由于没有润滑剂在挤压筒中受到阻滞，因此发生金属内层的强烈流动。由于金属流动的不均匀性，使挤压制品的性能恶化，并导致形成很深的"挤压缩孔"。

在单独用于滚涂的情况下（表 4-14 中方案 II）在低黏度（$\eta = 5 \sim 15$Pa·s）范围内，润滑剂的有效系数比方案 I 要高，达到 $K = 1.3 \sim 1.4$。随着黏度增

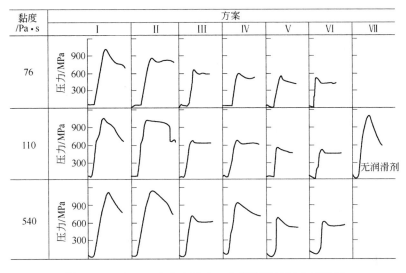

图 4-11 表 4-14 中方案 Ⅰ～方案 Ⅶ 的挤压力示波图

加，K 开始强烈降低，当 $\eta \approx 300\text{Pa} \cdot \text{s}$ 时，$K \approx 0.9 \sim 0.95$，小于方案 Ⅰ 的 K 值，表示玻璃润滑剂丧失了本身的减摩性能而成为磨料。从示波图形的变化可以看出，在很大黏度下的示波图显示，压力从开始到稳定过程的结束急剧下降（图 4-11）。金属流动图形的特点是存在有停滞区，发生金属的剪切。在这种情况下的挤压棒材表面的显微不平度值具有最大值（图 4-10（b））。

滚涂玻璃粉和润滑垫一起使用（表 4-14 中方案 Ⅲ），得到相当高的有效系数，改善了表面质量和金属流动。在这种情况下，变形区集中在挤压模附近，并具有最小尺寸（图 4-10（b））。同样的图像在方案 Ⅳ～方案 Ⅵ 中也可观察到。在这些方案中，在任何的玻璃润滑剂黏度值下，停滞区都没有形成。随着玻璃垫的黏度从 $5\text{Pa} \cdot \text{s}$ 增加到 $20000\text{Pa} \cdot \text{s}$，润滑剂的有效系数从 1.7 降低到 1.5。因此，挤压力因玻璃垫黏度不同而变化在 12% 的范围内。从挤压制品表面质量的角度来考量，最好是采用黏度 $\eta = 100\text{Pa} \cdot \text{s}$ 的玻璃润滑剂（图 4-10（b））。使用黏度低于 $50\text{Pa} \cdot \text{s}$ 的玻璃润滑剂时，在挤压制品的表面上引起"斑点"缺陷，这是由于变形区内多余数量的熔化玻璃而形成的。当玻璃黏度增加到 $100\text{Pa} \cdot \text{s}$ 以上时，基本上不会引起挤压制品表面质量的变化。

在稳定挤压过程阶段，在所有的玻璃润滑剂值的条件下，挤压力却保持恒定并大致相同。随着玻璃润滑剂黏度的增加，出现挤压过程开始时的压力峰值趋向（图 4-11）。

在润滑垫的玻璃黏度不变（$\eta = 100\text{Pa} \cdot \text{s}$）时，滚涂玻璃的黏度变化（方案 Ⅳ）比方案 Ⅱ 在更大程度上影响到有效系数。随着玻璃黏度增加到 $50\text{Pa} \cdot \text{s}$ 时，

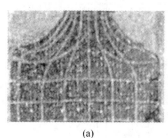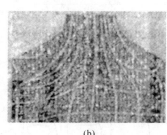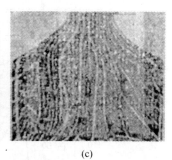

(a)　　　　　　　　　　(b)　　　　　　　　　　(c)

图 4 - 12　表 4 - 14 中不同方案的变形区类型
(a) 方案 Ⅰ，方案Ⅲ；(b) 方案 Ⅱ；(c) 方案Ⅳ～方案Ⅵ

润滑剂有效系数仍保持本身的数值，为 $K = 1.8$；而随后开始急剧地下降，且在黏度达到 6000Pa·s 时，K 值变为小于 1。总之，方案Ⅳ中的曲线 $K = f(\eta)$ 和方案Ⅱ中的曲线形状是相同的，而且在此两种情况下，K 值变化的这一特点的原因是相同的。因此，滚涂玻璃的黏度变化比起玻璃垫的黏度变化，在更大程度上明显影响到挤压力的数值。表面显微不平度的最小值，发生在滚涂玻璃粉黏度为 10～50Pa·s 内。当玻璃黏度更大时，表面质量恶化。

　　方案Ⅵ属于坯料外表面进行了双重润滑，即涂有悬浮液并随后在加热的坯料上滚涂最佳黏度（$\eta = 30$Pa·s）的玻璃润滑剂，本质上改变了图像的状况。玻璃润滑剂的黏度在 3～540Pa·s 范围内玻璃悬浮液的采用，给予降低挤压力的可能性，并得到与其他方案相比较的最大有效系数（$K = 1.0 \sim 2.0$）。在试验的润滑剂黏度的范围内，这一方案确保获得高的表面质量。这一最佳结果是在采用玻璃黏度为 30 Pa·s 的玻璃悬浮液时得到的。

　　采用以上润滑剂的施加方法，获得挤压制品的表面质量绝不会比其显微不平度值为 20～30μm 的坯料表面原始状态更恶化。因此，在挤压具有很窄的加工温度范围的低塑性合金以及挤压高质量要求制品时，可以采用这种方法。

　　为了确定在有玻璃润滑剂的热变形时的摩擦因数，采用圆环镦料的方法，其依据是，镦粗时，圆环的内直径的变化与接触摩擦的大小有关。

　　玻璃润滑剂的研究曾用碳素钢 CT3、不锈钢 1Cr18Ni10Ti 和高温合金 Ni55WMoTiCoAl 试样的热镦粗试验来进行。为了比较，还进行了无润滑的和带石墨—油润滑剂的圆环试样的镦粗试验。试验结果表明，摩擦系数取决于玻璃润滑剂的黏度和化学成分，以及变形材料的性质。

　　在最小摩擦系数时的玻璃润滑剂的黏度值，对不同材料的试样如下：

材　质	CT3	1Cr18Ni10Ti	Ni55WMoTiCoAl
黏度/Pa·s	30～50	80～120	200～300

同时，在4组玻璃系列中黏度系数值从最小到最大变化时，引起的摩擦系数值在30%的范围内变化。

玻璃润滑剂的摩擦系数取决于其化学成分，在钢的热挤压过程中，玻璃润滑剂借助于其特有的高温下的减摩性能，对过程的力学参数和金属流动特点施加有直接的影响，确定了变形金属与工具之间的接触状况，并影响到挤压制品的表面质量。因而，通过以上玻璃润滑剂的化学成分对摩擦系数的影响试验研究可以得到以下结论：摩擦系数的最大值是在采用三元系玻璃时得到的。在三元系组分的玻璃中，摩擦系数的最小值依次为：CT3钢试样镦粗时为0.1，1Cr18Ni10Ti不锈钢试样镦粗时为0.14，而Ni55WMoTiCoAl合金为0.2。在三元系玻璃中加入B_2O_3（Ⅱ系列），使摩擦系数平均减小30%~50%。在四元系玻璃中加入Al_2O_3，以部分取代其中的SiO_2（Ⅲ系列），引起摩擦系数的明显下降。在多元玻璃中加入BaO（Ⅳ系列），对摩擦系数的下降影响最明显。在采用以上系列玻璃的条件下，记录到摩擦系数的最小值，对CT3钢为0.05；1Cr18Ni10Ti为0.08；而合金Ni55WMoTiCoAl为0.1。

虽然各组材料的摩擦系数的水平有某些差异，但由于玻璃润滑剂的采用，其数值的降低基本上是相同的，约为80%。

加入氧化物B_2O_3和BaO时，摩擦系数明显下降与这些玻璃润滑剂在金属表面上的"润湿性"和"流动性"的提高有关，这是因为其有利于形成完整的连续的隔离膜。

与石墨—油润滑剂相比较，几乎所有的玻璃润滑剂都表现出更高的减摩性能。三元系玻璃润滑剂在镦粗合金Ni55WMoTiCoAl时，则是例外。

采用多元系玻璃润滑剂代替石墨—油润滑剂的结果，摩擦系数的降低依次为：碳素钢CT3镦粗时达65%；不锈钢1Cr18Ni10Ti为55%；镍合金Ni55WMoTiCoAl为45%。

4.6 工艺润滑剂对挤压制品质量的影响

适用于现代卧式管型材挤压机工作条件的最佳的工艺润滑剂被认为是硅酸盐类润滑剂——玻璃型的和结晶型的润滑剂。

在不同的挤压机上，采用的玻璃润滑剂的使用效果基本上是按其化学成分给予评定。在多数情况下，这是从设备设计和润滑剂配制的实际可能性出发，试验性地选配润滑剂。但是，由于化合物的多样性以及润滑剂必须要经过不同挤压条件下的试验验证，仅仅按化学成分来评价润滑剂是不够的。

一般认为，决定玻璃润滑剂使用效果的基本性质是玻璃润滑剂的热传导性和黏度。热传导性的测量方法在实际工作中尚未获得应用，但对润滑性能有很大影响的熔融玻璃润滑剂的黏度，可以以足够的精度测得。但是，在测量黏度时，不考虑润滑剂和金属之间的热交换则是一个大误区。过去多数研究的问题是把玻璃润滑剂一般看成是已经熔化的、已知黏度和一定厚度薄膜的物质，而未考虑到玻璃润滑剂的熔化条件。而玻璃润滑剂熔化的特点，决定于该过程的许多因素，其中有润滑剂和挤压金属的热物理学的参数、坯料的尺寸、挤压过程的温度—速度参数等。

尼科波尔南方钢管厂曾对在热挤压工艺过程中的不同参数的条件下，工艺润滑剂对于挤压制品质量的影响进行了试验研究，其目的是检查工艺润滑剂在挤压过程的各种不同的条件下，对挤压制品质量的影响。

试验研究采用具有不同强度和塑性指标的坯料进行：

试验坯料的钢种：碳素钢 10 号钢、奥氏体不锈钢 1Cr18Ni10Ti、高铬镍耐蚀不锈钢 0Cr23Ni28Mo3Cu3Ti；

坯料的加热温度：1140 ~ 1250℃；

挤压速度范围：200 ~ 450mm/s；

挤压延伸系数：8 ~ 36；

挤压模进口锥角：45°、60°、67.5°、90°；

坯料表面粗糙度：粗磨 10 ~ 20μm、5 ~ 10μm、1.25 ~ 2.5μm（∇3、∇4 ∇6）；

坯料前端面角度：45°、60°、67.5°、90°；

润滑剂黏度：5 ~ 300Pa·s，包括结晶型和玻璃型，润滑垫的形状和几何尺寸与挤压模和坯料前端面相适应。

试验所用的检测仪器仪表包括：

黏度计：熔融状态润滑剂黏度采用 OPTPEC 黏度计（制定刻度的物质：硼酐）；

示波仪：记录挤压力和平均挤压速度；

测温仪：辐射式测温仪（用于测量挤压前坯料温度），光学高温计（用于测量挤压后制品温度）；

MUC-11 型双倍显微投视仪：用于钢管表面质量分析（测量微观不平度的凹坑深度）；

金属剧烈变形区内流动特点分析：采用宏观和微观方法进行。

4.6.1 挤压速度的影响

一般认为，为了减轻工具的受热，提高工具的耐久性，因而也提高了挤压制品的表面质量，必须使用最高的挤压速度。

挤压速度和润滑剂黏度对挤压钢管表面质量影响的试验结果如图 4-13 所示。

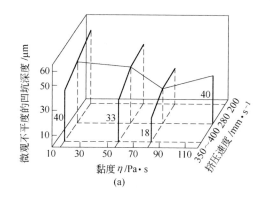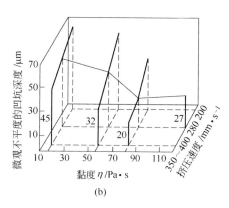

图 4 – 13 挤压速度和润滑剂黏度对挤压钢管内外表面质量的影响
（钢种：1Cr18Ni10Ti 奥氏体不锈钢；钢管规格：φ108mm×5mm；加热温度：
T_H=1180℃；延伸系数：μ=14.5；入口锥角：α=67.5°）
（a）钢管内表面；（b）钢管外表面

由图 4 – 13 可以看出，随着挤压速度和玻璃润滑剂黏度的增大，钢管的内外表面质量，当使用玻璃润滑剂的黏度为 83Pa·s 以下时，得到相同程度的改善。而当使用玻璃的黏度为 124Pa·s 时，钢管内外表面的质量，在平均挤压速度下变坏了。

对钢管内外表面质量影响最大的因素还是玻璃润滑剂的黏度：

（1）当使用黏度为 15Pa·s 的玻璃润滑剂，在最低的挤压速度为 200mm/s 时，挤压后钢管的表面微观不平度的深度，在内表面达 60μm，在外表上为 70μm。

（2）当使用同样黏度 15Pa·s，提高挤压速度至 350mm/s 时，成功地降低了钢管内外表面的微观不平度的深度，其内表面为 40μm，而相应的外表面为 45μm。

（3）当使用黏度为 83Pa·s 的玻璃时，挤压速度仍为 200mm/s 时，其内表面的微观不平度的深度减少到 29μm，而外表面达到 44μm。

（4）当使用黏度为 83Pa·s 的玻璃时，挤压速度提高到 350mm/s 时，相应地降低钢管的内外表面微观不平度的深度，其内表面为 18μm，而外表面为 20μm。

（5）但当采用玻璃黏度为 124Pa·s 的玻璃润滑剂时，提高挤压速度导致挤闷，挤不出钢管。

同样从图 4 – 13 得出，最佳结果是相应于使用黏度为 80～90Pa·s 的玻璃润滑剂在高速区域的挤压时的情况。在该种条件下挤压时，上述参数为最佳值。当违背最佳参数值，降低挤压速度和玻璃黏度时，将会导致挤压钢管内外表面质量的降低。这是因为此时降低了润滑薄膜的屏幕特性和增加熔化的润滑剂层的厚度，而引起制品上出现断层，使挤压制品表面出现擦伤和折叠缺陷。

相应润滑剂的最佳黏度提高了挤压速度，增加润滑剂的黏性阻力，减小熔化的润滑剂层的厚度。该厚度可能对充分使摩擦表面的凹凸不平度屏幕化不足，因而导致挤压钢管表面出现擦伤或者使挤压过程中断。

提高挤压速度和玻璃润滑剂的黏度到一定的数值时，并不会引起与润滑剂流体动力学理论相一致的挤压力的成比例的增加。因此，在试验中，当挤压速度增加 2 倍，提高润滑剂黏度至 5 倍时，稳态挤压力仅提高 10%。但在同样条件下，提高润滑剂黏度 8.5 倍。就会引起挤压力剧烈增长和挤压过程无法进行。这是由于摩擦表面之间润滑剂屏幕作用的可靠性对于变形力的决定性影响所致。在挤压速度和润滑剂黏度提高到合适的数值之前，其可靠性提高。润滑剂黏度的进一步增加，由于黏性阻力提高，使变形力成比例地增长。

4.6.2 延伸系数的影响

延伸系数对挤压制品质量的影响与挤压速度的影响很类似。因为其确定了金属的流动速度。因此，上述参数可以一起看作是金属对润滑剂热作用时间的变化。

延伸系数对挤压制品质量的影响的试验结果如图 4-14 所示。

从图 4-14 可以得出：

（1）对于低黏度（15Pa·s）和中等黏度（57Pa·s）的玻璃润滑剂，在延伸系数为 9~23 的范围内，当延伸系数增大时，钢管的内外表面质量得到改善。特别是从低延伸系数过渡到中等延伸系数时较为明显。而当使用高黏度的玻璃润滑剂时，延伸系数对挤压钢管表面质量的影响有些不同。因为，对于黏度为 83Pa·s 的玻璃润滑剂，当由低伸长率过渡到中等伸长率时，金属表面的微观不平度的深度减小，然后在延伸系数等于 23 范围内时又有些增大。

（2）当使用黏度最大（120Pa·s）的玻璃润滑剂时，只有在最小的延伸系数（$\mu = 9$）时，挤压才能稳定进行，而当高延伸系数（$\mu = 14.5 \sim 23.0$）时，则挤压过程无法进行。

（3）润滑剂黏度的变化对于钢管表面质量的影响要比延伸系数变化的影响大。当中等延伸系数 $\mu = 14.5$ 和黏度为 80~90Pa·s 的玻璃润滑剂挤压时，得到最好的结果。

（4）对于挤压力参数更明显的影响因素是延伸系数的变化，因为由于金属变形阻力的增加。当延伸系数增加 2.5 倍时，引起挤压力增加 50% ~55%。而当润滑剂黏度从 15Pa·s 增加到 83Pa·s 时，挤压力的增加不会大于 10%。

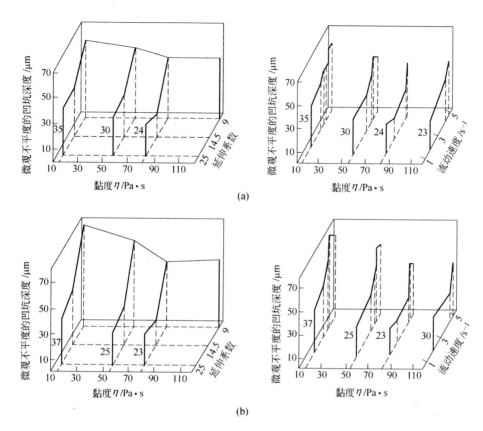

图 4 – 14   挤压钢管的内外表面质量与延伸系数、金属流动速度和润滑剂黏度的关系
（钢种：奥氏体不锈钢 1Cr18Ni10Ti；加热温度：$T_H = 1180℃$；规格：$\phi108mm \times 5mm$；
挤压速度：350mm/s；挤压模入口锥角：$\alpha = 67.5°$）
（a）钢管内表面；（b）钢管外表面

（5）当金属流速增大时，挤压钢管表面质量提高。而金属流速的最佳值取决于所采用的润滑剂。当金属流速为 5～6m/s 时，对高黏度的润滑剂能获得最高的挤压钢管表面质量。而对低黏度的润滑剂，当流速为超过 10m/s 时，才有可能。这是因为当金属的流速增大时，热金属对润滑剂表层作用的持续时间减少，相应地减小带入变形区的熔化润滑剂的厚度。因此，在挤压制品表面上显示出较小程度的斑痕，其深度可达 30～40μm，而管子前端表面的斑痕深度可达 100μm。这是由于在挤压过程中，坯料端部在镦粗时与玻璃垫的热作用持续时间比较长。

试验中，挤压时的镦粗持续时间为 1～2s，而挤压过程中与玻璃垫接触的计算时间为 0.015～0.025s。

选择金属的流速应考虑润滑剂的黏度。一般，如果不是金属低塑性提出的要求，不希望以小于 3 ~ 3.5m/s 的流速挤压钢制品。

对于润滑剂的黏度、挤压参数和挤压制品表面微观不平度的深度三者关系的研究，可以得出，通过改变挤压参数，采用不同的原始黏度的润滑剂，可以获得制品表面质量合格的产品。如果选择出对应于挤压速度参数最佳的润滑剂黏度值，则达到最好的挤压制品的结果就容易了。

采用各种不同黏度的玻璃润滑剂进行挤压管材的试验研究表明，最佳黏度值同时取决于许多因素，如变形金属的强度、挤压比、挤压速度等。上述参数改变时，润滑剂的最佳黏度随着改变。如挤压 1Cr18Ni10Ti 钢管时，1180℃温度下，在很大的范围内改变挤压速度和延伸系数，而润滑剂的最佳黏度值处于 70 ~ 120Pa·s 范围内。

但是，当挤压比 1Cr18Ni10Ti 不锈钢强度极限相应高 1.5 倍和低 1.5 倍的 0Cr23Ni28Mo3Cu3Ti 耐蚀不锈钢和 10 号钢时，前者润滑剂的最佳黏度值增大到 140Pa·s，而后者减小到 25 ~ 500Pa·s，包括挤压钢管内部表面都要采用相同黏度的润滑剂。

用于坯料外表面滚涂的玻璃润滑剂，不能采用挤压模的润滑垫和内表面润滑相同的玻璃润滑剂。否则会导致从挤压筒中顶出压余时困难，而且在未预热好的挤压筒内挤压时，挤压力急剧增高。

一般用于坯料滚涂的玻璃润滑剂应采用黏度低于 25Pa·s 的低黏度玻璃润滑剂。采用其余的玻璃润滑剂时，在与相对冷的挤压筒壁接触时凝结，并使取出坯料时遇到困难，而且使挤压力增大。

4.6.3 加热温度的影响

挤压温度选自被挤压金属的最高塑性范围。低塑性金属和合金的挤压温度范围非常狭窄。在选择玻璃润滑剂时，对于塑性以及低塑性钢种的温度区域处于严格的有限范围内。变形金属温度的任何变化都会导致润滑剂熔化程度（黏度）的变化，润滑剂的使用状态会使挤压力数值和挤压制品表面质量受到影响。例如，当玻璃润滑剂在挤压金属的温度为 1180℃时，曾得到较高的挤压钢管的表面质量和较低的挤压力；而当挤压温度为 1140℃和 1220℃时，挤压力增大，挤压制品表面质量恶化。因为，当低温时，润滑剂不易熔化；而当温度太高时，润滑剂的黏度和屏幕性能下降。因此，加热温度的变化必须要伴随着润滑剂成分的相应改变，以调整玻璃润滑剂的黏度适合于挤压温度的改变。

图 4 - 15 所示为挤压速度 $v = 350mm/s$，延伸系数 $\mu = 14.5$ 时，玻璃润滑剂黏度和挤压制品表面质量的关系。由图可以看出，挤压钢管的最高内表面质量以及外表面的最高质量对应于黏度为 75 ~ 85Pa·s 的玻璃润滑剂。

4.6.4　工具形状的影响

　　目前对于钢挤压消耗量最大的工模具——挤压模的孔型设计存有以下两种基本观点：

　　（1）挤压模的孔型设计以保证最低的挤压力为出发点；

　　（2）挤压模的孔型设计以保证成品横断面上金属颗粒流速的最低不均匀性原则为出发点。以此来确定挤压模的基本形式的基本参数——挤压模内孔的中心线和锥体母体之间的锥角 α（入口锥角）。

　　俄罗斯普罗佐罗夫的研究指出，挤压模的入口锥角度和定径带的宽度对挤压力的影响不大。因此，在设计挤压模时，应以获得不形成"停滞区"缺陷的优质制品为出发点。

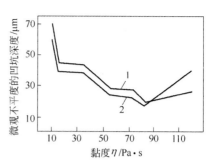

图 4 - 15　玻璃润滑剂黏度与
挤压制品表面质量的关系
（钢种：Cr18Ni10Ti 奥氏体不锈钢；
规格：$\phi108mm \times 5mm$；
挤压速度：350mm/s；
延伸系数：$\mu = 14.5$；
挤压模入口锥角：$\alpha = 67.5°$）
1—钢管内表面；2—钢管外表面

　　为了预防"停滞区"的形成，有人认为，挤压模锥角应为 $\alpha = 60°$。但是使用硅酸盐作为润滑剂时，要求从调节进入变形区润滑剂的数量的可能性方面来考虑挤压模的孔型设计。

　　法国的赛茹尔内则指出，挤压钢管的外表面质量取决于变形区内润滑剂的数量。润滑剂不足时，会导致划伤，而润滑剂过剩时，会引起钢管表面缺陷。他提出采用特殊结构的挤压模设计来调整变形区的润滑剂层的厚度，并推荐采用"双重挤压模"，即挤压模的第一个直径比第二个直径大出 1.5mm，使多余的润滑剂留在挤压模 1 之间的环形沟槽内，以及能保持润滑剂在锥形部分具有集中沟槽的挤压模 2 内。但是，尼科波尔南方钢管厂古里亚耶夫认为，赛茹尔内推荐的双重挤压模在生产条件下不可能有效。

　　在美国专利 No. 2907457、No. 2971644 中，波·科克斯指出，挤压模的入口锥度对挤压制品的表面质量有影响。因此，他研究了在使用不同的玻璃润滑剂时，挤压模入口锥度对挤压钢管质量的影响。通过具有入口锥角为 67.5°、60°、45°和 90°（平面模）的挤压模及其相应的玻璃垫进行试验的结果表明，使用平面模时，能保证得到外表面在全长上比较一致质量的管材。而入口锥角为 60°、67.5°、90°的挤压模进行挤压时，挤压力的区别不大（相差在 5% ~ 10% 范围内）。

　　当采用 $\alpha \leqslant 45°$ 的挤压模时，如果润滑垫的形状与挤压模的入口形状相似，则由于坯料端部在挤压开始时顶坯和顶出润滑垫，或者是坯料前尖端的快速冷却，会使挤压过程的进行遇到困难。

采用 $\alpha = 90°$ 的挤压模时润滑剂能均匀流入，是因为当连续挤压时，形成进入挤压模和挤压筒内衬配合区域多余的润滑剂在平面模上能够为其提供更多的可能的排挤条件。

当采用平面模时，只有同时使用具有最佳黏度的玻璃润滑剂，才能获得具有高表面质量的挤压制品。对各种黏度的玻璃润滑剂的试验研究表明，玻璃润滑剂过度的熔化或者由于低黏度引起的润滑剂的屏幕特性不足，也会导致无论是锥形模还是平面模挤压后制品表面质量的恶化。

采用平面挤压模时，同时要求遵守当挤压时防止在挤压模和挤压筒配合区内发生金属环状缺口。试验表明，最有效的是采用复合挤压模，即"平—锥挤压模"，其锥形部分的角度为 $45° \sim 60°$，以便保持其平面部分的宽度在 $20 \sim 22mm$ 范围内（图 4 - 16）。

由于使用了玻璃润滑剂，在过渡圆柱形定径带部分处的圆角半径的变化受到限制。该半径的过量减小会影

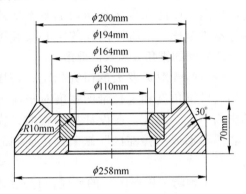

图 4 - 16　平面—锥角模具

响润滑剂的工作条件，因为在锐角边缘处更有可能破坏润滑薄膜的密实性。圆角半径的增加，会伴随挤压模高度的增加，而导致挤压模的过量消耗。当使用直径为 $140 \sim 250mm$ 的挤压筒挤压时，最可行的圆角半径可以认为是 $8 \sim 10mm$。

4.6.5　坯料、玻璃垫、挤压模形状的影响

钢管热挤压时，只有在坯料端部和挤压模之间装一个能保证熔化润滑剂并在摩擦表面连续进入的润滑垫，该过程才能顺利地建立。最终要求遵守的条件是防止在坯料镦粗以及挤压过程中润滑垫的损坏。当润滑垫一侧的形状与挤压模一侧的形状相同，而另一侧与坯料前端面的形状相似时就能达到要求。如果挤压模、润滑垫和坯料前端面不具备此种相似条件，挤压时便会发生润滑垫的损坏，结果导致在挤压钢管的表面和挤压模表面上形成环伤和擦伤。

通常，在挤压模、润滑垫和坯料端面的形状相一致时，也可能发生变形金属的擦伤和划伤。这是因为这类缺陷是在采用带前端部锐角边缘的坯料时，由于该处急剧的冷却而形成的。同时，由于润滑垫与被挤压金属以环状缺口脱开，引起润滑剂的熔化条件变坏。

如果坯料端部的棱角按照半径车削时不到位或者没按整个周长车削时，则会形成薄的缺口，而在挤压时被拉入挤压模的定径带部分，因而损坏了润滑垫，并

在挤压钢管表面上引起斑痕缺陷，同时挤压模表面出现划伤。

此外，为了达到钢管前端金属均匀的流动，必须使润滑垫的内径比挤压模的孔径大一些，以防止芯棒损坏润滑垫，并排除芯棒和挤压模间隙被玻璃堵塞。这也是制品前端不均匀流动的原因。

挤压钢管表面质量最好的结果是在采用平面—锥形挤压模时获得的。生产实践证明，以 20～25mm 为半径的圆角平端面的坯料，配合对应形状的内径比挤压模内径大 10%～15% 的润滑垫，以及采用按上述条件设计的"平—锥模"，是获得最良好的挤压钢管表面质量的最佳配合。

图 4-16 的"平面—锥角模具"被设计成组合模结构。当挤压模采用具有良好模具特性的钼合金（如 MT2 合金）制造，而模座采用热模钢（如 3Cr2W8V 钢或 H13 钢）制造，以热装预应力方式装配，可大大提高挤压模的使用寿命，提高挤压钢管的表面质量和尺寸精度。

4.6.6 原始坯料表面质量的影响

坯料原始表面的质量与润滑剂的好坏并列为决定挤压制品表面质量的两个基本因素。

据挤压 1Cr18Ni10Ti 钢管时，采用不同原始表面粗糙度的管坯和各种黏度的润滑剂进行的试验表明，从表面上带有环状切口和车床粗加工痕迹的坯料挤压后得到的钢管表面质量不取决于所使用的润滑剂。其表面都具有拉裂类型均匀交替的缺陷。

提高原始管坯表面光洁度能使管材的外表面以及内表面的质量得到改善。如果同时采用最佳黏度的润滑剂，则在较小的耗费下就能获得最好的结果。

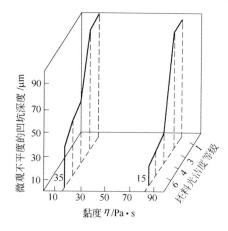

图 4-17 挤压钢管的外表面质量与
管坯的表面质量、挤压模形状和
玻璃润滑剂黏度的关系
（钢种：1Cr18Ni10Ti 奥氏体不锈钢；
规格：ϕ108mm×5mm；
加热温度：1180℃；延伸系数：μ=14.5；
挤压模入口锥角：α=90°)

从图 4-17 的数据可以看出，当管坯表面粗糙度由粗加工减小到 1.25～2.5μm （∇6）时，1Cr18Ni10Ti 钢管表面的微观凹凸不平的深度在使用黏度为 70～100 Pa·s 的玻璃润滑剂时由 100μm 减小到 15μm。而用黏度为 15～25Pa·s 的玻璃润滑剂时，其不平的深度由 100μm 减小到 35μm。但是，由表面粗糙度为 10～20μm （∇3）的管坯用第一种玻璃润滑剂挤压的钢管表面质量比由表面粗糙度为 1.25～

2.5μm 的管坯用第二种玻璃润滑剂挤压的钢管表面质量高，微观凹凸不平的深度值相应等于 23μm 和 35μm。因此，为了获得高质量表面的钢管必须采用表面加工光洁的管坯，同时也包括坯料的前端面加工的粗糙度不超过 5 ~ 10μm（∇4），并与最佳黏度的润滑剂相配合作用。对有特殊质量要求的挤压制品，应将坯料表面粗糙度减小到 1.25 ~ 2.5μm。

当提高管坯的表面质量时，使挤压力减小 5% ~ 10%，这是由于随着挤压力峰值高度的降低，带入变形区内的润滑剂厚度对于摩擦表面较充分的屏幕作用的结果，也是较大黏度（$\eta = 70Pa \cdot s$）的润滑剂相应于较小的挤压力的结果。

将管坯送入挤压筒之前，用于空心坯外表面滚涂的润滑剂对挤压后钢管表面质量没有明显的影响。但是用不同的玻璃润滑剂挤压的钢管表面质量显示出不同的效果。可以认为，当选择滚涂用玻璃润滑剂时，其基本要求是要保证克服黏性阻力时的最低挤压力的消耗。采用黏度不大于 25Pa·s 的玻璃润滑剂能达到满意的结果。

同时，润滑垫的存在对挤压结果有明显的影响。采用带分离弓形体的润滑垫，虽然管坯外表面有玻璃润滑剂，却仍然导致金属的环伤和钢管表面的擦伤，以及模具表面出现类似的擦伤。

4.7 国外部分工艺润滑剂的成分、性能及使用效果

4.7.1 英国的部分玻璃润滑剂

A. B. Graham 推荐：英国亨利·维金公司 5000t 卧式挤压机挤压高温合金时的润滑剂见表 4-15。

表 4-15 英国亨利·维金公司高温合金挤压用玻璃润滑剂

成分及性能	含量/%					
苏打（Na_2O）	14.5	13	—	3.8	14.5	8.7
SiO_2	65	65	54	80.5	74	67
硼砂（B_2O_3）	—	6	10	12.9	—	7.5
Fe_2O_3						
CaO（石灰）	11	7.5	17		10	4
MgO	7.5	4.5	4.5			0.3
Al_2O_3	2.0	3	14.5	2.2	1	8.5
ZnO	—	1				
SnO						

成分及性能	含量/%					
TiO	—	—	—	—	—	—
K₂O（钾碱）	—	—	—	0.4	—	4
软化点/℃	710	750	850	—	700	—
流动点/℃	1120	1095	1350	—	940	—
种 类	玻璃丝	23H 玻璃丝	E 型玻璃	Pylax 玻璃①	窗玻璃	中性玻璃

①Pylax 玻璃是一种硼硅酸盐玻璃，性能耐火，供制造实验室用烧杯、烧瓶等。

4.7.1.1 组成为 90% 玻璃粉 + 10% 铜粉（体积分数）的润滑剂

玻璃成分：P_2O_5 56%，Al_2O_3 7%，PbO 5%，BaO 2%，NaO 30%。

处理：磷酸盐玻璃在球磨机上研磨，>14 目（1.168mm）的在 5% 以内，< 50 目（0.282mm）的占 80%，< 100 目（0.147mm）的在 25% 以内。铜粉要过 50 目（0.282mm）的筛子。

制玻璃垫时，加 1.3kg 水玻璃作为黏结剂和 0.43kgH_2O 调配而成，压实后密度为 1.5g/m³ 左右。

4.7.1.2 不锈钢、钛及钛合金挤压用润滑剂

玻璃润滑剂的型号、化学成分及其挤压温度见表 4－16。

表 4－16 玻璃润滑剂的型号、化学成分及其挤压温度

牌号	成分/%							挤压温度/℃
	SiO₂	B₂O₃	Na₂O	Al₂O₃	Fe₂O₃	CaO + MgO	K₂O	
A	40～60	5～20	20～45	—	—	—	—	897
B	40～55	20～35	5～15	2～5	—	5～15	—	927～1149
窗玻璃	73	—	19	—	—	5	—	1093～1288
E	40～60	5～20	1～0.5	5～25		10～25	1～0.5	1260
TV	40～60	—	10～20	1～6	BaO10～20	2～6	7～12	1260

挤压模润滑采用玻璃垫：A、B 玻璃为低温玻璃；挤压筒采用玻璃粉：普通窗玻璃、E 及 TV 为高温玻璃；芯棒和挤压模：一样采用低温玻璃。

A 玻璃用于挤压钛及其合金。B 玻璃用于挤压钛及其合金和不锈钢。

挤压不锈钢时需含 2% ～5% Al_2O_3 + Fe_2O_3，5% ～15% CaO + MgO，其中，每一种组成完全可以代替另一种，或采用两种组分的混合物。

4.7.1.3 一种润滑挤压模的玻璃润滑剂（普通窗玻璃）

玻璃粉用水玻璃黏结，加 H_2O 制成玻璃垫。

组分：玻璃粉 45.45kg，水玻璃 1.3kg，水 0.43kg。

玻璃用球磨机磨后，80% 过 50 目（0.282mm），5% 过 14 目（1.168mm），25% 过 100 目（0.147mm）。

成分：Na_2O 19%，CaO 5%，SiO_2 73%。

玻璃垫的密度：$1 \sim 2g/m^3$（$1.5g/m^3$ 左右），或为玻璃密度的 30% ~ 85%，最好为 45% ~ 70%。

4.7.1.4 碱金属硼酸盐和碱金属磷酸盐润滑剂

碱金属硼酸盐和碱金属磷酸盐润滑剂能去除坯料表面的氧化铁皮，热变形时润滑作用良好，且这种润滑剂只能在熔融状态下使用。粉状在接触热坯料后即熔化，溶液状的溶剂蒸发后才被熔化，同时冷却工具。

这是一种无油脂胶黏状物质——碱金属硼酸盐和碱金属磷酸盐的混合物。碱金属硼酸盐可以是硼酸钠、四硼酸钠（$Na_2B_4O_7$）；碱金属磷酸盐可以是磷酸钾或磷酸钠、偏磷酸钾（KPO_3）的混合物。最好是偏磷酸钾与四硼酸钠的混合物。

此润滑剂在 300℃ 时开始熔化（$KPO_3 + Na_2B_4O_7$），一方面软化点低，另一方面耐热性好，能保证在 1000℃ 左右形成良好的润滑薄膜，其稳定性是由于能引起制品表面的磷酸化，很强的黏附作用和碱酸化作用一起使产品有很好的耐腐蚀性能。

4.7.1.5 挤压不锈钢和钛管时的芯棒润滑剂

芯棒润滑剂是玻璃粉在挥发性介质中的悬浮液。介质溶点低于挤压温度，且与工具和坯料不起作用。最好的介质是水，因为水可与甲醇或丙醇或含甲醇、丙醇和其他醇类的混合物，或其他挥发性液体（如三氯乙烯）等易挥发性液体混合或被置换。如改进润滑剂的组织结构，可往其中加入少量的其他材料（如碎黏土、黄蓍树胶、水玻璃或黄蓍树胶和水玻璃的混合物）。

润滑剂在挤压温度下能部分熔化或全部熔化，但仍附于变形金属的表面，应在芯棒工作表面覆盖一层玻璃粉，这是因为挤压前介质会挥发。

悬浮液可以喷射到已预热的芯棒上，可喷几层，但要待前一层介质挥发后再喷第二层。也可以将芯棒浸入悬浮液中。

其配方有以下三种：

（1）玻璃粉（粒度用法国标准 AFNORX11 – 501 模由 19 的筛子过筛，即一个筛眼为 63μm）100 份（质量分数，下同）；黏土（碎）6 份，水（使之成悬浮液）。

（2）玻璃粉 100 份，碎黏土 2 份，黄蓍树胶 0.7 ~ 1.0 份，水同上。

（3）玻璃粉 100 份，水玻璃 2 份，黄蓍树胶 0.5 份，水同上。

挤压 18-8 不锈钢时，采用上述配方之一加普通玻璃粉制成；挤压纯钛管时，用上述配方之一加硼酸玻璃粉制成。

硼酸硅玻璃的成分：SiO_2 40%～60%，B_2O_3 15%～20%，Na_2O 20%～45%。

留在芯棒上的玻璃量：$0.05g/cm^2$。

4.7.2 俄罗斯挤压钢管和型材时推荐使用的玻璃润滑剂

俄罗斯挤压钢管和型材时推荐使用以下玻璃润滑剂，见表 4-17～表 4-19。

表 4-17 俄罗斯钢挤压时的玻璃润滑剂

成分（质量分数）/%	润滑剂 1	润滑剂 2	润滑剂 3	润滑剂 4	润滑剂 5
SiO_2	56	65	50	56	60
Al_2O_3	15	3	—	2	3
CaO	18	10	15	15	15
Na_2O	2	15	19	20	15
K_2O	—	—	5	3	1
B_2O_3	7	—	3	2	3
其他元素	2	7	18	2	4
温度/℃	玻璃润滑剂的黏度/Pa·s				
800	—	—	1813	2458	—
900	—	—	991	1356	2120
1000	5120	1120	162	189	415
1100	580	310	34.5	52	84
1200	140	62	4.5	16	26
效果					效果最好

表 4-18 适用于 900～1500℃或更高温度下挤压材料的玻璃润滑剂

润滑剂	化学成分（质量分数）/%								
	SiO_2	CaO	Na_2O	其他	Al_2O_3	B_2O_3	K_2O	MgO	PbO
1	68～65	4～6	9～12	1～3	2～4	2～5	1～12	3～5	—
2	71～73	5～7	9～13	0～1	1～2	1～3	1～3	1～3	1～3

注：前苏联发明证书：No.121647。

表 4 - 19　前苏联普罗佐洛夫推荐的挤压钢管和型材时玻璃润滑剂

成分（质量分数）/%	润滑剂代号					
	A1	A2	A5	A13	B21	B23
SiO_2	56	65	60	60	65	50
Al_2O_3	15	3	3	3	3	3
CaO	18	10	15	15	12	5
Na_2O	2	15	15	13	5	25
B_2O_3	7	—	3	5	5	12
Fe_2O_3			2	2	3	2
MgO			2	2	7	—
其他	2	7	K_2O 允许 2%，$K_2O + Na_2O_3$ 为 13%		—	

注：1. 润滑剂 A1 用于芯棒，能牢固黏着在芯棒上。

　　2. 润滑剂 A5 用于坯料表面。

　　3. 润滑剂 A13 用于挤压碳钢、不锈钢、耐热钢坯料，$\phi_坯 = 60 \sim 150mm$，$\phi_芯棒 < 25mm$，当坯料氧化时，加入 1% ~ 1.6% CaF_2，并减少 Na_2O。

　　4. 润滑剂 B21 用于 $\phi_坯 \geq 150mm$，用于挤压不锈钢、耐热钢，尤其是含镍高的钢制芯棒。

　　5. 当 $\phi \leq 60mm$ 时，$Na_2O < 25\%$。

4.7.3　美国的部分玻璃润滑剂

挤压钢和钛合金时润滑垫用玻璃润滑剂。

对于钢和钛的热挤压，采用不同成分的玻璃粉（表 4 - 20）和 1% ~ 90%（体积分数）的石墨或 MoS_2 或氮化硼的混合物润滑剂（石墨 90% 或 MoS_2 40% 或氮化硼 40%），用含 10% 或小于 10% 的固体润滑剂构成玻璃—固体润滑剂混合物，有较好的效果。这可使润滑剂增加黏性，在挤压时能保持住润滑薄膜。

表 4 - 20　玻璃粉的化学成分　　　　　　　（%）

玻璃粉序号	化学成分（质量分数）								
	SiO_2	Na_2O	CaO	Al_2O_3	MgO	B_2O_3	Fe_2O_3	SO_2	ZrO_2
1	71.45	15.85	8.2	0.53	3.3	—	—	—	—
2	33.6	16	7.45	1.65	4.75	35.5	0.08	1.6	
3	50	19.8	5.9	5.5	—	18.8	—	—	4.9
4	52.4	29.5		8		10			

在上述三种固体材料中，以石墨和玻璃的混合物效果最佳。

玻璃粉的粒度在 50 ~ 200 目（0.074 ~ 0.282mm），固体润滑剂越细越好，至少要有 50% 的质点粒度小于 200 目（0.074mm），且最好全部都能小于 325 目（0.043mm）。一般的选取方法如下：玻璃粒度小于 200 目（0.074mm），石墨质点粒度全部小于 325 目（0.043mm），氮化硼（为含 95% 以上的高纯度氮化硼）粒度要全部小于 325 目（0.043mm）。

下列三种可能的玻璃—固体润滑剂混合物：

（1）10% ~99% 玻璃粉 +90% ~1% 石墨，少量水玻璃作为黏结剂。

（2）65% ~95% 玻璃粉 +35% ~5% MoS_2，少量水玻璃作为黏结剂。

（3）60% ~90% 玻璃粉 +40% ~10% 氮化硼，少量的水玻璃作为黏结剂。

美国 Amerex（PMAC）挤压不锈钢管和型材公司使用的玻璃润滑剂情况见表 4 –21。

表 4 – 21　美国 PMAC 公司使用的玻璃润滑剂

润滑剂序号	玻璃牌号 ATP/PMAC	化学成分（质量分数）/%							软化点 /℃	熔点 /℃	工作温度范围 /℃
		SiO_2	Mn_2O	CaO	Al_2O_3	MgO	K_2O	B_2O_3			
1	ATP – 9E/BSO	52	1	22	14.5	—		9.6	843	954	1221 ~ 1260
2	ATP – SL – 4/GWG	72.5	13.7	9.8	0.4	3.3	—	—	704	816	1066 ~ 1177
3	ATP – 19/3KB	54.55	—	14.2	9.7	—	7	14.6	718	816	954 ~ 1066
4	ATP – 13/318	50.35	—	18.2	4.5	—	8.5	18.5	677	788	843 ~ 954
5	ATP327/	—	—	—	—	—	—	—			621 ~ 704

美国 Advanced Technical Products Supply Co. 推出的玻璃润滑剂及其使用场合见表 4 –22。

表 4 – 22　推荐玻璃润滑剂的配比和使用场合

适用设备	用途	300 系列不锈钢高温合金（HT）	400 系列不锈钢、低合金钢、碳素钢
穿孔机	外壁	75% GWG（14），25% 318（14）	75% GWG（14），25% 318（14）
	内壁	50% GWG（20/40），50% 3KB（20/40）	50% GWG（20/40），50% 3KB（20/40）
挤压机	外壁	100% BSO（20/40）	100% BSO（20/40）
	内壁	100% GWG（100）	100% GWG（100）
	玻璃垫	100% BSO（20/40）	400SS 100% GWG（20/40） 碳钢：50% GWG（20/40），50% 3KB（20/40）

注：1. 括号内为玻璃粉粒度，14 目相当于 1.168mm，20 目相当于 0.883mm，40 目相当于 0.420mm，100 目相当于 0.147mm；

　　2. 玻璃润滑剂的成分、性能见表 4 –21。

4.7.4 德国 Schloemann（施劳曼）公司注册的英国专利润滑剂

专利 1032271 介绍挤压重金属，特别是钢挤压时，防止挤压工具磨损和挤压坯料氧化的方法。

通常用作挤压润滑剂的玻璃，因为其成分要选用在坯料温度或挤压温度下呈黏稠状态，以便在挤压模具和挤压件上形成防止氧化的保护层。但是却很难形成一种光滑而完全均匀的玻璃层，而且在以后的挤压制品矫直和（或）酸洗工序中不容易完全清除，并且会使制品表面变得粗糙或留下划痕。

由均质的玻璃形成的熔融物类似玻璃，这种熔融物在冷却时由液态变成黏稠状态，冷却后形成均质的非结晶型物质。这种均质的非结晶型物质在挤压坯料的温度下，根据其组成多少呈黏稠状态，在挤压之后凝固黏附在挤压产品的表面（挤压钢管时凝结在产品的内外表面）上，再一次形成均质的大量结晶型玻璃层。这种玻璃层不用喷丸等敲击的方法是去除不掉的，其结果使产品的表面受到损伤。

在很多情况下，采用云母 $KAl_2[(OHF)_2/AlSi_3O_{10}]$ 这些材料不适合用于钢挤压，因为它们不能形成防止钢坯氧化层。使用下列物质时情况也是一样：

滑石：$Mg[(OH)_2Si_4O_{10}]$

硼砂：$Na_2B_4O_7 \cdot 10H_2O$（在878℃时液化）

长石：$NaAlSi_3O_8$ 或 $KAlSi_3O_8$

石棉（或石棉粉）：$Mg_6[(OH)_6(Si_4O_{11})] \cdot H_2O$

膨润土：$(Al_{1.67}Mg_{0.33})Na_{0.33}[(OH)_2Si_4O_{10}] \cdot 4H_2O$

在钢挤压时，使用石墨会有渗碳的危险。专利中所提出的方法可避免以上缺点。方法就是在坯料和挤压模具之间采用一种混合物粉末，这种混合物含有相当量的氧化物或被挤压金属氧化物（至少0.5%），还含有具有低于或等于挤压温度的熔点的可塑性变形的结晶物质。所有这些结晶物质只含有体心立方晶格结构的晶体，因此，在钢挤压时，在挤压模具和被挤压金属之间的这种混合物以一种致密的和容易脱落的润滑层被挤压出来，产品的表面完全变得光滑，无划痕。

这种混合物可以含有对氧的亲和力大于被挤压金属对氧的亲和力的其他金属氧化物，和（或）含有这样一种组分，其能有助于混合物在坯料温度和挤压力下进行塑性变形，但又不使之变成液态。这种组分由具有一定熔点的、且在挤压温度和挤压力下呈淡薄液态的体心立方晶格结晶粉末和（或）无结晶水且熔点不定的非结晶型粉末组成。

为了使挤压过程稳定地进行，应当特别选择在挤压中完全不含熔融成分的混合物。而且，这种混合物具有可塑性但非黏稠，在加热时能由固态直接变成液态。例如，无机化合物其特定熔点略低于挤压金属的温度。在挤压钢时，可采用熔点为878℃的四硼酸钠。

使用仅仅是结晶成分的混合物也非常有效。即其含有几种在挤压时呈液态的成分和其他几种在挤压时仍呈固态的成分，而整个混合物在坯料挤压温度和压力下仍可塑性变形。

另外，还可使用这样的混合物，其一种成分是结晶质的，在挤压中加热时变成液态，黏稠或黏着，但用结晶型金属氧化物代替纯金属氧化物。例如，挤压钢时，坯料加热温度约为1100℃时，可采用熔点为1140℃的$FeSiO_2$或熔点为1270℃的Fe_2SiO_4。

为了保护挤压模和承压板，采用含有相应结晶金属氧化物的结晶粉末混合物，其只要求极小的结晶塑性。为了保护挤压筒和芯棒，使用结晶质粉末混合物，其大部分在坯料温度下变成液态，以便与混合物中的非熔融加热结晶粉末粒子黏合而形成塑性的极柔软的组分。

一部分混合物在坯料温度下仍呈固态，特别是金属氧化物在整个挤压过程中仍保留其体心立方晶格结构；还有一部分，特别是金属氧化物在坯料温度下变成液态，冷却时呈体心立方晶格结构。在挤压结束后冷却时，挤压产品上的防氧化层带有结晶性质，因为其表面张力和中间分子的吸引力高，而且其对挤压制品的附着力弱，所以很容易从挤压产品上剥落下来。例如，挤压钢时，采用Fe_2O_3结晶粉末和$SiO_2 - Al_2O_3 - Na_2O - FeO$结晶粉末。

在钢挤压时，作为混合物的主要成分，采用熔点1100~1200℃的浮石粉。这种浮石粉的组分如下：55%~72% SiO_2，4%~5% Na_2O，12%~22% Al_2O_3，0.5%~3% Fe_2O_3，5%~6% K_2O。

作为混合物的其他成分，采用与被挤压金属同类型的结晶状金属氧化物，如在钢挤压时，采用Fe_2O_3，但是这两种成分的数量应按下列比例使用：最初的主要成分仅仅同一部分结晶质金属氧化物一起，在坯料加热的温度下，以及在随后挤压过程压力和热量之下形成化合物和（或）悬浮物。例如，在钢挤压时，FeO和SiO_2生成$FeSiO_3$，但是从物理和结晶学观点来看，在特定的玻璃状物质加热而形成均质熔融物之后，采用添加很多细的结晶粉末的方法使其失去玻璃状性质而变成结晶形状。这个过程就称为"失透"现象。例如，熔融的三氧化硅结晶而析出石英。这对于挤压筒和芯棒能起到保护作用。

钢挤压时，采用这种方法时应使用下列成分的混合物：2.5%~10% Fe_2O_3（结晶型粉末）；31%~33% Na_2O（非结晶型玻璃粉）；60%~65% B_2O_3（非结晶型玻璃粉）。呈结晶粉末的金属氧化物成分是多价金属氧化物，其在挤压温度和压力下离解，放出少量的氧。钢挤压时产生下列分离过程：

$$3Fe_2O_3 \longrightarrow 2Fe_3O_4 + O \uparrow$$

根据专利的方法，坯料上的保护层在冷却之后呈现很高的表面张力和界面张力，而且由于其具有很高的中间分子吸引力，所以对于挤压金属的附着力不强。冷却过程中保护层局部地集结成小球，而此时，金属氧化物结晶粉末，如 Fe_3O_4，以粉屑部分地残留在金属制品表面上。例如，使用由 97% 的硼硅酸钠和 2.5% 的 Si_2O_3 组成的混合物可以得到此效果。这种小球很容易剥落，而粉末屑，如果需要对挤压产品进一步加工时，可以擦掉。

在钢挤压时，使用含有相当数量氧化铁的混合物，在经济技术上和价格上都是有利的。此时，使用由约 50% 二氧化硅、约 32% 的氧化亚铁、约 8% 的 Fe_2O_3、约 4% 的氧化镁和约 4% 的水及 2% 的碱组成的矿物质特别有利。

使用由约 51% SiO_2，约 36% 氧化亚铁（在另一资料上为 Fe_2O_3），约 2% 氧化镁和 7% 的碱组成的蓝石棉矿物质也是有利的。

由于种种原因，根据专利的方法，有几种金属氧化物不能使用。即与坯料金属产生化学反应的金属氧化物，也即对氧的亲和力比被挤压金属小的金属氧化物不能使用。另外，在金属加工时，生产内部结晶腐蚀的（如氧化铅）和晶界腐蚀的不能使用。

同时，也不能使用在挤压产品冷却过程中，在比较短的接触时间内，使氧加速向被挤压金属中扩散的金属氧化物或其他物质。例如挤压钢时，不能使用镍、铜、钴及钼的氧化物。必须避免释放氧、氮或 SO_2 气体的物质存在。对于不能进行渗碳处理的材料，应避免混入石墨。

为使保护层平滑地通过挤压模，保护层不能太厚，因此，其粒度最好不要大于 0.3mm。

专利所用的混合物可以以粉末、糊状或做成圆饼状等形式而放入挤压机的工艺润滑点内。

5 特种材料的热挤压

随着现代工业和尖端技术的发展，人们越来越需要使用具有更高合金化程度和更高使用性能的铁基、镍基、钼基、钴基等高合金钢和合金，以及各种稀有金属和难熔合金等特殊材料的产品。而这类特种材料通常都具有热加工塑性低的特点。由于材料在热挤压过程中具有最佳的压力加工应力状态，因此热挤压成为加工各种低塑性难变形特殊材料产品的首选方法。

对低塑性难变形材料进行热挤压，首先要研究的是各种材料的特性，包括材料的组织结构特点、热力学特性以及塑性变形特点和冷却过程对材料性能的影响；并且根据挤压过程的工艺特点，选择试验方法，确定材料加工的最佳温度范围、材料允许的塑性变形程度，以及获得最佳产品质量的变形速度范围和合理的冷却制度；以便编制合理的热挤压工艺。

5.1 低塑性难变形材料的挤压条件

5.1.1 热加工最佳温度和变形程度的确定方法

确定材料热加工的最佳温度和变形程度的试验方法很多，如热顶锻试验、高温拉伸试验、热扭转试验，以及在试验挤压机上的锥形芯棒挤压试验等：

（1）热顶锻试验。在锻压试验机上，试样在不同的加热温度下，以不同的变形程度进行的落锤试验。顶锻后，试样侧面开始出现破裂时的变形程度即为在该温度下材料的最大极限变形程度。这是一种在纯压缩变形条件下材料的模拟试验方法。

（2）高温拉伸试验。在高温拉伸试验机上，条形试样在不同的加热温度下进行的热拉伸试验。需测定试样在拉伸过程中断面尺寸开始变小和试样拉断时的拉伸力，计算试样开始流动和拉断时的变形程度。得到的结果即材料在该温度下的强度极限 σ_b 和屈服极限 σ_s 以及伸长率 δ。这是一种在纯拉伸变形条件下，材料的塑性模拟试验方法。

（3）热扭转试验。在试验用热扭转试验机上，将条形试样加热到不同的试验温度，然后进行扭转试验。测得的每支试样扭断前和扭断时的转数和扭矩，即为在该温度下材料的扭转变形塑性指标。热扭转试验是一种试验室材料的纯剪切变形的模拟试验方法。

（4）锥形芯棒挤压试验。在小吨位试验用挤压机上，挤压芯棒加工成圆锥形。将加热到不同温度的空心坯料，按正常的挤压程序在挤压机上挤压成管材。沿中心线解剖管材，测量管材，确定从管子前端到开始破坏位置的长度，求出对应于开始破坏时的延伸系数，即为临界延伸系数。并检查管材内外表面的质量。计算出各段试样上的变形量，并查得相应的挤压力，即得到材料在不同挤压温度下的挤压力和挤压比。这是一种在挤压工况条件下材料塑性模拟试验的方法，其试验结果是材料在最佳塑性温度下允许的最合适的挤压加工变形制度。

芯棒尺寸的确定要使得在挤压时得到亚临界、临界和超临界的变形程度，其值是在用锥形芯棒的试验中来确定的。因为钢管试样的破坏只在临界和超临界变形程度的条件下才会发生。

5.1.2 热加工变形制度曲线的绘制

任何一种新材料在一定吨位的挤压机上，生产规格范围较广的产品时，根据最佳挤压温度和允许的最佳变形量，编制挤压工艺，对稳定挤压工艺过程、保证产品质量和产量十分有益。

在现有或新建的挤压机上，对于试制新材料的新产品和大量生产的老产品，通过试验研究和经验总结，绘制出以延伸系数和坯料的加热温度为坐标的材料可能的变形制度曲线，如图 5-1 所示。

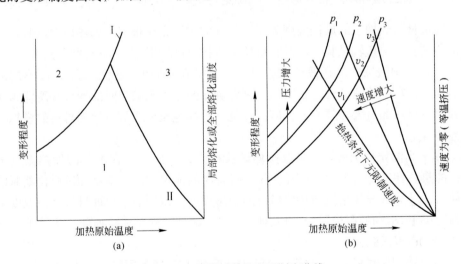

图 5-1 材料可能的变形制度曲线

（a）可能变形制度的主要限制曲线；（b）挤压速度和挤压力对限制曲线的影响

1—产品质量令人满意时的变形制度区域；2—超过允许压力的区域；3—晶界开始熔化区域；

Ⅰ—正常压力曲线；Ⅱ—绝热条件下开始熔化的温度曲线

在一定的加热温度条件下，变形程度增大将引起坯料金属流出压力增加，而金属流出压力受到挤压机能力或挤压工模具强度的限制。随着坯料加热温度的升高，允许的变形程度增大，因此，曲线 I（1 区域和 2 区域之间）是材料在一定的延伸系数和加热温度的条件下，材料的极限的允许挤压力。曲线 II（1 区域和 3 区域之间）是在绝热条件下，因热效应而使金属温度升高与部分晶界熔化的曲线。因此，1 区域为产品质量令人满意时的区域，2 区域是超过允许压力的区域，3 区域是晶界熔化区域。

如果提高挤压机的挤压能力或挤压工模具的允许应力，1 区域将会扩大，并且新的曲线将受到各种具体条件的限制（图 5-1（b），其中 $p_1 > p_2 > p_3$）。

在挤压变形过程中，部分热量用于熔化玻璃润滑剂、加热挤压工模具和散发到周围的空间；其余则留在变形金属内，用于提高坯料温度。在其他条件相同的情况下，留在变形金属内的热量与总热量的比值与挤压速度有关，其中可能有两种极端的情况：（1）当挤压速度非常低时，变形热完全散发到周围空间，即变形流动在等温条件下进行；（2）当挤压速度无限大时，全部变形热都留在金属内，并建立了绝热条件。实际上这两种极端条件是不存在的，因此实际情况是在这两种极限情况之间。

对现有的挤压机，绘制用于各种钢的变形制度曲线具有实用意义。尼科波尔南方钢管厂的专家 Г. И. Гуляев（Г. И. 古里亚耶夫）等通过研究，用计算法绘制了适用于该厂 3150t 液压挤压机挤压 1Cr18Ni10Ti 不锈钢管时的所有品种的变形制度曲线。除此之外，对挤压机的每一种尺寸的挤压筒也都绘制了相应的曲线。

在计算和绘制各种材料的变形制度曲线时，需根据具体情况采用不同的限制条件。尼科波尔南方钢管厂采用的限制因素为：（1）挤压机的名义挤压力或挤压杆上的应力不大于 1100MPa；（2）挤压材料的晶粒开始熔化温度为 1325℃；（3）挤压材料在变形过程中和变形终了的温度较高，使奥氏体晶粒长大。由于材料在加热和冷却过程中没有发生相变，在冷却时材料的晶粒度不变，因此，对于其用于再加工（冷加工）的商品管坯料的加热温度为 1220℃。

为了判断在绘制变形制度曲线时采用的假设是否正确，尼科波尔南方钢管厂用 1Cr18Ni10Ti 不锈钢坯料进行了一系列的挤压试验，包括设定准确的加热温度和挤压力，以及坯料的加热温度和延伸系数在比较宽的范围内变化等。将试验结果与计算数据进行比较，制定保证商品管和再加工管质量的变形制度曲线。

3150t 挤压机 ϕ190mm 挤压筒在不同挤压力的条件下，挤压 1Cr18Ni10Ti 不锈钢管时可能的变形制度曲线如图 5-2 所示。

5.1.3 α 相含量对奥氏体不锈钢挤压制品质量的影响

在奥氏体不锈钢中，奥氏体是碳溶解于 γ 铁中形成的固溶体，因此冶炼后

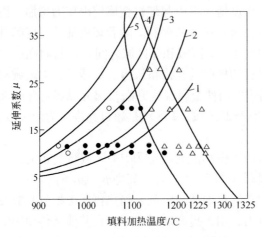

图 5 – 2　3150t 挤压机 φ190mm 挤压筒挤压
1Cr18Ni10Ti 不锈钢管时可能的变形制度曲线

1—600 MPa；2—650 MPa；3—750 MPa；

4—800 MPa；5—900 MPa

●—与计算值相符；○—与计算值不符；

△—力学性能在允许范围内

会在奥氏体组织中出现一定含量的铁素体组织，形成 α 相。在高温状态下，奥氏体钢中的 α 相可降低金属塑性，但允许挤压坯料含有一定的 α 相。有资料认为，在挤压任何形状的型材时，坯料中允许有 4% （体积分数）的 α 相存在；而挤压简单形状的型材时，允许有 10% （体积分数）的 α 相存在。

美国 Amerex 挤压厂在生产不锈钢管和型材时，要求 304/304L 和 316/316L 坯料中 α 相不多于 5.0% ，347/347H 坯料中 α 相不多于 3.0% 。

为了研究坯料中 α 相含量对挤压钢管质量的影响，选用 α 相含量分别为 1 级、2 级、3 级、3.5 级的 4 炉 1Cr18Ni10Ti 不锈钢，在实验温度为 1200℃ 的条件下进行工艺性能、热拉伸和热扭转性能试验，并对试验结果进行分析比较。分析结果表明，提高 α 相含量可使扭转破坏试样的数量降低 19% ，但 α 相含量对其余试验的塑性指标几乎没有影响。

为了进一步在工业条件下验证试验结果，采用挤压锥形管方法，即使用模子直径不变，挤压芯棒为锥形芯棒，挤压坯料预钻有锥形孔。该方法能够在一次试验中使挤压的延伸系数达到 6～32。挤压后检查锥形管的内外表面，没有发现较大的差别；不大的缺陷都类同，没有任何的规律，仅发现锥形管的内表面光洁度随着延伸系数的增大有明显改善的趋势，而延伸系数的变化对锥形管内表面的质量没有影响。试验结果仅说明，锥形孔空心坯表面光洁度和玻璃润滑剂的工作条件对钢管质量的影响要比 α 相含量的大。

对不同级别 α 相含量的 4 炉 1Cr18Ni10Ti 坯料挤压后的钢管表面进行检查，其结果表明，在 3150t 挤压机上挤压，α 相含量最高的坯料（为 3.5 级），有 12% 的挤压钢管在内表面上有轻微缺陷。沿长度方向在轻微缺陷处取金相显微试样，并进行试验。其试验结果表明，仅在锥形管内表面开始部分有粗糙的 α 相集聚，钢管表面没有显微撕裂缺陷，α 相呈拉伸细纤维状。而个别钢管内表面上记录有高的 α 相含量，并伴有轻微的细裂纹，但裂纹具有区域性特点，并没有选择性地发生在 α 相区或相界。这说明有其他的工艺因素对裂纹起作用。

由上述分析可以看出，奥氏体不锈钢坯料中 α 相含量对产品质量的影响并不敏感。在挤压过程中，α 相并不是导致缺陷产生的直接原因。但在一些不利工艺因素的影响下，α 相能够促使缺陷的形成。α 相含量高的 1Cr18Ni10Ti 坯料挤压后的钢管显微组织如图 5-3 所示。

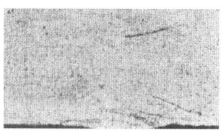

图 5-3　α 相含量高的 1Cr18Ni10Ti 坯料挤压后的钢管显微组织

同时，在不同的温度变形条件下，采用 α 相为 3 级（体积分数为 4%）的 1Cr18Ni10Ti 不锈钢坯料进行钢管挤压验证试验也进一步证明，α 相含量对挤压钢管的表面质量没有影响，若再进一步的提高坯料中 α 相的含量，将会引起挤压钢管内表面出现少量轻微缺陷。

5.2　低塑性难变形材料热挤压时的保护措施

高合金钢、镍基耐热合金、铸态钼合金、烧结钼锆合金和难熔金属等都属于低塑性难变形材料，在大多数情况下，甚至在采用挤压工艺加工时，也显得可塑性不足。在挤压这类材料时，金属的连续性容易遭到破坏。由于引起金属层不均匀的流动而产生的拉伸应力，同时金属与模具接触层的温度比较低，挤压模与挤压芯棒的间隙分布相对于空心坯壁厚的不对称，导致金属流动不对称。金属流动最不均匀的位置是挤压管的内外表面，因此，在挤压管内表面产生缺陷的可能性最大，而外表面则有材料连续性被破坏的危险。

5.2.1　提高材料可塑性

材料的可塑性降低，导致挤压钢管表面产生缺陷的可能性增加。坯料表面的接触摩擦不均匀，引起钢管圆周金属流动的不均匀。为了防止挤压制品产生缺陷，均匀地涂敷玻璃润滑剂显得十分重要。除此之外，对于低塑性难变形材料的挤压，还可以采取以下工艺措施来提高材料的可塑性，防止挤压材料连续性的破坏：

（1）包塑性包套。在坯料的内表面上包一层塑性金属，从而在挤压变形时，在塑性包套内承受着最大的拉应力。当被挤压金属的可塑性比较低时，塑性包套包在外表面。包塑性包套有几种方法：1）套管与坯料用简单的机械结合，这种方法最简单；2）电解涂层；3）离心铸造等。在挤压镍合金管（如Ni36CrTiAlMo 合金管）时，采用第一种方法包塑性包套，挤压出的镍合金管的内表面质量如图 5-4 所示。

在挤压镍合金时，用 1Cr18Ni10Ti 不锈钢制作坯料内表面的塑性保护套。保护套的厚度与延伸系数有关，挤压后塑性层壁厚为0.8~1.0mm。在挤压 Ni38CrTiAlMo5 合金管时，采用 3.5mm 的碳钢内套，用电焊将碳钢管焊接在坯料上。

（2）采用带锥度的挤压芯棒。在挤压高强度合金时，由于高强度合金的最大变形力很大，为了减小变形力，采用端部带锥度的挤压芯棒。

（3）坯料前端焊接碳钢垫片。挤压高强度镍合金管时，将碳钢制成 50mm 厚的垫片，并将其焊接在坯料前端。这样可以降低开始挤压时最大压力的峰值，挤压完成后碳钢垫片会形成挤压管的前端。

(a)   (b)

图 5-4 挤压镍合金管的
内表面质量示意图
(a) 包塑性包套；(b) 未包塑性包套

（4）坯料后端焊接塑性垫片。为了充分利用贵金属，并使挤压后挤压管与压余容易分离，在个别情况下可将塑性垫片焊接在坯料的后端，垫片的厚度应该是使其完全成为压余的厚度。

（5）用反挤压法提高材料的塑性。在变形条件下，当变形区内建立起推力时，工作液体的静压力可以增高到金属材料屈服极限的 5~6 倍，因而甚至可成功挤压易碎的材料，如粉末冶金的坯料、灰口铁等。

（6）建立"反压力"。在实际工业生产中，用低塑性合金挤压管子时，采用将挤压模的圆柱带从 10mm 增加到 15~25mm 或者以小角度代替圆锥部分，即采用模子的入口角为 5°~15°，使其建立"反压力"，可成功地用镍合金坯料挤压出镍管而没有破坏。此时，工作液体的静压力仅提高到 $(1.5~1.8)\sigma_b$。

（7）降低坯料加热温度。当挤压管有一层易碎材料的双金属管或双层管时，为了提高变形区内工作液体的静压力，可采用降低坯料加热温度的方法。在这种情况下，易碎层的可塑性显著提高，防止了裂纹的产生。

（8）采用带圆锥孔型的模具。俄罗斯巴尔金中央黑色冶金科学研究院在挤压不锈钢、镍基高温合金和难熔金属时，采用带圆锥孔型的模子进行试验，其最小的挤压力是发生在采用的挤压模喇叭口入口角度 $2\alpha_M = 90°~120°$ 的情况下，挤压模的进口喇叭口入口角在 $90° \sim 120°$ 间上下波动，都会使挤压力平均增加 $10\% \sim 15\%$。

（9）采用钼合金"可拆换环"的组合结构挤压模。组合模由模盒、模环、弹簧组成，为了提高挤压过程的稳定性，模环可采用钼合金（MTZ）制作。挤压操作时，可由 $10 \sim 16$ 个钼合金环组成的挤压模轮流作业，由于模盒与模环借助于弹簧固定，可以方便地装卸。

5.2.2 特殊结构组合挤压模的使用

为了确保玻璃润滑剂的连续供给，保护挤压模工作部分免受过热和磨损，俄罗斯巴尔金中央黑色冶金科学研究院专门针对镍基高温合金和难熔金属的挤压设计了具有特殊结构的组合挤压模，其结构如图 5 - 5 所示。

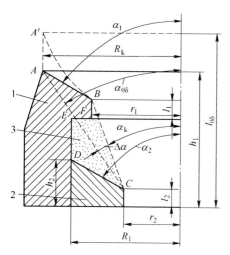

图 5 - 5 有润滑材料结构的模子示意图
1—模套；2—特殊材料挤压模；
3—特殊形状润滑垫

该挤压模由金属模套 1、特殊材料挤压模 2 和特殊形状润滑垫 3 组成。润滑垫 3 既是模子组成形状的一部分，也可作为变形金属的润滑源。收缩锥的 AB 外环高度为 h_1，角度为 α_1，定径孔直径为 $2r_1$；内环高度为 h_2，锥角为 α_2，定径孔直径 $2r_2 < 2r_1$。在该模子中，变形区的侧面形状的长度包括 AB 和 BC 两部分，形成带有由玻璃润滑材料构成的入口锥的双锥形孔型。模子平面 BCDEF 被玻璃润滑剂填满，玻璃润滑剂形成了第二个压缩锥 BC，其角度为 α_k 为：

$$\tan\alpha_k = \frac{r_1 - r_2}{h_1 - h_2 + (R_1 - R_2)\left[\tan(90 - \alpha_2)\right](R_k - r_1)/\tan\alpha_1} \quad (5-1)$$

式（5 - 1）包含了设计挤压模孔型时的全部要素尺寸。

改变第一和第二个圆锥之间的延伸系数的比值、角度 α_1 和 α_2 以及内部嵌入物的轮廓尺寸，可以得到不同定径带的配合，且同时并不超过模子的基本尺寸（高度 h_1）。在 $r_1 = R_k$ 时，可得到由母线 AC 和角度 $\alpha_{0\delta}$ 所成的圆锥模子定径带；在 $r_1 = r_2$ 时，在模子中产生凸缘长度为 BC 的圆锥或平面（$\alpha_1 = 90°$）定径带。因此，模子润滑锥的角度 α_k 可以在 $\alpha_{0\delta} \sim 0°$ 范围变化。

将粉末状玻璃润滑剂，附加黏结剂（水玻璃、纸浆废液等）的混合物装入组合模干燥后使用。

挤压前，在挤压模上部的圆锥上放置玻璃润滑垫。挤压过程中玻璃的剩余物充满空间 3。在挤压负荷的作用下，玻璃润滑剂被挤压成模子不可分离的一部分。模子中位于直接邻近定径区的玻璃润滑剂可形成连续的玻璃膜，保证金属在流体动摩擦条件下完成变形。而玻璃润滑剂的隔热性能可降低模子凸缘部分金属的受热程度，从而提高挤压模的使用寿命。新型结构组合模的应用实践表明，单从模子的使用寿命来考虑，新型结构组合模的使用寿命是圆锥模的数倍。

挤压含硼的不锈钢产品时发现，产品纵向和横向上的力学性能存在较大的各向异性，这是由于附加相的纵向变形显著或不溶性非金属化合物在纵向呈条状所致。

为了避免挤压产品出现性能的各向异性，挤压时强迫产品在成形过程中进行旋转，造成挤压产品性能各向异性的相组织条纹线呈螺旋形布置。在模子锥形部分刻成螺旋形的凹线，而在模子的圆柱带无这种凹槽。挤压时，产品依靠这种专门的模子旋转，完成附加相的螺旋形分布，挤压出的钢管仍具有光滑外表面。在采用带凹线入口锥形模挤压，含硼产品力学性能的各向异性明显下降。

5.3 高镍合金材料的热挤压

5.3.1 高镍合金材料的特性

部分高镍合金材料的化学成分与强化相见表 5 – 1。

表 5 – 1　部分高镍合金材料的化学成分与强化相

高 镍 材 料	化学成分（质量分数）/%		强化相名称	强化相数量（质量分数）/%
	Cr + Mo + W	Ti + Al + Nb		
CrNi60MoWTiAl	33	3.8	$Ni_3(Ti, Al)$	14
CrNi55WMoTiCoAl	21	5.8	$Ni_3(Ti, Al)$	37
CrNi60CoMoWAlNb	24	6.0	$Ni_3(Ti, Nb)$	36
CrNi56WMoCoAl	24	5.5	Ni_3Al	49
CrNi51WMoTiAlCoVB	21	7.0	$Ni_3(Ti, Al)$	45

CrNi60MoWTiAl 合金用于在 750 ~ 900℃ 短时工作的焊接接头，其特点是金属间相含量较少（约为 14%），主要以总含量平均达 33% 的铬、钼和钨的固溶体合金化方法来进行强化。

CrNi55WMoTiCoAl 合金是以热处理时析出 36% ~ 38% 的金属间 γ′ 相来强化。

CrNi60CoMoWAlNb 合金可在温度为 850℃ 时工作。

CrNi56WMoCoAl 和 CrNi51WMoTiAlCoVB 合金的合金元素和强化相实际上是相同的，但析出的金属间相按其合金的化学成分不同而有些差异。

CrNi56WMoCoAl 合金不含钛，以 Ni_3Al 金属间相强化；从高温冷却时，强化相从固溶体中高速析出，这对热压力加工工艺有着重要影响。

CrNi51WMoTiAlCoVB 是高强度合金，含有 45% 的 Ni_3（Ti，Al）型强化相，可在 900～950℃工作。

5.3.2　润滑剂对高镍合金表面质量的影响

镍基耐热合金一般对涂覆和制垫的玻璃润滑剂的性能表现出高度的敏感性。当玻璃润滑剂的黏度不足时，润滑剂从变形区被挤出，变形金属直接接触工模具表面，摩擦条件恶化，金属的表层受到阻滞，温度丧失；在拉应力作用下，金属表面的连续性遭到破坏。而当玻璃润滑剂的黏度过高时，润滑剂来不及软熔而成为磨料，非但起不到润滑的作用，反而磨损制品表面。

润滑剂黏度对 CrNi51WMoTiAlCoVB 耐热合金挤压棒材表面质量的影响如图 5-6 所示。

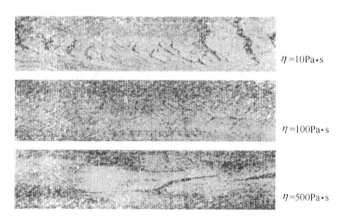

$\eta = 10Pa \cdot s$

$\eta = 100Pa \cdot s$

$\eta = 500Pa \cdot s$

图 5-6　润滑剂的黏度对 CrNi51WMoTiAlCoVB 耐热合金挤压棒材表面质量的影响

实践证明，挤压镍基合金材料时，若玻璃润滑剂用于涂覆，其黏度不小于 $1000Pa \cdot s$ 较好；若制玻璃垫用，其黏度不小于 $300Pa \cdot s$ 较好。

推荐的玻璃润滑剂成分和制造穿孔机和挤压机工模具的材料分别参见表 4-14 和表 7-13。

5.3.3　高镍合金的挤压温度—速度关系曲线

对低塑性材料变形时的动力学条件和热力学条件的研究是制定合理的高镍合金材料热挤压制度的基础。

在加热温度为 T_H，金属从模孔中流出的速度 $v_{nc} = \lambda v_{np}$ 时，部分高镍合金的挤压温度—速度关系曲线如图 5 – 7 所示。

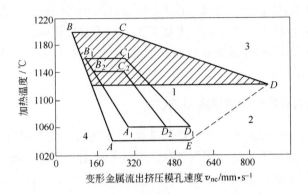

图 5 – 7　部分高镍合金的挤压温度—速度关系曲线

1—CrNi60MoWTiAl 和 CrNi60CoMoWAlNb 合金无破坏挤压区域；2—$v_{nc} < v_{max}$ 区域（v_{max} 为最大挤压速度）；

3—因金属过热而破坏的区域；4—因金属塑性不足而破坏的区域

图 5 – 7 中，*ABCDE* 包围所定的区域 1 为 CrNi60MoWTiAl 和 CrNi60CoMoWAlNb 合金无破坏挤压区域，$A_1B_1C_1D_1$ 和 $A_1B_2C_2D_2$ 分别为 CrNi56WMoCoAl、CrNi55WMoTiCoAl 和 CrNi51WMoTiAlCoVB 合金无破坏挤压条件的区域。

高镍耐热合金的塑性越好，其变形温度—速度的范围越宽。随着加热温度的升高，金属从模孔中流出的速度 v_{nc} 应相应降低。图 5 – 7 中的区域 2、3 和 4 处于限定的区域范围之外；位于虚线 *DE* 以外的区域 2 可以看成是区域 1 的延伸，因为其包括在合金 CrNi60MoWTiAl 和 CrNi60CoMoWAlNb 无破坏挤压的温度—速度条件之内。但是，由于挤压机在金属的变形抗力极大的条件下不能发挥出高速挤压，所以合金动力学特性很难实现在此区域内的变形。

CrNi56WMoCoAl 和 CrNi51WMoTiAlCoVB 合金的挤压温度—速度范围缩小，原因是其合金化的特殊性，即影响金属塑性的强化相的析出数量和析出速度。

应该指出的是，含镍耐热合金挤压温度—速度条件是在入口锥角 $2\alpha_M = 120°$ 的锥形模挤压时得到的。在采用组合模的情况下，金属的加热温度可提高 20 ~ 40℃，而挤压速度则增加 30% ~ 40%。

根据所得到的挤压温度—速度极限条件，可将合金分为三大类：

（1）较高塑性的镍合金耐热材料，如 CrNi60MoWTiAl 和 CrNi60CoMoWAlNb 合金，其挤压允许温度 [T_H] = 1040 ~ 1180℃，挤压允许的金属流出速度 [v_{nc}] = 80 ~ 860mm/s，，延伸系数 μ_{max} = 15 ~ 16。

（2）中等塑性的镍合金耐热材料，如 CrNi55WMoTiCoAl 合金。其挤压允许温度 $[T_H] = 1060 \sim 1160℃$，挤压允许的金属流出速度 $[v_{nc}] = 120 \sim 55mm/s,$，延伸系数 $\mu_{max} = 7 \sim 9$。

（3）低塑性镍合金耐热材料，如 CrNi56WMoCoAl 和 CrNi51WMoTiAlCoVB 合金。其挤压允许温度 $[T_H] = 1060 \sim 1140℃$，挤压允许的金属流出速度 $[v_{nc}] = 150 \sim 440mm/s$，延伸系数 $\mu_{max} = 7 \sim 9$。

对于已经由耐热合金的无破坏变形条件确定的挤压温度—速度区域，还有必要从保证挤压金属组织和性能方面做出更明确的规定和限制。

5.3.4 加热温度对高镍合金性能的影响

根据上述情况，对挤压产品的显微组织进行观察后发现，将坯料加热到 $1040 \sim 1140℃$，挤压后的棒材在按照各种合金所采用的制度经过热处理后，棒材仍有残余的铸态组织，即存在于从棒材表面到中心区的柱状结晶的方向性和枝晶偏析。当铸坯加热到 $1160 \sim 1200℃$ 时，枝晶的不均匀性消除，在后续变形中可得到均匀的细晶组织；加热温度为 $1160℃$，延伸系数为 $4 \sim 9$ 时，挤压出的 CrNi60MoWTiAl 合金棒材的晶粒度为 $5 \sim 6$ 级。由于 CrNi60MoWTiAl 合金主要用于焊接制品，因此要求其原始组织是细晶组织；当该合金及其他合金以延伸系数不大于 9 挤压时，坯料的加热温度必须限制在 $1160℃$。

CrNi60MoWTiAl 镍基耐热合金挤压棒材经热处理后的显微组织如图 5-8 所示。铸坯的加热温度越低，枝晶组织出现的程度越大，在挤压时会形成粗带状组织。随着加热温度降低至 $1120℃$。

挤压后组织中的偏析量增加；而在 $1040℃$ 和 $1080℃$ 挤压时，纵向试片的带状占有很大面积（图 5-8（a）～图 5-8（c）），碳化物偏析区的存在引起晶粒度不均匀（图 5-8（d）～图 5-8（f）），显然为经热处理后的组织。

加热温度越高，挤压时金属的变形程度对晶粒大小的影响就越小，CrNi60MoWTiAl 合金在挤压温度为 $1120℃$，延伸系数分别为 4、6 和 9 的挤压条件下，挤压出的金属的晶粒度相同，但组织中偏析带的数量和尺寸有本质不同（图 5-8（g）～图 5-8（i））。

热处理温度低于 $1150℃$ 时（如 CrNi60MoWTiAl 合金在 $1130℃$ 淬火），不能充分地消除组织中的偏析带（图 5-8（d）～图 5-8（f））；在低温（$1040 \sim 1080℃$ 淬火）或延伸系数不大（$\mu < 3$）的情况下对金属进行挤压，将得到不均匀组织，导致挤压产品的力学性能不稳定。

CrNi55WMoTiCoAl 和 CrNi51WMoTiAlCoVB 合金的挤压棒材性能测试结果见表 5-2。

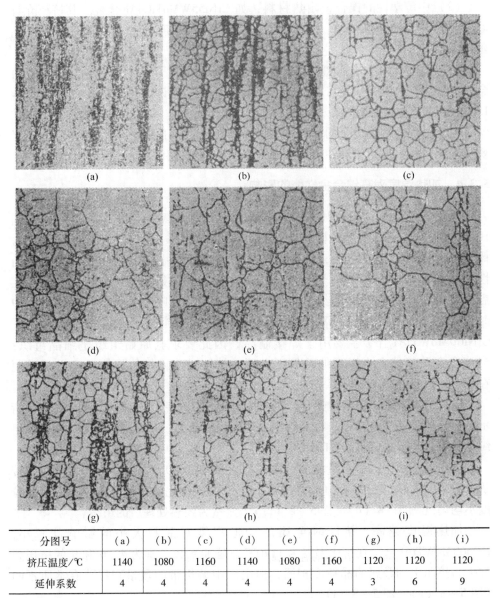

分图号	(a)	(b)	(c)	(d)	(e)	(f)	(g)	(h)	(i)
挤压温度/℃	1140	1080	1160	1140	1080	1160	1120	1120	1120
延伸系数	4	4	4	4	4	4	3	6	9

图 5 - 8 CrNi60MoWTiAl 镍基耐热合金挤压棒材经热处理后的显微组织 （×100）

表 5 - 2 **CrNi55WMoTiCoAl 和 CrNi51WMoTiAlCoVB 合金的挤压棒材性能测试结果**

合　金	试验温度/℃	短时拉伸试验			至破坏的时间/s
		σ_b/Pa	δ/%	ψ/%	
CrNi55WMoTiCoAl	1180	660 ± 25	24 ± 1.8	26 ± 1.5	73 ± 18

续表 5 - 2

合　金	试验温度/℃	短时拉伸试验			至破坏的时间/s
		σ_b/Pa	δ/%	ψ/%	
CrNi55WMoTiCoAl	1120	670 ± 25	26 ± 1.5	32 ± 1.0	85 ± 17
	1160	670 ± 25	27 ± 1.8	30 ± 1.5	96 ± 15
	标准要求值	580	8	12	40
CrNi51WMoTiAlCoVB	1060	580 ± 45	7.0 ± 1.02	9 ± 1.5	109 ± 20
	1090	620 ± 35	7.5 ± 0.5	10 ± 1.0	117 ± 12
	1140	540 ± 25	7.5 ± 0.5	9 ± 0.5	121 ± 12
	标准要求值	800	6	9	50

由表 5 - 2 可知，CrNi55WMoTiCoAl 和 CrNi51WMoTiAlCoVB 合金的挤压棒材的性能基本满足标准要求，但在温度为 1060℃ 时，CrNi51WMoTiAlCoVB 合金的部分挤压试样的塑性指标未能满足标准要求。

必须指出的是，在较低温度（1060 ~ 1080℃）下挤压出的棒材比在 1120 ~ 1160℃ 挤压的棒材具有更低的抗持久负荷的能力，其试验结果也更分散。这就是以上所指出的组织不完善的结果。

因此，在一定温度范围内，耐热合金挤压时不会发生破坏，其挤压制品的力学性能高、组织均匀，而这个适合的温度范围比无破坏条件确定的温度范围小很多。金属在挤压温度—速度关系曲线区域内挤压（图 5 - 7 中斜线包围区域），既能保证金属的无破坏变形，又能得到较高力学性能的挤压制品。

但图 5 - 7 仅适合铸态金属的挤压。当初次挤压后的铸坯经再次挤压时，铸坯的铸态组织变为变形组织，使得坯料具有较高的塑性，此时合金合适的挤压温度—速度变形范围将会明显扩大。

5.4 钼及其合金材料的热挤压

5.4.1 钼及其合金材料的热挤压特点

钼合金具有足够高的塑性水平，在较大的变形温度范围内能够顺利地进行热挤压。

以 0.07% ~ 0.30% Ti 和 0.07% ~ 0.15% Zr 合金化的铸态钼合金 ZrMo - 2A，以及烧结合金 ZrSiCuMo，在温度为 900 ~ 1600℃、延伸系数为 7.1 ~ 16.0 的条件下，都能够顺利变形。由于在此温度范围内，挤压速度不会成为挤压钼合金的限制因素，因此挤压速度一般取最大值，用以减少金属与工具的接触时间。在选择钼合金的温度—速度变形制度时，挤压过程的力学性能参数和挤压模的使用寿命是其限制因素。最终选择的钼合金的挤压温度和变形程度，还要根据挤压产品所必须得到的组织和性能来确定。同时，挤压钼合金的后续加工方式也起着重要的作用。

对钼合金进行挤压时，高的加工温度和工具上承受的高的单位负荷，对润滑剂的选择提出很高的要求。为了在不同的加工温度下挤压钼合金，对能保证挤压模寿命和得到足够高的挤压制品表面质量的润滑剂成分进行了一系列的研究。

采用入口锥角 $2\alpha_M = 90° \sim 120°$ 的锥形孔型的模子对钼合金进行挤压时，其挤压力最小。因此，具有锥形孔的挤压模在钼合金的挤压中得到了普遍应用。

5.4.2　挤压后钼合金的金相组织及力学性能

5.4.2.1　金相组织

在温度为 1000 ~ 1600℃、延伸系数为 3.16 ~ 10 的条件下，挤压铸态 ZrMo - 2A 合金，挤压后合金的显微组织有明显的粗晶，其横向截面上的晶粒尺寸达到 2mm 以上。除此之外，在挤压过程中，晶粒在变形方向上明显地伸长，形成纤维状组织。

A　挤压模入口锥角的影响

由于变形时金属流动的不均匀性，导致挤压棒材截面上的晶粒度不同，且最大的变形发生在金属坯料的边缘层。这一规律在所有的变形制度条件下都是存在的。随着变形程度的增加，棒材边缘层和中心层的晶粒尺寸差异缩小。在很大程度上，变形的不均匀性受到挤压模入口锥角的影响。

挤压模入口锥角对挤压棒材组织的影响如图 5 - 9 所示。从图 5 - 9 可以看

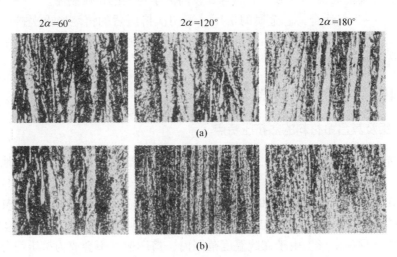

图 5 - 9　挤压模入口锥角对挤压棒材组织的影响

(a) 边缘层；(b) 中心层

出，金属坯料中心层所有截面上的变形组织大致相同。

随着挤压模入口锥角的增大，由于挤压棒材截面上附加剪切变形最大值按线性关系由中心向边缘增加，变形较大的金属坯料边缘层出现了较多的小尺寸晶粒。在挤压模入口锥角 $2\alpha_M = 150°$ 的条件下，棒材边缘层有明显拉长晶粒的边界出现了细小的再结晶晶粒；入口锥角 $2\alpha_M = 180°$ 时，再结晶晶粒的数量增加。这与附加变形功引起坯料边缘层温度升高有关。

根据剪切变形分布规律，沿挤压棒材的横截面上，硬化程度也发生变化（当材料的再结晶过程没有进行时）。ZrMo - 2A 合金挤压棒材的硬度分布表明，棒材中心硬度最小，边缘最大。挤压金属实际的硬度分布与通过从中心到边缘的直线相近似，直线的倾角随延伸系数的增加而减小。

B 变形程度和挤压速度的影响

变形程度和挤压速度对挤压钼合金组织的影响，可以用烧结态钼合金 ZrSiCuMo 挤压后的金相观察结果来说明。烧结态钼合金 ZrSiCuMo 挤压后的显微组织如图 5 - 10 所示。

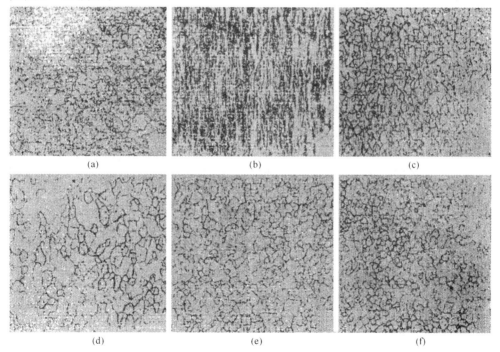

图 5 - 10 烧结态钼合金 ZrSiCuMo 挤压后的显微组织

(a) 原始状态；(b) 挤压温度为 1000℃，延伸系数为 5.2 时；

(c) 挤压温度为 1300℃，延伸系数为 5.2 时；

(d) 挤压温度为 1600℃，延伸系数为 3.16 时；(e) 挤压温度为 1600℃，延伸系数为 7.1 时；

(f) 挤压温度为 1600℃，延伸系数为 16 时

从图 5 - 10 可以看出，在挤压温度为 1600℃时，延伸系数从 3.16 增加到 16，对晶粒尺寸的影响不大（图 5 - 10（d）~（f））；无论在横截面上还是在纵截面上，晶粒都是球状，不存在流动方向上的拉长。这说明在 1600℃的挤压变形过程中，合金来得及充分地完成再结晶过程。在挤压温度为 1300℃，延伸系数为 5.2 时，合金也来得及充分完成再结晶过程（图 5 - 10（c））。当挤压温度降低至 1100℃时，挤压棒材中心的再结晶过程才完全没有出现，有明显的纤维状组织（图 5 - 10（b））。

ZrMo - 2A 合金挤压棒材的金相试样观察结果表明，合金中的铸状组织在挤压温度为 1300 ~ 1600℃、延伸系数不小于 4 的条件下，被完全破碎；在挤压温度为 1450 ~ 1600℃时，存在再结晶过程，但来不及充分完成。因此，合金变形后具有局部的再结晶组织。

5.4.2.2 力学性能

合金的强度和塑性与加热温度和变形程度的关系见表 5 - 3。由表 5 - 3 可知，在挤压温度范围内，变形合金 ZrMo - 2A 的强度极限增加到 1.5 ~ 2.0 倍。在挤压温度为 1450 ~ 1600℃时，由于合金进行了局部再结晶，挤压棒材的强度指标最低。在挤压温度为 1150 ~ 1300℃时，合金在被明显强化（$\sigma_b = 100MPa$）的同时，还具有足够的塑性（$\delta = 15\%$）。挤压温度低于再结晶温度时，合金变形程度的增加主要表现在塑性指标的变化上。而烧结合金 ZrSiCuMo 虽然在挤压时充分地进行了再结晶，但在变形程度增加时，合金的强度也会迅速增加。该情况在挤压温度降低时也会出现。

表 5 - 3 钼合金 ZrMo - 2A 和 ZrSiCuMo 挤压后的力学性能

合 金	挤压条件		力学性能			
	加热温度/℃	延伸系数	σ_b/MPa	σ_T/MPa	δ/%	ψ/%
ZrMo - 2A	1600	10.2	701/379	680/—	6.7/7.6	57.0/47.4
	1450	10.2	735/316	710/300	13.8/10.8	29.0/61.9
	1300	3.16	710/325	—	7.2/4.4	33.9/80.4
		4.0	732/338	—	4.5/3.6	14.9/44.5
		5.2	744/345	—	9.9/7.1	42.0/70.0
		7.1	741/295	—	13.7/5.4	22.2/63.9
		10.2	778/356	—	10.7/5.5	30.8/74.4
		16.0	787/336	—	10.0/4.5	44.4/78.8
	1150	10.2	834/363	820/350	12.4/6.4	27.6/68.4
	1000	10.2	913/379	—	4.6/11.1	3.4/39.8

合 金	挤 压 条 件		力 学 性 能			
	加热温度/℃	延伸系数	σ_b/MPa	σ_T/MPa	δ/%	ψ/%
ZrSiCuMo	1600	5.2	317/218	274/208	0.4/32.9	0.8/89.5
		16.0	537/197	509/197	1.2/24.5	0.4/69.0
	1200	5.2	410/186	378/186	1.7/28.4	0.8/91.5
	1000	5.2	704/360	665/350	0.6/13.3	0/85.6

5.5 高速工具钢的热挤压

高速工具钢是高合金刃具钢中的重要钢种，与低合金刃具钢相比，高速工具钢具有淬透性好、红硬性高的显著特点。一般截面尺寸不大的甚至空冷也能淬透，并且在切削温度达 600℃ 时，硬度仍无明显下降。

高速工具钢含有大量的强碳化物形成元素，如 Cr、W、Mo、V 元素等。其铸态组织中含有大量共晶莱氏体，属于莱氏体钢；莱氏体组织中的共晶碳化物呈粗大的鱼骨状，难以用热处理消除，只能是用反复锻造的方法将粗大的碳化物打碎并使其均匀地分布在基体上。

高速工具钢锻轧后应立即进行球化退火处理，以消除附加应力，降低硬度，改善切削加工性能，并为淬火做好准备；其退火后组织为索氏体 + 细粒状碳化物，硬度 HBS 为 207~255。

高速工具钢最终采用淬火 +560℃ 三次回火的热处理工艺。高速工具钢的淬火温度很高，W18Cr4V 合金为 1270~1280℃，W6Mo5Cr4V2 合金为 1210~1230℃，高温可使合金元素最大限度地溶入奥氏体中。淬火后，马氏体中的合金元素含量增加，金属的红硬性提高。当温度大于 1000℃ 时，W、Cr 元素的溶入量将显著增加。但加热温度过高，会导致奥氏体晶粒粗大，残余奥氏体增加，使钢的力学性能降低。

目前，高速工具钢的加工成形时间较长，加工工序成本很高。例如，通常需要经过锻造和轧制等工序进行开坯或成材，而在进行这些工序的过程中都要经过多次加热；在加工成材（如棒材或扁钢等）之后，又要经过热处理和机械加工，有时为了使产品达到最终所需要的形状和尺寸，其机械加工的加工量还很大。

用热挤压工艺不仅可以生产断面形状复杂的、不能用轧制方法生产的、对材料性能要求高的高速工具钢产品，而且其成形工序可能仅需两次加热和一次挤压即可，很大程度上减小了机械加工量，降低了制造成本。

英国伯明翰大学在 400t 卧式试验挤压机上，进行了高速工具钢的热挤压工艺试验，以求得到热挤压工艺生产高速工具钢产品的可能性及其限制条件。

5.5.1 坯料情况

试验采用 W18Cr4V 高速工具钢坯料,其化学成分(质量分数)为 18% W, 4% Cr, 1% V, 0.7% ~0.8% C。W18Cr4V 高速工具钢的铸态组织如图 5-11 所示。从图 5-11 可以看出,W18Cr4V 高速工具钢的铸态组织中含有大量共晶组织,分布形式有在晶粒边界外围上的和形成单独区两种。

为了使 W18Cr4V 高速工具钢坯料适合于制作工具,一般需采用热变形的方法来消除网状碳化物组织,一般变形率要达到 90% ~95%。在该变形率条件下,大的共晶区被破碎,拉长成为条状的碳化物。W18Cr4V 高速工具钢棒材变形后的显微组织如图 5-12 所示,经球化处理后的显微组织如图 5-13 所示(图 5-12 是热变形后的组织,图 5-13 是热变形后的 W18Cr4V 高速工具钢棒经过球化处理后的显微组织)。

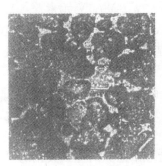 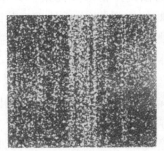 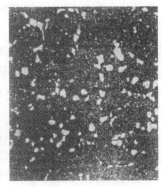

图 5-11 W18Cr4V 高速工具钢的铸态组织 (所有显微组织经硝醇液浸蚀,×100)　图 5-12 W18Cr4V 高速工具钢棒材变形后的显微组织 (×100)　图 5-13 W18Cr4V 高速工具钢棒经过球化处理后的显微组织

从图 5-13 可以看出,W18Cr4V 高速工具钢经球化处理后,组织中的共晶组织已经完全消失,并且变形后的条状碳化物也已经消失。

5.5.2 热挤压工艺试验

5.5.2.1 试验条件

试验设备	400t 卧式液压试验挤压机
挤压筒直径	69.85mm
最大挤压速度	50mm/s
坯料直径/长度	66.68mm/101.6 ~127.0mm
挤压棒材长度	762 ~6000mm,具体根据挤压比设定

挤压棒材直径　　　　25.4mm，19.0mm，12.7mm，9.5mm

挤压比　　　　　　　7.6，13.3，30.2，53.8

润滑工艺　　　　　　玻璃垫润滑模子，玻璃粉滚涂坯料外表面

挤压模　　　　　　　锥形模

　　坯料的加热：先在工具预热炉内预热到300℃，然后再在加热炉内（最高加热温度为1310℃）加热到挤压温度（炉温）1150～1300℃，总加热时间为35～40min。为了减少氧化铁皮，采用氮气保护的高温加热方法。

　　为了降低冷却速度、缩短冷却时间、削弱后续处理时产生开裂的危险，加热后的挤压棒材直接进入具有蛇形管的出料槽里，直至棒材冷却到室温。棒材在检验前需进行退火。

5.5.2.2　试验结果

A　棒材的表面质量

　　尽管试验用的连铸坯存在着疏松和偏析等缺陷，但在加热温度为1150～1280℃挤压时，棒材的外表面经肉眼检验，无瑕疵，表面光洁度也较好（图5－14）。在1200～1280℃挤压时，棒材的最终表面基本上没有差别；在1150℃挤压时，棒材表面在挤压方向上存在条痕现象，这可能是由玻璃润滑剂引起的。

图5－14　挤压高速工具钢棒材的最终表面

　　挤压比为7.6～53.8时，对棒材的最终表面没有构成影响；在加热温度为1300℃时，挤压棒材表面出现多处环形裂纹（图5－15）。

　　试验中发现，预先经过处理的坯料挤压的棒材比直接由铸坯挤压出的棒材表面差。由铸坯挤压出的棒材的裂纹出现在出模子后大约1/3的长度上，其余长度上没有缺陷；而预先经过处理的坯料挤压出的棒材在整支长度上都有裂纹，并且有一支棒材在出模时裂成了数块。

　　挤压试验所记录的挤压力结果是表明所希望的趋势。挤压杆压力在472～1165MPa变化时，挤压温度与挤压杆压力的变化关系曲线如图5－16所示。如果在挤压过程中挤压力具有峰值，则一般所说的挤压力是指越过最初峰值后挤压过程中的稳定压力。挤压杆压力与其位移之间的典型变化曲线如图5－17所示。

图5－15　开裂的高速工具
钢棒材的最终表面

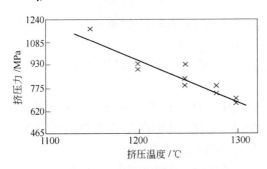

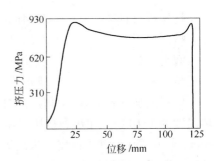

图 5 - 16 挤压温度和挤压杆
压力变化关系曲线
（挤压比为 53.8）

图 5 - 17 挤压杆压力与其
位移之间的典型变化曲线

B 棒材的尺寸

检查发现，挤压棒材的尺寸有些异常。大多数棒材的中部比端部约小 0.127mm，这可能是由挤压时挤压杆的速度变化引起的。由于挤压杆的控制阀采用手动操作，挤压杆建立起最大速度的时间是在开始关闭阀门的时间，也就是在开始关闭阀门时挤压杆的速度最大。

5.5.3 棒材的显微组织

5.5.3.1 铸坯直接挤压

观察高速工具钢 W18Cr4V 挤压棒材的显微组织可以发现，随着变形率的增加，挤压组织的均匀性得到了改善。ϕ25.4mm 棒材的挤压组织如图 5 - 18 所示。ϕ9.5mm 棒材的挤压组织如图 5 - 19 所示。从图 5 - 18 和图 5 - 19 可以看出，ϕ25.4mm 挤压棒材的组织中仍有一些共晶组织存在，说明变形率可能不足；为了完全消除共晶组织，必须挤压成 ϕ19mm 或更小的棒材，这与锻压和轧制工艺中得到的结论是一致的。

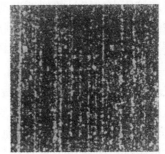

图 5 - 18 ϕ25.4mm 棒材的
挤压组织（×100）
（变形率不足仍有共晶组织）

图 5 - 19 ϕ9.5mm 棒材的挤压组织（×100）
（变形率增加，共晶组织消失，
组织均匀性得到改善）

一般，挤压温度的影响不大，当挤压温度在 1150 ~ 1280℃ 变化时，W18Cr4V 高速工具钢的宏观组织有少量改变，但是在 1300℃ 挤压则不安全。微观检验表明，挤压温度高于 1250℃ 时，挤压出的棒材的显微组织发生了变化。

由于 1300℃ 是一个不安全的挤压温度，因而需进一步研究在较低温度下挤压棒材的结果。在 1280℃ 下，均热 30min 或不均热，其挤压后的显微组织如图 5 - 20 和图 5 - 21 所示。从图 5 - 20 和图 5 - 21 中可以看出，未均热的和均热的坯料都能挤压出显微组织满意的棒材；而且均热坯料挤压出的棒材，组织中条状碳化物的严重程度有所减轻。因此，增加坯料的加热时间可改善挤压后棒材组织性能。

 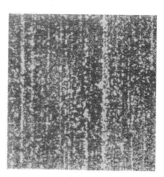

图 5 - 20　加热到 1280℃ 未经均热的　　　　图 5 - 21　加热到 1280℃ 后经均热
坯料挤压成棒材的显微组织，　　　　　30min 挤压成棒材的显微组织
仍能得到满意的结果（×100）　　　　　　得到改善（×100）

由此可知，W18Cr4V 高速工具钢最合适的挤压温度为 1280℃，而且在该温度下均热 30min 后再挤压可得到较好的组织和性能。

5.5.3.2 坯料经球化处理后挤压

在铸坯加热过程中，延长均热时间对挤压棒材的显微组织能够起到局部破碎共晶组织的作用，但组织内仍存在条状碳化物。采用球化处理能够比较明显地改变铸坯组织。因此，对经过球化处理的坯料进行挤压后发现，除了坯料挤压前无需均热外，其余条件与铸坯直接挤压时一致。

坯料经球化处理后挤压出的 ϕ12.7mm 棒材的显微组织如图 5 - 22 所示。虽然图 5 - 22 所示的是棒材纵截面上的组织，但棒材上的条状碳化物已完全消除，并且几乎没有各向异性。变形高速钢内通常存在较多大而硬的碳化物质点，而条状碳化物的

图 5 - 22　坯料经球化处理后
挤压出的 ϕ12.7mm 棒材的
显微组织（×100）

图 5 - 23 用双孔挤压模挤压
时挤压余料的宏观组织及
金属的流动情况（×10）

消失可在一定程度上弥补碳化物质点引起的后果。

5.5.3.3 采用双孔挤压模挤压

采用双孔挤压模挤压 W18Cr4V 高速钢的目的是将铸坯中心部分的材料挤压成棒材的表面，以便在机械加工时能将铸坯中心部分的材料去除。

双孔挤压模上的 2 个模孔直径是相同的。试验用 2 个双孔挤压模的模孔直径分别为 9.5mm 和 12.7mm。

用双孔挤压模挤压时挤压余料的宏观组织如图 5 - 23 所示，反映了双孔挤压模挤压时变形金属的流动情况。从图 5 - 23 中可以明显看出，坯料中心部分的材料被挤压到两根挤压棒材的内侧面，因此该部位存在疏松现象。由于该铸坯取自钢锭头部，V 形偏析使得半径中部组织中碳化物的偏析比中心部分严重，而且挤压棒材的表面不是由铸坯中质量最差的部分构成。

用双孔挤压模挤压偏析情况比较正常的铸坯，其挤压出的棒材的宏观组织如图 5 - 24 所示。一般，经过球化处理的坯料在双孔挤压模上挤压，其挤压棒材的显微组织与单孔模挤压出的显微组织在本质上类似。

为了得到类似结果，曾把铸坯沿纵向切开，然后分别加工每一部分，其主要目的是得到没有中心偏析的棒材。双孔挤压模挤压的棒材的组织中不存在中心偏析。其优点是在一定程度上可能被球化处理过程中较大的组织畸变的危险性所抵消，而这种组织畸变是由不平衡的碳化物组织引起的。

5.5.3.4 连铸坯挤压

挤压用的高速工具钢连铸坯具有较严重的中心疏松缺陷。

四个坯料在 1250℃ 挤压，其中两个坯料（其中一个预先经过球化处理）挤压成 φ12.7mm 的棒材，另外两个坯料（其中一个预先经过球化处理）挤压成 φ9.5mm 的棒材。结果发现，坯料无论是预先经过球化处理后进行挤压，还是直接进

图 5 - 24 用双孔挤压模挤压出
的棒材的宏观组织（×10）
（采用坯料偏析情况较正常的情况）

行挤压，挤压出的 ϕ12.7mm 棒材都具有较好的金相组织（图 5 - 25 和图 5 - 26）；但也存在一些不能令人满意的组织，尤其是当坯料存在中心疏松时。

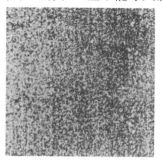 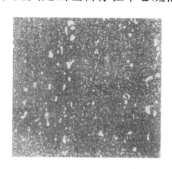

图 5 - 25　由连续铸造的钢锭　　　　图 5 - 26　由经过球化处理的连续铸造
直接挤压出的 ϕ12.7mm 棒材的　　　　的钢锭挤压出的 ϕ12.7mm 棒材的
显微组织良好（×100）　　　　　　显微组织良好（×100）

5.5.4　组织性能影响因素

5.5.4.1　连铸坯中心疏松

采用双孔挤压模挤压连铸坯时，铸坯中心疏松对挤压棒材显微组织的影响如图 5 - 27 ～图 5 - 30 所示。试验时，特别要注意坯料中的内部空洞在挤压过程中的行为。当中心孔洞暴露在坯料端部时，在加热过程中必然会氧化，其显微组织如图 5 - 29 所示。在进一步研究 ϕ25.4mm 棒材试样时发现，经硝醇液浸蚀后的情况与未浸蚀时不同，此时可以认为铸坯内的气泡完全被压合。

图 5 - 27　连铸坯用双孔挤压模挤压　　图 5 - 28　连铸坯料经球化处理后挤压成
出的 ϕ12.7mm 棒材的显微组织（×100）　　ϕ12.7mm 棒材的显微组织（浸蚀，×100）

当铸坯断面很干净，棒材上没有氧化物存在时，没有发现疏松现象。ϕ25.4mm 棒材上有"木质"断口出现的倾向，而其他所有棒材都具有光滑而干净的断口，尤其是 ϕ9.5mm 棒材具有非常细小的、光泽的断口。

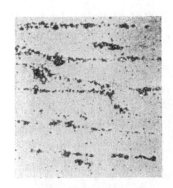 

图 5 - 29　在 φ25.4mm 棒材内
严重疏松的影响

（坯料内的气泡被压合，未浸蚀，×500）

图 5 - 30　在 φ25.4mm 棒材内
严重疏松的影响

（坯料内的气泡被压合，硝醇液浸蚀，×100）

因此，根据试验结果可知，未被氧化的气泡在挤压后似乎能够被压合。

5.5.4.2　冷却速度

在挤压高速钢时，曾试图将挤压后的棒材引入一个具有蛇形管的冷却槽内，以降低冷却速度。但是由于清理及挤压后棒材控制操作上的难度，部分棒材达不到预期效果。而且根据退火前对试样的观察，棒材试样已经具有明显的淬火组织。在 1300℃挤压出具有裂纹的棒材的显微组织如图 5 - 31 所示，从图中可以看到棒材具有晶内的横向裂纹，但其晶粒尺寸细小。

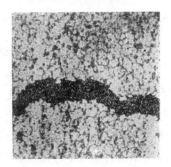

图 5 - 31　在 1300℃挤压出具有裂纹的棒材的显微组织（×500）

因此可以认为，从挤压温度开始控制冷却速度可以得到硬度很高的 W18Cr4V 高速工具钢棒材，控制冷却速度是为了避免棒材产生开裂（如果棒材在冷却之前能够矫直则避免开裂的效果会更好）。在最初的一批试验中，所有挤压棒材均在具有蛇形管的冷却槽中冷却，但挤压棒材在进行退火之前需先检验硬度。未退火棒材以及经过一次和二次回火后棒材的硬度见表 5 - 4。从表中可以看出，通过热挤压、冷却及二次回火，W18Cr4V 高速工具钢在大多数情况下都能得到令人满意的硬度及组织，无需中间退火及淬火，但也有一两支试样的硬度不符合要求。

表 5 - 4　挤压及回火的高速钢棒材的性能

坯料状态	加热时间/min	挤压温度/℃	维氏硬度 HV		
			挤压	挤压 +560℃回火[①]1h	挤压 +550℃回火[①]1h
铸态	40	1300	769	823	836

坯料状态	加热时间/min	挤压温度/℃	维氏硬度 HV		
			挤压	挤压＋560℃回火[①]1h	挤压＋550℃回火[①]1h
铸态	40	1280	754	817	817
铸态	70	1280	801	847	840
铸态	40	1250	736	804	752
铸态	70	1200	730	846	856
预球化处理	40	1300	827	881	862
预球化处理	40	1250	746	827	852
预球化处理	40	1200	752	826	817

①附加的回火处理。

5.5.5 挤压出的高速工具钢棒材的性能

由上述分析可知，高速工具钢能直接用铸造坯料进行挤压，但其加热温度应比锻造和轧制的温度高。具体结论如下：

（1）一般情况下，挤压棒材的组织中有局部破碎的共晶体；当延长加热时间时，共晶体明显破碎，挤压棒材内的条状碳化物减少。

（2）一般铸造或连续铸造的高速工具钢坯料可能存在一些缺陷，但当不存在氧化气氛时，缩孔（气泡）在挤压过程中可以压合。

（3）对于一般材料，棒材挤压后进行二次回火能得到满意的硬度、组织及弯曲性能。这意味着对于一些简单断面的型材或部件，可以取消淬火工序。

（4）预先经过球化处理的高速工具钢铸坯能顺利地进行挤压，并且挤压制品的显微组织中没有条状碳化物存在。

（5）W18Cr4V 高速工具钢铸锭能够在 1150～1280℃挤压成圆钢或扁钢，而且挤压比至少可以达到 54。在 1250～1280℃挤压有助于改善钢中碳化物的分布，特别是在延长加热时间的情况下。

（6）W18Cr4V 高速工具钢无论是经过淬火热处理，还是在挤压以后直接冷却和回火热处理，挤压出的棒材的性能都可以与锻造和轧制的棒材和扁钢相媲美。

5.6 球墨铸铁管的热挤压

铸铁是低塑性材料。在室温下，铸铁坯料短试样拉伸断裂时的相对伸长率 δ_5 约为 1%，冲击韧性 α_K 仅为 5J/cm^2。把铸铁加热到高温时，其塑性指标并没有明显提高，相对伸长率仅增加 4%～5%。因此，铸铁的塑性变形产品应用有限。这是由于铸铁所允许的塑性变形量小而使挤压过程不经济。

试验采用高频感应炉熔炼,在盛铁桶中以硅镁中间合金或其他合金处理的铸铁坯料。圆形坯料可采用砂型用浇口下注浇铸法,或用离心浇铸法和石墨结晶器用半连续浇注法得到,最合适的是离心浇铸法和半连续浇注法。

采用离心浇铸法时,其浇注坯料在随后的机械加工中几乎可减少一倍的金属消耗。而采用石墨结晶器用半连续浇注法得到的坯料具有光滑的表面。

5.6.1 铸铁坯料的化学成分

试验用挤压铸铁坯料的化学成分见表5-8。

表5-8 试验用挤压铸铁坯料的化学成分(质量分数) (%)

坯料序号	C	Si	Mn	Mg	Ti	Mo
1	2.1~4.1	2.0~3.8	0.3~1.0	0.16~0.05	—	—
2	2.8~4.0	1.7~2.6	0.3~0.7	—	0.32~0.67	—
3	3.9~3.95	1.8~2.6	0.6~0.7	—	—	0.94~1.17
4	3.5~3.7	1.8~2.4	0.6~0.7	0.017~0.097	—	0.97~1.41
5	3.2~3.3	2.0~2.2	0.3	—	0.49~0.54	0.97~0.99
6[①]	3.9	2.48	0.7	—	—	—
7[②]	3.6~3.7	2.2~3.2	0.6~0.8	0.024~0.043	—	—
8	3.6~3.8	1.6~2.5	0.6~0.7	0.016~0.08	0.4~0.9	—
9	3.0~3.4	2.0~2.2	约0.6	0.05~0.09	—	—
10[③]	3.2~3.7	2.2~2.6	约0.6	0.05~0.09	—	—

①含1.49%Cr;

②含1.1%~1.6%Cr;

③含1.4%~1.8%Ni。

5.6.2 铸铁坯料的加热

铸铁坯料挤压前在感应加热炉或室状电阻炉内进行加热。一般采用感应加热炉,因为感应加热速度快,产生的氧化铁皮少。而铸铁坯料在立式感应加热炉中加热是最理想的。球墨铸铁的加热温度为900~950℃,在选择加热温度时,不但要考虑金属的变形热30~35℃,而且还要考虑发生晶界熔化时而削弱的可能性。

5.6.3 挤压铸铁管的技术参数

用挤压法可生产φ(40~150)mm×3.5mm以上的铸铁管。

尼科波尔南方钢管厂批量生产球墨铸铁管时使用的坯料规格以及挤压过程的

技术参数见表 5 - 9。

表 5 - 9 尼科波尔南方钢管厂球墨铸铁管挤压的规格及技术参数

挤压机吨位/t	坯料尺寸 $D \times d \times L$/mm	铸铁管尺寸 $D' \times S'$/mm	延伸系数	坯料加热温度/mm	最大单位压力/MPa	金属流动速度/m·s⁻¹	润滑剂
600	$\phi82 \times 34 \times 150$	$\phi40 \times 4.5$	9.8	850 ~ 920①	900 ~ 1100	0.8 ~ 1.0	
	$\phi82 \times 34 \times 150$	$\phi40 \times 4.0$	10.8	830 ~ 900①	1000 ~ 1200	0.8 ~ 1.0	石墨粉 + 玻璃液
1000	$\phi110 \times 44 \times 220$	$\phi48 \times 4.5$	15.0	960 ~ 980	800 ~ 1000	0.75 ~ 1.3	玻璃粉 + 石墨—机油
1600②	$\phi135 \times 55 \times 400$	$\phi61 \times 5.0$	14.8	940 ~ 950	800 ~ 1000	1.5 ~ 2.0	石墨—机油混合物
	$\phi105 \times 35 \times 350$	$\phi40 \times 4.0$	19.5	920 ~ 940	1000 ~ 1200	1.9 ~ 2.2	

①在坯料内孔放置热电偶测量温度；

②坯料直径大于 200mm 时不使用。

一般认为，挤压铸坯比挤压相同尺寸的锻轧坯的挤压力高 18%，且挤压比较大。但在尼科波尔南方钢管厂的试验中，当延伸系数大于 20 时，铸铁坯料没有挤压成功。因为挤压力过高，导致挤压铸管破裂。

挤压铸铁管时，金属流动速度是一个重要参数，一般控制在 2.0 ~ 2.5m/s。当金属流动速度控制在该范围，并采用石墨—机油润滑剂时，可挤压出长达 6m 的铸铁管。若金属流动速度超过临界值，金属坯料就会发生破裂。增加挤压管的长度会使挤压模和芯棒过热，而采用玻璃润滑剂后可使挤压管的长度增加，但由于要清除成品管表面的玻璃而使生产成本升高。

在挤压铸铁管时，挤压工具的温度必须保持在 350 ~ 400℃，否则工模具接触金属层的部分会显著冷却，使铸态金属的塑性下降，引起挤压管破裂。

实践表明，当芯棒温度为 100℃时，经过 1s，2s，5s 后，金属层深 0.5mm 处的温降分别为 80℃、110℃、180℃；当芯棒温度为 400℃时，金属层深 0.5mm 处的温降分别为 30℃、60℃、110℃。

5.6.4 挤压出的铸铁管的组织性能

球墨铸铁坯料和挤压出的铸铁管的显微组织如图 5 - 32 所示。从图中可以看出，球墨铸铁坯料的显微组织为致密的石墨夹杂物 + 珠光体 + 铁素体；挤压后，横断面上的石墨呈扁圆形，且在纵断面上沿变形方向上伸长。金属模子几乎完全是珠光体组织。

挤压出的球墨铸铁管有足够的塑性，可以在周期式冷轧管机组上进行冷轧

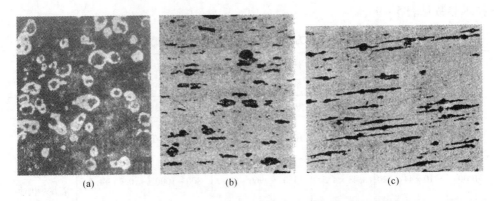

图 5 - 32　球墨铸铁坯料和挤压的球墨铸铁管的显微组织
（a）坯料；（b）铸铁管横断面；（c）铸铁管纵断面

和温轧。而挤压的铸铁管的力学性能主要与铸铁中石墨的形状、剩余的镁和硅元素含量有关，其关系如图 5 - 33 所示。

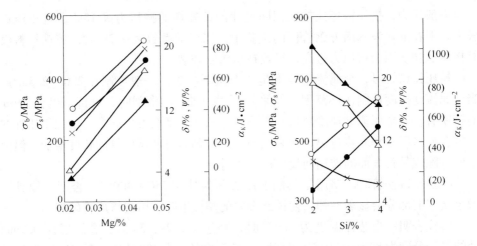

图 5 - 33　挤压和退火后镁和硅的含量与球墨铸铁管力学性能变化的关系
○—抗拉强度；●—屈服极限；△—伸长率；▲—断面收缩率；×—冲击韧性

退火后球墨铸铁管的力学性能最好，其中 σ_b 为 450 ~ 600MPa，σ_s 为 350 ~ 500MPa，δ 为 8% ~ 12%，ψ 为 10% ~ 15%，α_K 为 20 ~ 50J/cm²。

所有挤压的球墨铸铁管都具有较高的液压坚固性能，能经受 50MPa。

5.6.5　球状石墨对挤压铸铁管的影响

从对挤压铸铁管进行的专门试验中可知，对于铸铁坯料，除了对材料表面加

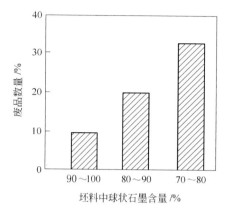

图 5 - 34 坯料中球状石墨的含量
对挤压铸铁管废品数量的影响

工的光洁度和端面加工的要求与低塑性材料一样之外，为了提高加工塑性和材料的成材率还必须限制铸铁中球状石墨的含量不小于 80%。

挤压铸铁坯料断面上球状石墨分布均匀，其含量对挤压铸铁管废品数量的影响如图 5 - 34 所示。

5.6.6 挤压出的铸铁管的缺陷

挤压球墨铸铁管的缺陷主要是表面（特别是内表面）横向裂纹，而其他缺陷形式与一般碳素钢管相似。采用塑性的或聚集体形石墨的灰口铁坯料时，该挤压缺陷几乎不可避免，并且随着细密夹杂物数量的增加而减少。由此可见，石墨割断了金属基体的连续性，在外力作用下会导致应力集中。挤压后的铸铁管好像是由很多单层组成的"分层"缺陷。为了防止"分层"，可以施加附加的压缩应力，即选用带反压力的挤压方法。

采用感应加热降低坯料内表面的温度和坯料内层的塑性，可以减少变形的不均匀性，防止"分层"缺陷的产生。另外，球墨铸铁内石墨夹杂物的形状也可能会防止金属挤压时出现"分层"缺陷。

5.6.7 挤压出的铸铁管的后续处理

铸铁管的精整与一般钢管的相同，只是在辊式矫直机上矫直时有些困难。矫直工序应在冷床冷却前，铸铁管尚有 700~800℃ 余热时进行，因为此时铸铁管具有足够的塑性。

为了防止铸铁管在冷却过程中发生弯曲，在螺旋式冷床或旋转传动的辊道上进行冷却。铸铁管冷却后的切管工序可以在切管机或普通车床上进行。

铸铁管可以在不同的管道系统中使用，但需要对铸铁管进行弯曲加工时。为了保证弯曲处具有足够的塑性，需要弯曲处弯曲时的温度必须保证在 750~800℃。

球墨铸铁管的热矫直可以在弯管机上批量进行，但须在弯管机前安装高频感应加热设备，预先将球墨铸铁管的弯曲处加热到 800℃，球墨铸铁管的纵向进料速度为 1mm/s，弯曲后用 4~5 个大气压（0.4~0.5MPa）的压缩空气进行冷却。铸铁管的最小弯曲半径可达到成品管直径的 1.2 倍。

为了提高铸铁管的塑性，石墨含量不同的铸铁管须按不同的热处理工艺制度进行处理。以球状石墨含量较高的球墨铸铁管（表 5 - 8 中的 9 号坯料）为例，其热处理工艺为：

Ⅰ. 加热至 780℃，保温 1h 后，随炉冷却至 680℃，保温 2.5h，最后空冷至室温；

Ⅱ. 加热至 930℃，保温 7h 后，随炉冷却至 760℃，保温 8h，然后随炉冷却至 690℃，保温 50h，最后空冷至室温。

挤压出的球墨铸铁管热处理后的力学性能见表 5 – 10。

表 5 – 10　挤压出的球墨铸铁管热处理后的力学性能

热处理	σ_b/MPa	σ_s/MPa	δ_5/%	α_K/J·cm^{-2}
—	820 ~ 850	500 ~ 520	6 ~ 8	50 ~ 60
Ⅰ	500 ~ 560	360 ~ 410	12 ~ 17	60 ~ 90
Ⅱ	400 ~ 420	290 ~ 310	26 ~ 29	110 ~ 130

挤压 Cr、Ni 合金化的铸铁管（表 5 – 8 中的 6、7、10 号坯料）的结果表明，由于合金化铸铁金属的塑性低，每小时产量比球墨铸铁低。

挤压出的球墨铸铁管、钛合金管和钼合金管都具有良好的综合性能，其中 $\sigma_b = 450 \sim 600$MPa，$\delta_5 = 3.5\% \sim 8.0\%$，$\sigma_s = 400 \sim 600$MPa，$\alpha_K = 15 \sim 35$J/cm^2。

5.6.8　挤压出的铸铁管的优点

热挤压铸铁管与铸造铸铁管相比，有以下优点：（1）几何尺寸精度高，直径公差为 ±1.0%，壁厚公差为 +10% ~ 15%。（2）长度长，达 10m；壁厚薄，达 3.5mm。（3）内外表面质量高，满足 ГОСТ 8732 标准要求。（4）力学性能和工艺性能高，可进行弯曲、气焊、电焊、机械加工等。

与碳素钢管相比，铸铁管在多种腐蚀介质的作用下，耐蚀性高。在石油产品介质、海水中的寿命比碳素钢管高 5 ~ 10 倍以上；在热水中的寿命比碳素钢管高 10 ~ 15 倍；在基本介质（苛性碱等）中的寿命比碳素钢管高 15 倍；而且铸铁管的表面腐蚀均匀，提高了铸铁管的使用期限。所以，用挤压出的铸铁管代替钢管（如用于住房供热水系统中），可取得较大的经济效果。

6 特殊品种的热挤压

6.1 实心和空心型材的热挤压

挤压是一种将金属加热至塑热状态，并通过具有特殊形状孔眼的钢模来生产制品的方法。

型材是一种在整个长度上具有同样轮廓的连续的棒材或管材。不锈钢型材作为一种经济断面的材料，由于制造比较简单，使用时可节省材料，而在各个工业部门得到广泛的应用。

6.1.1 挤压型材的特点

6.1.1.1 挤压型材的技术优势

挤压型材在国外早已是一种成熟的生产工艺，但在国内由于钢的挤压技术发展较晚，影响了挤压型材的生产使用和发展。目前，国内钢材市场上的异型材主要是采用轧制方法生产的型材，也有部分是焊接型钢和冷弯型钢，但断面都较简单。

采用轧制方法生产型材时存在的不足主要有：

（1）制造轧制型钢的工具（轧辊和导卫等）时投入的费用较大，使得型材的生产成本升高。由于轧制型钢必须从具有简单断面的坯料（通常是方坯）开始，经过多道次的轧制才能得到实际需要的形状和尺寸，而每个道次都必须有一套特定断面的轧辊和相应的导卫装置，轧辊及其辅件的配置就会占用很大一批资金。为了降低产品成本，则必须扩大一次订货量，并对型材的断面实行"标准化"，以便限制轧制型材的品种。这种做法实际上是限制了用户对型材品种的不同要求，使用户只能从标准规定的型材品种中选择接近其所需要的品种尺寸，否则就要支付额外的"特制或非标准型材的试制费用"。

（2）从商业角度来看，轧制型钢的生产不能接受小批量的订单。因为小批量生产型钢，不仅要准备大量的工具（轧辊、导卫等），占用大量的资金，而且频繁地更换工具占用了大量的生产时间，提高了生产成本，影响其市场竞争力。

（3）从技术角度来看，轧制型钢工艺无法生产高性能、高合金、难变形材料异型材的产品以及空心型材。这是因为这类材料的强度高、塑性低,不能用轧制方法成型,而且型钢轧机也无法轧制空心型材。

挤压型材的出现,在许多方面弥补了轧制型材的不足。其主要原因是:

(1) 挤压变形是在一个密封容器中,坯料在高压下通过模具的孔眼一次成型,达到型材的最终断面尺寸,而且模具的制作成本仅为轧辊价格的0.3%~1.0%。

(2) 挤压法是一种最灵活的生产方法,品种转换时只需几分钟时间来更换挤压模,不受批量大小的限制,交货迅速。

(3) 挤压型材时,不受标准型材规格的限制,可以针对用户的需要,设计出结构与作用相符合的精确断面。在同一台挤压机上,只需简单地更换挤压模,就能生产棒、条、六角形断面、方形断面、管子以及实心和空心、标准和非标准的型材。

6.1.1.2 挤压型材的性能优势

热挤压型材与轧制型材的力学性能的比较如图 6-1 所示,图中四边形表示德国 DIN 标准所规定的范围,并且用粗线表示上限和下限值。从图中可明显看出,同样条件下生产的挤压产品的力学性能完全满足 DIN 标准规定,且比轧制产品略高。

挤压出的型材通常不需要经过其他加工而直接应用,但也可以进行冷拔,以便改善外表面光洁度或使尺寸公差范围再缩小些。

热挤压型材的表面质量与轧制型材的相似,加工时残留在表面上的玻璃润滑剂可以在拉伸和多辊矫直时去除,遗留的极少,使用时通常可以不予理会。如有必要,残留玻璃可以通过机械除鳞(喷丸)或氢氟酸酸洗清除。

目前,用户可能还是习惯采用轧制型材及其有限的品

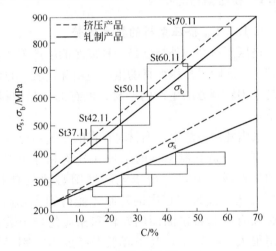

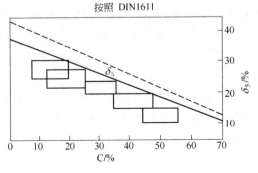

图 6-1 热挤压型材与轧制型材的力学性能比较

种。但是随着挤压型材生产技术的发展，将会为用户开辟出一个新的领域，让更多的用户认识到采用挤压型材的无限可能性。

在我国钢的热挤压是热成型工艺中的新成员，用挤压法可以生产出结构强度符合要求的特定型材断面，用尽可能少的金属达到有效的材料分布，达到减轻构件重量的目的。采用热挤压工艺可以用适宜的尺寸制造出固定在载荷原件上的结构件，如耐扭曲的框型断面构成轻的结构原件（可以在不增加成本的情况下制成供特殊目的使用）。挤压法的发展为挤压型材的广泛使用提供了可靠的保证。

挤压出的型材在电气设备、农业机械、汽车和拖拉机制造上用来制造各种工具、器材和构件。现今用铸造、锻造或用大坯料、机械加工的许多零件，都能成功地用热挤压或随后的冷拔来生产。生产的挤压钢材的精密度、力学性能都能达到或超过热轧钢管的指标，完全可以不经后续加工就直接供给用户使用。

6.1.2 挤压型材的种类

用热挤压法生产的各种型材如图 6 - 2 所示。尼科波尔南方钢管厂的 3150t 挤压机生产的部分异型材如图 6 - 3 所示。尼科波尔南方钢管厂生产的部分空心型材和实心型材的种类分别见表 6 - 1 和表 6 - 2。

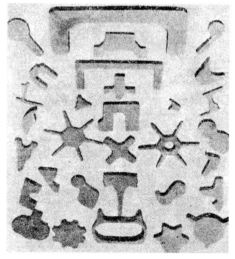

图 6 - 2　用热挤压法生产的各种型材　　　　图 6 - 3　尼科波尔南方钢管厂的 3150t
挤压机生产的部分异型材

表 6-1 尼科波尔南方钢管厂生产的部分空心型材的种类

序号	型材断面形状	参数范围			备注
		外接圆直径 D_{on}/mm	内切圆直径 d/mm	外径 D/mm	
1		36~75	20~40	20~50	—
2		36~75	20~40	28~50	—
3		60~110	30~60	40~70	翼数 4~8
4		50~110	35~65	—	翼数 4~6
5		—	20~50	—	按扳手尺寸 27~65mm
6		—	—	30~70	按扳手尺寸 17~60mm
7		—	20~55	32~65	翼数 2~10
8		40~90	20~55	32~65	翼数 2~8
9		60~110	h = 25~55	H = 35~65	翼数 2~4
10		45~115	20~50	—	—
11		40~115	20~50	—	—
12		55~115	20~45		

表 6-2 尼科波尔南方钢管厂生产的部分实心型材的种类

序号	型材断面形状	参 数 范 围		
		外接圆直径 D_{on}/mm	型材横断面积 A/mm²	型材构件厚度 b/mm
1		20 ~ 72	200 ~ 3500	5 ~ 15
2		25 ~ 50	300 ~ 2000	5 ~ 16
3		45 ~ 65	225 ~ 700	4 ~ 8
4		30 ~ 60	225 ~ 500	—
5		30 ~ 110	250 ~ 3500	6 ~ 30
6		30 ~ 110	250 ~ 2500	6 ~ 30
7		60 ~ 180	600 ~ 6000	6 ~ 25
8		110 ~ 200	800 ~ 7000	8 ~ 40
9		110 ~ 200	800 ~ 5000	8 ~ 20
10		100 ~ 200	800 ~ 6000	3 ~ 50
11		80 ~ 120	1000 ~ 45000	4 ~ 15
12		30 ~ 180	350 ~ 2000	6 ~ 20

注：1 号、2 号型材的键数分别为 2 ~ 16、2 ~ 6；11 号型材的翼数为 2 ~ 8。

6.1.3 挤压型材的常用材料

常用挤压材料的化学成分和力学性能分别见表6-3和表6-4。

表6-3 挤压型材常用材料的化学成分（质量分数） （%）

组别	牌号	Cr	Ni	C	Mn	Si	Mo	其 他
奥氏体不锈钢	302型	17~19	8~10	0.08~0.20	最大2	最大1	2~3	Ti5×C最小 Nb10×C最小
	304型	18~20	8~11	最大0.08	最大2	最大1		
	316型	16~18	10~14	最大0.08	最大2	最大1		
	321型	17~19	8~11	最大0.08	最大2	最大1		
	347型	17~19	9~12	最大0.08	最大2	最大1		
马氏体不锈钢	410型	11.5~13.5	最大0.50	最大0.15	最大1	最大1		
	416	12~14	最大0.50	最大0.15	最大1.25	最大1		
	431	15~17	1.25~2.50	最大0.20	最大1	最大1		
铁素体不锈钢	430型	14~18	最大0.50	最大0.12	最大1	最大1		
AISI碳素钢	C1010			0.08~0.13				
	C1018-20			0.15~0.23	0.30~0.90			
	C1040			0.37~0.44	0.60~0.90			
	C1050			0.48~0.55	0.60~0.90			
AISI合金钢	4130	0.80~1.10		0.28~0.33	0.40~0.60	0.20~0.35	0.15~0.25	V 0.07
	4330	0.70~0.90	1.65~2.00	0.28~0.33	0.60~0.80	0.20~0.35	0.30~0.50	
	4340	0.70~0.90	1.65~2.00	0.38~0.43	0.60~0.80	0.20~0.35	0.20~0.30	
	5150	0.70~0.90		0.48~0.53	0.70~0.90	0.20~0.35		
	8620	0.40~0.60	0.40~0.70	0.18~0.23	0.70~0.90	0.20~0.35	0.15~0.25	
工具钢	H-11	4.75~5.25		0.37~0.43	0.20~0.40		1.20~1.40	V 0.40~0.60
镍基合金	K蒙耐尔		平衡	最大0.15	最大1.5	最大1.00		Cu 29.0, Al 3.0, Ti 0.75
	蒙耐尔		平衡	最大0.30	最大2.0	最大0.5		Fe 1.4, Cu 30.0

续表 6 - 3

组别	牌号	Cr	Ni	C	Mn	Si	Mo	其他
耐热和特殊合金	Inconel	14 ~ 17	平衡	最大 0.15	最大 1.0	最大 0.5		Fe 7.0
	A - 286	13.5 ~ 16.0	24 ~ 27	最大 0.08	1 ~ 2	0.4 ~ 1.0	1.00 ~ 1.50	Ti 2.0, V 0.4
	M - 252	18 ~ 20	平衡	0.10 ~ 0.20	最大 0.5	最大 0.5	10.0	Co 10.0, Ti 3.0, Al 1.0, Fe 2.0
	René41	18 ~ 20	平衡	最大 0.12			10.0	Fe 5.0, Co 11.0, Ti 3.2, Al 1.5, B 0.008
	19 - 9DL	18 ~ 20	8 ~ 11	0.28 ~ 0.35	0.75 ~ 1.5	0.30 ~ 0.80	1.50	W 1.50, Ti 0.25, Nb 0.40
	17 - 7PH	16 ~ 18	6.50 ~ 7.75	最大 0.09	最大 1			Al 1.10
	17 - 4	15.5 ~ 17.5	3 ~ 5	最大 0.07	最大 1			Nb 0.35, Cu 4.0
	15 - 7Mo	15	7	0.09	1.0	1.0	2.5	Al 0.75 ~ 1.50
	Inconelx	14 ~ 17	平衡	最大 0.08	最大 1	最大 0.5		Nb 1.0, Fe 7.0, At 0.5, Ti 2.0
	Haynes25	19 ~ 21	9 ~ 11	最大 0.15	1 ~ 2			W 15.0, Fe 2.0, Co 其余
钛和钛合金	普通纯度			0.2				其他 0.6
	4 - 4							Al 4.0, Mn 4.0
	6 - 4							Al 6.0, V 4.0
	5 - 2.5							Al 5.0, Sn 2.5

表 6 - 4 挤压型材常用材料的力学性能

组别	牌号	挤压状态[①]				热处理状态	
		屈服极限 /lb·in^{-2}[②]	抗拉强度 /lb·in^{-2}[②]	伸长率/%	断面收缩率 /%	屈服极限 /lb·in^{-2}[②]	抗拉强度 /lb·in^{-2}[②]
奥氏体不锈钢	302 型	30M	80M	50.0	60.0		
	304 型	30M	80M	50.0	60.0		
	316 型	30M	75M	40.0	50.0		
	321 型	30M	75M	40.0	50.0		

续表 6－4

组 别	牌 号	挤压状态[①]				热处理状态	
		屈服极限 /lb·in^{-2}[②]	抗拉强度 /lb·in^{-2}[②]	伸长率/%	断面收缩率 /%	屈服极限 /lb·in^{-2}[②]	抗拉强度 /lb·in^{-2}[②]
奥氏体 不锈钢	347 型	30M	80M	40.0	50.0		
马氏体 不锈钢	410 型	32M	60M	20.0	50.0	60/145M	90/190M
	416 型	50M	85M	15.0	40.0	60/145M	90/190M
	431 型	90M	105M	20.0	60.0	90/155M	125/205M
铁素体 不锈钢	430 型	35M	60M	20.0	40.0		
AISI 碳素钢	C 1010	25M	51M	43.0	62.0		
	C 1018－20	36M	62M	38.0	59.0		
	C 1040	50M	90M	24.0	47.0	65M	100M
	C 1050	72M	109M	23.0	35.0	74M/90M	115M/135M
AISI 合金钢	4130	60M	95M	25.0	56.0	135/170M	145/180M
	4330	99M	119M	17.0	43.0	130/200M	150/220M
	4340	96M	115M	19.0	45.0	120/190M	140/210M
	5150	52M	98M	22.0	43.0	121/145M	135/158M
	8620	86M	58M	29.0	59.0	92/142M	111/162M
工具钢	H－11					215M	260M
镍基 合金	K 蒙耐尔	60M	105M	30.0		110M	150M
	蒙耐尔	40M	75M	40.0			
耐热和 特殊合金	Inconel	35M	90M	40.0	50.0		
	A－286	50M	120M	40.0		80M	150M
	M－252	70M	120M			98M	175M
	René41	120M	160M			150M	200M
	19－9DL	69M	118M	55.0	54.0		
	17－7PH	40M	130M	30.0		200M	215M
	17－4	110M	150M	22.0		163M	199M
	15－7Mo	55M	130M	30.0		240M	250M
	Inconelx	100M	120M	50.0		92M	162M
	Haynes25	67M	146M	64.0			

组别	牌号	挤压状态①				热处理状态	
		屈服极限 /lb·in⁻²②	抗拉强度 /lb·in⁻²②	伸长率/%	断面收缩率 /%	屈服极限 /lb·in⁻²②	抗拉强度 /lb·in⁻²②
钛和钛合金	普通纯度	55M	65M	18.0			
	4 - 4	130M	140M	10.0	25.0	150M	160M
	6 - 4	120M	130M	12.0	25.0	150M	160M
	5 - 2.5	120M	125M	18.0	40.0		

①可淬硬的材料在矫直前必须退火，因此，挤压状态的力学性能是可淬硬材料退火后的性能。挤压状态与热轧状态的力学性能近似。

②1lb/in² = 6894.76Pa。

6.1.4 异型材热挤压的工艺特点

异型材挤压时对坯料表面光洁度的要求要比挤压钢管时严格很多。挤压时，要求碳钢和低合金钢挤压坯料的表面光洁度达到5级，这使得挤压型材的表面质量大大提高。

实心和空心型材（包括不同壁厚的型材和带翼的管材）挤压时，坯料内外层的金属流动速度不均匀，这对挤压制品质量有着特殊影响，不但会造成型材形状不完整，而且会使断面较薄的凸起部分（翼）产生撕裂。因此，可以通过改变操作工艺、降低坯料心部温度（比表面温度降低60~80℃），来平衡挤压时坯料内外层金属的流动速度，使坯料的塑性变形趋于均匀。

为了提高型材挤压模的使用寿命并得到表面质量较好的挤压制品，挤压时，模子的隔热和降低挤压金属与挤压模之间的摩擦系数极为重要。挤压前一般在模子与坯料端面之间放置一个相应牌号的玻璃润滑垫。玻璃润滑垫上的孔可以与型材形状一样，并在侧面上做成超过产品横断面尺寸5~10mm；玻璃润滑垫中心孔也可做成圆形，其直径与制品外接圆直径相同。

此外，在卧式挤压机上挤压异型材时还存在以下情况：

（1）当挤压内形非圆的空心型材（如椭圆形、方形、矩形等）时，要求异形挤压芯棒和挤压模必须精确定位。异型挤压芯棒用装置在挤压杆前部的定心衬套固定在一定的位置上。根据所确定的挤压芯棒，靠专门的定心头装置挤压模，并在锁定挤压模部件后开始进行挤压。每次挤压前都必须检查挤压模和芯棒的位置是否准确。

（2）当挤压带有外翼的钢管和极小内径（20mm）的空心型材时，采用阶梯式或瓶式挤压芯棒。挤压时，在变形区内挤压芯棒的端部必须要有精确的校准装置，可通过调节穿孔装置的行程来实现。

（3）用两种方法来锯切压余：1）简单形状的型材，采用模前锯锯切压余；2）小断面、薄壁和多孔模挤压的型材，采用模后锯锯切压余。

当采用模后锯锯切压余时，挤压筒和模架需后移到便于下锯的位置，压余锯切后，型材进入辊道输出。模座和模子取出进入挤压模检查、清理、修理、更换、循环作业线。而压余和挤压垫留在挤压筒内，准备推入垫片和压余分离装置，分离后垫片进入溜槽送至循环使用，而压余则掉入收集箱。

为了使模后锯切的压余和挤压垫黏结在一起，在挤压筒和模架一起后退时仍然留在挤压筒内，可使用车削加工的具有偏心槽结构的挤压垫（图7-45）。

如果挤压机无法进行模后锯锯切压余，并且型材的横断面很小，为了使压余与挤压制品容易分离，可以采用带有缓冲垫的坯料，使缓冲垫完全留在压余内。为了防止坯料与缓冲垫焊合，可在坯料与缓冲垫之间放置一个橡胶石棉垫，或者采用不同材料制成的无压余挤压时采用的塑性垫代替缓冲垫。

当挤压复杂断面的型材时，为了缩短坯料与挤压模具的接触时间，必须采用可能的最大挤压速度。试验表明，挤压速度为200~400mm/s时，对型材断面形状的完整性不会产生影响。因此，用碳钢和合金钢坯料挤压复杂型材时，坯料金属的流动速度可达到7~9m/s。

设计的型材挤压模应该使保护挤压模的熔化玻璃遍布型材整个圆周。型材各部分较一致的壁厚有利于金属流动。如果各部分壁厚相差较大，挤压就会有一定的困难。这是因为流向较厚部分的金属需要比流向较薄部分的多，较薄部分的流动阻力就较大，挤压时不易充满。型材壁厚为3.5mm，挤压时就有困难。

6.1.5 异型材热挤压工艺的限制条件

在设计挤压模具时，应避免在大的外接圆面积内设计特薄的断面，避免设计带有不平衡模舌的半空心断面。

供挤压的型材断面通常不能有过尖的内角，这是因为挤压时热量会集中在尖角处，允许有4mm的小半径。

挤压型材的外接圆直径不能超过挤压筒直径的75%，挤压比一般控制在10~100。

挤压型材各部分的横截面宽度与厚度的最小比值应控制在14:1。

挤压型材断面中，过深的凹槽会妨碍挤压时的润滑效果，使热量集中在挤压模突出的部分，引起过度的磨耗。由于相同的原因，型材的内角半径最小应控制在4mm。

挤压型材的重心应尽可能地与模子中心相符，特别是空心型材的重心不能偏移。

断面厚度不均的型材、具有深的凹陷和薄壁异型材、内径小于20mm的管材和具有长而薄的带筋的钢管，对于挤压加工都是有难度的。

1952 年建成的美国巴布考克·维尔考克斯公司钢管厂，拥有 500t 立式穿孔机和 2500t 挤压机。该公司能成功将许多用其他方法难以变形的高合金钢和合金挤压成材，如在斜轧穿孔机上很难穿轧的不锈钢和合金，（如 Cr18Ni19Mo13、Cr18Si 等钢种）。除此之外，还成功地挤压了纯金属锆和钛及其合金，含钨和钒的高速钢，以及 0Cr17Ni25Mo6N（0.1% C，16.5% Cr，25% Ni，6.25% Mo，0.15% N）、0Cr15Ni25Mo2Ti2AlV（0.08% C，14.75% Cr，25% Ni，1.25% Mo，1.9% Ti，0.2% Al，0.25% V）、Cr17Ni12Si7Mo3Nb（16% ~ 18% Cr，11% ~ 14% Ni，7.5% Si，2% ~ 3% Mo，% Nb = 9 × % C）、0Cr25Ni14Ti2Mo2Si（0.35% C，22% ~ 26% Cr，12% ~ 15% Ni，2% Ti，1% 以下 Si，2% 以下 Mo）和 0Cr25Ni20Mo2SiNb（0.08% 以下 C，1% 以下 Si，2% 以下 Mo、22% ~ 26% Cr，19% ~ 22% Ni，% Nb = 9 × % C）高合金钢棒材和管材。

法国某公司挤压出的钢管断面如图 6 - 4 所示（图 6 - 4（b）所示为不锈钢的断面，图 6 - 4（a）、图 6 - 4（c）、图 6 - 4（d）、图 6 - 4（e）是用于必须强化管子内部或外部进行热交换的异型管）。美国巴布考克·维尔考克斯公司挤压出的钢管断面如图 6 - 5 所示。

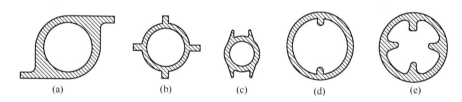

(a)　　(b)　　(c)　　(d)　　(e)

图 6 - 4　法国某公司挤压出的钢管断面

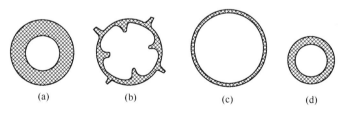

(a)　　(b)　　(c)　　(d)

图 6 - 5　美国 B & W 公司挤压的钢管断面
(a) 厚壁管；(b) 内外带筋的厚壁管；(c) 纯钛薄壁管；(d) 球墨铸铁管

该公司采用 500t 立式穿孔机和 2500t 卧式挤压机生产圆和非圆型材产品时，根据多年经验，能够用挤压法生产的断面尺寸，受到界限值的限制，即断面截面积不小于 650mm²，最大直径为 165mm，最小壁厚为 3mm，最小内径为 20mm，最大质量为 180kg。

挤压的精确度可以保证与热轧型材的精度相同。随着断面面积和厚度的减小，挤压型材的优越性也越明显。

6.1.6 型材热挤压的模具设计

6.1.6.1 断面设计

为了确定最经济的挤压型材断面，必须对其断面进行研究。挤压断面设计如图 6-6 所示。

外接圆：外接圆是将型材断面全部包含在内的最小圆周。

最小尺寸：最小尺寸由断面面积、在规定温度下所挤压钢的变形阻力和其他因素决定。最小断面不应小于 322.58mm^2。

外圆角：通常产品的外圆角半径是 1.58mm。

最小厚度：产品的最小厚度为 4.56mm，型材各部分横断面的最小宽厚比为 14：1。随着挤压技术的迅速进步，挤压产品的最小厚度将能达到 3.18mm。

内圆角：通常产品的内圆角半径是 6.35mm。

凹槽：凹槽深度 D 不得大于凹槽宽度 W。

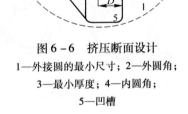

图 6-6 挤压断面设计
1—外接圆的最小尺寸；2—外圆角；
3—最小厚度；4—内圆角；
5—凹槽

6.1.6.2 公差设计

实心挤压型钢应达到挤压并矫直、热处理的技术条件，并进行热精整、去掉玻璃以及酸洗或喷丸清理或用其他方法清除氧化皮的最后加工。

横断面尺寸公差：

规定尺寸	公差
<25mm	±0.5mm
25~76mm	±0.8mm
76~111mm	±1.17mm

外圆角半径公差：通常为 1.58mm。

内圆角半径公差：通常为 1.58mm。

角度公差：除特殊情况外，实心挤压型钢的角度公差为 ±2°。

出模斜度：除特殊情况外，U 形断面内直边的出模斜度不得超过 5°。

翘曲：除特殊情况外，挤压条钢应矫直到以下公差范围内：

断面宽度	1524mm 的升高度
12.7 ~ 38.1mm	3.18mm
38.1 ~ 111.13mm	4.78mm

长度公差：

（1）规定生产任意长度时，允许的长度变动可达 609.6mm。

（2）规定生产倍尺长度时，除特殊情况外，每一倍尺长度的条钢加 6.35mm。

（3）要求生产精确或严格长度时，长度不大于 3658mm 时，超尺 4.76mm，短尺为 0；生产长度大于 3658mm 时，超尺 6.35mm，短尺为 0。

表面光洁度：挤压型钢交货时的表面最大粗糙度为 250 均方根值。该值仅供参考，因为合金和形状在很大程度上决定着显微粗糙度的最高等级。

6.1.6.3 公差设计实例

美国巴布考克·维尔考克斯公司公布的不锈钢的热挤压异型钢材的尺寸公差如下：

断面公差：

尺寸	总公差
< 25.4mm	1.02mm
25.4 ~ 76.12mm	1.57mm
76.12 ~ 101.6mm	2.36mm
> 101.6mm	3.18mm

角度公差：±2°

外圆角半径公差：

钢种	公差
300 系列不锈钢	最大 3.18mm
400 系列不锈钢	最大 2.38mm

不许出现尖角，最大外圆角半径如上所述，或者如果需要，外圆角半径可以加大。

内圆角半径公差：

内圆角	公差
≥90° 的内圆角	6.35mm
<90° 的内圆角	根据设备来确定

角度公差：±2°。

翘曲公差：翘曲是条材一边同直线的最大偏差度，其测量方法是将条钢凹曲的一边与直边相比。任意 1524mm（5 英尺）长度的升高度为 3.18mm（1/8 英寸）。

长度公差：在机床上将矫直后的异型钢材切除至尺寸公差范围内，其公差范围见表6-5。

表6-5 异型钢材的长度公差范围（德国） （mm）

型材宽度	长度不大于3658		长度在3658~7620	
	超 尺	短 尺	超 尺	短 尺
≤76.2	3.18	0	4.76	0
76.2~152.4	4.76	0	6.35	0
>152.4	6.35	0	7.94	0

扭转公差：扭转是挤压条材的总旋转程度，用高的一角从平的基面的升高度测量：

断面宽度	304.8mm（相当于1英尺）的升高度
12.7~38.1mm	3.18mm
38.1~101.6mm	4.76mm
101.6~165.1mm	7.94mm

德国某公司制定的挤压型钢的几何尺寸公差见表6-6。

6.1.7 挤压型材产品尺寸的稳定性

影响挤压型材产品尺寸稳定性的因素有很多，主要有：（1）挤压温度；（2）型材断面形状；（3）玻璃润滑剂的种类；（4）挤压材料；（5）挤压速度；（6）挤压比；（7）模子的配合公差；（8）挤压模温度。

6.1.7.1 挤压温度的影响

主要考虑挤压时金属从模子中挤出所要求的塑性。在坯料的加热温度确定之后，钢坯的收缩就可以计算出来，对于碳素钢和低碳钢还必须考虑少量的烧损。

6.1.7.2 型材断面形状的影响

对于主要断面外还带有很薄的凸起部分的挤压产品，需要对收缩的公差做特殊的处理。在大多数情况下，必须允许有较大的收缩公差，因为复杂断面具有各部分收缩不同的特点，并且受主要断面重量与凸起部分重量比值的影响。对于简单形状断面，公差一般取0.762mm；而对于薄壁断面来说，公差一般取±1.016mm比较适当。

挤压时金属能从模子各部分均衡地流出，对于筋条厚度变化的不对称断面更为必要。在设计模子时，必须尽可能地适应模子横断面上所受到的不同的摩擦阻力，或许要限制某处材料的流动，来弥补中心另一边的狭窄筋条。

表6-6 挤压型钢的几何尺寸公差（德国）

型材断面形状	尺寸类型/mm		公差范围/mm	型材断面形状	尺寸类型/mm	公差范围/mm
所有型材	长度	生产	±1.0		壁厚 S	名义壁厚尺寸的 ±20%
		订货	±10		外径不小于50	0.5
		协议	±20		外径小于50	±1%
	断面尺寸	<25	±0.5		壁厚 S	±15%
					翼厚 l	±0.5
		25～75	±0.8		翼宽 b	±2.0
		75～100	±1.0		角度	α ±2°
		100～125	±1.2			
		>125	±1.4			
	半径 (R 最小)	内部 R_1	4^{+2}_{-0}		β	-0.5°
		外部 R_0	$1.5^{+0.5}$			
	直线度 L		≤0.2%L		扭转角 α	α≤2°/m
	横向弯曲度 B		≤1%B			

挤压时，由于模孔发生局部变形（可能是由于润滑剂或者模子表面层移入模孔引起的，也可能是由于两种情况同时作用使模子的几何形状受到影响），致使断面形状不正确的或尺寸产生较大的扭曲。

6.1.7.3 玻璃润滑剂种类的影响

选取何种润滑剂是在挤压钢时所要考虑的主要工艺问题之一。对于钢和低塑性合金，采用的润滑剂需具有的特性是：

（1）能保证热金属与冷工具（挤压筒、挤压模、挤压垫）之间有良好的热绝缘；

（2）在接触面上的摩擦系数低；

（3）在挤压温度下有合适的黏性，保证润滑剂在挤压时不会被挤掉。

在挤压时，如果坯料表面易出现明显的氧化，最好在玻璃润滑剂中添加 1.0% ~ 1.6% 的 CaF_2，并相应地减少 Na_2O 的含量。同时，在设计公差时，必须考虑到挤压后残留在挤压产品表面上玻璃润滑剂的厚度。

6.1.7.4 挤压材料的影响

挤压的钢种不同，则以另外的形式影响模子的尺寸。

在开始挤压时，随着变形阻抗的增加，单位压力提高，挤压棒材头部的玻璃层厚度增加，致使棒材头部尺寸减小。同时，由于材料的变形抗力增加，材料变形更加困难，致使挤压模的磨损加大，造成挤压制品尺寸偏大。

6.1.7.5 挤压速度的影响

大的挤压速度有利于得到尺寸更加均匀一致的断面。以超过 4.58m/s 的速度挤压长 11m 的钢材结果表明，钢材的全长尺寸的变化均不超过 0.381mm。相反，如果挤压速度很低，就像使挤压的负荷一直处于极限时一样，则挤压后制品的尺寸将会有很大的变化。

6.1.7.6 挤压比的影响

挤压比主要影响着挤压时所需要的单位压力。挤压比越大，挤压时需要的单位压力越大，挤压模的磨损越严重。如果在小挤压筒中挤压时模子的磨损过分严重，则应换一个较小的挤压筒挤压，这时就可得到满意的结果。另外，采用大挤压比挤压棒材时，沿棒材表面的玻璃层一般会比小挤压比挤压时的厚一些，但不至于公差出格。

6.1.7.7 模子配合公差的影响

不仅模子的制造精度对挤压制品的尺寸会造成影响，而且模子在模座中的配合精度也会影响挤压制品的尺寸精度。

6.1.7.8 挤压模温度的影响

挤压模在挤压前需预热，挤压后模子局部的温度可能升高到 600℃ 以上。此时，挤压模再次使用前就需要进行冷却。对于有严格公差要求的制品，对模子工作温度的控制很重要。因此，对于任何一种断面可以确定最为经济的挤压模数目，以此确定挤压模的使用间隔时间，达到控制挤压模使用温度的目的。如果挤压模数量少，使用间隔时间短，使得挤压模在过热状态下工作，容易造成挤压模凹陷变形，导致生产的制品孔径小于要求尺寸。

6.1.8 挤压型材的矫直

生产异型材时，异型材的矫直是最困难的工序之一，其矫直费用损耗在整个生产成本中占很大比重。

挤压时，变形的不均匀性、工模具的磨损以及挤压后型材的冷却等都会引起型材的纵向弯曲、扭曲和波纹等缺陷。挤压型材一般采用压力矫直机、辊式矫直机或拉伸矫直机进行矫直：

（1）采用压力矫直机。用立式或卧式、带机械或液压传动的压力矫直机矫直时，采用"三点矫直法"将产品固定在两个支撑点上，反方向施加压力矫正产品。但矫直后产品仍会存在 1.5 ~ 2.0mm/m 的弯曲度。一般压力矫直机用于大弯曲度产品的预矫直或辅助矫直，以及用于在平面上矫直横断面刚度较大的型材。

（2）采用辊式矫直机。辊式矫直机用于各种断面型材的冷矫。型材矫直机带有各种异型矫直辊或各种组合矫直辊，在两个框架之间开式悬臂布置或闭式布置。一般采用七辊或九辊结构的矫直机矫直时，型材在水平方向和垂直方向受到反复的弯曲，其弯曲量与矫直机的辊数有关。

德国曼内斯曼·米尔公司采用的"万能偏心辊式矫直机"，使被矫直的型材在断面的各个方向上都受到弯曲。型材在经过某些机架时并没有转动，而是机架在与送进相垂直的方向上有振动式的往复移动。机架的振动由偏心机构来实现，被矫直的型材则由两对送进辊和拉辊送进。

（3）采用拉伸矫直机。大部分复杂断面的异型材的矫直都是在拉伸—扭转矫直机上进行矫直的。拉伸矫直机通过一端的扭拧头和另一端的拉伸头分别夹紧被矫直型材的两端，首先将型材扭正，然后将型材拉伸 1% ~ 2% 的永久变形量，使型材得到扭正和矫直。

对平直度要求较高的挤压薄壁空心型材，或对翼缘和壁之间的角度要求较准确的产品，在拉伸矫直机矫直后，仍可采用辊式矫直机做辅助矫直。

对带有变距扭曲的挤压型材，拉伸—扭转矫直机还设置有可更换的扭转头中心托架，托架可沿型材长度方向上自由移动，以适应矫直型材不同长度的扭矩变化。

为了改善矫直空心型材时的夹紧，在有的拉伸矫直机上采用长度为 300 ~ 400mm 的专用阳模。

冷矫时，材料的塑性较低，可采用温矫或热矫。用电流直接通过矫直型材的方法，在拉伸矫直机上实现型材的加热。热矫后，型材上残留的玻璃润滑剂和型材冷却时产生的大部分氧化铁皮被破碎并剥离，有利于随后的喷丸和酸洗等清除工序。

加热温度、金属的变形抗力和挤压的持续时间对挤压型材的尺寸精度都有一定的影响，当这些不利因素组合在一起时，导致异型工模具磨损增加、挤压产品精度降低。此外，工模具的制造精度和润滑剂的种类对型材的尺寸精度也会产生一定的影响。

为了提高挤压型材的尺寸精度和表面光洁度，将型材通过一道或多道次的冷却或冷轧加工后，可以得到尺寸精度达 0.10 ~ 0.05mm，表面光洁度达 5 ~ 7 级的精密型材。该精密异型材无需经过附加的表面机加工而直接用于机器制造业以及其他工业部门。因此，一般在公差和表面质量要求特别严格的情况下才需要进行冷矫加工。

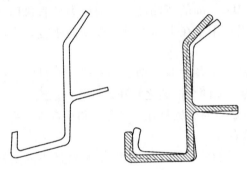

图 6 - 7   德国施维尔特钢厂生产的细薄断面型材矫直后的变形情况

对于一些细薄断面的产品挤压时，型材离开挤压模时的温度还很高，制品通常仍处于很软的状态，因此可能由于异型材在移动的过程中产生变形，或因热应力的改变而造成卷曲。德国施维尔特钢厂生产的细薄断面型材矫直后（用辊式矫直机消除畸形）的变形情况如图 6 - 7 所示。图 6 - 7 中带斜线的矩形断面只能是在辊式矫直机矫直后得到。用辊式矫直机不能矫正的断面要用液压拉力矫直机来矫直。挤压型材在拉伸矫直时，残留在表面上的玻璃润滑剂几乎都会崩落；即使还残留少量的小块玻璃，也可以通过喷丸清除。经处理后的挤压型材的表面质量可以与轧制钢材相比。

6.2   复合管的热挤压

复合管与单一钢管相比（如耐腐蚀钢管和抗氧化钢管等），具有一系列独特的性能，如高的导热性、电磁渗透率、强度极限、不大的热膨胀性能等。这为设计和制造具有新工艺特性的装备提供了可能。除此之外，复合管的应用减少了较昂贵的耐蚀钢和抗氧化钢的消耗，但是也使钢管的对焊比单一高合金管更加复杂。

6.2.1   影响两层不同材料结合的因素

在制造复合管时，影响两层不同材料结合的主要因素为：

（1）结合表面的精确装配及其实际接触面积的大小。与结合表面的精确对正及其有效接触面积的大小有关的是表面能、表面氧化膜，结晶取向、缺陷

（如位移、晶界、各相的相对位置、显微裂纹等）。物理化学研究表明，几何的理想表面与物理真实的两层接触表面大小的比值可取 1∶50～1∶12。

（2）金属的化学成分。钢中添加合金元素可降低接触层的焊合能力。

（3）表面层和中间层的表面质量。金属层氧化膜的成分和性能对两层不同金属的结合强度有着本质影响。在大气介质中或在压强为 1.33×10^{-4} Pa 以下的真空中加热时，其形成的氧化膜对两层不同材料的结合质量有着不良影响。如果氧化膜很脆，并在变形时被破坏，其形成的接触表面具有较高的表面能，因此两层不同材料的焊合过程就较容易进行。铬钢和铬镍钢上形成的富铬氧化膜能使两层不同材料的结合质量明显变坏，可借助于电解沉积方法得到的镍中间层来消除。

（4）结合层表面的应力状态。在变形过程中，两层不同金属的接触表面不仅明显增大，而且接触表面上有较高的压应力，使结合层的焊合质量得到提高。因此，在复合管的生产中，采用挤压法和拉拔法以及皮尔格轧制法进行变形。由于横轧或螺旋轧制金属在变形过程中存在切向拉应力，因此不能采用这两种方法。

（5）塑性变形时的接触表面和温度。两层不同材料结合表面的增大，对于在各层同时变形过程中的焊合具有决定性的作用。因为，其形成的接触表面具有很大的能量，而两层不同金属结合的最大强度是在高温变形时获得的。这是因为多数金属在高温变形的条件下，塑性提高，且扩散也更迅速。

6.2.2　复合管坯料的制造方法

6.2.2.1　复合管的生产方法

复合管的生产方法有多种，可以按双层坯料制造的方法来区分，也可以按所采用的变形方法来区分。

按照两层不同材料的结合方法，可将复合管生产分为两类，即以双层铸坯、离心浇铸和爆炸成形等非变形方法和各种变形方法。

A　非变形法获得复合管

为了获得双层铸坯，采用下注法和在钢锭模中合金化方法，经过浇铸漏斗向钢锭模内注入高度为 H_1 的钢 A，当金属液从外向内逐渐结晶到一定程度时，再注入高度为 H_2 的钢 B，此时仍为液体的金属 A 与金属 B 溶合成（A + B）双层成分（图 6 - 8）。该方法仅适用于已知金属凝固速度，以及所需要的合成坯料的层厚时。由于铸锭内的合金化，必须保证坯料中心可得到需要的合金成分（A + B）。用该方法生产铸造的钢 10 + 60 双金属坯料效果非常好；生产的坯料可挤压轧制成复合钢管或复合型材。该方法也可用于生产钻探管。

双层金属坯料也可用离心浇铸的方法获得，然后经过挤压或皮尔格轧制加工

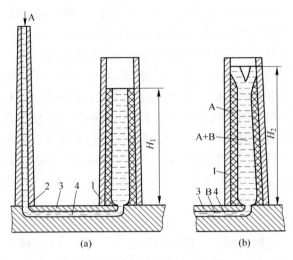

图 6-8　用下注法获得双层金属坯料铸件示意图

(a) A 钢的浇铸和固体外壳的形成；(b) 注入合金钢 B

1—钢锭模（金属模）；2—浇注管（流钢砖）；3—底板；4—浇道

成双层金属复合成品钢管。

采用爆炸成型方法使两层不同金属结合时，其结合不仅是爆炸波作用的结果，也是辐射加热的结果。

B　变形法获得复合管

采用变形方法使两层金属结合的方法有：

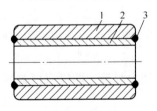

图 6-9　互相插入型组合挤压双金属管空心坯料示意图

1—基体材料；2—复合材料；

3—焊缝

（1）互相插入不同材料的空心管坯组合而成的挤压坯料（图 6-9）。

（2）在实心坯热穿孔后，放入管状空心坯并进一步挤压成复合管（图 6-10）。挤压组合的空心坯时，采用带塑性心部—钢质芯棒的双层原始坯料挤压具有小直径内孔的厚壁复合管。

6.2.2.2　复合管的热挤压工艺试验

为了简化工艺、改善复合管质量，在立式穿孔机上通过热穿孔获得双金属坯料，然后在卧式挤压机上通过热挤压方法获得双层金属毛管，最后在皮尔格轧管机上通过冷轧得到双金属复合成品钢管的工艺试验。

将工频感应加热炉加热的坯料送入立式穿孔机的穿孔筒内，在穿孔头的上面固定有冷态的高合金钢厚壁管。在坯料进行穿孔时，安置在穿孔头上部的厚壁管坯装入被穿孔头穿出的内孔，形成双金属空心坯的内层。在确定被用来形成组合

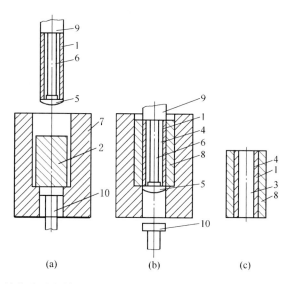

图 6 - 10　用坯料穿孔时在其内压入复合金属套管的方法获得双金属空心挤压坯示意图

(a) 穿孔前；(b) 穿孔和推入复合套管后；(c) 制成的双层挤压空心坯

1—管状空心坯；2—穿孔前的热坯料；3—组合的空心坯料；4—实心坯穿孔后形成的表面；5—穿孔头；
6—冲头；7—穿孔筒；8—组合坯料的外层；9—冲头柄；10—锁紧冲头

坯料内层的厚壁管坯长度时，应考虑到穿孔过程中空心坯料的高度会有所增加（图 6 - 11），穿孔成的双层金属坯料再经工频感应再加热炉再加热到挤压温度并挤压成双金属复合管。用该工艺获得的双金属复合管坯，大大地减少了基层和复合层之间氧化膜的形成，改善了两层不同金属间的结合质量。

　　具有耐蚀钢内层的原始组合坯料和复合管的材料及尺寸配合情况见表 6 - 7。通过挤压可获得规格为 $\phi95mm \times 7mm$ 和 $\phi86mm \times 4mm$ 的复合管。其中，$\phi95mm \times 7mm$ 钢管在皮尔格轧机上可冷轧出规格为 $\phi61mm \times 4mm$、$\phi38mm \times 3mm$ 的复合钢管；$\phi86mm \times 4mm$ 钢管加热后进入 13 机架（微）张力定

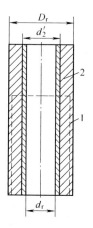

图 6 - 11　穿孔前的坯料和由穿孔而得到的组合双层金属坯料示意图

1—穿孔前的坯料；2—两层金属坯料

（减）径机，减径成规格为 $\phi45mm \times 3.5mm$ 的复合钢管。

　　挤压钢管时，挤压过程稳定，但挤压开始阶段与稳定阶段的各层金属流动稍有差异，致使复合管前端一小段上存在两层尺寸的实际值与要求值的偏差，这是

表6-7　复合管各层的尺寸

材料配合	挤压前				挤压后				张力减径后					皮尔格冷轧管机冷轧后				
	D_T/mm	S/mm	A/S	$M_{复合层材料}/M_{基体材料}$	D/mm	S/mm	A/S	$A_{穿孔}/A_{挤压}$	D/mm	S/mm	A/S	$A_{挤压}/A_{减径}$	$A_{穿孔}/A_{挤压}$	D/mm	S/mm	A/S	$A_{挤压}/A_{冷轧}$	$A_{穿孔}/A_{挤压}$
35钢+1Cr18Ni9Ti	195	54.0	0.115	0.008	94.5	7.4	0.082	11.8	—	—	—	—	—	60.8	3.4	0.090	3.30	39.0
35钢+1Cr18Ni9Ti	195	54.0	0.115	0.085	85.6	3.8	0.080	24.2	45.0	3.5	0.083	2.1	52	—	—	—	—	—
35钢+1Cr18Ni9Ti	195	52.0	0.376	0.390	95.0	8.4	0.310	10.2	—	—	—	—	—	61.2	4.2	0.290	3.00	30.5
35钢+1Cr17Ti	195	52.5	0.114	0.083	95.0	8.5	0.080	10.1	—	—	—	—	—	61.0	4.0	0.075	3.26	32.8
35钢+1Cr17Ti	195	53.0	0.116	0.084	86.0	4.0	0.075	23.0	45.0	3.6	0.083	2.2	50	—	—	—	—	—

注：S为壁厚；$M_{复合层材料}$为复合层材料的质量；$M_{基体材料}$为基体材料的质量；$A_{穿孔}$为穿孔后双层坯料的横截面积；$A_{挤压}$为挤压后复合管的横截面积；$A_{减径}$为张力减径后复合管的横截面积；$A_{冷轧}$为在皮尔格冷轧管机上冷轧后复合管的横截面积。

由于挤压开始时，坯料内层金属相对于外层金属存在着更有力的流动的结果（图6-12）。

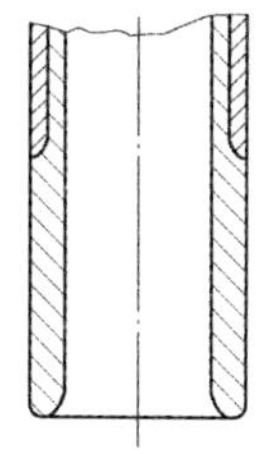

6.2.2.3 复合管变形时双层结合表面的增加

复合管双层的焊合质量在很大程度上与变形时附着表面的增加有关。把表面增加程度定义为伸长率 λ 变形后的表面与原始表面的比值。因此，复合管外表面增加程度为：

$$F_{\text{H·TP}}/F_{\text{Hp·пресс}} = D_{\text{H·TP}}\lambda/D_{\text{Hp·пресс}} \qquad (6-1)$$

图6-12 复合管前端复合内层超前流动示意图

式中　$F_{\text{H·TP}}$——在以 $\varLambda_X$（在 X 截面上压缩的变形程度）收缩后复合管的外表面面积；

$F_{\text{Hp·пресс}}$——经穿孔后双层空心坯料的外表面面积；

$D_{\text{H·TP}}$——在以 $\varLambda_X$ 收缩复合管的外径；

λ——延伸系数；

$D_{\text{Hp·пресс}}$——经穿孔后双层空心坯料的外径。

结合层表面增加程度为：

$$F_{\text{сд}}/F_{\text{T}} = D_{\text{сд}}\lambda/D_{\text{T}} \qquad (6-2)$$

式中　$F_{\text{сд}}$——在以 $\varLambda_X$ 压缩后基体材料和覆盖材料之间的结合表面面积；

F_{T}——穿孔时被放入的管状坯料的外表面面积；

$D_{\text{сд}}$——在以 $\varLambda_X$ 压缩后基体材料和覆盖材料之间的结合表面的直径；

D_{T}——穿孔时被放入的管状坯料的外径。

复合管内表面增加程度为：

$$F'_{\text{BH·T}}/F_{\text{BH·T}} = D'_{\text{BH·T}}\lambda/D_{\text{BH·T}} \qquad (6-3)$$

式中　$F'_{\text{BH·T}}$——在以 $\varLambda_X$ 压缩后复合管的内表面面积；

$F_{\text{BH·T}}$——被放入的管状坯料的内圆柱的表面面积；

$D'_{\text{BH·T}}$——在以 $\varLambda_X$ 压缩后复合管的内径；

$D_{\text{BH·T}}$——被放入的管状坯料的内径。

研究结果表明，复合管内表面增加程度比外表面增加程度约大一倍；结合层表面增加程度在外表面和内表面增加程度之间，而且与变形程度并不存在线性比例关系；相同规格的双层管坯在进行大小不同的变形时，可能得到相同的表面增加程度（例如无论是在 $\varLambda_X = 120$ 或 $\varLambda_X = 240$ 变形时，都可得到 30 的结合表面增加程度），这是因为复合管壁厚和直径对结合层表面增加程度有影响。

实践证明，在采用压力加工方法生产复合管时，由于变形程度保证了原始的结合表面积至少增加了 8 倍，使得两层不同材料能充分地焊合。

6.2.2.4 复合管的内表面质量

当不锈耐酸钢复合管与腐蚀介质接触时，表面显微不平度将严重影响到其腐蚀速度（表6-8）。

表 6-8 复合管的表面质量

基体材料	复合管规格/mm	制 造 方 法	表面显微不平度/mm 横 向	表面显微不平度/mm 纵 向	总的延伸系数
1Cr18Ni9Ti	$\phi 94.0 \times 7.0$	挤压、热处理、酸洗	16 ~ 26	14 ~ 19	12.6
	$\phi 85.6 \times 3.8$	挤压、热处理、酸洗	26 ~ 38	24 ~ 26	24.2
	$\phi 45.0 \times 3.5$	挤压、张力减径、热处理、酸洗	22 ~ 33	14 ~ 33	52
	$\phi 61.2 \times 4.2$	挤压、酸洗、冷轧、热处理、酸洗	5 ~ 11	6 ~ 8	30
0Cr17Ti	$\phi 95.0 \times 8.5$	挤压、热处理、酸洗	42 ~ 63	22 ~ 50	10
	$\phi 86.0 \times 4.0$	挤压、热处理、酸洗	43 ~ 60	12 ~ 33	23
	$\phi 45.0 \times 3.7$	挤压、张力减径、热处理、酸洗	39 ~ 68	22 ~ 51	49
	$\phi 61.0 \times 4.0$	挤压、酸洗、冷轧、热处理、酸洗	10 ~ 20	8 ~ 12	33

从表 6-8 可以看出：

（1）在相同的加工条件下，复合管表面显微不平度强烈地取决于复合材料的力学性能，用 1Cr18Ni9T 制成的复合管内层，比用 0Cr17Ti 的显微不平度小很多。因此可以认为，变形抗力高的复合管比变形抗力低的表面光洁度要高。

（2）在相同的加工条件下，复合管横向上的表面显微不平度比纵向的大。

（3）复合管在皮尔格冷轧管机上冷轧后，可降低复合管的显微不平度，同时也减小了粗糙度的离散程度。

6.2.2.5 复合管基体材料内碳的扩散

复合管基体材料内碳的扩散层深度见表 6-9。

表 6-9 复合管基体材料内碳的扩散层深度

包覆材料	基体材料	复合管规格/mm	加 工 方 式	扩散层深度/mm
1Cr18Ni9Ti	35 钢	$\phi 92.0 \times 8.0$	挤 压	0.07 ~ 0.10
		$\phi 95.0 \times 9.0$	挤压 + 热处理 (930℃)	0.2
		$\phi 35.0 \times 3.3$	挤压 + 张力减径	0.07
		$\phi 46.0 \times 4.0$	挤压 + 张力减径 + 热处理 (930℃)	0.2
		$\phi 60.0 \times 5.0$	挤压 + 皮尔格轧机冷轧 + 热处理 (930℃)	0.10 ~ 0.12
		$\phi 34.0 \times 3.2$	挤压 + 皮尔格轧机冷轧 + 热处理 (930℃) + 皮尔格轧机冷轧 + 热处理 (930℃)	0.10 ~ 0.12
	45 钢	$\phi 85.0 \times 7.0$	挤 压	0.05 ~ 0.07
		$\phi 45.0 \times 3.5$	挤压 + 皮尔格轧机冷轧 + 热处理 (930℃) + 皮尔格轧机冷轧 + 热处理 (930℃)	0.4

续表 6 - 9

包覆材料	基体材料	复合管规格/mm	加 工 方 式	扩散层深度/mm
1Cr17Ni13	35 钢	$\phi 85.0 \times 7.0$	挤　压	0.07 ~ 0.10
		$\phi 60.0 \times 4.8$	挤压 + 皮尔格轧机冷轧 + 热处理（930℃）	0.15 ~ 0.17
		$\phi 40.0 \times 3.5$	挤压 + 皮尔格轧机冷轧 + 热处理（930℃）+ 挤压 + 热处理（930℃）	0.18
1Cr17Ti	35 钢	$\phi 96.0 \times 9.0$	挤压 + 热处理（870℃）	0.35,柱状晶结构
		$\phi 88.0 \times 4.5$	挤压 + 热处理（870℃）	
		$\phi 61.5 \times 4.1$	挤压 + 热处理（870℃）+ 皮尔格轧机冷轧 + 热处理（870℃）	0.35,柱状晶结构
		$\phi 45.0 \times 3.8$	挤压 + 热处理（870℃）+ T（870℃）+ 皮尔格轧机冷轧 + 热处理（870℃）	0.32,柱状晶结构

　　从表 6 - 9 中可以看出,1Cr18Ni9Ti + 35 钢复合管中碳的扩散层深度,在挤压和冷轧后为 0.07 ~ 0.10mm,钢管在冷轧和 930℃ 热处理后,扩散值增大到 0.12mm。

　　05Cr17Ni13Ti + 35 钢复合管中碳的扩散层关系是类似的;1Cr18Ni9Ti + 13Cr + 13Cr4Mo4 复合管经皮尔格轧管机冷轧 + 两次 930℃ 热处理后,扩散层变得特别深。

　　如果不形成柱状晶组织,则在结合层表面附近扩散区域的宽度为 0.4mm。由于基体材料中形成的碳化物,包括铬和钼的碳化物,碳向复合材料中的扩散减少。0Cr17Ti + 35 钢复合管含有 1% 的钛,基体材料中的扩散层非常明显;在轧管机上冷轧和热处理后,扩散层深度比同类的复合材料 0Cr17NiTi 管的要小。

　　当在挤压 + 轧制或皮尔格轧管机上冷轧 + 870℃ 下热处理,则扩散层的宽度为 0.30 ~ 0.38mm,同时在扩散方向上形成了定向排列的柱状晶。

　　含高钛和铬的复合层材料热处理时,由于合金元素使活性降低,从基体钢中接收碳的倾向较高。

6.2.2.6　厚壁复合管的挤压

　　为了获得小直径的厚壁复合管（如内径为 10 ~ 15mm、壁厚为 10mm）,采用带不固定芯棒的坯料挤压工艺是较为理想的选择。芯棒采用塑性的钢质芯杆。

　　例如,采用 1Mn18Cr12V 塑性芯棒,将 $\phi 145mm$ 双层金属坯料经一次挤压成 $\phi 26mm$ 复合管,外层基体金属为 55CrNiMoV 钢,内部复合层金属为 1Cr24Al 钢。从挤压后压余的纵向和径向截面可以看出,在变形时所有三层材料的金属流动是对称的(图 6 - 13)。

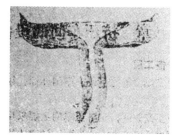

图 6 - 13　三层坯料热挤压
后的挤压余料
（坯料分别为 55CrNiMoV、
1Mn18Cr12V、1Cr24Al）

采用热挤压工艺生产复合管时，钢质芯棒也发生塑性变形，结合层表面增加程度与外表面增加程度几乎相等。

6.3 超厚壁管的热挤压

超厚壁无缝钢管用于化学和石油工业的高压和超高压（压力在 500MPa 以上）的管道、轴、轴承和其他管件，同时还可作为螺旋轧制周期断面管件的坯料等。

在现有的轧管机上，采用热变形的方法能够生产径壁比（D/S）为 4～20 的厚壁管。按照 D/S 的大小，可分为 $D/S = 6～20$ 的厚壁管和 $D/S = 4.0～5.9$ 的特厚壁管两类。

一般认为三辊轧管机最适合轧制厚壁管，但是由于受到钢管内径的限制，一般不能生产内径小于 45mm 的厚壁管。

热挤压工艺是生产超厚壁钢管的最佳方法，该工艺能够大大地减小生产厚壁管的内径（最大可达到 3mm），并且使生产的厚壁管的 D/S 达到 2.1。

随着挤压机挤压芯棒直径的减小，使挤压芯棒的工作条件显著恶化。因为挤压芯棒由于钢管内径的减小，不可能做成带内水冷式的，并且在挤压过程中，由于芯棒受热，会引起其断裂。因而，实际上将挤压芯棒限制在 $\phi 20～30mm$。

为了生产内径小于 20mm 的厚壁管，在 $D/S \geqslant 2.3$ 时，可以采用冷轧和冷拔的方法。但是冷轧或冷拔变形会使超厚壁管内表面的质量明显变坏。

为了得到内径 3mm 以上的超厚壁管，采用如图 6-14 所示的方法，生产出 $D/S = 2.1～4.0$ 的超厚壁钢管。

可移动芯棒 3 的端部的最初位置在挤压模 2 圆柱带伸出 50～100mm。在挤压过程中，当挤压杆 6 随着挤压垫 5 移动时，变形金属 7 环绕不移动的挤压芯棒 4，带着可移动芯棒 3 流动，并且经过挤压模 2 形成带有内芯棒的挤压管。

挤压时，由于芯棒是在冷状态下进入变形区，因此在不同的温度下比其他金

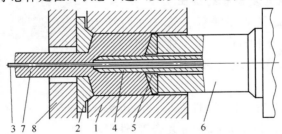

3 7 8   2 1 4 5   6

图 6-14 挤压生产超厚壁钢管的工模具配置

1—挤压筒；2—挤压模；3—移动而不变形的芯棒；4—不移动的挤压芯棒；

5—挤压垫；6—挤压杆；7—厚壁钢管；8—挤压模座

属的强度要高很多，不会发生变形。可移动芯棒 3 能自由地通过不可移动的空心挤压芯棒 4，芯棒和变形金属之间没有相对移动，仅存在较小的摩擦力。因此，钢管和芯棒之间不会焊合。同时，在挤压之前，可以喷涂或刷上一些悬浮状的润滑剂。

挤压结束后，芯棒与钢管同时被锯切。挤压周期的其余工序与挤压一般钢管的相似。芯棒可以通过拉拔或其他方式取出。芯棒可以用 H13 或者 Cr18Ni10Ti 钢冷拉线材制作。采用 Cr18Ni10Ti 不锈钢冷轧棒线材制作的芯棒在拉拔机上能顺利地从钢管中拉出。超厚壁管的内表面光洁度达到 6～7 级，尺寸公差也满意技术条件要求。超厚壁钢管（$D/S = 2.2$）的横断面如图 6-15 所示。

采用这种工艺可以获得任何要求的外形和内表面的厚壁管，为此，必须使用相应形状的挤压模和挤压芯棒。尼科波尔南方钢管厂在 1600t 卧式液压挤压机上，采用上述工艺，生产出外径为 $\phi40mm$、$\phi60mm$、$\phi80mm$、$\phi100mm$，内径为 $\phi3mm$、$\phi5mm$、$\phi10mm$、$\phi15mm$ 的超厚壁管。

挤压结束后，芯棒可以当钢管在七辊矫直机上矫直后从钢管中拔出，并且由于断面是超厚壁，可以采用温矫。

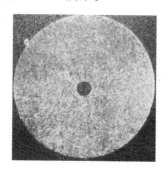

图 6-15　超厚壁钢管（$D/S = 2.2$）的横断面

采用上述工艺还可以生产厚壁复合钢管。采用外层为 55CrNiMoV 钢，内层为 10Cr24Al 材料的双层坯料，直径为 $\phi145mm$。一次挤压成 $\phi25mm$ 复合管。芯棒材料为 12Mn18Cr12V 钢。从挤压余料的纵向和径向截面可以看出，挤压时各层金属材料的流动对称。

7 钢管和型材热挤压的工模具设计

7.1 引言

各种不同的挤压方法（正挤、反挤、纵挤、横挤、立挤、卧挤），挤压机的结构形式，挤压时的工模具配置，以及挤压时金属的流动特点，为确定挤压时工模具中的应力提供了可能性，从而在设计挤压工模具时，就能够考虑到工模具所承受负荷的情况。

各种工艺因素，挤压机工模具的结构形式，工模具工作表面的状态，以及其使用条件，对于工模具所承受负荷的变化起着重要的作用。根据这些总的情况来设计工模具的结构和形状，选择制造每一种工模具时采用的材料牌号，并规范其力学性能与热处理制度。

钢管热挤压时，工模具的使用寿命是决定挤压机生产力和经济指标的重要因素之一。在钢管挤压产品的总加工费用中，挤压工模具消耗的费用要占到 3%，其中各种工模具消耗费用所占的比例见表 7 - 1。

表 7 - 1　钢管热挤压时各种工模具消耗费用的比例

工　具	挤压杆	挤压筒内衬	模支承	芯　棒	挤压垫	挤压模
费用比例/%	5	10	5	25	10	45

从表 7 - 1 可以看出，挤压模和挤压芯棒是挤压工模具中消耗量最大的工模具。这两种模具的消耗费用占挤压工模具总消耗费用的 70% 以上。因此，如何从材料和结构方面进一步提高挤压模和挤压芯棒的使用寿命，一直是钢管热挤压工艺研究中的主要课题。

在不锈钢和高镍合金管穿孔和挤压时，工模具要承受极高的单位压力和高温度的作用，受到极严重的热磨损。

在进行工模具的结构设计时，主要考虑的因素是工模具抵抗负荷的能力及其经济性。

实践经验表明，采用组合结构的工模具（多层挤压筒、组合挤压模、组合芯棒），挤压时可以获得满意的结果。因为组合式结构的工模具不仅可以提高工模具的强度，而且当其损坏时只需更换个别被磨损或其他原因损坏的组合工模具中的个别配件。这样既提高了工模具的使用寿命，又降低了工模具的消耗，提高经济性。

制造挤压工模具的材料应具有以下性能：

（1）具有良好的热稳定性能，即材料在高温下的抗氧化性能良好。

（2）具有良好的耐热性能，即材料在高温下的力学性能良好。

（3）具有良好的耐磨性能，即材料在长期高温工作条件下抗微磨损，磨料磨损性能良好。

（4）具有良好的热强性能，即材料在高温下同时具有抗氧化性能和耐热性能。

（5）对于挤压难变形材料的制品时，还要求具有良好的抗蠕变性能，即在高温高压的作用下，材料的变形值随负荷作用时间的延长而增加时，材料应具有抵抗应力和温度同时作用的能力（材料的蠕变抗力）。

另外，在进行挤压工模具的结构设计时，一般对于大型工模具（如挤压筒、挤压杆等）都会采用机械化进行更换；而对于一些小型工模具（如挤压模、挤压芯棒、挤压垫等），必须考虑到尽量避免工模具因各种原因而频繁更换的可能性。

图 7-1 所示为管棒型材卧式液压挤压机工模具的名称及其配置；图 7-2 所示为与卧式管型材液压挤压机配套的立式液压穿（扩）孔机的工模具名称以其配置。

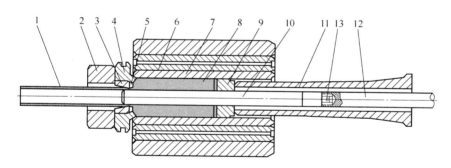

图 7-1　管棒型材卧式液压挤压机工模具配置示意图

1—挤压钢管；2—承压环；3—挤压模垫；4—挤压模套；5—挤压模；6—挤压筒中套；
7—挤压筒内衬套；8—挤压坯料；9—挤压垫片；10—挤压芯棒；11—挤压杆；
12—挤压芯棒连杆；13—挤压芯棒连接件

7.2　挤压工模具的分类

挤压过程的工模具配置如图 7-3 所示，可用以研究不同的挤压方法，以及各种结构配置的挤压工模具的实际工况条件。

在每一挤压周期的循环中，与加热到高温的坯料直接接触的工具称为变形模

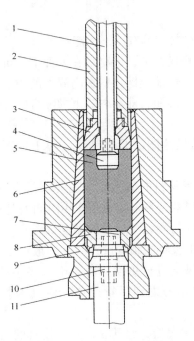

图 7-2 立式液压穿（扩）孔机的工模具配置示意图

1—穿孔芯棒（穿孔针）；2—镦粗杆；3—镦粗头；4—穿孔头；5—穿（扩）孔坯料；
6—穿（扩）孔筒；7—支承头；8—剪切环；9—支承座；10—连接件；11—下顶杆

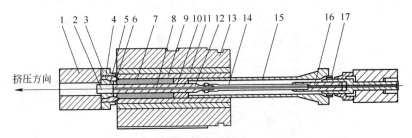

图 7-3 60MN（6000t）卧式挤压机工模具配置示意图

1—支承环；2—挤压钢管；3—模套；4—模座；5—模垫；6—挤压模；7—管坯；8—水管；
9—挤压筒内套；10—挤压垫；11—挤压筒中套；12，16—芯棒；13—挤压筒外套；
14—芯棒连杆；15—挤压杆；17—挤压杆后环

具，包括挤压筒内衬、挤压模、挤压垫、芯棒、挤压杆（挤压杆属于大型变形模具，虽然没和高温坯料直接接触，但其由挤压垫保护传送高压，有些小型挤压机挤压时挤压杆直接接触坯料）；而不直接与变形金属接触的工具称为辅助工具，包括挤压筒、中套、外套、模座、模套、模支承、芯棒连杆、芯棒支承、挤压杆后支承等。将变形模具和辅助工具统称为工模具。

挤压工模具还有其他的分类方法，如将工模具分别称为运动部件工具和不运动部件工具。这是根据在挤压过程中，工模具部件所处的运动和不运动状态来进行分类的。

尼科波尔南方钢管厂则将挤压工模具分为操作工具和辅助工具。直接接触高温变形金属的部件称为操作工具，如挤压筒内衬、挤压模、芯棒、挤压垫、挤压杆；而不直接接触高温变形金属的部件称为辅助工具，如座、套、环、支承、连杆等。

在不同结构的挤压机上，上述挤压工模具由于其在挤压机上固定方法的不同，做成不同的形式。

在老式结构的挤压机上，所有的工模具由专门的液压缸或机械装置将其从挤压机的前梁中拉出或推进，并用以使挤压垫、挤压制品和压余进行分离，检查挤压模及其固定装置的状况，并且在必要时更换挤压工模具。上海异形钢管厂的15MN（1500t）挤压机就是这种结构形式。

在现代结构的挤压机上，将工模具部件制造成旋转结构的形式，或者横向移动的压模部件结构形式，也称抽屉式结构模架。在这种挤压机上，更换和固定模子时，挤压机不必停止工作。旋转式模架或抽屉式模架，在更换挤压模时，不需要附加的消耗工作时间，并且可以轮流地使用2个挤压模。在更换挤压模的同时，完成某些辅助工序。

旋转式双挤压筒和旋转式双穿孔筒结构形式的工作原理也是如此，一个挤压（穿孔）筒在挤压（穿孔）中心线上进行挤压（穿孔）；另一个挤压（穿孔）筒则旋转到中心线外，完成清扫、冷却和装料等辅助工序，不需要附加的消耗工作时间。俄罗斯伏尔加钢管厂的55MN（5500t）挤压机和美国的Lone Star钢管厂的55MN（5500t）挤压机都是这种结构形式。原上海第五钢铁厂的4000t挤压机也是采用这种结构。

7.3 挤压工模具使用的工况条件

挤压法可以生产各种各样的产品，挤压产品断面的高精度及其断面的稳定性，需要大量高寿命和形状相对稳定的工模具。在设计工模具时，必须先仔细地对全套工模具进行计算。因为，往往由于工模具的结构考虑得不够周密，以及全套工模具装配不当，导致工模具过早损坏，从而将大大增加产品的成本。尤其是挤压不锈钢和高镍合金的管材和型材时，无论是温度制度方面，还是在坯料形变时的应力承受方面，挤压工模具的工况条件都是极其严酷的，具体来说：

（1）挤压工模具不同的工况条件对其材质、热处理以及结构形状都提出了不同的要求。挤压工模具的材质应能承受工作时在高压下温度的急剧变化，周期性的加热到高温，随后又快速地冷却和负荷冲击性下降的工况条件。

（2）在大多数情况下，挤压过程是不平稳的，挤压工模具上的冲击负荷要求制造工模具的材料具有高的冲击韧性，但这与高硬度的要求又相矛盾，则冲击韧性反而会降低挤压工模具的寿命。

（3）在挤压过程中，工模具中的一些部件被加热到 700 ~ 800℃ 的温度，并在这一温度下进行水冷或气冷。

（4）挤压筒、芯棒和挤压模的工况条件尤其严酷，沿被加热的挤压筒内衬的长度上，经常作用有强烈的、不均匀的高温坯料与内衬挤压筒壁之间的接触摩擦力，高的径向压力，该径向压力随后又冲击性的下降。同时，冷空气或水通过挤压筒内衬的孔腔，使挤压筒内衬受到强烈地冷却。在所有这些工况条件下，在挤压筒的材料中产生了热超应力，并且导致金属材料迅速疲劳，使挤压筒内衬很快产生破裂或磨损而损坏。

（5）往往工作得很好的芯棒，由于不良的操作，在高压和坯料加热不足的情况下进行挤压而遭到破坏。原因为坯料加热不足而导致挤压力急剧上升。实际上，这种由于不良的操作而导致挤压工模具损坏的现象是可以避免的。

（6）挤压工模具因长时间停留在 1100℃ 以上的高温区，而使其寿命大大降低。因此，在挤压工艺和设备设计时，必须力求缩短挤压时间，尤其是纯挤压时间，应尽量控制在 3 ~ 4s 之内完成。可见对挤压机纯挤压时间的控制，并不是挤压机生产率的需要，而是挤压工模具使用寿命的要求。

（7）采用含 W 和 Mo 元素的耐热钢来制造工模具时，这类钢通常是导热性能比较差。因此，在温度急剧升高时产生的热冲击负荷，可能导致工模具的破坏。为此，工模具在使用前的预热极为重要。

（8）应了解工模具在使用时的硬度情况，因为工模具不正确的预热可能导致其脆性破坏。此外，还必须考虑工模具的配置情况、工模具的尺寸以及有时其结构随着挤压坯料的尺寸和产品的尺寸的改变而变化的情况。

由此可见，工模具材料的选择是根据挤压一定材料时的挤压速度条件、加热温度制度、坯料金属的塑性、挤压产品的形状、润滑情况和工模具被冷却的可能性等因素进行的。而制造工模具时，正确的机加工工艺及热处理制度对工模具的使用寿命影响极大，其工艺制度的拟订起着决定性的作用。

因此，在设计挤压工模具的形状、计算其强度和选择其材料时，必须考虑到工模具各种不同的工况条件。

7.4 挤压工模具的设计条件

挤压工模具的设计条件如下：

（1）挤压工模具的设计，在所有的情况下，其计算方法与工作在相应温度和受力条件下的机械零件的计算方法相同。

（2）在强度计算时，需要采用在一定温度条件下材料的机械强度数据，并考虑到工模具的不同受力方式，及其工作的周期性。

（3）在设计工模具时，同时还应考虑到负荷变化条件下材料的疲劳现象。因为疲劳现象往往使工模具甚至在正常工作条件下遭到突然破坏。为了防止工模具的疲劳破坏，必须做到以下几点：1）谨慎地设计制造工模具的过渡断面，以免在这些部分上引起应力集中现象；2）在弯曲应力作用下工作的工模具，其安全的负荷是工模具中产生的应力不超过构件金属瞬时抗拉强度的一半；3）对于在拉伸—压缩应力下工作的工模具，其允许应力不大于瞬时强度的 0.35 ~ 0.40 倍，上述数据在选择工模具的材质及其热处理制度和加工工艺时，应预先考虑到；4）为了减小工模具表面上的摩擦力，所有工模具表面的加工精度不应低于 $\nabla 8$；5）工模具表面应具有高的硬度，从而保证挤压产品具有尽可能低的表面粗糙度。

（4）选择挤压工模具用钢时应考虑以下因素：1）挤压温度及工模具可能有的温度制度；2）挤压时，工模具与热坯料金属的直接接触；3）挤压速度及工模具在热环境（高温）下的停留时间；4）工模具的预热及其温度制度；5）单位挤压力、总负荷和在工模具材料中所建立的应力状态；6）每次挤压后，工模具冷却的可能性及其冷却方法；7）挤压时间润滑的可能性及其参数；8）工模具形状对挤压工艺的要求及其线尺寸。

7.5 挤压工模具使用时的变形和破坏特点

7.5.1 工模具工作表面的磨损

由于不锈钢热挤压时，参与金属变形的模具工作表面承受高温坯料的强烈摩擦，并作用有极大的单位压力，致使模具表面造成磨损。磨损的特点如下：

（1）模具的边缘部分要比其他部分受到更强烈的加热和磨损，在高的挤压力的作用下，引起迅速磨损，或将棱缘部分压塌，并改变其尺寸。

（2）模具表面在强烈的机械负荷和高温热效应的共同作用下，导致模具表面层金属的变形，并引起氧化。在氧化磨损的情况下，钢的耐磨性取决于磨损时金属的塑性变形能力、氧化速度以及氧化铁皮（氧化膜）的性质。

（3）在热磨损的情况下，模具部分金属软化，与被挤压金属接触咬合揉皱或熔化，导致模具表面的破坏。在此类磨损形式下，金属的耐磨性主要取决于摩擦温度、材料的耐热性以及金属对接触咬合的敏感性。

7.5.2 工模具工作表面的裂纹

挤压工模具表面的网状裂纹（也称热裂纹），是由于周期性变化的加热和冷却，在金属中产生热应力和结构应力所致。这种裂纹的产生原因如下：

（1）工模具与加热的坯料接触，将模具表面加热到高温，随后又快速冷却，导致在模具材料内产生周期性交替膨胀和压缩的正/负热应力，久而久之引起金属的热疲劳，从而在模具表面产生网状裂纹。

（2）当模具表面的金属被加热到临界点以上时，在金属中产生结构应力——组织应力，同时导致网状裂纹的产生。

（3）模具材料由于相变而产生体积变化，导致内部产生结构应力，在结构应力和热应力的共同作用下，形成了表面的网状热裂纹。模具表面网状热裂纹逐渐扩大，并在挤压时又不断地被金属所充填，导致了挤压模具的破坏。

（4）必须指出，钨钢、铬—碳钢和钼合金钢形成热裂纹的倾向性比较小，这是由于这类钢具有较高的耐热性，良好的疲劳强度和最小的塑性变形，从而提高了挤压模具的使用寿命。

7.5.3 工模具的脆性破坏

在多数情况下，挤压工模具的脆性破坏与存在尖锐的过渡断面有关。其原因是：

（1）在快速交替的加热与冷却的情况下，尖锐的过渡断面将成为应力集中的"策源地"。局部应力集中连同冲击性的外加负荷的数值，往往要超过工模具材料的强度极限，从而导致工模具的脆性破坏。

（2）挤压工模具的脆性破坏，尤其是大断面的工模具的脆性破坏，往往是由于工模具用水冷却的结果。

7.5.4 挤压工模具的塑性破坏——挤压筒和套筒的弹—塑性变形

在强化工作的条件下内套筒的内表面金属被压入模座的闭锁区。挤压时，内套筒逐渐被挤出（外圆被镦粗）。换挤压筒时，可以发现挤压筒内部配合扩大。因此，为确定热装的公盈量，采用内径规测量中套或挤压筒内孔。挤压筒—套筒的残余变形会导致其塑性破坏。

设计挤压筒时，通过分析挤压筒的工况条件，可以确定挤压筒内套筒中的内压力值。在这个内压力的作用下，挤压筒可能发生弹—塑性变形。

挤压筒—套筒系统可能有三种变形状态：弹性变形状态，弹—塑性变形状态和塑性变形状态。可以通过计算塑性半径值判别其属于何种变形状态。

在挤压筒和套筒的半径尺寸已定的情况下，可以根据挤压筒和套筒的材料，按照 M. R. Horne 公式确定其各个区域的内应力。求出塑性半径值取决于套筒热装入挤压筒时的实际公盈值。

上述挤压筒—套筒系统的计算结果，给出了应力沿挤压筒断面分布的完整概念。在设计挤压筒时，应进行这项工作。

7.6 钢管热挤压的工模具设计

7.6.1 挤压筒

挤压筒是挤压工模具中最大的部件，25 ~ 30MN（2500 ~ 3000t）挤压机的挤压筒—套筒部件的重量达到 8 ~ 10t，50MN（5000t）挤压机挤压筒重约 15t，60MN（6000t）挤压机的挤压筒重为 20t，80MN（8000t）挤压机的挤压筒重 40t，而 220MN（20000t）挤压机的挤压筒重达 100t 以上。

挤压筒是用于放置已加热到挤压温度的坯料的容器。挤压时挤压筒内壁承受着将坯料挤压成制品全部变形的径向压力，其负荷水平可以达到 1000MPa 以上。

挤压筒的工作条件是十分严酷的。沿被加热的挤压筒内衬的长度方向上，周期性的作用有强烈的、不均匀的加热和冷却，高温坯料与挤压筒内衬壁之间接触的高温高压摩擦力，高的径向压力，随后又冲击性的下降。同时，冷空气或水通过挤压筒内衬的孔腔，使其受到强烈的冷却。在所有这些工作条件下，在挤压筒的材料中引起热超高应力。这种情况在挤压筒前端三分之一的内衬长度上显得尤其严重。由于高温变形金属的流动，在挤压筒内衬前端的套筒壁上引起强烈的热摩擦，使其产生磨损或裂纹，导致内衬损坏。

早期的挤压筒采用的都是整体结构，现在这种结构的挤压筒甚至在小吨位的挤压机上都已被淘汰。目前，现代化的大型挤压机上所采用的挤压筒—套筒系统都是由 2 个、3 个或更多的套筒组成的多层结构挤压筒，并且在各层套筒之间都带有一定的过盈量，以热装的方式装配而成。

采用过盈配合的多层结构挤压筒，使每层套筒的结合面上都具有一定的预应力。由于有预应力的存在，使多层结构的挤压筒在承受挤压产生的热超高应力作用时，套筒之间的应力分布趋于均匀，从而使挤压筒套筒的材料得到充分的利用；并且还可以提高热挤压时挤压筒承受的单位压力，从而提高挤压筒套筒的使用寿命。

挤压筒内衬套的结构形式，包括内衬套的内径和形状，内衬套外径与中套内径的配合；除了过盈配合之外，还有多种形式的配合，如图 7 - 4 所示。

挤压筒内衬套经热处理后，其硬度 HRC 达到 40 ~ 45；在不重车的情况下，使用寿命达到 1500 ~ 4000 次。

除此之外，挤压筒使用时，为了建立热挤压过程本身所需的热力学条件，挤压筒的预热极为重要。挤压筒的预热可以提高其使用寿命。

挤压筒预热时，为了能快速地加热，减小热量损失，在外加热的同时，最好能采用特殊可换式加热器来预热挤压筒的内部，为了保持压入套筒时在套筒和挤

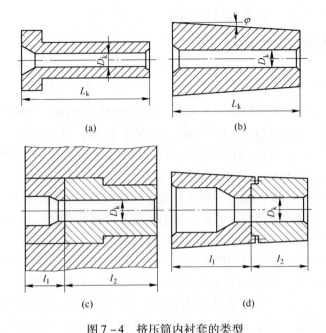

图 7-4 挤压筒内衬套的类型

（a）圆柱体形；（b）圆锥体形；（c）组合圆柱体形；（d）组合圆锥体形

L_k—挤压筒长度，mm；D_k—挤压筒内径，mm；l_1—挤压筒内衬

辅助长度，mm；l_2—挤压筒内衬工作带长度，mm

压筒内产生的预应力，内加热非常必要。若仅强烈的外加热，将使预应力降低，从而，恶化挤压筒套筒的工作能力。

一般对于较大吨位的卧式挤压机，挤压筒的预热采用内置式的加热元件进行预热（图 7-5 和图 7-6），而对于较小的挤压筒，较多的是采用活动的感应加热器（也有用热坯料）直接放入挤压筒内腔内进行预热。一旦挤压开始挤压筒内衬便处于受热状态，不需要加热，而是需要经常进行冷却。图 7-5 所示为俄罗斯制造的 63MN（6300t）卧式液压挤压机的带预热装置的三层结构挤压筒，图 7-6 所示为德国制造的带挤压筒测温装置的 60MN（6000t）卧式液压挤压机三层结构挤压筒。

7.6.1.1 挤压筒—套筒系统的设计条件

挤压筒—套筒系统的设计条件如下：

（1）挤压时，挤压筒中的内压力分布是不均匀的，其影响因素很多。但设计计算时，认为内应力是均匀分布的。

（2）挤压时，挤压筒壁上的单位压力的大小是很难确定的。在足够精确的情况下，可以认为其等于 $(0.5 \sim 0.8)p$，即作用在挤压筒壁上的径向压力 p_i 将

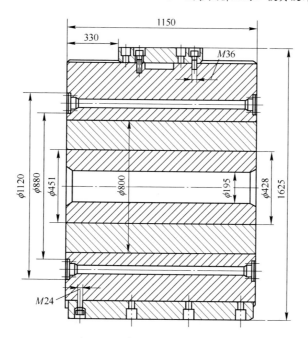

图 7-5 俄罗斯制造的带预热装置 63MN（6300t）卧式液压
挤压机三层结构挤压筒（单位为 mm）

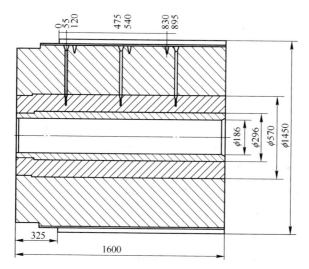

图 7-6 德国制造的带挤压筒测温装置的 60MN（6000t）卧式液压
挤压机三层结构挤压筒（单位为 mm）

低于挤压杆上所施加的压力 p。

挤压力在金属中的传递是不均匀的，其不同于压力在液体中的传递，因此实际上在计算径向压力时，采用 $p_i = (0.5 \sim 0.8)p$，其中，金属变形的难易系数 $(0.5 \sim 0.8)$ 与变形金属在一定压力下的流动能力有关，即挤压难变形材料时，该系数取小值。

（3）在设计计算挤压筒—套筒系统部件时，首先根据经验数据确定挤压筒的主要尺寸、套筒的数量及其近似尺寸，然后对所选定的系统进行强度验算。

（4）工艺条件决定了挤压机工作套筒所需的内径和挤压力。此挤压力为在工作套筒内孔截面上建立一定的单位压力所必需的。

（5）挤压筒外径采用以下关系式确定：

$$D_\text{外} \leqslant (4 \sim 5) d_\text{内}$$

而挤压筒的长度由下式确定：

$$L_K = (l_1 + h) + t + S$$

式中　　l_1——坯料长度，当其为坯料直径的 $2.5 \sim 3.5$ 倍下挤压钢管时，取 $l_1 = 3d$；

$\qquad$ h——在最大直径穿孔芯棒穿孔时坯料长度的增加值；

$\qquad$ t——挤压模或压模部件伸入挤压筒中的长度；

$\qquad$ S——挤压垫的厚度（为坯料直径的 $0.4 \sim 0.6$ 倍）。

（6）在挤压筒—套筒系统计算时，当套筒壁厚增加至一定范围而对最大应力数值的影响很小时，为使套筒材料的性能得到充分利用，并使沿断面上应力较均匀地分布，在大压力的情况下应采用组合套筒。

（7）对于多层结构的挤压筒—套筒系统，可根据其许用应力与壁厚系数的关系图表来选择合理结构的多层挤压筒。其保证条件是：套筒以一定的公盈装入多层挤压筒中，提高其承受最大压力的能力，并在此压力下，挤压筒—套筒系统内的应力不超过允许值。

（8）挤压筒—套筒系统的强度，由挤压筒材料在工作温度下的屈服极限 (σ_T) 和单位挤压力所决定。在挤压筒—套筒内表面上的最大切应力不应超过这个屈服极限。当此应力大于或等于材料热状态下的屈服极限，则挤压筒应做成 2、3 或 4 层。这时整个系统的强度就取决于所选用材料在热状态下的屈服强度极限 σ_T、σ_T'、σ_T'' 和挤压筒各个套筒中产生的应力。实践证明，在这种情况下套筒的内、外直径比很重要。对所有套筒来讲，应是相等的，即如果 $d_\text{外}/d_\text{内} = U$，那么 $U_1 = U_2 = U_3$。对易挤压的金属用较厚的套筒，即 $U_1 > U_2$；而对难挤压的金属采用较薄的套筒，即 $U_1 < U_2$。

在正确选择切应力时，可正确选用以抵消主应力的热装应力。为了安全，各套筒均在一定的公盈量下进行热装，以使每个套筒的负荷与材料热状态下的屈服极限有同样的比例。在计算时，应采用低于相应材料在热状态下之屈服极限。

为使套筒中的应力趋于平缓，采用如下的直径比：

对于内套筒　　　　　　$U_1 = d_外/d_内 = 1.5 \sim 2.0$

对于中套筒　　　　　　$U_2 = d_外/d_内 = 1.6 \sim 1.8$

对于外套筒　　　　　　直径比一般为 $3 \sim 5$

（9）在强度验算时，因为挤压筒部件通常是采用韧性热强钢制造的，因此，最近似的是按第三强度理论（最大切应力理论）和第四强度理论（能量理论）验算。对于整体式挤压筒，其危险点（挤压筒内表面）上的应力不超过允用值的情况下其最大压力，可按第三强度理论计算，也可按第四强度理论计算。

（10）多层挤压筒的极限应力与层数无关，与整体式挤压筒相比，其极限应力提高 2 倍。

（11）挤压筒的内部压力，在套筒横截面的径向上产生压缩应力，在切线方向上产生拉伸应力。轴向应力在所有断面中是均匀分布的，计算时可忽略不计。

（12）挤压筒—套筒系统的热装配是在一定的公盈量下装入已加热到 350 ~ 400℃ 温度的挤压筒中。已磨损套筒的更换可以在专用的设备上进行，也可采用专门装置在挤压机上顶出套筒。套筒顶出时，其压力不允许大于 3 ~ 5MPa（表压）。因为套筒顶出后，急剧的卸压可能引起挤压机工作故障，甚至在大压力下会导致挤压机损坏。

（13）在热装时，应保证套筒和挤压筒材料不会被回火而产生塑性变形，消除套筒内的原始受压状态，减小热装时的公盈将会恶化挤压筒壳体的工作，增加套筒的应力，从而更难选择套筒的材料。因此，过盈选择不当可使挤压筒使用寿命降低。

过盈量一般为筒径的 0.1% ~ 0.2%。60MN（6000t）挤压机在各套筒上的公盈量均为 0.2%（与德国 Schloemann 公司的 31.5MN（3150t）挤压机相同）。

原上海异形钢管厂的经验认为，过盈量为筒径的 0.15%（约为 0.7 ~ 1.2mm）较为合适。

（14）在确定了多层挤压筒由套筒热装和挤压力所产生的应力之后，在选择套筒和挤压筒的材料时，还要考虑附加应力的存在。附加应力由以下因素产生：1）挤压时，套筒与热钢坯接触导致挤压筒—套筒系统的温升；2）压力沿挤压筒长度上传递的不均匀性；3）金属与套筒壁的热摩擦。

根据以上因素对挤压筒—套筒系统中应力产生的影响，应提出其修正值。

7.6.1.2 挤压筒内衬的使用条件

挤压筒内衬是多层挤压筒—套筒系统中的易损件，其寿命一般为 1500 ~ 4000 次/只。挤压筒内衬的使用条件如下：

（1）挤压时，金属在高温高压下以 400mm/s 的速度滑动，即使在良好的润滑条件下，内衬内表面在 1.5mm 深度的范围内被加热到 650 ~ 700℃ 的高温。尤其是在靠近挤压模一端的 200 ~ 300mm 的长度上，挤压筒内衬的内表面遭受到最强烈的热摩擦，引起最严重的磨损，会形成纵向划道、内壁沟槽和表面粗糙及龟裂，进而导致内衬的报废。因此，一般在设计多层挤压筒—套筒系统的结构时，应该考虑到挤压筒的内衬套筒可以允许调头使用。因为使用经验表明，在进料一端的挤压筒内衬的内表面没有发生磨损。

另外，当内衬压入不良或者由于中套和内衬磨损，公盈消失，会形成内衬纵向裂纹。大部分纵向裂纹的发生都在内衬压出以后，即公盈已经消失之时。这种情况限制了内衬修复的可能性。作为预防的办法，可以在内衬压出以后，立即在500℃温度下进行退火4~5h，以消除应力。

（2）国外的使用经验已经证明，采用离心浇注的空心坯来制造挤压筒的内衬，是最合理的工艺。因为在其制造过程中消耗最少，成本最低。

采用离心浇注空心坯作挤压筒内衬时，其机械加工的余量，对外径而言约为10~15mm，对内径而言应不少于20~25mm。内衬粗加工以后再经热处理（淬火后高温回火）。

专门的研究确定，锻造的挤压筒内衬和离心浇注的挤压筒内衬，其使用寿命相同。在各种工作条件下的实际使用，证明均可以达到1500~4000次/只的使用寿命指标。

7.6.1.3 卧式挤压机的挤压筒—套筒系统的计算

80MN（8000t）挤压机挤压筒的结构（带预热器）如图7-7所示。

计算时，按作用有内外压力的多层厚壁圆筒强度计算的方法进行。

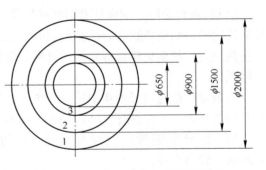

图7-7 80MN（8000t）挤压机多层挤压筒的结构示意图

假设：（1）沿挤压筒长度上单位压应力不变，且与挤压垫上的单位压力相等；（2）轴向压应力不大，计算时可忽略不计；（3）所有的组成套筒经受均匀的热制度的作用；（4）内孔在加热器的作用下对套筒外内表面应力和变形无影响。

按 Slame 公式确定切向应力 σ_t 和径向应力 σ_r，而轴向力引起的应力 σ_g 不计。则：

$$\sigma_t = \frac{p_B d_B^2 - p_H d_H^2}{d_H^2 - d_B^2} + \frac{(p_B - p_H) d_B^2 d_H^2}{(d_H^2 - d_B^2) d^2} \tag{7-1}$$

$$\sigma_r = \frac{p_B d_B^2 - p_H d_H^2}{d_H^2 - d_B^2} + \frac{(p_B - p_H) d_B^2 d_H^2}{(d_H^2 - d_B^2) d^2} \tag{7-2}$$

式中　d_B，d_H——套筒的内径和外径，mm；

　　　　p_B，p_H——套筒的内应力和外应力，MPa。

在强度验算时，因为挤压筒部件通常是采用韧性热强钢制造，且其受力条件为二向的平面应力状态。因此，对于整体式挤压筒，在内表面危险点上的应力不超过允许值的情况下，其最大压应力，可按第三强度理论和第四强度理论来计算。

按照第四强度理论计算时的等效应力为：

$$\sigma_\varepsilon = \sqrt{\sigma_t^2 - \sigma_t\sigma_r + \sigma_r^2} \tag{7-3}$$

或

$$\sigma_t^2 - \sigma_t\sigma_r + \sigma_r^2 - \sigma_\varepsilon = 0$$

代入 σ_t 和 σ_r 值，经换算得到下式：

$$\left(\frac{p_B d_B^2 - p_H d_H^2}{d_H^2 - d_B^2}\right)^2 + 3\left[\frac{(p_B - p_H)d_B^2 d_H^2}{(d_H^2 - d_B^2)d^2}\right]^2 - \sigma_\varepsilon = 0 \tag{7-4}$$

当 $d = d_B$ 时，等效应力最大，代入 $d = d_B$ 后得到下式：

$$p_B^2(3d_H^4 - d_B^4) - 2p_B p_H(3d_H^4 + d_B^2 d_H^2) + 4p_H^2 d_H^4 - \sigma_\varepsilon^2(d_H^2 - d_B^2)^2 = 0 \tag{7-5}$$

解方程后得：

$$\frac{p_B}{\sigma_\varepsilon} = \frac{\dfrac{p_H}{\sigma_\varepsilon}\left(3 + \dfrac{d_B^2}{d_H^2}\right) \pm \left(1 - \dfrac{d_B^2}{d_H^2}\sqrt{3 + \dfrac{d_B^2}{d_H^2} - 3\dfrac{p_H^2}{\sigma_\varepsilon^2}}\right)}{3 + \dfrac{d_B^4}{d_H^4}} \tag{7-6}$$

当 $p_H = 0$ 时，根号前取正号，故挤压筒内部压力不会是负值。

计算时，当任一挤压筒内的等效应力不大于挤压筒材料的屈服极限许用应力时，考虑挤压筒材料的力学性能及强度安全系数，即

$$[\sigma]_i = \sigma_{si}/\eta_i \tag{7-7}$$

式中　σ_{si}——相应挤压筒材料的屈服极限，MPa；

　　　　η_i——相应套筒的强度安全系数。

设套筒的壁厚系数 $k = d_{Bi}/d_{Hi}$，则：

$$\frac{p_{Bi}}{[\sigma]_i} = \frac{p_{Hi}(3 + k_i^2) + (1 - k_i^2)\sqrt{3 + k_i^4 - 3\dfrac{p_{Hi}^2}{[\sigma]_i^2}}}{3 + k_i^4} \tag{7-8}$$

对每一个套筒确定的比值 $p_{Bi}/[\sigma]_i$，而 $p_H = 0$，按已知每个套筒的许用应力 $[\sigma]_t$，再确定此套筒的内压力 p_B，而此 p_B 对第 2 个套筒则为外压力，即 $p_{B1} = p_{H2}$，依次再求出 $p_{B2}/[\sigma]_2$，从而确定第 2 个套筒的 p_{B2}。

按同样的方法，计算其他套筒。

求出内套筒的 $p_{Bi}/[\sigma]_i$，确定其内压力 p_{Bi}。p_{Bi} 即为此结构挤压筒的最大允用压力。

当挤压筒中存在挤压的工作压力时，任一套筒中的等效应力不大于其许用应力 $[\sigma]$。

挤压力卸去后，内套中产生由热装引起的很大的压应力。热装时，这个应力发生在套筒内表面的最小直径上。

挤压筒卸载时，套筒内表面的最大等效应力不超过许用应力，即在此表面上遵守以下条件：

$$0 > \sigma_t \geqslant [\sigma]$$

因为无压力时套筒内表面上的 $\sigma_r = 0$，所以在卸载后的挤压筒中，将有相应的等效应力值：

$$\sigma_t = -[\sigma]$$

在遵守以上条件时，套筒内表面得以下应力值：

$$\sigma_r = -p_B$$

$$\sigma_t = \frac{1 + \dfrac{d_B^2}{d_H^2}}{1 - \dfrac{d_B^2}{d_H^2}}p_B - [\sigma]\frac{1 + k^2}{1 - k^2}p_B - [\sigma] \tag{7-9}$$

由方程式 $\sigma_t^2 - \sigma_t\sigma_r + \sigma_r^2 = [\sigma]^2$ 得：

$$\frac{p_B}{[\sigma]} = \frac{(3 + k^2)(1 - k^2)}{3 + k^4} \tag{7-10}$$

可见，多层挤压筒的内应力绝对值始终小于许用应力绝对值。且挤压筒的装配次序（图 7-7）为：装好挤压筒壳体（将套筒 2 嵌入套筒 1 中），然后，在由套筒 1 和 2 所组成的挤压筒壳体中嵌入内套筒 3。

按式（7-8）确定最大单位压力，为了便于计算，列表 7-2。

表 7-2　挤压筒最大单位压力计算综合表

横行序号 i	式中横行数字所表示的意义	计算方法	式中横行所计算的数值				
			外套	中套	内套	内套	内套
1	d_{Bi}		1500	900	650	570	500
2	d_{Hi}		2000	1500	900	900	900
3	k_i^2	$\left(\dfrac{1i}{2i}\right)^2$	0.5625	0.3600	0.5216	0.4011	0.3086
4	$1 - k_i^2$	$1 - 3i$	0.4375	0.6400	0.4784	0.5989	0.6914
5	$3 + k_i^2$	$3 + 3i$	3.5625	3.3600	3.5216	3.4011	3.3086

横行序号 i	式中横行数字所表示的意义	计算方法	式中横行所计算的数值				
			外套	中套	内套	内套	内套
6	k_i^4	$3i^2$	0.3164	0.1295	0.2721	0.1609	0.0952
7	$3 + k_i^4$	$3i + 6i$	3.3164	3.1295	3.2721	3.1609	3.0952
8	$p_{Hi}/[\sigma]_i$	$\dfrac{17i-1}{15i}16i$	0	0.208	0.463	0.463	0.463
9	$3(p_{Hi}/[\sigma]_i)^2$	$3 \times 8i^2$	0	0.130	0.643	0.643	0.643
10	$3k_i^4 - 3(p_{Hi}/[\sigma]_i)^2$	$7i - 9i$	3.3165	2.995	2.6281	2.5179	2.4522
11	$(1-k_i^2)\sqrt{3+k_i^4-3\left(\dfrac{p_{Hi}}{[\sigma]_i}\right)^2}$	$4i\sqrt{10i}$	0.7967	1.1084	0.7756	0.9503	1.0827
12	$p_{Hi}/[\sigma]_i(3+k_i^2)$	$8i \times 5i$	0	0.6988	1.6305	1.5747	1.5319
13	$\dfrac{\dfrac{p_{Hi}}{[\sigma]_i}(3+k_i^2)^2+(1-k_i^2)}{\sqrt{3+k_i^4-3\left(\dfrac{p_{Hi}}{[\sigma]_i}\right)^2}}$	$12i + 11i$	0.7967	1.8072	2.4061	2.5250	2.6146
14	$p_{Bi}/[\sigma]_i$	$13i/(7i)$	0.2402	0.5775	0.7356	0.7988	0.8447
15	σ_{si}		900	900	950	950	950
16	η_i	—	1.5	1.3	1.1	1.1	1.1
17	p_{Bi}	$\dfrac{14i}{15i}16i$	144.1	399.8	635.3	689.9	729.8

第 3 套筒（内套筒）的内应力，即为在对每个套筒所选择许用应力情况下，所求的整个挤压筒的最大单位工作压力（对应表 7-2 第 17 行）。

按式（7-10）确定挤压筒的内应力，并与列入表 7-2 第 17 行的式（7-8）确定的单位压力相比较得：

挤压筒 1
$$k_1 = \frac{d_{B1}}{d_{H1}} = \frac{650}{2000} = 0.325$$

$$\sigma_1 = \frac{\sigma_{\varepsilon 1}}{\eta_1} = \frac{9500}{1.1} = 863.6 \text{MPa}$$

$$\frac{p_{B1}}{[\sigma]_1} = \frac{(3 + 0.325^2)(1 - 0.325^2)}{3 + 0.325^4} = 0.922$$

$$p_{B1} = 0.922[\sigma]_1 = 0.922 \times 863.6 = 796.2 \text{MPa} > 635.3 \text{MPa}$$

挤压筒 2
$$k_2 = \frac{d_{B2}}{d_{H2}} = \frac{570}{2000} = 0.285$$

$$\frac{p_{B2}}{[\sigma]_2} = \frac{(3 + 0.285^2)(1 - 0.285^2)}{3 + 0.285^4} = 0.942$$

$$p_{B2} = 0.942 \times 863.6 = 813.5\,MPa > 689.9\,MPa$$

挤压筒 3
$$k_3 = \frac{d_{B3}}{d_{H3}} = \frac{500}{2000} = 0.25$$

$$\frac{p_{B3}}{[\sigma]_3} = \frac{(3 + 0.25^2)(1 - 0.25^2)}{3 + 0.25^4} = 0.956$$

$$p_{B3} = 0.956 \times 863.6 = 825.6\,MPa > 729.8\,MPa$$

7.6.2 挤压杆

7.6.2.1 挤压杆的工况条件

挤压杆用于传递金属挤压变形所需的全部挤压力。挤压时,挤压杆的允许负荷限制了坯料金属可能达到的变形程度。因此,挤压杆材料和结构的选择,在挤压工艺中具有重要意义。

从理论上讲,挤压杆仅在压缩状态下工作。从使用的角度来看,任何钢种的压缩强度可采用其拉伸强度相同的指标。只要挤压杆材料的强度指标不超过其屈服极限,挤压时挤压杆就不会发生变形破坏。

但是,理论上的挤压杆仅在压缩状态下工作的情况,实际上并不存在。挤压杆使用前并没有按规定制度进行预热,挤压坯料的温度不均,挤压时施加的负荷产生偏心,冲击性负荷引起了附加应力等情况都表明,在挤压过程中,挤压杆除了承受压缩应力的作用之外,还存在纵向弯曲应力的作用。因此,对于挤压杆的强度校验,应该包括压缩应力和弯曲应力的强度校验。

同时,在选择挤压杆的材料时,除了强度指标之外,还应考虑材料的淬透性。当挤压杆工作时,由于有挤压垫将其与高温坯料隔离,其实际的工作温度一般在200~250℃,因此,对挤压杆材料的耐热性能的要求并不高。

7.6.2.2 挤压杆的种类

根据使用情况的不同,挤压杆的结构有多种多样,如图 7 - 8 所示。除了整体挤压杆(图 7 - 8(a)、图 7 - 8(b)、图 7 - 8(e)、图 7 - 8(f))之外,还有由工作杆、加粗杆和杆座组成的组合式挤压杆(图 7 - 8(c)、图 7 - 8(d)、图 7 - 8(g))。一般在大吨位的卧式挤压机上使用组合式挤压杆比较普遍。

在特殊的情况下,还可以采用阶梯形的挤压杆(图 7 - 8(b)、图 7 - 8(d))。由于在整个挤压过程中,诸多因素综合作用,实际的挤压过程不是平稳进行的。因此,施加在挤压杆上的力也不是绝对稳定和均匀的。采用阶梯形挤压杆的目的,主要是为了提高挤压杆抗纵向弯曲的能力。其一般都使用在高强度、难度形材料生产小断面特殊产品的场合。

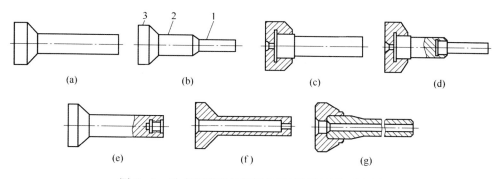

图7-8　卧式管棒型材挤压机的挤压杆结构示意图

(a)圆柱形挤压杆;(b)阶梯形挤压杆;(c)组合圆柱形挤压杆;(d)组合阶梯形挤压杆;
(e)带拧芯棒的挤压杆;(f)带活动芯棒的挤压杆;(g)空心组合式挤压杆
1—工作杆;2—加粗杆;3—杆座

阶梯形挤压杆除了工作杆之外,还有加粗杆和杆座三部分组成(图7-8(b))。阶梯形挤压杆既可以做成整体的(图7-8(b)),也可以做成组合形的(图7-8(d))。在使用阶梯形挤压杆时,相应的挤压筒内衬也要做成阶梯形的。

在无独立穿孔装置的挤压机上挤压钢管时,采用带有固定芯棒的挤压杆,芯棒用螺纹拧在挤压杆的端部(图7-8(e))。

图7-9所示为60MN(6000t)卧式管棒型材挤压机整体结构的挤压杆。图7-10所示为31.5MN(3150t)卧式管棒型材挤压机组合式结构的挤压杆。

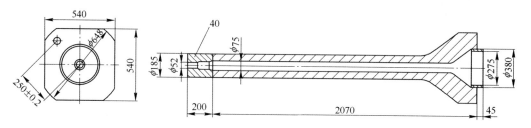

图7-9　60MN(6000t)卧式管棒型材挤压机整体结构的挤压杆示意图(单位为mm)

挤压杆的工作部分外径一般比挤压筒直径小5~30mm,其内孔比芯棒直径大5~30mm。不过有时考虑到提高大型工模具的共用性,其尺寸之差也可以超出此范围。

另外在挤压杆机加工时,其外径和内径必须保持同心,且其两端面和中心线必须精确地保持垂直。

同时挤压杆的硬度、强度及塑性要进行综合考虑,其硬度 HRC 为 40~45。挤压杆所用的热模工具钢能承受 1100MPa 以下的负荷,马氏体时效钢能承受

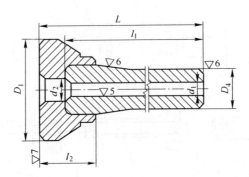

图 7 – 10　31.5MN(3150t)卧式管棒型材挤压机组合式结构的挤压杆示意图(单位为 mm)
L—组合式挤压杆总长度;l_1—工作杆和加粗杆长度;l_2—杆座高度;
D_1—杆座外径;D_2—工作杆外径;d_1—工作杆内径;d_2—杆座内径

1600MPa 的负荷。

7.6.2.3　造成挤压杆破坏的原因

造成挤压杆破坏的原因有如下几点:

(1)挤压杆过度快速地加热和冷却。

(2)工作时没有遵守热制度,工作前应预热。

(3)工作时施加的负荷偏心,可能引起弯曲力矩和应力集中。

(4)由于冲击负荷引起附加应力。

(5)挤压杆端部不可避免地被减径,因挤压杆表面出现裂纹时,会在直径上车削掉 2～3mm。

(6)挤压杆在高压下与挤压垫接触,端部金属层出现加工硬化,产生开裂,导致挤压杆端部出现环状碎裂。

7.6.2.4　对于挤压杆材料的要求

对于挤压杆材料的要求如下:

(1)材料热处理前的强度极限应比最大挤压力时挤压杆中产生的应力大 15%～25%。

(2)材料必须有足够的冲击韧性。

(3)挤压杆在工作温度下不会失去硬度,加热到 200～250℃工作温度时,表面部分不应引起变形。

(4)根据挤压杆的外形结构特点,在热处理之后应使残余的热处理应力最小。

(5)应同时考虑到材料的经济性、加工性能以及高的使用寿命。一般推荐采用含碳量 0.40%～0.45%,并含少量钨的铬—镍钢,如 4CrNi2W,其热处理后的硬度 HRC 为 44～48(相当于 1450～1550)。

挤压杆圆柱部分向宽底过渡半径要仔细加工,因急剧过渡和粗糙加工均可引起应力集中。

7.6.2.5 挤压杆的强度校核

在挤压杆的材料确定之后,就可以对挤压杆的强度进行校核。在强度校核时,挤压杆被作为受压缩应力的固定的悬壁梁,如图 7 - 11 所示。

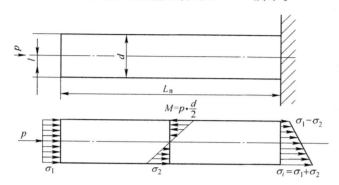

图 7 - 11 卧式挤压机挤压杆上受力示意图

d—挤压杆外径,mm;L_n—挤压杆的长度,mm;p—挤压力,t;l—挤压力离挤压杆中心的

偏心距离,mm;M—作用在挤压杆上的弯曲力矩,N·m

挤压杆传递的作用在坯料上的力引起以下的压应力:

$$\sigma_1 = p/F \qquad\qquad (7-11)$$

式中　p——挤压力,t;

　　　F——挤压杆的横截面积,mm^2。

按照理论上来讲,挤压杆仅在压缩状态下工作,且作用力(挤压力)与挤压杆同心,则应该可以采用 $\sigma_1 = [\sigma]$ 的强度条件来选择挤压杆的材料,同时考虑到材料一定的淬透性要求。

但是,当施加负荷 p 偏心时,则在挤压杆上由于弯曲力矩 M 的作用所引起的附加应力 σ_2 按下式确定:

$$\sigma_2 = pl/0.1d^3 \qquad\qquad (7-12)$$

式中　l——挤压力 p 的偏心距离,mm;

　　　d——挤压杆的直径,mm。

在这种情况下,挤压杆上的总压应力 σ_i 应为:

$$\sigma_i = \sigma_1 + \sigma_2 \qquad\qquad (7-13)$$

挤压杆的强度条件是:

$$\sigma_i \leqslant [\sigma]$$

对于与挤压杆同心的挤压力而言,强度条件应为:

$$\sigma_i = p/nF \qquad\qquad (7-14)$$

式中 n——安全系数,其取决于柔度 g 和挤压杆的材料。

挤压杆的柔度 g 可由以下公式确定:

$$g = \gamma Ln/i_{min} \tag{7-15}$$

式中 γ——泊松比;

       L——挤压杆工作部分的长度,mm;

       i_{min}——横截面的惯性半径,对于圆截面, $i = d/4$,mm;

       n——挤压杆的安全系数,一般取 $1.2 \sim 2.0$。

挤压杆材料在工作温度下的强度极限,取其室温强度极限除以 $1.05 \sim 1.10$。

挤压杆的强度校核实例:

以 30MN(3000t)挤压机为例,对其挤压杆(图 7-12)的强度进行校核。

已知挤压杆的总长度 $L_{总} = 1395$mm, $D_1 = 460$mm, $D_2 = 200$mm, $D_3 = 105$mm, $E = 2.2 \times 10^7$MPa, $L = 1035$mm。

按下式确定临界负荷 P_K:

$$P_K = P_0/n$$

式中 P_0——允许负荷;

       n——强度安全系数。

按 Эйлер 公式校核纵向弯曲(一端固定的挤压杆):

$$P_K = \frac{\pi^2 EJ}{4L}$$

当作用的最大负荷为 3000000kg 时,求出强度安全系数:

$$n = \frac{\pi^2 EJ}{4L^2 P_0}$$

确定挤压杆断面的惯性矩:

$$J = \frac{\pi}{64}(D_2^4 - D_3^4) = \frac{\pi}{64}(20^4 - 10.5^4) = 7254 \text{cm}^4$$

则 $$n = \frac{\pi^2 \times 2^2 \times 10^6 \times 7254}{4 \times 103.5^2 \times 3 \times 10^6} = 1.25$$

对于挤压杆,当 $n = 1.25$ 时,其强度储备是足够的。

要计算挤压杆的柔性,首先求出以下数值:

挤压杆的截面积 F:

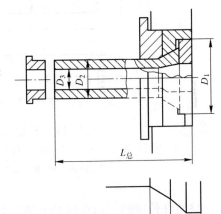

图 7-12   30MN(3000t)
挤压机的挤压杆示意图
L—挤压杆工作段长度,mm; D_1—挤压杆座
直径,mm; D_2—挤压杆外径,mm;
D_3—挤压杆内径,mm

$$F = \frac{\pi}{4}(D_2{}^2 - D_3{}^2) = \frac{\pi}{4}(20^2 - 10.5^2) = 227 \text{cm}^2$$

惯性半径 ρ：

$$\rho = \sqrt{\frac{J}{F}} = \sqrt{\frac{7254}{227}} = 5.65 \text{cm}$$

细长比 λ 等于：

$$\lambda = \frac{2L}{\rho} = \frac{2 \times 103.5}{5.65} = 37$$

可见，此时 Эйлер 公式不适用，因为 Эйлер 公式计算的细长比在此条件下应大于 100。

在计算压应力时得到：

$$\sigma_i = \frac{p}{nF} = \frac{3000000}{1.25 \times 227} = 1057.3 \text{MPa}$$

因此，应根据这个压应力值来选择制造挤压杆的钢种，同时必须考虑到所选材料的淬透性。并且冲击性的加载或卸压时都会在挤压杆中产生附加应力。因此，材料也要有足够的冲击韧性。一般推荐可用含有 4.0% ~ 4.5% 镍的钢来制作挤压杆。

为了增加挤压杆对纵向弯曲的抵抗能力，在许多情况下把挤压杆做成有加粗工作杆部分的阶梯形状。这种挤压杆也是既可以做成整体的（图 7 - 8（b）），同时也可以是组合式的，在这种情况下，挤压杆由头部、中间加粗的部分和工作杆三部分组成（图 7 - 8（d））。采用阶梯形的挤压杆时，需要应用相应的挤压筒内衬（图 7 - 8（b）、图 7 - 8（d））。

在型材挤压机上挤压钢管时，采用带有固定芯棒的挤压杆，芯棒以螺纹拧在挤压杆的端部（图 7 - 8（e））。

7.6.3 挤压芯棒

7.6.3.1 挤压芯棒的工况条件

在钢管挤压过程中，芯棒首先插入模孔与模孔形成环状孔腔。在挤压时，形成挤压制品的内部轮廓。

在挤压过程中，芯棒承受高的机械负荷和热负荷。芯棒处于被加热到 1200℃ 高温的坯料中，在较大的深度上被加热从而降低其力学性能。在每次挤压后，芯棒被加热到 700 ~ 800℃，然后用水冷却。

同时，由于挤压时金属沿着芯棒表面的流动速度超过芯棒的行程速度，因此在芯棒上产生了轴向拉伸应力。

在挤压过程中，作用于芯棒上的力的大小取决于一系列的因素，可能达到其总挤压力的 15% ~ 20%。而芯棒表面受热的温度会达到 800℃，并在金属移动的过程中对芯棒产生强烈的热滑动摩擦而引起了芯棒表面的磨损。

当挤压缸回程时，轴向拉伸力瞬时产生，在芯棒上又引起了冲击性的拉伸力。

挤压时，当坯料的直径和挤压筒的直径差比较大且坯料压缩不足时，则在芯棒中将会产生附加的弯曲力。

同样，当坯料的加热温度不均匀或加热温度不足时，也会在芯棒中产生弯曲力。

若坯料的润滑不到位，在挤压时金属和芯棒就会产生黏结而咬合，这不仅导致芯棒上拉伸力的提高，而且严重的会引起挤压制品的报废。

流出金属对芯棒的作用力在挤压过程中随着坯料长度的减小而发生变化。在挤压的最后瞬间，当压余的高度接近挤压坯料的"死区"时，芯棒的工作条件最为恶劣。这在确定压余的厚度时必须要考虑到。因为在实践中证明，芯棒的断裂大多数发生在与最后挤压阶段相应于芯棒后三分之一的长度距离上。挤压结束后，芯棒后退。在压模部件的锁紧装置打开后，挤压杆将压余连同挤压垫一起推出，芯棒急跳式地退出变形区，同样恶化了其工作条件。

挤压芯棒的内部冷却尽管复杂，但仍广泛应用于挤压生产。冷却的不均匀将引起芯棒中产生附加应力，其结果是在芯棒的表面上出现网状裂纹，导致芯棒断裂。急剧冷却，对于大尺寸的芯棒尤其危险。

芯棒在使用之前，要预热到 250 ~ 400℃，一方面可以避免在芯棒插入空心坯时，引起其内表面温度的骤降；另一方面芯棒预热后提高了芯棒材料的韧性，减少了芯棒表面因受到冲击性热负荷而导致龟裂的危险性。

由于芯棒在变形区内移动着工作，故其磨损情况会好一些，但由于被包围在高温管坯内，散热条件极差，其工作表面最高温度可达到 800℃，故使用后需冷却，而大部分芯棒的损坏主要都是由于局部直径减小（称为缩颈）和表面疲劳裂纹。因此，芯棒必须具有良好的韧性（在 20 ~ 650℃ 内冲击韧性不低于 539 ~ 1176kJ/m²）、硬度（HRC = 45 ~ 50）和表面光洁度（达 7 级以上）。

7.6.3.2 挤压芯棒的种类

各种钢和合金管材以及空心型材挤压时使用的芯棒种类繁多，按照其结构情况可以分为短芯棒、长芯棒和特殊结构的芯棒三大类（图 7 - 13）。

短芯棒用于没有穿孔系统的挤压机上，挤压时芯棒固定在挤压杆上（图 7 - 13（a））；长芯棒用于有穿孔系统的挤压机上，挤压时芯棒固定在穿孔系统的芯棒支承上（图 7 - 13（b））；特殊结构的芯棒，如瓶颈式芯棒（图 7 - 13（d））、锥形芯棒（图 7 - 13（e））和异形芯棒。

短芯棒是在最严酷的条件下工作。工作时与变形金属长时间接触使用时，为

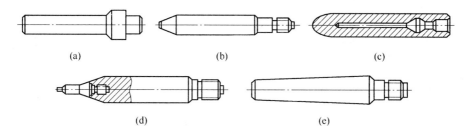

图 7-13 管型材挤压机的芯棒结构示意图

（a）固定在挤压杆上的芯棒；（b）固定在芯棒座上的芯棒；（c）特殊结构的水冷芯棒；
（d）瓶颈式芯棒；（e）锥形芯棒

了降低芯棒的受热，采用高温润滑保护涂层，挤压温度可以达到 1600℃。同时可以用于钢和难熔金属的挤压。

长芯棒在使用过程中，在变形区内可以移动 500~700mm，有利于降低受热温度和磨损程度。同时，可以采用水冷芯棒，即采用压力为 1MPa 的内冷式或借助于专用喷水器的外冷式的装置冷却芯棒，以提高芯棒的使用寿命。

特殊结构芯棒一般用于挤压特殊断面空心型材，如挤压厚壁管的瓶颈式芯棒（图 7-13（d）），挤压变截面管的锥形芯棒（图 7-13（e））以及其他形状内孔的异形芯棒。

图 7-14 所示为尼科波尔南方钢管厂 31.5MN（3150t）卧式挤压机的瓶颈式芯棒，其除了用于挤压超厚壁管之外，也可用于挤压最小内径小于 $\phi25mm$ 的管材和空心型材。瓶颈式芯棒的头部采用 Nimonic 合金制造。采用这种组合芯棒挤压时，芯棒的最大外径和芯棒头的直径之比不应超过 2.0~2.5。

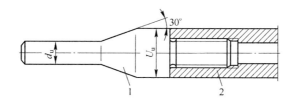

图 7-14 尼科波尔南方钢管厂的瓶颈式芯棒结构示意图

1—芯棒头；2—芯棒体

挤压芯棒的结构随着挤压机结构和挤压工艺的不同而异，结构复杂，种品繁多。图 7-15 所示为根据挤压机的结构及满足不同工艺的要求而设计的各种挤压芯棒。

芯棒的种类还可以分为：

（1）固定在卧式挤压机或立式挤压机挤压杆上的芯棒（图 7-15（c））。挤

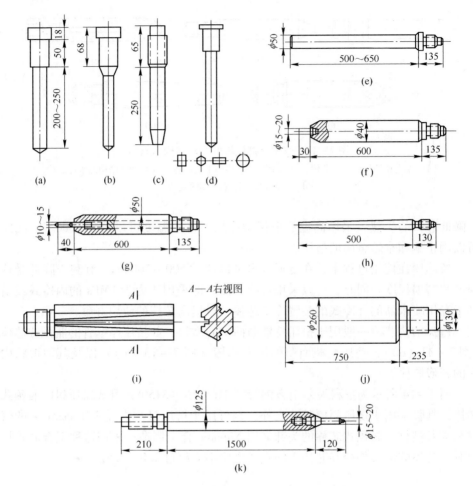

图 7-15 各种结构和形状的挤压芯棒示意图

压机无独立的穿孔装置系统，采用空心坯料。

（2）游离芯棒。芯棒不固定在挤压杆上，坯料中心钻孔。

（3）固定在挤压机的独立穿孔装置芯棒座上的芯棒（图7-15（a）、图7-15（b））。采用空心或实心坯料，具有独立的穿孔装置，挤压时先穿孔。穿孔和挤压在同一台设备上完成。这种工艺在有色金属挤压时普遍采用。在钢挤压的领域内日本和西班牙曾有试用，西班牙吐巴塞克斯公司还曾采用穿孔—挤压联合工艺，试用于连铸方坯，取得了一定的成效。

（4）阶梯式或瓶颈式芯棒（图7-15（f）、图7-15（k））。用于挤压具有小孔的管材和空心型材。挤压时，必须准确调节穿孔装置的行程，使芯棒的定径端头部准确地处于模孔中心。芯棒的过渡部分的细端采用热稳定性较好的材料制作。

（5）小尺寸的游动芯棒（图 7 - 15（g））。这种芯棒本体的一端有标准螺纹，用在芯棒座中固定芯棒，在本体的全长上钻有直径变化的通孔，然后在其内部插入具有圆帽塞状的小直径的工作定径芯棒。穿孔时芯棒缩进本体，外面仅留出不长的一段（10～15mm）；穿孔结束后被流动金属拉入挤压模的定径芯棒向前拉出，形成管材或空心型材的内表面。

（6）用于在挤压制品中形成各种异形孔腔（正方形、矩形、六角形）的异形芯棒（图 7 - 15（d））。芯棒的固定方法同通常的芯棒一样，但芯棒都加工成产品孔腔所要求的形状和尺寸。

（7）用于挤压任意轮廓形状管材的芯棒（图 7 - 15（k））。一般做成装配式，可更换的芯棒端部做成异形，芯棒相对于模子的调整用制动销来调节。

（8）用来挤压断面沿长度上变化的管材和型材的锥形芯棒（图 7 - 15（h））。芯棒固定在挤压机的挤压杆上，特殊异形芯棒也属于这一类。

（9）特殊的异形芯棒（图 7 - 15（i））。芯棒表面上有异形的轮廓部分，如六角形断面的芯棒，伸入六角形的挤压模，可以挤压 3 根沿长度上断面变化的 T 形型材。在芯棒的 3 个面上刨出沿长度上变化的轮廓，伸入六角形的模孔的芯棒紧闭型材的翼缘，移动挤压杆时芯棒与模子共同形成 3 个 T 形孔。

有的挤压机同时还可以在挤压过程中转动芯棒的位置，以旋转调节芯棒。这在挤压非圆形管材时，使芯棒能够精确的装在挤压模的模孔中。

芯棒的断面形状和尺寸取决于挤压工艺表的要求。芯棒的长度应保证挤压开始时伸出模子定径带，即芯棒长度大于或等于坯料长度、挤压垫厚度、玻璃垫厚度和挤压模厚度之和。有时为了减小摩擦力或采用固定芯棒挤压，可将芯棒设计成带锥度，其前后直径差为 0.15～1.00mm，具体要由产品的公差范围来确定。

芯棒与芯棒支承器或挤压杆（型材挤压机挤压钢管时）采用螺纹连接。

此外，挤压芯棒按照挤压工艺的不同可以分为随动挤压芯棒、固定挤压芯棒和游动挤压芯棒 3 种：

（1）随动挤压芯棒。用于没有独立的穿孔系统装置的挤压机上。挤压钢管时，芯棒固定在挤压杆上，采用空心坯料（有时也挤压实心的坯料）。此时坯料上仅有一个定心孔或导向孔。在这种工艺条件下，挤压芯棒和挤压杆速度同步，而挤压金属流出挤压模出口的速度明显超过芯棒的前进速度，即在出口处挤压金属和芯棒之间存在着速度差，引起变形金属与芯棒间的相对移动。因此，这种工艺条件有利于挤压制品内表面质量和芯棒使用寿命的提高。但是在挤压结束之后，抽出芯棒时比较困难一些。

（2）固定挤压芯棒。用于具有独立穿孔装置的挤压机上。挤压时，芯棒固定在独立穿孔系统装置的芯棒座上（图 7 - 15（a）、图 7 - 15（b）），采用空心或实心坯料。挤压前必须预先将芯棒的位置调整到芯棒头部工作带，进入挤压模孔的工作位置并加以固定。在整个挤压过程中，芯棒的位置不变，变形金属和芯棒之间没有速度差。这种工艺条件使芯棒的磨损集中，使用寿命降低，而且挤压制品的内表面质量得不到改善。

（3）游动挤压芯棒。在现代的卧式管型材挤压机上，已经有设计成在结构上允许与挤压杆运动无关的独立调节芯棒运动速度的挤压机穿孔系统装置。这种芯棒运动速度独立调节装置，允许芯棒在40%的挤压杆行程范围内，以比挤压杆运动速度快的速度通过挤压模模孔移动。即，在金属流动过程中，芯棒在挤压变形区内可以移动500～700mm，因而使芯棒的受热温度和磨损情况有所降低。采用游动针挤压工艺，既有利于产品内表面质量的改善，又有利于芯棒使用寿命的提高。同时，可以生产各种异形断面的空心型材。

7.6.3.3 挤压芯棒的冷却

图7-16所示为芯棒使用寿命与冷却时间的关系。由图7-16可知芯棒的冷却时间越长，冷却得越充分，其使用寿命越长。图7-17所示为德国SMS公司设计制造的60MN（6000t）卧式管棒型材挤压机带有内水冷装置的芯棒系统结构。图7-18所示为尼科波尔南方钢管厂3150t钢管挤压上采用的水冷芯棒结构。

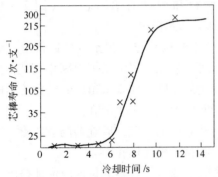

图7-16 芯棒使用寿命与冷却时间的关系

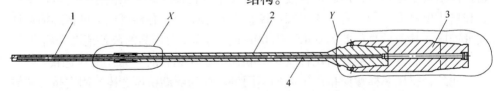

图7-17 60MN（6000t）卧式挤压机水冷芯棒系统结构示意图
1—挤压芯棒；2—芯棒连杆；3—芯棒连杆支承；4—冷却水管

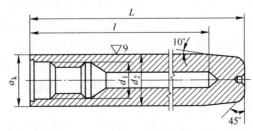

图7-18 尼科波尔南方钢管厂31.5MN（3150t）钢管挤压机的水冷芯棒结构示意图

在现代的管型材卧式挤压机上，比较普遍地采用水冷芯棒，其冷却水是通过沿芯棒水平轴心钻孔（前端有 50～100mm 未钻穿）进入，实现循环水冷却芯棒。使用结果表明，当钻孔的直径等于芯棒直径的三分之一时，将得到满意的冷却效果，此时，冷却系统水的压力不能低于 100kPa（约 10 个大气压）。

在 55MN（5500t）大型的双挤压筒的挤压机上，也有采用外冷式芯棒的。无论是内冷式芯棒还是外冷式芯棒，挤压时芯棒的外表面层金属仍承受着最高的加热温度（800℃），而在芯棒壁比较深层的金属温度逐渐降低，直到内表面冷却温度降至 50～70℃。如此大的内外表面温差，在芯棒的表面上会引起较大的张应力。芯棒使用温度的周期性变化，导致芯棒表面产生热疲劳裂纹。挤压芯棒的这种工况条件，要求选择有较高冲击韧性的材料来制造芯棒。对于水冷芯棒的材料要求在 20～65℃温度范围内，冲击韧性不应小于 0.55～1.2MPa。此外，为了避免芯棒的弯曲变形，其材料应具有一定的强度和足够的热稳定性。当挤压不锈钢管时，芯棒的材料在 20～650℃温度范围内的屈服极限应大于 1080～1400MPa，当其 σ_s 过低或冷却不足时芯棒在使用中会导致缩颈或变细而报废。

在正常情况下，挤压不锈钢管时，水冷芯棒的使用寿命平均为 100～150 次/支。根据使用条件，每支芯棒挤压不锈钢管的产量为 1～40t。

一般在挤压芯棒的结构上，550～600mm 的长度上是一个锥度（约为 0.5～0.6mm）。减小锥度，将使金属沿芯棒流动时的摩擦力增加，提高了芯棒中的拉应力。增加锥度将导致挤压制品尺寸的变化。

当挤压高温合金时，为了在芯棒上能保留玻璃润滑剂，芯棒的端部可以套上一个针垫。

7.6.3.4 挤压芯棒对材料的要求

挤压芯棒对材料的要求如下：

（1）制作芯棒的材料在 700℃温度下具有高的强度和韧性。

（2）挤压工模具被加热到工作温度时，应不会被回火，不会降低硬度和力学性能。

（3）芯棒材料应具有好的耐急冷急热性能，加热到 600～700℃后快速冷却时不会出现裂纹等缺陷。

（4）高温下材料应有良好的抗热磨性能。

（5）材料的热膨胀系数小，以保证挤压制品的尺寸精度。

（6）挤压芯棒的机械加工精度：

工作带直径公差　　　　+0.1mm（当 d = 40～100mm 时）

　　　　　　　　　　　+0.2mm（当 d = 101mm 时）

锥度的加工公差　　　　+0.30mm

弯曲度要求　　　　　　不超过工作直径的 0.3%

其余尺寸公差　　　　　　　+0.15mm

7.6.3.5　挤压芯棒的强度校核

在钢管挤压过程中，由于挤压速度和变形程度（挤压比）的综合作用，致使变形金属由挤压模孔中流出的速度（出口速度）大大地高于芯棒的运动速度，这种速度差在芯棒中引起拉应力，而且此速度差越大，芯棒内的拉应力也越大。

在选择好制造芯棒的材料之后，要求挤压芯棒进行强度校核。为了确定钢管挤压时作用在芯棒上的拉伸力，采用以下公式：

$$P_{ur} = \sigma_{cp} f \pi d_{ur} l + \sigma'_{cp} f_1 \pi d_{rp} l_1 \tag{7-16}$$

式中　σ_{cp}——变形区内芯棒上金属的平均应力，MPa；

σ'_{cp}——挤出钢管在芯棒端部的平均应力，MPa；

f, f_1——金属沿芯棒滑动的滑动摩擦系数；

d_{ur}——芯棒直径，mm；

l——变形区高度，$l = 0.8 D_K l_1$，mm；

l_1——芯棒伸出变形区外端部的长度，mm；

d_{rp}——钢管的外径，mm；

D_K——挤压筒直径，mm。

如果忽略在模子定径带以外的芯棒上的摩擦力，且在芯棒长度上摩擦力的大小均匀，则挤压钢管作用于芯棒上的最大拉力可以用下式表示：

$$P_{ur} = \pi d_{ur} l \tau_{rp}$$

$$P_{ur} = \pi d_{ur} l f \sigma_s$$

则芯棒的足够强度由以下条件保证：

$$d_{ur} = \frac{4\tau_{rp} l}{\sigma_{0.2}/K - 0.6(P + \sigma_r)} \tag{7-17}$$

式中　$\sigma_{0.2}$——在热挤压温度下材料的条件屈服极限，MPa；

σ_r——挤压垫上的应力，MPa；

K——安全系数。

图7-19给出了芯棒中应力的数值和方向的变化曲线，在芯棒表面上还产生与变形抗力成比例的切应力。

7.6.3.6　穿孔芯棒的稳定性校核

由挤压时穿孔芯棒的工作条件可以看出，芯棒在开始时承受压缩和纵向弯曲力作用，而在挤压时承受拉伸力。穿孔芯棒的拉伸状态，与穿孔速度和挤压速度的大小有关，如穿孔速度大于挤压速度，则拉伸就可能转为压缩状态。

在分析芯棒的稳定性时必须采用固定一端的条件和施加负荷的方法。对于现代挤压机的穿孔芯棒，为了确定稳定性系数，可以采取以下两种情况（图7-20）：（1）一端刚性固定，另一端自由状态（图7-20（a）），此时稳定性系数

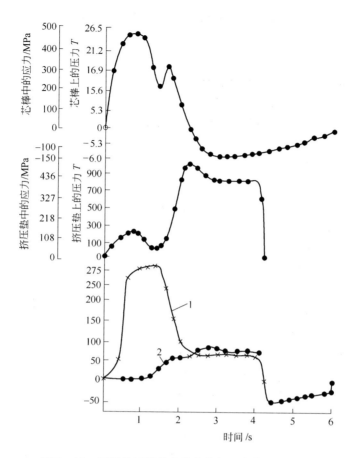

图 7 – 19 钢管挤压机的力能参数与速度参数的变化

1—芯棒速度；2—挤压垫（杆）的速度

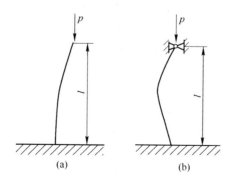

图 7 – 20 顶端固定端的两种情况

$\mu = 2$；（2）一端刚性固定，另一端铰接状态（图 7 – 20（b）），此时稳定性系数 $\mu = 0.7$。

引入以下符号：

l——顶杆（芯棒）的自由长度；

l_{mp}——折合（计算）长度，$l_{mp} = \mu l$；

μ——稳定性系数（芯棒材料的弹性模数）；

J——顶杆（芯棒）相对于主轴的惯性矩（$J = i^2 F$）；

i——对于圆的惯性半径；

F——横截面积；

λ——顶杆（芯棒）的细长比（$\lambda = \mu l / i$）；

σ_{bp}——拉伸强度极限；

σ_T——屈服极限；

σ_{my}——比例极限；

p_{KP}——极限力（纵向压力的）；

σ_{KP}——极限应力；

p_{gon}——稳定性允许应力；

η_y——稳定性安全系数，$\eta_y = p_{KP} / p_{gon} = \sigma_{KP} / [\sigma]_y$；

$[\sigma]_{cw}$——在无纵向弯曲可能的条件下，所允许的压应力；

ψ——纵向弯曲系数，$\psi = [\sigma]_y / [\sigma]_{cw}$；

E——纵向弹性模数。

当纵向压力 p 等于 p_{KP} 时，可能产生纵向弯曲，此弯曲在进一步稍增加压力时，可导致工具的破坏。因此，p_{KP} 可看作破坏力。在稳定条件下所允许的负荷由下式确定：

$$p_{gon} = p_{KP} / \eta_y \qquad (7 - 18)$$

稳定性安全系数，对于钢为 $\eta_y = 1.5 \sim 3.0$。

同时还必须保证强度条件，按下式验算强度：

$$\sigma_{max} = N / F = [\sigma] \qquad (7 - 19)$$

验算横断面的尺寸：

$$F = N / [\sigma]$$

确定在断面上所允许承受的负荷：

$$N_{gon} = F[\sigma]$$

强度安全系数：

$$h = N_{KP} / N \qquad (7 - 20)$$

式中　N_{KP}——稳定顶杆的极限负荷，N；

　　　　N——作用负荷，N。

计算时，应考虑所采用芯棒的材料（5CrNiW、4Cr8W2、4CrW2Si、3Cr2W8V），在不超过600~800MPa的单位压力下，有满意的使用寿命。当单位压力大于1000MPa时，使用寿命显著下降。

在芯棒端部固定、顶杆为不变的圆截面时，按尤拉公式确定临界力，即

$$p_{KP} = \pi^2 EJ/(\mu l)^2 \qquad (7-21)$$

$$\sigma_{KP} = \pi^2 E/\lambda^2 \qquad (7-22)$$

表7-3和表7-4是对于以下尺寸的芯棒进行纵向弯曲校核的结果：直径 D_{ur} 分别为 1.5cm、2.0cm、3.0cm、5.0cm、10.0cm；长度 l 分别为 30.0cm、45.0cm、50.0cm、60.0cm、75.0cm。

表7-3 芯棒穿孔时（图7-20（a））稳定性计算结果

D_{ur}/cm	1.5	2	3	5	10
l/cm	30	45	50	60	75
$F_{u2} = 0.78d_{ut}^2/cm^2$	1.76	3.14	7.06	19.63	78.5
$J = 0.05d_{ur}^4/cm^4$	0.25	0.8	4	31.25	500
μ	2	2	2	2	2
$i = d_{ur}/4/cm$	0.4	0.5	0.75	1.25	2.5
$\lambda = \mu l/i$	150	180	133	96	60
$(ul)^2/cm^2$	3600	8100	10000	14400	22500
ψ	0.21	0.15	0.26	0.55	0.8
$\pi^2 E/(\mu l)^2$	6100	2715	2200	1525	980
$p_{KP} = \pi^2 EJ/(\mu l)^2/N$	1550	2400	8800	48000	490000
$[\sigma]_{cw}$	7500	7500	7500	5500	5500
$\psi[\sigma]_{cw}$	1580	1250	1950	3150	4400
$p_{gon} = F\psi[\sigma]_{cw}/kg$	2780	3940	13700	62200	345600
p_{gon}/t	2.78	3.94	13.7	62.2	345.6

注：计算条件是稳定性系数 $\mu = 2.0$。

表7-4 芯棒穿孔时（图7-20（b））的稳定性计算结果

D_{ur}/cm	1.5	2	3	5	10
l/cm	30	45	50	60	75
$F_{u2} = 0.78d_{ut}^2/cm^2$	1.76	3.14	7.06	19.63	78.5
$J = 0.05d_{ur}^4/cm^4$	0.25	0.8	4	31.25	500
μ	0.7	0.7	0.7	0.7	0.7
$i = d_{ur}/4/cm$	0.4	0.5	0.75	1.25	0.5

$\lambda = \mu l/i$	52.5	63	46.6	33.6	21
$(\mu l)^2/cm^2$	441	992	1225	1764	2736
ψ	0.85	0.8	0.87	0.9	0.95
$\pi^2 E/(\mu l)^2$	50000	22000	17900	12450	8050
$p_{KP} = \pi^2 EJ/(\mu l)^2/N$	12500	17600	72000	380000	3980000
$[\sigma]_{cw}$	7500	7500	7500	5500	5500
$\psi[\sigma]_{cw}$	6400	6000	5500	5000	5200
$p_{gon} = F\psi[\sigma]_{cw}/kg$	11300	18800	46000	100000	408000
p_{gon}/t	11.3	18.8	46	100	408.2

注：计算条件是稳定性系数 $\mu = 0.7$。

7.6.3.7 芯棒的损坏特征及其原因

挤压机的工作主要取决于工模具，首先是芯棒和挤压模的使用寿命及其尺寸的稳定性。正确地加热坯料，平稳而没有冲击地操纵挤压机，及时而充分地冷却和润滑工模具，以及工模具正确地预热，所有这些对挤压工模具的使用寿命有决定性的影响。

表 7 - 5 中列出了使用在 15MN（1500t）和 25MN（2500t）卧式挤压机上的中等尺寸芯棒的几种变形和损坏的特征。

芯棒直径 35mm，材料为 3Cr2W8V，硬度 HRC = 47 ~ 51，相应的瞬时抗力为 1500 ~ 1700MPa，螺纹部分 HRC = 31 ~ 38。具有上述硬度的芯棒多半使用时会损坏，在芯棒上产生纵向裂纹。这些裂纹扩大并形成细的横向裂纹，导致芯棒横向断裂。当芯棒热处理后的硬度降低至 HRC = 48 时，可以使其寿命得到提高。

表 7 - 5 芯棒变形和损坏的特征及其形成原因

序号	变形芯棒的状态	芯棒变形的原因
1		冲击模子
2		冲击挤压垫
3		打开锁紧顶出压余时
4		被挤压垫折断
5		芯棒冷却不良
6		挤压力过高

序号	变形芯棒的状态	芯棒变形的原因
7		挤压力过高
8		挤压力过高
9		芯棒存在弯曲使用时被折断
10		冷却或预热不良
11		硬度过低
12		芯棒存在渗碳层而形成的裂纹
13		裂纹造成的折断
14		局部渗碳层引起的局部裂纹
15		局部裂纹导致折断
16		回火不足造成宽的纵向裂纹
17		回火不足造成宽的纵向裂纹
18		反复加热或冷却导致的细长裂纹
19		最大压力处裂纹边引起的碎裂和磨损

7.6.4 挤压模

7.6.4.1 压模部件

为了得到具有精确几何尺寸的钢管，挤压中心线在挤压过程中始终保持在一条直线上，并且固定不变极为重要。这主要取决于两个因素：一是移动横梁和挤压筒的导向装置的加工和调整精度；二是挤压模与挤压筒内衬的连接方式（图7－21）。

早期挤压模和挤压筒内衬的连接采用圆柱形连接（图7－21（a））或圆锥形连接（图7－21（b））。采用圆柱形连接时，使挤压筒内衬在模子安装处引起过度的磨损，减小了内衬的有效长度，限制了大尺寸挤压产品的挤压，且当更换模子和使压余和模子分离时，增加了人工操作的工作量，以及因为要采用模后锯切压余而增加金属消耗。挤压模和挤压筒采用圆锥形连接时，一般由于挤压模和挤压筒内衬的接触面积很小，对挤压筒支承的面积不大，因此甚至在很小的偏心负

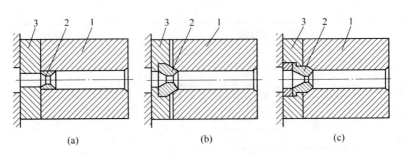

图 7 – 21 管型材挤压机上模子和挤压筒内衬连接结构图
(a) 圆柱形连接；(b) 圆锥形连接；(c) 圆柱—圆锥形连接
1—挤压筒；2—挤压模；3—模支承

荷作用下，就会导致挤压中心线直线度的破坏。因而实际生产中，把模子的外圆锥部分和挤压筒内衬套的相应部分设计成有 15°~30°范围内倾角的圆锥形配合。

为了进一步改善挤压模和挤压筒内衬套的连接状况，英国菲尔汀公司提出了挤压模和挤压筒内衬套的圆柱—圆锥形结合的新的连接方式（图 7 – 21（c））。采用这种新的连接方式使挤压筒内衬的支承面积增大，模子和挤压中心线的同心度大大提高，并且，可采用模环更换和压余取出等简单的机械化操作。

在现代的管棒型材挤压机上，由于普遍地采用了多工位的旋转模架结构和多工位的移动式模架结构，允许在挤压中心线之外完成挤压模的冷却、检查、修理和更换等全部准备工序。并且，为了适应新的模架结构，将挤压模及其附件，包括模套、模座、模垫、承压环等装配成压模部件的组合。一般压模部件可由 3~8 个零件组成。根据挤压机的结构和工模具配置形式的不同，有着不同结构的压模部件。例如，60MN（6000t）卧式挤压机的压模部件由挤压模、模套、模垫、模座和承压环五大件组成（图 7 – 22），这些部件的制造精度对于管材和空心型材的壁厚均匀性有很大影响。

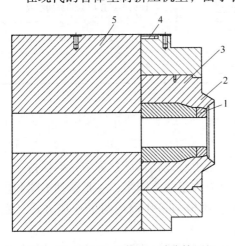

图 7 – 22 60MN（6000t）卧式挤压机压模部件的结构形式
1—挤压模；2—模套；3—模垫；4—模座；5—承力环

压模部件的作用如下：

（1）挤压过程中，挤压模或通过压模部件与挤压筒内衬密封并锁紧，避免金属从连接的缝隙中挤出。

（2）通过压模部件各个零件制造精度的控制和装配调整，使挤压模和挤压中心线保持同心，以保证挤压钢管壁厚的均匀性。

（3）在现代大型挤压机上，由于采用旋转式模架、摆动式模架或抽屉式模架，在每次挤压后检查或更换挤压模时，将压模部件移出，待检查、修理、更换和重新装配后移入挤压中心线使用。实现了挤压模的双工位工作，工具准备工作不需要附加消耗挤压周期时间。

由此可见，挤压机压模部件的结构设计，各个零件的加工精度，装配调整以及固定方法对于挤压钢管和空心型材的产品质量都是极为重要的。

图 7-23 所示为 60MN（6000t）卧式挤压机工模具连接方式。

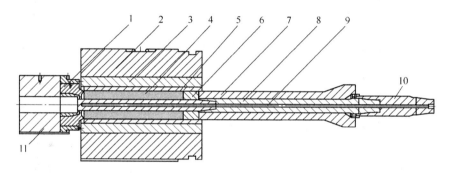

图 7-23　60MN（6000t）卧式挤压机工模具的连接方式
1—压模部件；2—挤压筒外套；3—挤压筒中套；4—挤压筒内套；5—挤压坯料；6—挤压垫；
7—挤压杆；8—芯棒；9—冷却水管；10—芯棒连杆；11—承力环

7.6.4.2　挤压模的工况条件

在挤压过程中，挤压模封闭挤压筒的一端，挤压模的型腔形成挤压产品的外形轮廓。

挤压时，挤压模与被加热到 1200℃ 以上高温的金属长时间地直接接触，金属由挤压模中流出时产生很高的单位压力研磨挤压模的表面，挤压模附近变形区对玻璃润滑剂的抑制，挤压模冷却的困难等所有这一切工况，使用于制造挤压模的材料处于极其严酷的工作条件下。因此，为了保持产品尺寸的稳定性，除了满足上述条件之外，挤压模本身的结构设计，对其轮廓的稳定性、降低金属流出模孔时的单位压力、减小挤压成品的表面废品起着决定性的影响。

挤压模的设计，不仅仅在于布置产品的轮廓尺寸，而且必须对挤压模就像在严酷的热机械负荷作用下工作的机械零件一样做出整体设计。例如，对于挤压模入口锥角或者入口部分的圆角半径稍做改变，就能引起总挤压力的急剧变化，其变化范围可以达到25%，从而将大大地增加或减小了挤压模上的总负荷，直接影响到挤压模的使用寿命。表 7 - 6 为挤压模入口加工情况与挤压力的关系。

表 7 - 6　挤压力与挤压模入口部分加工情况的关系

棒材直径/mm	延伸系数	主缸内的压力/kN（t）					
		模口具有尖锐边缘			模口具有圆滑边缘		
50	11	900（90）	500（50）	400（40）	1100（110）	1100（110）	600（60）
25	43	1200（120）	1000（100）	900（90）	1300（130）	1200（120）	1100（110）
10	268	1600（160）	1500（150）	1300（130）	2200（220）	1700（170）	1600（160）
6	750	2500（250）	2800（280）	1900（190）	2900（290）	2500（250）	2400（240）

注：试验挤压机为 15MN（1500t）卧式挤压机，挤压筒直径为 165mm。

　　挤压时，从模子中流动的金属以高达 10m/s 的滑移速度流动，虽然在挤压模和高速流动的金属之间有着润滑层，但模子工作带的表面金属仍产生非常高的温度。通过金相分析可以确定，当挤压碳钢和合金钢时，此温度超过模子材料的相变温度。

　　在对采用 3Cr2W8V 热模钢制造的挤压模，经挤压后因磨损而报废的挤压模的断面上进行的金相观察时，结果显示，深度达 0.5 ~ 1.5mm 处的金属，具有硬度 HRC 为 50 ~ 52 的马氏体组织。从其溶解过剩的残余碳化物相的分析证明，在此处产生的温度不低于 1000 ~ 1100℃。沿模子的断面较深处的硬度 HRC 下降到 28 ~ 32，这证明其被加热的温度已达到材料的临界温度，即 750 ~ 800℃。然后随着模子断面深度的增加，硬度平稳地提高到开始使用模子时的原始硬度。挤压模工作带部分的材料被加热到超过临界温度，并引起金相组织结构转变的温度影响区域的总深度。根据模子的材料、工作条件和使用寿命的具体情况可能在 5 ~ 10mm 波动。

　　另外，从挤压模的喇叭口向工作带过渡的半径处受到最大的加热和磨损。这表现为逐渐地研磨，形成划道、沟槽以及表面粗糙（图 7 - 24）。对挤压型材采用组合模时，模环的凸出的较厚的部分，如筋、舌等的热量难以传导扩散，且被高速流动的金属强烈地冲刷而破坏（图 7 - 25）。挤压模的机械磨损形式使模环的金属被挤压管软化和带走而流失。据统计，平均挤压 40 次以后，使用的模环重量由于磨损流失要减小 7% ~ 10%。

　　在立式挤压机上，挤压模在使用过程中的软化变形，可以通过校准工序来校正，即采用压入专门的定径芯棒的方法，恢复模环或整体模工作带的名义直径，以此达到对于因磨损引起模环直径局部改变的补偿。挤压时模环内径减小的变形，既是由于表面层金属塑性流动所形成的焊瘤，也是由于其向挤压方向挠曲变形的结果。用校准法可周期性地经过 5 ~ 10 次或更多次的恢复和挤压。因此，模

图7-24 挤压钢管时模环的磨损形式　　图7-25 挤压型材时模环的磨损形式

环的校准工序在一定范围内提高了其使用寿命。

在卧式液压管型材挤压机上，没有模环的校准工序，模环使用时不允许出现变形。因此，要求其具有 HRC = 43～48 或更高的硬度指标。

模环在温度很高的条件下工作，要求其采用具有高的耐热性钢和材料来制造，特别是在挤压耐热和难熔合金管以及长度较长的钢管和异形材的情况下。

7.6.4.3 挤压模的结构形式

挤压模按照结构特点可分为整体模和组合模两类。一般在较小吨位的挤压机上，对于较小外形的挤压模，采用较多的是整体模；而在大型挤压机上，较多地采用组合模。

图7-26 所示为几种标准结构的整体模。按照挤压模的型腔形状又可以分为平面模、锥形模、平锥模、双锥模、圆弧模（包括凸弧形模和凹弧形模）等。

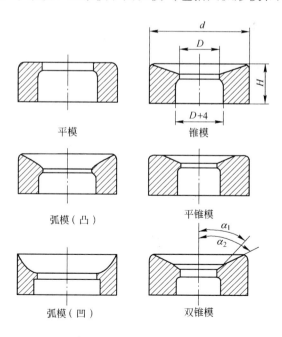

图7-26 几种标准结构的整体式挤压模

试验研究指出，挤压模的入口锥角 $\alpha = 40°$ 以上时，其工作寿命最长；但是，模子的入口锥角采用 $\alpha = 30°$ 时，与挤压筒内衬壁相接触的过冷金属粒子陷入变形区的死角中，而导致挤压产品报废。因此，实际上挤压模的入口锥角都取 $\alpha = 25° \sim 30°$。据此，也有制作成带有双锥角的挤压模，即第一个入口锥角 $\alpha_1 = 25°$，与变形区（死角）接触；第二个入口锥角 $\alpha_2 = 40°$，与模子定径带相接。

挤压模的定径带宽度是一个重要的参数，如果过宽会增加挤压时的摩擦力，导致挤压模表面磨损严重，引起金属表面的黏着，影响挤压钢管的表面质量；过窄的定径带会导致挤压钢管的尺寸不稳定，并且钢管容易弯曲，同时挤压模也容易磨损，降低了挤压模的使用寿命。因此，对于每一种材料应选定一种合理的定径带宽度。在生产实际中，挤压模定径带的宽度的确定，主要根据挤压成品管口径的大小和钢管的长短，一般取挤压钢管直径的 8% ~ 12%（不计模口圆弧倒角）。

观察挤压模使用时磨损的情况后发现，变形区附近的挤压模上层金属被挤压坯料金属揉皱。如果挤压金属聚积在工作带，则模孔直径将会减小。即便是模子进行镗孔后继续使用时，金属聚积现象仍会出现。所有这些，将导致在挤压所有材料时，模子入口部分的轮廓逐渐变形呈圆弧形。无论是对于平面模或者是锥形模都是如此。

挤压时，挤压模在定径带附近的磨损最为严重，因为模子工作温度不断上升，在结束挤压时温度达到 850 ~ 700℃，从而降低了挤压模材料的表面硬度。

但是，如果挤压时的单位压力小，温度不高，则工具的温升不大，工具表面和边缘的揉皱现象不会发生。此时，磨损的表面表现为表面磨料的微磨损和定径带尺寸的改变。

因而，挤压模的塑性磨损导致了模孔孔径的减小，而挤压模孔径的增大，则意味着工具材料没有发生塑性变形。

从挤压模进口喇叭口到定径带的圆弧倒角半径为 5 ~ 10mm，过小时金属变形激烈。而模后出口喇叭口锥角一般为 6° ~ 10°。挤压异形材时，其模垫也应做成相似形状，且倒角同上。

挤压模与变形金属接触的表面应做得十分光滑，以减小金属的变形阻力，保证制品表面光洁。其接触面的光洁度为 7 ~ 8 级。

挤压模表面应有足够的硬度。其材料应有足够的强度，防止挤压模过度磨损和引起开裂。一般整体模的硬度 HRC 约为 48 ~ 52，如采用组合模时，其表面硬度可以更高。

钢管挤压模的内孔直径应等于热状态下钢管的外径，即为冷状态下钢管外径加上冷收缩量。材料的热膨胀系数一般为 1.012 ~ 1.015，则挤压模的内径 d 为：

$$d = (1.012 \sim 1.015)D$$

式中　　D——挤压成品钢管外径，mm。

为了提高挤压模的利用率，挤压模模孔直径可稍小于热状态下钢管的外径，但不能小于直径的负公差值，则：

$$d = (1.012 \sim 1.015)D - \Delta$$

式中　　Δ——热挤压钢管直径的负公差值，mm。

挤压模的机加工精度要求：当 $d = 50 \sim 100$mm 时，定径带的直径公差为 -0.1mm，当 $d > 101$mm 时，为 -0.2mm；偏心度公差不超过定径带直径的 0.3%。

7.6.4.4　挤压模的孔型设计

挤压模的孔型设计包括压缩区 AB 段的形状设计（图 7 - 27），过渡半径 r_M 的选择，定径带长度 l_n 的确定（图 7 - 27（a））。压缩区的形状按照作图的法则确定。同时，还要从模孔中的速度、应力、变形或其他参数的分布情况出发，得到具有凹面的、凸面的、S 形或其他形状的压缩区形状的挤压模（图 7 - 27）。

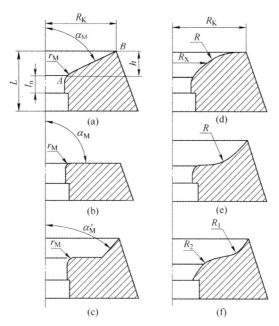

图 7 - 27　挤压模的孔型设计

（a）圆锥模；（b）平面模；（c）平锥模；（d）凸形模；（e）凹形模；（f）S 形模

R_K—挤压模入口锥半径；α_M—挤压模入口锥角；r_M—工作带圆角半径；R—凸形及凹形模工作带曲率半径；R_1，R_2—S 形模工作带曲率半径；L—工作带宽度；h—锥角高度

挤压模最主要的部分是定径带，其决定了金属流动过程的动力学。

根据金属在"整个高度上压缩不变"的条件，压缩锥的形状可以用以下等式来描述：

$$R_X = R_K \exp\left(\frac{x}{h} \ln \frac{r_0}{R_K}\right) \qquad (7-23)$$

在沿模子喇叭口"高度上平均变形速度保持不变"的条件下，上述方程式具有以下形式：

$$R_X = R_K [1 + (\lambda - 1)x/h]^{-0.5} \qquad (7-24)$$

在"金属从变形区内流出时的塑性流动不均匀性为最小"的条件下，模子喇叭口的母线形状以双曲线关系来表示：

$$- (R_K^2 - r^2)x^2 + L^2 R_X^2 = L^2 r_0$$

此时，x 和 R_X 的数值在以下范围变化：$0 \leqslant x \leqslant L$，$r_0 \leqslant R_X \leqslant R_K$。

应用以上公式可以得到具有凸线形状的模子压缩锥（图 7-27）。

最小金属变形能量条件的实现，使模子形状曲线方程式为以下形式：

$$R_X = R_K - [R_{K0} \arccos(1 - x/R_{K0})] - \sqrt{2R_{K0}x - x^2} \qquad (7-25)$$

此方程式可以得到凹线形状的模子喇叭口。

无论是凸面的或者是凹面的挤压模的喇叭口形状，都可以用由相应的点以求出的半径 R 画圆弧的方法得到（图 7-27 (f)、图 7-27 (d)、图 7-27 (e)）。

根据前苏联中央黑色冶金科学研究院的资料，通过各种试验的结果证明，采用凹面的和凸面喇叭口的模子挤压时，具有以下规律：采用凹面喇叭口的模子挤压时，在变形区内具有最大的液体单位压力，这对挤压低塑性材料时是很有利的；而当采用凸面喇叭口的模子挤压时，变形区内最大压应力来自挤压杆方面，制品上的变形强度分布得不均匀，经凸形喇叭口母线的模子挤压时比较小，从模子压缩区过渡到定径带时，模子承受的正应力较低，这对模子使用寿命的提高是有利的。

按照"最小能量定律"实现塑性变形过程的条件下，得到的挤压模喇叭口形状的方程式如下：

$$R_X = 3.80 e^{-(0.1425x)^2} \qquad (7-26)$$

此方程式可以得到 S 形的模子喇叭口（图 7-27 (f)）。

S 形喇叭口挤压模入口锥形状的作图，以连接相应的曲率半径所画的圆弧即可得到。从挤压过程动力学和挤压制品的质量来衡量，S 形挤压模的入口锥形状孔型设计是最合适的。其集中了凹形的和凸形的喇叭口模子的优点。

玻璃或者类似的材料制作的润滑垫的应用，对模孔的孔型设计提出了自己的要求。要求主要包括在压缩区变形轮廓的研究和选择上，看其是否能够保持得住变形区内的润滑剂，确保在整个挤压周期中形成连续的润滑膜。平面模或具有入口锥角度 $2\alpha_M = 90° \sim 180°$ 的锥形模在很大程度上符合此要求，因而在实际生产中得到了广泛的应用（图 7-27 (a) ~ 图 7-27 (c)）。在采用玻璃润滑剂的挤压过程中，具有角度 $2\alpha_M = 90° \sim 180°$ 的挤压模在挤压难变形材料时应用；而角

度 $2\alpha_M > 120°$ 的挤压模在挤压有足够塑性的金属时应用。

法国工程师赛茹尔内建议采用第一个定径孔直径比第二个定径孔直径大 1.5mm 的挤压模。因为这样可以将润滑剂保持在圆环的槽内。为此建议采用带有同心圆槽子的圆锥形入口的挤压模。

由于使用平面模时可能会形成金属的环状裂纹,所以用具有平锥形孔型的挤压模。在模子与挤压筒的连接处,将模子做成有角度 $2\alpha_M = 90° \sim 120°$ 的圆锥形(图 7 - 27(b)和图 7 - 27(c))。

俄罗斯巴尔金中央黑色冶金科学研究院在挤压不锈钢、镍基高温合金和难熔金属试样时,所进行的具有圆锥孔型的挤压模的试验中可以确定:最小的挤压力是发生在采用角度 $2\alpha_M = 90° \sim 120°$ 的模子的情况下,模子的角度在这个范围内无论是向小还向大的方面变化,都会使挤压力平均增加 $10\% \sim 15\%$。同时,挤压初始的峰值负荷也更高。在小角度的条件下,会引起坯料前端更加变冷,而在较大的角度($2\alpha_M = 180°$)时将引起挤压开始阶段的不利的动力学条件。

随着角度 $2\alpha_M$ 从 60° 增大到 180°,表面质量有所改善,这与润滑膜厚度的减小有关。

从模子圆锥部分到定径孔的过渡半径 r_M 的大小变化不会影响挤压力的大小,但是制品的表面质量随着 r_M 的增大明显地恶化。当 r_M 从 1mm 增到 30mm 时,表面粗糙度数值从 $15\mu m$ 增加到 $24\mu m$,这也是与润滑膜厚度的变化有关。

对挤压模定径带的宽度大小的研究表明,此参数无论是对过程的力学性能参数还是对制品的表面质量都没有明显的影响。因此在孔型设计的三个基本要素中,第一个要素(α_M)既影响力的参数,又影响表面质量;第二要素(r_M)只影响质量;而第三个要素(l_n)对这些参数都表现出中性(图 7 - 27(a))。

在有玻璃润滑剂挤压的条件下,过程动力学取决于自然的喇叭口形状。此喇叭口在润滑垫的厚度内形成自然喇叭口的形状。除了模子的锥角之外,还与玻璃润滑剂的性质、玻璃垫的厚度及其密度有关。

为了更加准确地分析金属的流动情况,必须采用的不是设计的模子角度 α_M,而是提出的自然喇叭口的角度 α_B。α_B 可以由下式确定:

$$\tan\alpha_B = \frac{K_1 K_2}{\dfrac{h}{R_K - r}} + \tan(90° - \alpha_M) \qquad (7 - 27)$$

式中 K_1,K_2——分别为考虑玻璃垫成型的密度和润滑剂的黏度的影响系数。

用机械成型的玻璃垫试验时 $K_1 = 1$,而用手工成型的玻璃垫,取 $K_1 = 0.86 \sim 0.91$。较小的 K_1 值,对应于锥型模,而较大的值对应于平面模。系数 K_2 取决于润滑剂的黏度,在 $0.94 \sim 1.06$ 变化。黏度在 $50 \sim 500Pa \cdot s$ 时 $K_2 = 1$,当黏度系数 $\eta > 500Pa \cdot s$ 时,$K_2 = 1.06$;而当 $\eta < 500Pa \cdot s$ 时,$K_2 = 0.94$。

在挤压型材时，模子的孔型设计具有特别重要的意义，因为沿截面上金属流动的最大不均匀性是型材模所固有的特点。型材各部分之间金属流动速度的不均匀性，使得型材挤压尺寸不精确，金属中有高的残余应力，出现了纵向和横向的弯曲以及模子上高的局部磨损。由于在挤压过程中诸多的不利影响，异形材模子孔型设计时的主要任务就在于达到挤压金属、流动的最小不均匀性。同时，孔型设计应当确保挤压型材的线尺寸和角度的精确度。流动速度的不均匀性的降低，由模子平面上孔型布置的正确选择和异形模孔各部分工作带大小的选择来达到。模子上孔型的正确布置不仅仅确保挤压制品具有最小的弯曲度，而且也减少了制品薄壁部分挤不出的可能性。

在选择挤压模上孔型布置时，要遵循以下原则：

（1）当型材具有两个对称轴时，其重心与模子的几何中心重合。

（2）当型材具有一个对称轴且型材各部分的厚度彼此无明显差别时，也使其重心与模子的几何中心重合。

（3）型材不对称的断面和具有一个对称轴，但各部分厚度有明显差异的断面，其孔型应布置得使厚的部分最大限度地接近模子中心。

型材各部分流出速度不均匀性的充分减小，可以采用入口锥和定径带长度的改变来达到。对于型材质量较大的部分，定径带长度取得较大，使得这部分流出时的能量损失增加，和型材质量较小部分的金属流动速度增加。最小的定径带宽度，由其足够的耐磨性决定，该耐磨性保证了型材的轮廓尺寸和壁厚的稳定性；而最大的定径带宽度，由不发生挤压金属脱离定径带的条件来决定。

挤压模足够长的工作带分成两部分：其母线与挤压轴的倾角为 3°～6° 的锥度部分和定径带圆柱部分。

7.6.4.5 组合挤压模的设计

现代的卧式管型材挤压机上采用的挤压模的结构，取决于挤压机的形式和挤压制品的种类。从经济性的角度来考量，采用组合式挤压模应是最为有利的选择。

组合式挤压模一般是由模环、模套、喇叭口和模座组成。图 7-28 所示为简装型组合模。

对于最容易磨损的部分（模环），采用具有高耐热性和高耐磨性的高合金钢、耐热合金或金属陶瓷等材料制成，而对于套环则采用具有高韧性和高强度的钢制作。

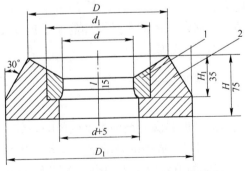

图 7-28 卧式液压管型材挤压机挤压
钢管时所采用的组合模（简装型）
1—模环；2—模套

将模环装入套环的方法可以有两种：一种是紧固配合，另一种是无紧固配合。

模环与套环的无紧固配合，是借助于可拆换模环的结构来实现，即模环与套环的固定是采用弹簧剪切环的紧固方法达到（图 7 – 29），在模环和套环的装配时锥形连接是必需的。因为锥形连接可以保证模环从套环中顺利地取出，以及避免了在挤

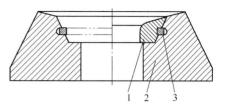

图 7 – 29 带有可拆换模环结构的挤压模示意图
1—模环；2—套环；3—圆环弹簧

压过程中由于径向力而引起的开裂。每次挤压后，模环和压余一起推出，在专门的压力机上容易地把模环从压余上取下。并且，在挤压过程中可由 10 ~ 16 个模环组成一组轮流使用。

模环和套环的紧固配合，是采用热压配合的方法来实现，即将带有等于其外径的 0.10% ~ 0.15% 过盈量的模环以热装配的方式装入套环内（图 7 – 30），以一定的过盈量采用热装配的方法压装而成的组合模，在模环的外表面和套环的内表面层之间，存在着一定的预应力。挤压时，在承受高单位压力的模环上，从相反的方向上施加预应力，有利于挤压制品精度和挤压模使用寿命的提高。实践证明，采用 MTZ 合金模环的组合模的使用成本，要比使用一般挤压模降低了30% ~ 40%。

在不锈钢管的挤压中，比较普遍地采用以 3Cr2W8V 热模钢制成的模环，其硬度达到 40，所必需的回火温度约为 650 ~ 660℃，回火时间为 2h。

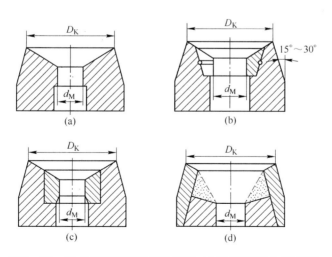

图 7 – 30 卧式挤压机挤压模的结构（封闭挤压筒的挤压模）

（a）整体模；（b）无紧固配合的挤压模；（c）紧固配合的挤压模；（d）带滑润材料结构的挤压模

D_K—模子进口直径，mm；d_M—挤压模工作带直径，mm

为了封闭挤压筒，将挤压模的外圆锥和挤压筒内衬的相应部分加工成带 15°~30°倾角的圆锥形。

对用于较轻挤压工艺条件下的模环、套环、支承环等组合模的零件和可拆换模环结构的组合模，可以采用 45Cr3W3MoVSi 和 3Cr2W8V 钢来制造，前者比后者的热稳定温度要高出 20~30℃。

在挤压高变形抗力的钢管时，需要采用具有更高热稳定性能的材料制造的工具。研究了含 W 17%~19%、Co 15% 的特殊钢如 X20CrCoWMo1010（德）的热稳定温度达 740℃，模子的使用寿命比 3Cr2W8V 提高 1.0~1.5 倍。并且还推广使用再结晶温度下强化变形的 X50NiCrWV1313（德）奥氏体钢制作挤压工模具。

航空工业及喷气技术的发展，需要采用特殊的镍基热强钢管。这种钢管挤压时，由于高的变形程度引起模环的严重磨损，以致于 1 个 3Cr2W8V 模环只能挤压 1 支钢管后就破坏不能再用，且钢管的表面质量还不能得到保证。为此，采用了高强度的镍基合金模环。其最合适的硬度 HRC 为 38~43。镍基合金模环由于加工困难，所以采用精密浇铸的方法先制作毛坯，再通过极小的加工余量机加工出成品。其合金牌号为 U86 和 U919（俄）。采用钴基合金制作的模环，使用寿命也很高，但因成本高、加工难而受到限制。

尼科波尔南方钢管厂在挤压不锈钢管及型材时，试验了采用 MTZW 合金的模环，获得了满意的结果。

MTZW 合金模环挤压 20 号钢，延伸系数为 25，模环寿命为 650 次/只。

在高温条件下比较热模钢、镍基合金和钼基合金的力学性能（图 7-31）表明，随着温度的增高，合金的性能产生了复杂的软化。

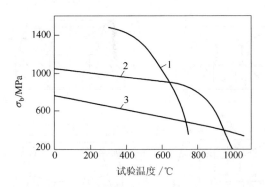

图 7-31　制造模子所采用的钢和合金的高温力学性能比较
1—3Cr2W8V 钢；2—Эn929M 镍基合金；3—含钒钼基合金 BM2

钼合金具有不高的原始强度，但在 1100~1200℃ 温度下保持了相当高的 σ_b 值。

挤压钼合金制品时，含有氧化铝陶瓷的材料 22CrSi 模环得到应用，其可以在高达 1600~1700℃的坯料加热温度下，挤压 15 支以上的钼合金制品，同时，挤压制品的高表面质量和几何尺寸的高精度也得到保证。

利用稳定的二氧化锆通过挤压并随后压缩的方法制造的整体的矿物陶瓷环，由于使用时排除了玻璃润滑剂的必要性，而且在一系列的情况下变形金属不会黏结在模环上，具有很高的使用寿命，从而引起了业界的关注。

用于挤压工模具钢的热处理制度，应保证制品最高的热稳定性。为此，淬火的加热温度应该取最高温度，目的是使固溶体最完全地合金化。由 3Cr2W8V 钢制造的模环的淬火温度应提高到 1150℃（超过 1080℃），这样，当挤压碳素钢管时，其使用寿命提高了 10%~15%。当挤压长 7~8m 的碳素钢管时，平均使用寿命约为 35~40 支/只；当挤压不锈钢管时，使用寿命平均约为 20~25 支/只。通常模环重车使用率可以达到 2~3 倍。

采用 Эи876A 和 Эи929M 合金（俄）制造的模环的使用寿命，当挤压镍基合金管时约为 10~15 支/只，而当挤压难熔合金管时约为 2~3 支/只。

模环的制造方法：一般的圆孔环最经济的方法应是整体坯料的离心浇铸，对型孔环采用蜡模精密铸造。在这种情况下，机械加工量最低，并且废料可以多次利用。

应该指出，采用蜡模铸造型材模环时，允许型孔（模芯）不留余量。因此，应在防止脱碳和氧化的条件下进行热处理。

润滑剂的质量对模环的使用寿命有重要的影响，挤压时应采用摩擦系数最小、不会造成钢管和工具直接接触的润滑剂。

对于紧固配合的组合模，为了提高工具钢模子的使用寿命，可以将难熔氧化物 Al_2O_3、Zr_2O 等喷涂到模环工作部分上。采用喷涂方法的缺点是：涂层与基体金属的附着力不强，以及对于小直径的模环喷涂比较困难。但是，每支钢管挤压后模环就进行喷涂，结果是挤压钢管的表面质量很好。所以，也有一些厂家使用这一工艺，特别是在挤压精密的异形材和难熔金属的制品时，这种方法还应用得不少。

对于制造模环所采用材料的分析指出：材料的成分趋向于多元化，其目的是力求提高材料的热稳定性，并以此提高其耐热磨性；但同时应估计到，不适当地降低导热性（钼合金除外）会恶化材料的工艺性能和加工性能。导热性的降低将促使金属模环接触表面层受热温度的升高和减少由高合金所得到的好处，为此，当必须得到一定的表面质量和很长的挤压产品时，采用高合金钢和合金模环是合算的。

7.6.4.6 异形模的设计

异形挤压模按其结构可以分为横截面不变的异形模、横截面变化的异形模、横截面周期性变化的异形模、中空型材（圆形或异形的）异形模。

从对于异形模设计的要求而言，除了得到具有一定断面形状的型材之外，还应保证型材具有最小的弯曲度和扭曲公差。

设计异形模时，必须确定以下几点：（1）同时挤压型材的数量及其在挤压模有效断面上的排列，型材应该位于一个考虑了配合公差的圆周范围内，此范围应保证型材从模中能顺利的挤出；（2）为了使金属沿着所有模孔断面能均匀流出，所考虑的制动系统的特点；（3）单位挤压力的估计值和按型材形状决定的挤压模部件弯曲的可能性；（4）挤压型材的热收缩。

其次是采用专门的异形垫片（垫圈），这种异形垫片保证了型材和挤压模个别部件的稳定性。在大单位压力下，模子个别部件可能被压坏或折弯。此时，模子后面放置支承垫圈，支承垫圈的形状与挤压模出口的外形轮廓相似。同时，要考虑是否在模子后面安装专用的异形导向装置。导向装置呈管状，管子的形状同型材的形状，并放有余量。导向装置可沿管子的纵向轴线分离。这种管状导向装置用来防止复杂型材由模中挤出时发生的扭曲和弯曲。

挤压型材时，必须考虑沿挤压筒断面金属流出速度的不均匀性。因此，在挤压模上布置型材的断面时（图7-32），必须把型材宽的部分布置在接近模子边缘的地方，而窄的部分布置在模子的中心（图7-32（a））。此外，由于定径带宽度的不同，可以导致改变型材宽的部分工作带的倾角，使金属的流出速度得到补偿（图7-32（b））。

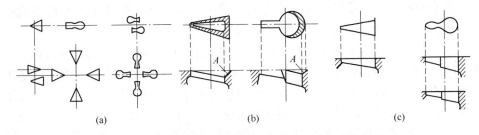

图7-32　挤压型材时模孔的布置和工作带的结构示意图

(a) 模孔的布置；(b) 工作带的结构；(c) 挤压模部件弯曲的可能性

实践证明，定径带的宽度增加到8～10mm以上时，阻止金属流出的效果已不显著。因为，足够宽的定径带使通过模孔流出的金属已经变冷，与后面的定径带不再接触。此时，依靠型材部件的入口锥度来得到附加阻力。

挤压模定径带宽度以及入口制动锥角及其深度，必要时可以计算。在进行异形模的设计时，正确的孔型设计应保持最良好的金属流动条件，不形成导致模子过早磨损的停滞区。

为了挤压圆形的和带筋的钢管，采用入口锥角为67.5°的锥形组合模（图

7-33）。对钢管和型材分别采用如图 7-34、图 7-35 所示的平—锥形组合模，模子的平面段等于型材的外接圆直径。当采用带曲折角（双锥度）的模子（型材外接圆段斜度为 80°~75°，模环斜度为 67.5°，图 7-36）挤压时，得到了满意的结果。

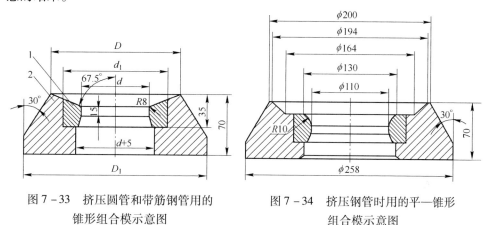

图 7-33　挤压圆管和带筋钢管用的
锥形组合模示意图
1—模环；2—套环

图 7-34　挤压钢管时用的平—锥形
组合模示意图

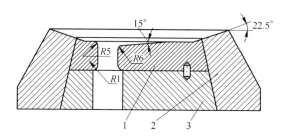

图 7-35　挤压型材时用的平—锥形组合模示意图
1—模环；2—套环；3—支承环（模座）

锥形部分的角度为 45°~60°，以便保持其平面部分的宽度在 20~22mm 的范围内。试验研究认为这是最有效的组合模。

上述平—锥形挤压模角度的连接，使金属的流动条件处于最佳状态，有利于玻璃润滑剂在模环的棱缘上放置以及保证挤压模的寿命得到很大的提高。

当挤压各个部分的厚度不同的型材时，在型材难以充满的部位，用建立辅助的强烈变形区的方法，达到减少金属流动速度的不均匀性。为此，在挤压模的这些部位上切入角度为 60°~45° 而深度等于工作带高度一半的专门圆锥形进料锥（图 7-37）。

从模子的入口锥形部分向圆柱体工作带过渡的棱缘的最合理的圆角半径为 3~8mm，其选择取决于型材的结构和挤压管型材的材质。

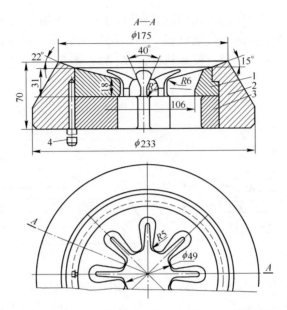

图 7 - 36　用于挤压异形钢管的带进料锥的双锥形组合模示意图
1—模环；2—套环；3—支承环（模座）；4—定位锁

图 7 - 37　挤压异形管时用的
带进料锥的挤压模

挤压型材时，挤压模的外部半径不小于 5mm，而内部半径为 1 ~ 2mm。

根据尼科波尔南方钢管厂实际经验确定的模环工作带的宽度，波动在 10 ~ 15mm。试验指出，金属在圆柱体工作带上的接触宽度为 4 ~ 6mm，并且在挤压过程中发生在工作带部位的磨损向模子出口方向渐渐地降低。所以，应该从模环的使用寿命出发来选择工作带的宽度。

挤压不对称断面实心型材的挤压模，其孔型设计的原理是基于经过断面重心的轴线与挤压轴线的重合，以此使金属在各个部位上的流动速度达到精确的补偿。而对于挤压不对称的空心型材时就不同了，因为挤压芯棒的轴线必须和挤压模的中心线重合。在这种情况下，可以借助在型材断面积较小的部位设置加工锥形斜面（摩擦角）来达到变形金属流动体积相等的补偿。

当挤压断面积较小的型材时，由于其变形量很大，挤压比达到 40 ~ 50，挤压时会出现一些困难，则可以采用多线挤压模。多线型材挤压时，挤压模合理的孔型布置，为实现最大可能的均匀变形创造了有利条件。同时，还可以在挤压模的中心部位设置摩擦面（图 7 - 37），借以平均金属的流动速度，同时也形成确保玻璃润滑剂在这些部位保持以稳定均匀的润滑膜的条件下进行挤压。图 7 - 38 所示为具有中心摩擦面的平衡金属流动速度的多线挤压模结构。

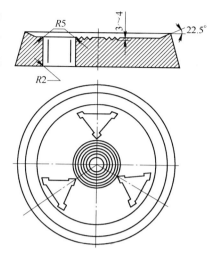

图 7 - 38　多线型材挤压模的孔型布置示意图

7.6.4.7　多孔模的设计

多孔模用来挤压棒材和简单断面或复杂断面的型材，有时亦用来挤压管材和中空型材。

多孔模一般为平模，$\alpha = 90°$，对于小断面棒材挤压时孔数是很多的。当挤压的线材不进行绕卷（在卷筒上）时，模孔可以多达 30 个以上，一般直径在 10 ~ 12mm 到 35 ~ 40mm。采用多孔模挤压实心断面的不对称型材时，有时采用各种形状不对称型材的组合或不对称型材和圆形棒材的组合多孔模。

多孔模孔数的确定：计算延伸系数，确定模孔数，校验挤压力。

挤压棒材或型材时，不进行绕卷，允许的最大延伸系数不超过 40 ~ 50。因为延伸系数大，出料槽就长。在定孔数时，模子的结构强度是主要的考虑因素。

挤压圆棒时，孔数可有 2、3、4、5、6 或 8 个。模孔要配置在同一个圆周上。挤压型材时，孔数一般不多于 4 个。有一个确定孔数的简单方法，即用延伸系数除尽 40，所得为多孔模的孔数。当模孔在 8 个以上时，孔就分布在 2 个甚至 3 个同心的圆周上。

有时，将模子作成，模孔中心配装 1 个孔，其余的孔配置在圆周上，这时，金属从圆周上的孔和中心孔流出速度是不一致的。图 7 - 39 所示为 5 孔模挤压时的情况，4 个孔在圆周上，1 个孔在中心。当外周孔和中心孔距为 15mm 时，则中心棒材短（图 7 - 39 （a））；当孔距为 20mm 时，中心棒材较长（图 7 - 39 （b））。

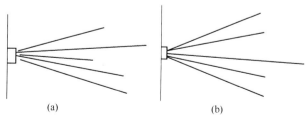

(a)　　　　　　　　　　　　　(b)

图 7 - 39　不同模孔距离的模子得到的棒材长度

（a）孔距为 15mm；（b）孔距为 20mm

不同棒材的流出速度，由挤压时供给每一个孔眼的金属体积所决定。由外围的孔流出的速度是一样的。随着外围孔与中心孔间距的增加，供给中心孔的金属体积增加，从而得到较长的棒材。

图 7-40　不正确的模孔挤出的扭曲的型材

在确定模孔数之后，还应正确地在与被挤压坯料相接触的工作面积上装置模孔。金属流出速度取决于孔的配置位置。同时，挤压不对称型材时，由同一个孔流出的、具有不同截面积的型材各个部分，也存在着颇大的速度差。图 7-40 所示为由不正确的模孔挤出的扭曲的型材。

金属流出速度不均是由于任何一部分型材属于其每一个体积单位的单位表面不均，或更确切地说是各部分周长与其断面积之比不均的原因。此外，型材薄的部分比厚的部分易被冷却，使其变形抗力增加，从而使其薄的部分流出速度比厚的部分小，但薄的部分延伸系数大得多。因此，变冷的影响比不同的延伸系数所引起的影响要小。

如复杂型材各部分之间的每一部分的挤压模定径带表面与该部分型材截面积之比相等，则金属的流出速度将相当均匀。例如有一种电工用复杂型材，薄壁部分的截面积小于 F_1，厚壁部分的截面积为 F_2、S_1 和 S_2 为型材相应部分的周长，而 L_1 和 L_2 为型材相应部分在模子上的定径带宽度，已知第一部分型材在模子上的定径带宽度，按下式可以确定第二部分定径带的宽度：

$$L_1 S_1 / f_1 = L_2 S_2 / f_2$$
$$L_2 = L_1 S_1 f_2 / (S_2 f_1) \tag{7-28}$$

式中　f_1，f_2——分别为 F_1 和 F_2 的截面积。

有时，为了对型材的厚壁部分进行制动，除增加定径带宽度之外，在模子金属入口的正面，建立制动角或钻一些孔穴，以使金属流动平缓。

挤压模的入口部分做成不同的圆弧半径，也可达到调整金属流出均匀、使各部分型材流出速度一致的效果。

在型材厚的断面部分做成较大的圆弧半径，而薄的部分做成较小的圆弧半径。设计时，还应使具有较大变形抗力的型材部分配置在模子的中部。挤压中空断面及复杂轮廓的型材时，各部分的流出速度也很不均匀，不仅导致型材挤压后的弯曲，而且还会引起挤压型材的扭曲、破裂和充不满的危险。

如果能创造以下几方面的条件，可使型材各部分的流出速度趋于平稳：（1）型材在模子上配置得使各部分的金属供给几乎是均匀的或各部分延伸系数趋于一致；（2）采用必要的工艺孔（或称辅助孔）；（3）采用 2 个或 3 个孔的模子；（4）各部分采用不同的定径带宽度或必要时采用制动角、摩擦角或摩擦面。

设计中空断面型材的实践表明，挤压模上采用工艺孔是可能的。实践中曾用过具有不同直径的 2 个和 3 个工艺孔的挤压模，结果是穿孔芯棒的偏差（偏移量）Δz 是两个作用相反数值的函数——工艺孔的棒材的周长和其断面积为：

$$\Delta z = f(S/F)$$

为了确定工艺孔的直径，推荐采用以下公式：

$$D_{NP} = 2a\left(1 + \sqrt{1 + \frac{S_1}{\pi an}}\right) \qquad (7-29)$$

式中　D_{NP}——工艺孔的直径，mm；

　　　a——管子大小面积之差与周长比的系数，$a = (F_2 - F_1)/S_2$；

　　　S_1——小断面轮廓管子部分的周长，mm；

　　　S_2——大断面轮廓管子部分的周长，mm；

　　　F_2——相应管子大部分的断面积，mm²；

　　　F_1——相应管子小部分的断面积，mm²；

　　　n——工艺孔的数量，个。

7.6.4.8　挤压模的材料试验

挤压模是挤压工模具中最易损坏的模具。只有在具有挤压模的使用过程中所承受的负荷和温度变化方面的数据的条件下，才能有充分的根据来选择制造挤压模的材料。

早在 20 世纪 60 年代末，德国的矿业研究院和格勒迪茨钢厂，俄国的巴尔金中央黑色冶金科学研究院，全苏钢管科学研究所和尼科波尔南方钢管厂，以及捷克斯洛伐克的黑色冶金科学研究院和切尔可夫冶金厂共同进行了这方面的试验研究工作。

为了确定挤压模截面上各点（图 7-41）的温度，采用带有热电偶槽的分块结构的模子，带有直径为 0.3～0.5mm 导线的 Cr-Al 热电偶安放在模子压缩锥的起点和中点（点 1、点 2），圆锥到定径带的过渡处（点 3）和模壁内（点 4）。在点 1~3 的热电偶的端点安置在距离模子表面深度 1.5mm 处。焊接好已接上导线的热电偶，用由氧化铝和水玻璃的混合物制成的绝缘物质填满热电偶槽。然后把两块半模焊接起来。

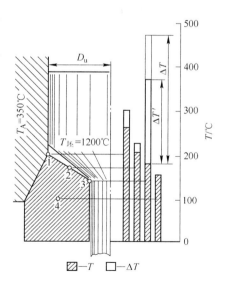

图 7-41　挤压时模子的受热情况
（延伸系数 7.1，挤压速度 $v=150$mm/s）
T—挤压前的模子温度；
ΔT—挤压时的模子受热数值

为了校准热电偶，把装配好的模子放在有固定温度的恒温器中。

热电偶测出数值的记录由 H – 700 示波器完成，在记录温度的同时还记录了挤压力。

在挤压 CT3 和 1Cr18Ni10Ti 钢坯料时，坯料在有保护气氛的炉子中加热到 1180～1200℃，挤压筒的直径为 80mm、120mm，挤压比为 4、7.1、16。

个别测量挤压模温度的试验是在挤压钼合金 ZrMo – 2A 时进行的。钼合金挤压时，采用石墨垫进行无压余挤压。

研究了挤压模受热程度与所用玻璃润滑剂的黏度、延伸系数、挤压速度和其他参数之间的关系。挤压时挤压模的受热情况示于图 7 – 41。

在采用玻璃润滑剂挤压不锈钢坯料的条件下，挤压模的受热的一般情况示于图 7 – 41，由图可知：（1）挤压之前挤压模上存在着体积上不均匀的热场，这是在冷模子与被加热到 350℃ 的挤压筒接触之后建立的。这时，模子的最大受热（约 280℃）发生在模子同挤压筒直接接触的部位（点 1），而最小受热发生在模子内部（点 4）。（2）在挤压过程中，来自变形坯料的热流作用到模子上，此热流经过润滑垫发生作用，而润滑垫的厚度从点 1 到点 3 逐渐减小。因此，模子工作圆锥表面的受热是不均匀的。最大的温度增加 ΔT 发生在圆锥部位到定径带的过渡处（点 3），此处润滑剂层最薄。在表面层，该区域的温度增加到 300℃，而在深度 1.5mm 处 T_3 为 200℃。在点 1 和点 2 处，ΔT 的数值不超过 20～30℃。因此，模子上最大受热处是区域 3，该处表面层的温度达 500℃，在深度 1.5mm 的层面平均温度为 400℃。

试验时，采用以下材料制作挤压模具：GW 工具钢、镍基和难熔金属为基的耐热合金。这些材料的强度极限 σ_b 和温度的关系示于图 7 – 42。从图中可以看出，热稳定性最好的工具钢 3Cr2W8V 可以应用在不超过 600℃ 的受热温度下，超过该温度将引起此钢强度极限的急剧下降。

镍基耐热合金在 800℃ 下可以保持足够高的强度。在加热到 900℃ 时，这类合金还可以在不超过 600MPa 的载荷下工作。

钼基高温合金表现出强度性能在很宽的温度范围内的稳定性，但其强度水平明显地低于镍基高温合金。只有在 1000℃ 以上的温度时，钼合金才具有比 Nimonic 合金更高的强度，但其应用受到挤压时单位压力不应当超过 400MPa 的限制。

为了确定图 7 – 41 试验材料的耐磨性，将其制作成模环进行试验。模环由钼合金 ZrMo – 2A 和 ZrMo – 5、高温合金 CrNi5NbWMoCoAl 和 ЖSi6CoP 以及工具钢 3Cr2W8V 制成。另外还试验了硬质合金 WCo25B 模环。套环由 3Cr2W8V 钢制成并经热处理，HRC = 42～44。各种材料的模环的硬度列于表 7 – 7 中。

模环以 0.08～0.10mm 的过盈量被压入套环中。以模孔直径的变化作为评定

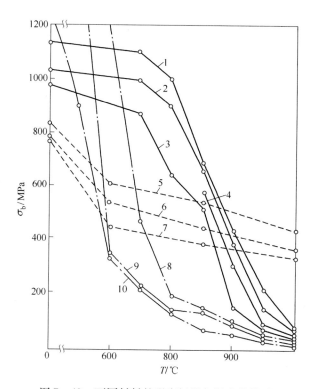

图 7-42 不同材料的强度极限与温度的关系

1—ЖSi6CoP; 2—CrNi51WMoTVB; 3—CrNi70WMoTAl; 4—CrNi56WMoCoAl; 5—ZrMoW-50;
6—ZrMo-5; 7—ZrMoW-30; 8—3Cr2W8V; 9—B18; 10—5CrNiW

表 7-7 各种材料的模环的硬度（挤压不锈钢坯料时模环的使用寿命试验的结果）

模环材料	硬度 HRC	挤压制度				模孔直径变化/mm	
		挤压温度/℃	延伸系数 λ	单位压力[1]/MPa	挤压速度 v/mm·s⁻¹	挤压5次后	无润滑剂挤压1次后
3Cr2W8V	42 ~ 44	1200	16	810	105	+0.3	2.0
CrNi55NbWMoCoAl	32 ~ 34	1200	16	830	110	-0.8	-0.10
ЖSi6CoP	39 ~ 41	1200	16	820	106	-0.4	0
WCo25B[2]	66.0	1200	16	800	120	0	0
ZrMo-2A[2]	15 ~ 16	1200	16	830	115	-0.6	-0.20
ZrMo-5[2]	16 ~ 18	1200	16	850	123	-0.9	-0.25

[1] 在采用润滑剂的情况下的挤压单位压力;

[2] 形成了径向裂纹。

模子磨损的标准。采用最佳成分的润滑剂在挤压不锈钢坯料的条件下进行试验。为了研究模环在更加严酷的工作条件下工作的情况,进行了无润滑剂挤压试验。此时在模子点3部位的受热温度达到800~900℃。组合模的试验表明,在第一批材料挤压后,钼合金模环的过盈量减少,并发现模孔直径略有减小;但在以后的数次挤压后,模孔没有发生变化,模环出现破裂,而模环裂纹的存在却没有影响其工作能力。

高温合金 CrNi56WMoCoAl 和 ЖSi6CoP 也发生了带有相应的模孔直径不大地减小。但此过程没有伴随模环裂纹的形成。

硬质合金模环(WCo25B)工作过程中并不会减小直径,相应地,尺寸也不会改变,但经第一次挤压后,模环表面会产生网状裂纹。

钼合金模环由于减径引起的直径最大减小值为 0.25mm,而镍合金为 0.1mm。在随后的 3~5 次挤压时(用润滑剂),镍合金模环孔径停止减小,而钼合金模环仍有减径,直至 10 次挤压后才停止。

为了更加广泛地试验镍基高温合金模环的耐磨性,在巴尔金中央黑色冶金科学研究院进行的双金属型材的半工业性生产中,采用带有 CrNi56WMoCoAl 合金模环,经受 100 次以上的挤压而无明显的磨损。ЖSi6CoP 合金模环用于挤压高温合金 Эи929 试验表明,模环在挤压 70 次以后,实际上模孔尺寸没有改变。

在挤压难熔合金坯料时,采用钼合金 ZrMo-2A、ZrMo-5、ZrMoW-70 和陶瓷 CrSi22 模环。为了防止模环减径,模环要在低于再结晶温度下进行预变形。带有以上材料模环的组合模在挤压钼和钨坯料时,加热温度为 1300℃。ZrMo-2A 合金模环在第一次挤压后,直径增加了 0.8~1.0mm,当挤压温度提高到1500~1600℃时,模环孔径增加达 2.0mm,即发生了强烈的热磨损。带 ZrMo-5 合金模环的组合模显示出比较高的耐磨性,被用于挤压加热到 1400℃ 的钨坯料,经 5 次挤压后,模环的磨损为 0.1mm。

ZrMoW-70 合金模环用于挤压钼合金坯料时,加热温度为 1300℃,发生的模径减径量在挤压 3 次后为 1.1mm。

挤压难熔合金时,加热温度为 1300~1700℃,采用装有 22CrSi 陶瓷材料模环的组合模,绝对不会产生模孔尺寸的改变。但此种材料模环的机械强度不高,经常在挤压周期结束时,由于横梁和挤压筒的碰撞震动而破坏,或当采用石墨垫进行无压余挤压时,在金属从模孔挤出的瞬间,模环即发生破坏。表 7-8 为挤压难熔金属坯料时模环的使用寿命试验结果。

7.6.4.9 挤压模的强度验算

在设计挤压模时,还要对挤压模的危险断面进行强度校验。

对于圆孔挤压模主要是进行圆孔支撑平面的挠曲强度校验,而对于型材挤压模则主要是对挤压模的悬臂部分,按照固定悬臂梁的公式进行强度校验(图 7-43)。

表7－8　挤压难熔金属坯料时模环的使用寿命试验结果

模环材料	挤压坯料金属	挤 压 制 度				模环直径变化/mm
		温度/℃	挤压比	挤压力/Pa	挤压速度/mm·s⁻¹	
ZrMo－2A	钼	1300	7.1	940	103.0	＋0.8
	钼	1300	7.1	970	62.0	＋1.0
	钼	1500	16.0	1280	45.0	＋2.0
ZrMo－5	铸态钨	1650	7.1	1310	42.0	＋2.0
	烧结钨	1400	4.0	1280	80.0	0
	烧结钨	1400	4.7	1350	63.0	0.1(挤压5次之后)
ZrCoB－70	钼	1300	7.1	1080	112.0	－0.1
	钼	1300	7.1	970	89.0	－0.6
	钼	1300	7.1	900	90.0	－0.4
	钼	1300	7.1	940	97.0	0
22XC（陶瓷）	钨	1400	4.0	1200	90.0	0
	钨	1600	4.0	950	90.0	0
	钨合金	1700	4.0	100	27.0	0

型材挤压模悬臂部分的强度计算按照垫有圆环支承的悬臂部分进行校核。在每一层（模子为一层，支撑作为另一层）中，由外部载荷引起的应力，按下式确定：

$$\sigma_n = \frac{M_u}{l_0} \frac{l_n}{W_n} \qquad (7-30)$$

式中　M_u——弯矩，N·m；
　　　l_0——所有层的惯性矩的总和，N·m；
　　　l_n——计算层的截面惯性矩，N·m；
　　　W_n——计算层的阻力矩，N·m。

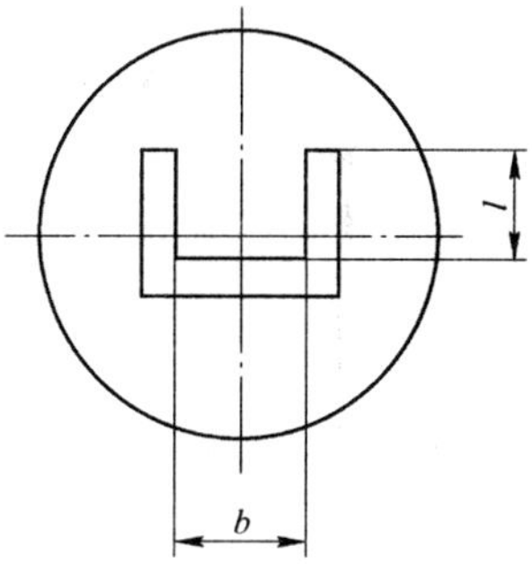

图7－43　用于强度计算的型材挤压模示意图

在各层都是矩形截面的情况下：

$$\sigma = \frac{M_u h_0}{2l_0} \qquad (7-31)$$

式中　h_0——所计算层的厚度，mm。

对于悬臂固定梁：

$$M_u = Pl^2 \frac{b}{2} \qquad (7-32)$$

式中　b——挤压模悬臂部分的宽度，mm；

　　l——挤压模悬臂部分的长度，mm。

　　对于第 n 层的强度条件为：

$$\sigma_n < [\sigma]$$

　　挤压模最重要的部分是定径带，其决定了变形金属流动过程的动力学。图 7-44 所示为 60MN（6000t）管型材卧式挤压机的挤压模。

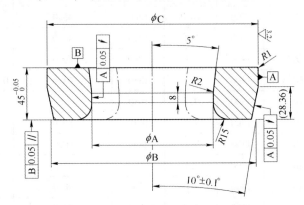

图 7-44　用于 66MN（6000t）卧式钢管挤压机的挤压模示意图

7.6.5　挤压垫

7.6.5.1　挤压垫的工况条件

　　钢管挤压时，挤压垫置于坯料和挤压杆之间，起着保护挤压杆的作用，使挤压杆不与高温坯料直接接触，以免挤压杆受到高温坯料的热影响。并且，挤压垫和挤压筒及挤压芯棒之间的精确配合，减轻了挤压杆前进时的摩擦力和磨损，同时也防止了金属黏结在挤压杆上，使挤压垫和压余的分离更加容易进行。

　　在挤压过程中，挤压垫承受高的压缩应力，受到强烈的热作用，使挤压垫的工作温度达到 600~800℃。

　　当挤压垫在挤压筒中移动时，挤压垫的侧表面由于滑动的结果而发生摩擦，挤压垫的前端面和侧表面的边缘受到最强烈的高温加热。在挤压的结束阶段，挤压垫侧面的尖锐边缘磨损特别明显，并且，在挤压垫的前端面也发生磨损。当挤压垫侧面尖锐边缘发生变形，金属进入挤压筒和挤压垫的间隙中，楔住挤压垫，挤压垫再向挤压金属的变形区移动并陷入金属变形锥"死区"内时，将进一步加剧挤压垫边缘的损坏。因此，一般都将挤压垫的边缘做成带有一定曲率半径的圆弧形状。而挤压垫前端平面的磨损，一般与坯料金属外层沿挤压垫从边缘向中心的流动的温度和速度条件有关。

7.6.5.2　挤压垫的种类和结构形式

　　挤压垫的结构主要有在挤压实心型材时用的整体型挤压垫和在挤压钢管及空

心型材时用的带有芯棒孔的挤压垫两种。

另外，挤压垫按其在挤压时和挤压杆的连接形式又有与挤压杆牢固连接和没有连接呈自由状态的挤压垫两种。

借助于连接螺纹和挤压杆牢固连接的挤压垫，通常用于小型挤压机或立式机械挤压机上。这种挤压垫也称为杆头，可连续使用直至磨损或破坏。

和挤压杆没有任何固定连接，完全呈自由状态的挤压垫，在现代大型卧式挤压机上一般都采用这种类型的挤压垫。而且使用时往往采用由 5~8 个挤压垫组成一组的套垫轮流使用。这样，在使用过程中可以通过空气或水浴进行冷却，使挤压垫的工作温度保持在 150~200℃。提高了挤压垫的使用寿命。

按照挤压垫的结构形状，可分为平垫、锥形垫、凹形垫和带沟槽的挤压垫等五种结构形状，如图 7-45 和图 7-46 所示。图 7-46 所示为一般卧式管型材挤压机采用的挤压垫结构形式。为了减小挤压垫与挤压筒内衬之间的接触表面，采用带沟槽的挤压垫（图 7-46（b）、图 7-46（c）、图 7-46（d））；为了减小挤压余料的厚度，将挤压垫前端面做成具有与挤压模形状相适应的形状（图 7-46（c）、图 7-46（d））的锥形垫；在要求实现没有挤压缩尾的条件下，采用带有凸形端面的挤压垫（图 7-46（b）、图 7-46（e））；为了防止在切压余前，挤压垫和压余过早分离，采用圆周刻槽的挤压垫（图 7-45（b））。

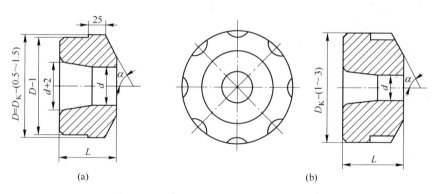

图 7-45　平垫和带沟槽的挤压垫示意图
（a）平垫；（b）带沟槽的挤压垫

带有沟槽的挤压垫除了避免高温坯料对于挤压杆的热作用，以及与挤压筒、挤压芯棒的紧密配合，降低了挤压杆对挤压筒内壁的摩擦力，减小了挤压杆的磨损，并防止压余黏在挤压杆上之外，更主要的是在自动化控制的挤压机上，防止压余和挤压垫过早地自动分离，而使挤压结束后压余紧贴在挤压模座上，导致当挤压筒回程 50mm 时，无法带离压余并为压余的锯切留出下锯的空间，而影响到挤压机自动化操作的连续进行。采用带沟槽的挤压垫，能有效地防止压余和挤压

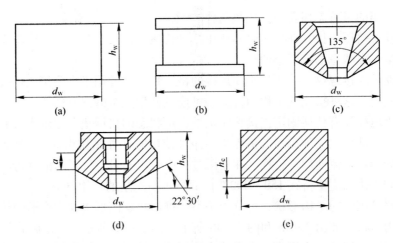

图 7 – 46 挤压垫的结构形式示意图

(a) 圆柱形整体平面挤压垫；(b) 带径向沟槽的整体平面挤压垫；(c) 带芯棒孔的锥形挤压垫；
(d) 带芯棒孔的锥形固定挤压垫；(e) 带凹形端面的圆柱形挤压垫

垫的过早分离。

在设计带沟槽的挤压垫时，沟槽的深度和个数应适当。沟槽的个数太多和深度太深，都会导致压余和挤压垫的分离困难；而沟槽的数量太少，或深度太浅，则无法达到应有的效果。

7.6.5.3 挤压垫的设计

挤压垫的主要工艺尺寸是其工作直径和高度。挤压垫的工作直径 d，取挤压筒内衬的直径 D_K 减去工艺间隙 a 之差值，即：

$$d = D_K - a$$

a 的大小取决于 D_K 和挤压金属的 σ_T，可以在 $0.10 \sim 2.00\text{mm}$ 之间变化。

挤压垫的高度 h 为：

$$h \leqslant d$$

在设计计算时，方法同挤压杆压缩端面的计算。允许的单位压应力是相应热强度钢的屈服极限或其强度极限的 $0.90 \sim 0.95$ 倍，对于有大孔的大型挤压垫，计算时同时要考虑薄片的公式进行弯曲强度校核。

根据经验，挤压垫的尺寸可根据挤压筒和芯棒来决定。挤压垫和挤压筒之间的间隙取 $0.5 \sim 1.5\text{mm}$；挤压垫和芯棒之间的间隙取 $0.5 \sim 2.0\text{mm}$，尽可能取小值，这是保证钢管壁厚均匀的措施之一，但间隙太小或配合不当，会引起"卡垫"现象；挤压垫的厚度一般取 $50 \sim 120\text{mm}$，约为挤压筒直径的三分之一；挤压垫两端平面必须平行；挤压垫应耐磨，硬度 HRC 为 $48 \sim 52$。挤压筒直径与坯料直径，挤压垫直径之间的关系见表 7 –9。

表 7-9 挤压筒、坯料、挤压垫直径间的关系 （mm）

坯料直径	挤压筒直径比坯料直径大	挤压筒直径约比挤压垫直径大
<100	4~5	0.2~0.6
100~150	6~8	0.4~1.0
150~250	7~10	0.6~1.4
>250	9~20	1.0~2.0

7.6.5.4 挤压垫的使用寿命

在现代卧式管型材挤压机上，采用热模钢（如 3Cr2W8V 或 4CrW2Si）制作的挤压垫的使用寿命：

当挤压碳素钢管时约为 500~600 次/只，挤压不锈钢管时为 150~200 次/只。

A 挤压垫制造时的机加工公差

挤压垫制造时的机加工公差：外径公差为 ±0.3mm；当 $d = 40~100mm$ 时内径公差为 +0.2mm，当 $d > 101mm$ 时内径公差为 +0.3mm；厚度公差为 ±0.1mm。

B 挤压垫的损坏形式

挤压垫的使用寿命与挤压垫的材料、挤压坯料的性能和挤压工艺参数有关，一般为 50~300 次/只。

挤压过程中，挤压垫一直处在高温高压的条件下工作。挤压垫的前锥形端面长时间地与高温坯料接触，导致其机械强度丧失。同时受到坯料端面变形金属向中心流动时的强烈冲刷，引起挤压垫棱缘的变形和黏结。当挤压将近结束时，挤压垫的变形区移动至陷入变形锥的"死区"内，进一步加剧了边缘的损坏。同时，挤压垫的边缘金属逐渐向变形区的塑性金属的旁边弯曲。当挤压垫热处理后的硬度过高或遭受不均匀的急冷时，会引起挤压垫的开裂。

图 7-47 所示为卧式钢管型材挤压机的挤压垫。图 7-48 所示为挤压时挤压垫形状的改变状况。挤压垫工作温度最高的锥形顶部是裂纹的起源，经多次使用后，裂纹发展形成深沟。而挤压金属的摩擦磨损，则以径向划道和粗糙性形式留下痕迹。此外，在轴向挤压力的作用下，挤压垫被压缩，尺寸减小。图 7-49 所示为挤压垫锥形表面的磨损和开裂情况。

从图 7-49 可以看出，挤压垫工作最高的锥形顶部是裂纹的起源，挤压垫经多次使用后裂纹发展形成深沟，而挤压金属的摩擦和磨损

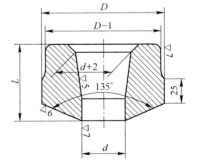

图 7-47 卧式钢管型材
挤压机的挤压垫示意图

则以划道和粗纹形式留下痕迹。此外，在轴向挤压力的作用下，挤压垫被压缩和尺寸变小。

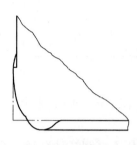

图 7 - 48 挤压时挤压垫圆周
表面形状的改变

图 7 - 49 挤压垫锥形表面的
磨损和开裂情况

挤压垫的边缘倒成圆角，有利于提高挤压垫的使用寿命。5～6 个（或更多个）挤压垫轮流使用，使其在每次工作后能得到充分的冷却，也有利于挤压垫寿命的提高。

对于非开裂性损坏的挤压垫可以采用焊条焊接的方法进行修补。

7.7 立式穿（扩）孔机的工模具设计

7.7.1 工模具配置

立式穿（扩）孔机的工模具配置取决于穿（扩）孔机的结构形式，穿（扩）孔过程的工艺要求，以及穿（扩）孔时坯料金属变形时的流动特点。

和卧式挤压机的工模具配置一样，穿（扩）孔机工模具配置的基本形式由穿（扩）孔筒（内衬和外套）、镦粗杆、镦粗头、穿（扩）孔头、支承杆、支承头、剪切环以及连接件组成，如图 7 - 50 所示。

7.7.2 穿（扩）孔筒

当坯料进行穿孔和扩孔时，穿孔筒内衬承受相当小的单位压力（不大于590MPa）。因为从坯料穿孔或扩孔方向的垂直滑移摩擦力实际上是没有的。但是，因与加热到高温的坯料直接接触时间长达 30s，引起穿孔筒内衬剧烈受热。长久使用后的穿孔筒内衬以焊瘤的形式引起变形而损坏，或使穿孔坯料取出产生困难。因此，当其在高速工作时应采取强制冷却的方法来降低穿孔筒内衬的温度。通常在穿孔筒外套的内壁车有螺旋冷却水槽（图 7 - 51）来冷却内衬。

一般穿孔筒的内衬与外套之间以 1.0%～1.5% 的锥度相配合，而内衬的内

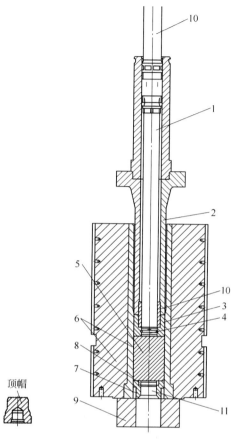

图7-50 立式穿（扩）孔机工模具配置示意图

1—穿（扩）孔杆；2—镦粗杆；3—镦粗头；4—穿（扩）孔头；5—坯料；6—穿（扩）孔筒；
7—支承头；8—剪切环；9—支承座；10—连接件；11—支承缸

孔也制成约有1%～3%的锥度，这样使取出坯料时能比较顺利地顶出。

另外，穿孔筒内衬的内表面光洁度要求比较高，热处理后要进行磨削。其热处理后的硬度约为HRC42～45，以提高其耐磨性。

穿孔筒的内衬采用和挤压筒内衬相同的材料制造，如5CrW2Si或Ni11。一般穿孔筒内衬的使用寿命大约为1000～3000次。

从穿孔筒内衬的工作条件来考量，采用具有双穿孔筒旋转轮换工作结构的穿孔机最为合适。

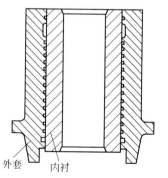

图7-51 立式穿孔机的
穿孔筒结构示意图

原因为除了能使穿孔筒得到及时而充分的冷却之外，轮流使用的穿孔筒有利于内衬很好地清除玻璃润滑剂残渣，提高内衬的使用寿命。

7.7.3 镦粗杆和穿孔杆

7.7.3.1 镦粗杆和穿孔杆的结构

镦粗杆在结构上，上端用销子或夹紧装置固定在镦粗梁上，下端用螺纹连接镦粗头（图7-52），其内孔设有导向滑槽与穿孔杆相配合。

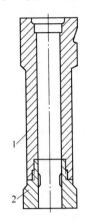

图7-52 镦粗杆示意图
1—镦粗杆；2—镦粗头

镦粗杆的外径比穿孔筒小10~30mm，而内径比穿孔杆大5~25mm。但考虑到镦粗杆的共用性，可在保证强度的条件下超出上述范围。

镦粗杆的长度应根据穿孔筒的长度和生产最短的坯料长度来决定。

根据穿孔杆和穿孔头的规格，可以更换镦粗头，以扩大镦粗杆的使用范围，镦粗头的外径与穿孔筒的内径之间间隙要小，约比穿孔筒的小头直径小0.5~1.5mm，其内孔带有花键式导向槽。

7.7.3.2 穿孔杆的稳定性强度校核

立式穿孔机的穿孔杆作为连杆，连接穿孔头及芯棒支承，穿孔并不和变形金属直接接触。在穿孔过程中，穿孔杆连接并支承着穿孔头及扩孔头。一般穿孔杆的直径比穿孔头工作带的直径小10~30mm。穿孔杆的长度取决于穿孔筒的长度。

由于在穿孔时穿孔杆承受压缩应力，且因穿孔杆的长度较长，工作时上端相当于固定。因此，其弯曲的危险性要比压缩变形的危险性更大。

所以，穿孔杆的强度校核是按照压杆稳定的方法来计算。

穿孔杆上所承受的应力为：

$$[\sigma] \geq \frac{P_K}{\mu F} \tag{7-33}$$

式中　P_K——发生弯曲的临界力，取决于穿孔杆的材料和尺寸：

$$P_K = \frac{\pi^2 EJ}{4L^2} \tag{7-34}$$

　　E——材料的弹性系数，MPa；

　　J——断面的惯性矩，mm^4；

　　L——穿孔杆的长度，mm；

　　F——穿孔杆的横截面积，mm^2；

　　μ——安全系数，约取2.0~3.5。

7.7.3.3　穿孔头和扩孔头

A　穿孔头和扩孔头的结构

在立式穿孔机对实心坯料进行穿孔时，采用穿孔工艺，需用穿孔头；而对带预钻孔的空心坯料进行扩孔时，采用扩孔工艺，则需用扩孔头。在采用穿（扩）孔工艺时，穿孔头和扩孔头都安装在穿孔杆上。对于穿孔机的工模具而言，穿孔头的工作条件最为严酷，受到最为强烈的磨损；而扩孔头的工作条件相对会好一些。因此，扩孔头的使用寿命要比穿孔头长。一般在生产不锈钢管时，穿孔头的使用寿命不超过 30 ~ 40 次/只，而扩孔头的使用寿命可以达到 80 ~ 100 次/只（材质为 3Cr2W8V）。

另外，穿孔头工作表面的不均匀磨损，将引起穿孔后空心坯的壁厚不均。

穿孔时，将穿孔头轮流安装在穿孔杆上，由 10 ~ 15 个穿孔头组成为一组，循环轮流使用的效果最好。

图 7 - 53 所示为立式穿孔机的穿孔头和扩孔头。穿孔头既可使用有柄的（图 7 - 53（a）），也可以使用无柄平端面的（图 7 - 53（b））。这种固定方法，可以允许穿孔头冷却、检查或更换，不占穿孔的周期时间。

穿孔头与穿孔坯料的接触端面被做成带有圆弧半径的凹面，是为了保证在整个穿孔周期中，玻璃润滑剂能够均匀地进入变形区。

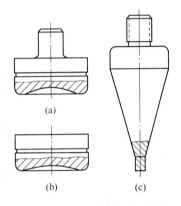

图 7 - 53　立式穿孔机的穿孔头和扩孔头示意图
（a）有柄的穿孔头；（b）具有平支撑面的穿孔头；（c）扩孔头

B　穿孔头和扩孔头的设计

穿孔头和扩孔头的设计数据来自于多年的实际技术工作经验数据。穿孔头（图 7 - 54）和扩孔头（图 7 - 55）定径带的直径，要根据产品的规格而定。由于穿孔头和扩孔头在穿（扩）孔过程中直接与变形金属接触，因此，其表面光洁度应达到 7 ~ 8 级，且倒角要圆滑。穿孔头下端的倒角半径 R 应约为穿孔头直径的 10% ~ 20%。

穿孔头上端过渡段的角度不宜过大，以防止穿孔头回程时刮伤空心坯的内表面，其角度一般为 5° ~ 25°。穿孔筒和穿孔头较小时，采用较小值。

扩孔头的下锥头直径应等于坯料预钻孔的直径。

扩孔头的成形锥角一般为 30° ~ 60°，太大时扩孔坯的内壁容易刮伤，且扩孔开始时导向不好。其过渡段要平滑，以便使金属流动均匀。

一般穿孔头的直径要比穿孔杆的直径大 10 ~ 30mm，但是有时考虑到穿孔杆的共用性，而扩大这一数值的范围。

在穿孔过程中，穿孔头严酷的工作条件，往往会使其工作带和沿外径的棱

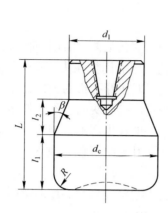

图 7 – 54　穿孔头示意图

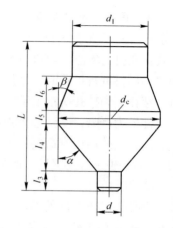

图 7 – 55　扩孔头示意图

缘，即侧面连接端面的圆角半径处，承受最大的加热和磨损。棱缘的磨损引起穿孔后空心坯的壁厚不均，导致挤压钢管的壁厚不均。为了消除穿孔头的不均匀磨损，避免因此而引起的穿孔空心坯的壁厚不均，在现代的穿孔机上采用了穿孔杆和穿孔芯棒运动的套管系统，即在坯料经镦粗后穿孔杆不立即返回，而是继续压在坯料上，这样可以使穿孔头精确地对准坯料的中心，并且减小了其自由长度。

采用带圆弧半径的凹面穿孔头穿孔，实现了穿孔杆和穿孔头对穿孔坯料的附加定心，提高了穿孔后空心坯的壁厚均匀度。在穿孔过程中，穿孔头处于最严酷的工作条件，其工作带和沿外径的棱缘，即侧面和端面的圆角半径，承受最大的加热和磨损。观察经多次使用后的穿孔头，其棱缘的磨损引起穿孔空心坯壁厚不均，当出现穿孔头棱缘的单边磨损时，危险性更大。

穿孔杆，包括螺纹固定的穿孔头在内，具有通过沿轴线钻孔的冷却水孔槽。穿孔时用水冷却穿孔杆和穿孔头。

采用组合式的穿孔工模具，允许用低合金钢制作不受热的零件，如采用5CrNiW、50CrVA 钢制造固定穿孔杆的夹具，用 5CrNiW、5CrNiMo 钢制造穿孔杆，用高合金钢和耐热合金钢制造穿孔头。

扩孔过程中，扩孔头的锥形表面受到最剧烈的磨损，并逐渐形成划道和凹陷。扩孔头的工作负荷较穿孔头要轻许多，因此其使用寿命比穿孔头高得多，一般可达到 80 ~ 100 次。

扩孔头的长度取决于穿孔机的结构形式，并且首先取决于穿孔杆和穿孔筒上平面之间的距离。如果其间隙大，为了减小成形角度，扩孔头可以做得比较长。扩孔头成形角的平均值一般等于 15° ~ 20°，而在最大的扩孔程度时，可以达到 30° ~ 32°。

穿孔头和扩孔头必须具有良好的综合力学性能，工作表面光洁圆滑，与穿孔杆连接可靠，更换方便。

穿孔头的形状由端面圆角半径 R，工作带 l_1 和倒锥 l_2 组成（图 7 - 54）。各部分的尺寸，按以下经验公式确定：

$$R = (0.1 \sim 0.2)d_0$$
$$l_1 = (0.5 \sim 0.7)d_0$$
$$d_1 = d_0 - (10 \sim 30)$$
$$\beta = 5° \sim 25°$$

式中　d_0——工作带直径，由挤压工艺表确定，mm；

　　　d_1——穿孔头与穿孔杆连接端直径，mm；

　　　β——反向锥角，（°）。

采用倒锥的目的是为了防止穿孔头回程时刮切金属或带出空心坯。穿孔头端面加工成凹面的目的的，是为了储存润滑剂，以使在整个穿孔过程中，保持润滑剂的连续供应。

扩孔头由鼻尖 l_3、扩孔锥 l_4、工作带 l_5 和反向锥 l_6 组成（图 7 - 55）。鼻尖的作用是导向和定心，其直径等于坯料钻孔直径，长度 l_3 约为 $10 \sim 20$mm，扩孔锥角 α 一般取 $15° \sim 20°$，当扩径量大时，可达 $30° \sim 32°$，工作带直径 d_c 由挤压工艺表得到，其长度 l_5 一般为 $6 \sim 10$mm。

由于扩孔锥至工作带处的磨损最为严重，故该处采用圆滑过渡，其他尺寸同上。

C　剪切环组件

剪切环组件包括下支承杆、支承头、剪切环和连接件等零部件。

支承头和剪切环的作用是在穿孔过程中封闭穿孔筒内衬的下端面，以减小穿孔余料的高度，为空心坯下端面定形；在穿孔结束时，剪切环还要剪断穿孔余料；支承杆最后将穿孔空心坯从穿孔筒内衬中推出。

在整个穿孔过程中，支承头和剪切环的上端面和加热到高温的坯料相接触，使其表面层金属被加热到 $650 \sim 700℃$。使用过程中剪切环的主要破坏形式是端面棱缘翘曲和焊瘤（图 2 - 27）。

剪切环与穿孔头或扩孔头之间的间隙不能过大，一般小于 2mm。如果此间隙过大或剪切环过度磨损，则会导致在剪切穿孔或扩孔余料的过程中，坯料前端内孔处产生飞边缺陷，并易引起挤压筒和挤压模的损坏。

7.8　挤压工模具的使用寿命

挤压工模具的使用寿命取决于挤压工模具的使用条件。影响挤压工模具使用寿命的条件有：挤压温度（坯料的加热温度）、工艺润滑状态（润滑剂的性能与施加方法）、挤压速度、材料的变形抗力、挤压比（变形量的大小）以及使用工模具的条件（如工模具的使用温度、材料及其设计和加工的质量）等。但是，以上使用条件对于挤压工模具使用寿命的影响并不是单独起作用的，而是各种条件相互关联在一起，综合的作用下影响到工模具的使用寿命和挤压产品的质量。

7.8.1 挤压温度的影响

挤压温度包括坯料的加热和再加热的温度、挤压过程中的温升和温降。图 7 – 56 所示为不同钢种的挤压温度与变形抗力的关系。

由图 7 – 56 可以看出，随着挤压温度的增高，变形抗力降低；反之，由于工模具接触高温的坯料，无论其表面有多少熔融玻璃润滑剂的绝热作用，但与高温坯料的接触不

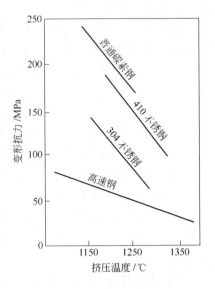

图 7 – 56　不同钢种的挤压温度与
变形抗力的关系

可避免地会导致工模具寿命的降低。此外，即使采用无氧化加热，而高温坯料在输送和操作过程中的二次氧化，也会降低玻璃润滑剂的使用效果，从而降低了工模具的使用寿命，并且会导致挤压成品钢管产生裂纹等缺陷。同样，低温挤压使变形抗力增大，使挤压过程不稳定，会导致玻璃润滑不充分，而对工具寿命和成品质量造成不良影响。

7.8.2 玻璃润滑剂的影响

润滑状态的好坏在很大程度上决定着挤压工模具的使用寿命和挤压产品的质量。一般情况下，将作为润滑剂的玻璃提供给坯料的前端面和外表面，在挤压钢管时还要输送到坯料的内表面。由于挤压时的挤压力高达 $500 \sim 1000 \text{MPa}$，因此，在挤压模、挤压筒内衬、芯棒与被挤压坯料之间形成厚度约为 0.1mm 的熔融黏稠的玻璃薄膜，起到润滑与绝热的作用，从而可以保护这些工模具。如果玻璃薄膜层过厚，或留有未熔玻璃的残余，绝热性虽好，但会加速工模具的磨损，且过厚的玻璃润滑层是很不稳定的；若玻璃薄膜层过薄，则玻璃薄膜的连续性会遭到破坏，导致挤压时润滑不良而降低工模具寿命。因此，适当的性能、合适的数量、正确地施加玻璃润滑剂，乃是热挤压必需的条件。

玻璃润滑剂的绝热性不会随着玻璃的成分变动而改变，但其润滑性（黏性）不同，从而必须根据钢种、挤压温度来选择适当化学成分的玻璃。

7.8.3 挤压速度、变形抗力、挤压比的影响

图 7-57 所示为在 $\phi175mm$ 的挤压筒（采用 SKD4 工具钢的挤压模，其硬度 HRC 为 42~46）中挤压轴承钢管和不锈钢管时，每个挤压模的使用寿命与挤压比的关系。从图 7-57 可以看出，挤压模的使用寿命随着挤压比的增加而降低，同时挤压不锈钢管时，挤压模的使用寿命较挤压轴承钢管时要短。

图 7-58 所示为挤压轴承钢管和不锈钢时芯棒的使用寿命与挤压比的关系。挤压条件为采用 $\phi175mm$ 挤压筒；挤压模材料为 SKD4，硬度为 HRC 35~40；挤压筒内衬材料为 H12，硬度为 HRC 40~43。

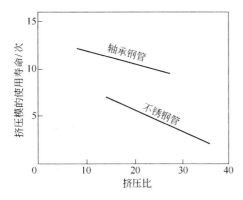

图 7-57　挤压不锈钢管和轴承钢管时
挤压模的使用寿命与挤压比的关系

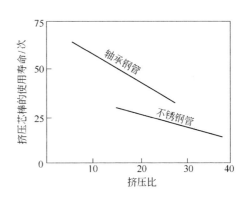

图 7-58　挤压轴承钢管和不锈钢管时
芯棒的使用寿命与挤压比的关系

由图 7-58 可见，芯棒的使用寿命远比挤压模要高。但是，挤压比、挤压钢种同使用寿命的关系与挤压模的倾向相同。

挤压筒内衬平均的使用寿命为 4000~6000 次，若在镀铬后可以达到 8000~10000 次。

挤压垫采用 SKD61 钢，硬度为 HRC 40~45，其平均寿命为 3000 次。钢种和硬度相同的模座支承约为 10000 次，模座为 3000~4000 次，挤压（穿孔）杆、芯棒支承等寿命可达数万次至数十万次以上。

7.9　挤压工模具用材料的选择

挤压工模具用材料的选择，主要应采用既具有较高的韧性，又有足够高的强度的材料来制造。其综合性能应保证挤压工模具对动负荷和热疲劳所必需的抵抗能力。

优质的工模具材料应具备在 1000℃以上的温度下，具有最高的热强性，优良的导热性，小的热膨胀系数，并且易于切削加工，便于修复处理，且资源丰

实，成本低廉。

在挤压机和穿孔机主要的工模具中，挤压筒和穿孔筒内衬工作时承受着很大的径向张应力，工作温度达到 400～550℃，其表面温度可能更高，经常使用水冷。高压下的冲击性负荷和高温下的冷热频繁交替的变化，容易引起材料的脆性损坏。挤压芯棒和穿孔头的工作条件最为严酷，其被高温坯料所包覆，温度迅速升至 600℃以上，并且又急速的水冷（内冷或外冷），也易引起材料的热脆性。挤压膜的工作条件尤其恶劣，一直处在高温高压下，承受着金属变形流动时的摩擦力和冲击力，材料极易损坏。挤压杆和镦粗杆，虽然工作时不和高温坯料直接接触，其工作温度不高，一般端部温度不超过 350℃，但其承受着最大的轴向负荷，一般为 470～1260MPa，故材料要求具有高的强度，一般要求 $\sigma_b > 1260$MPa。目前所用材料的 $\sigma_b > 2360$MPa。

因此，在选择工模具用材料时，提出了如下基本要求：（1）在高温高压下，材料应具有较高的强度；（2）材料的硬度要高，耐磨性良好；（3）材料应具有高的冲击韧性；（4）材料的热膨胀系数要小，以确保挤压制品的尺寸精度；（5）材料的导热系数大，以免使用时工模具局部回火。

一般用作钢管热挤压工模具钢有以下几类。

7.9.1　铁基合金

铁基合金主要是耐热工具钢、热模钢等，如 Cr－Mo 钢、9%W 钢、Cr－W 钢、Cr14－Ni14 钢等。其中，5CrNiMo 和 5CrMnMo 等用于制作挤压筒和穿孔筒内衬，以及模座、压力垫等工作条件不十分繁重的工模具。

W9Cr4V2 钢用来制作挤压不锈钢管用的模子效果较好，经热处理后其硬度达到 HRC 49～51，较为合适。但因这种钢塑性较差，模子棱角易碎裂，目前国外已普遍采用 H11～H13 钢作为制造挤压模的材料。

3Cr2W8V、4Cr4W8MoV 热模钢通用性好，使用较为广泛。用于制作挤压杆、镦粗杆、芯棒、穿孔针以及穿孔头、连接件等，也用于制作挤压模。其性能稳定，耐磨性好，易加工，并且价格便宜。一般用作挤压模的使用寿命为 40～60支/只。但其中 4Cr4W8MoV 钢较脆。

4Cr14Ni4W2V 钢，由于高铬镍含量和含有少量 W、V 元素，使材料性能较好。用于制造挤压温度较高的特种材料的挤压模，但材料的价格较贵。

对于以上挤压工模具的材料，一般的选择是：

挤压温度 $t_{挤} = 1130～1200℃$ 挤压不锈钢管时用含有 5% Cr－Mo 钢，如英国曾含 4.25% W－Cr－Co－V－Mo 钢，硬度 HRC 为 56。

挤压温度 $t_{挤} = 1200～1275℃$ 挤压不锈钢管时用含有 9% W 钢的效果良好，如德国和英国曾用此钢制作挤压模，硬度 HRC 为 49～50，但其塑性较差，模子棱角容易碰碎。

7.9.2 镍基耐热合金

镍基耐热合金,如 Nimonic 90(含 18% ~21% Cr,15% ~21% Co,少量的 Ti、Al、Fe、C 等,余量为 Ni)。在高温高压下,材料强度高,变形的倾向性小。但其价格较贵,一般仅用于制作挤压贵重金属用的挤压模。

7.9.3 钼及钼基合金

近年来,钼及钼基合金被用于制作挤压模或组合挤压模的模环。美国于 1959 年开始使用钼基合金挤压模。

钼及钼基合金具有良好的模具特性,如其熔点高达 2625℃,且具有高的再结晶温度和良好的高温力学性能(图 7 - 59)。同时,钼模比钢模的热传导率要高得多,使得热挤压时热量可以很快从模具表面散去,这就使钼模的表面永远达不到钢模表面所经受的那么高的挤压温度。而在挤压时的模具表面温度越低,则其变形强度越高。因此,钼模表面的变形量将会减少。此外,在挤压过程中,当钼模的温度升高时,在钼模表面上形成一种钼的氧化物(MoO_3)薄膜,这种 MoO_3 氧化物在 796℃ 温度时熔化,并与钼起反应而形成一种较低熔点(777℃)的氧化

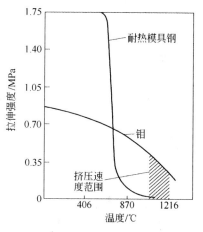

图 7 - 59 钼与一种模具钢拉伸强度和温度之间的关系的比较

物 MoO_2,在挤压时能起润滑剂的作用。因而减少了在挤压时引起的模具的磨损量,同时可以减少模具的整修工作量,提高了挤压模的使用寿命。

从图 7 - 59 看出,钼在 704℃ 以上温度时,具有比耐热模具钢高得多的拉伸强度指标,因而其变形强度比耐热模具钢高。因此,钼具有较小的被变形冲刷的倾向。但是,在 704℃ 以下,耐热模具钢的变形强度超过钼。可见钢模的体积稳定性高于钼模。因此,在模具设计时,可采用型箍(模套)构成的组合模结构,提高钼模的刚性,使挤压时钼模不致造成因变形而损坏,而轻微的钼模变形则可以补偿钼模工作表面的磨损。

图 7 - 60 所示为纯钼和钼合金 Mo - Legierung 的高温强度比较。

由图 7 - 60 可知,与纯钼相比较,钼合金的高温强度高,因而其耐压性和耐磨性较好。在 1000℃ 高温下,MTZ - 2 合金的热导率为 113W/(m·K),热膨胀系数为 4.0×10^{-6}℃$^{-1}$,为 Nimonic 90 合金的 3 倍,在 1300℃ 时高温强度比纯钼

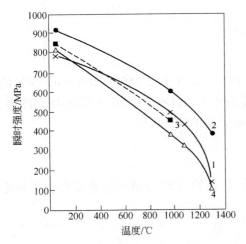

图 7 - 60　纯钼和钼合金 Mo - Legierung
瞬时高温强度的比较

1—Mo - Legierung 1（钼合金）；2—Mo -
Legierung 2（钼合金）；3—Mo - Legierung 3
（钼合金）；4—Rein - Mo（纯钼）

高 3 倍。

在任何情况下，一定的模具尺寸在经上百次的挤压之后，都会有一定的扩大，而钼模多次使用后的轻微变形对钼模的使用寿命是有利的。钼模使用过程中因变形而产生的收缩量，取决于模具的孔型设计和挤压时的单位压力的大小。

钼模抵抗温度急剧变化的能力要比耐热模具钢差。但钼模在使用前，经过预热之后，将使其具有相当高的抵抗温度急剧变化的能力。

钼及其合金的室温硬度低（HRC = 16 ~ 23，HRB = 207 ~ 241），因此很容易进行切削加工。

图 7 - 61 所示为各种挤压材料的瞬时热强度比较。图 7 - 62 所示为各种材料挤压模的成本比较。

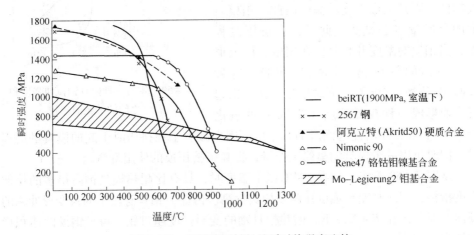

beiRT（1900MPa，室温下）

2567 钢

阿克立特（Akritd50）硬质合金

Nimonic 90

Rene47 铬钴钼镍基合金

Mo - Legierung2 钼基合金

图 7 - 61　各种挤压材料的瞬时热强度比较

现介绍已开发的 3 种钼基合金的化学成分及热强度（图 7 - 63）：WZM 合金（2.5% W，0.1% Zr，0.03% C，余量为 Mo）；TZC 合金（1.25% Ti，0.3% Zr，0.15% C，余量为 Mo）；TZM - Nb 合金（1.5% Nb，0.5% Ti，0.3% Zr，0.1% C，余量为 Mo）。

由图 7 - 63 可知，已开发的 3 种钼基合金具有更高的高温强度，如 WZM 合

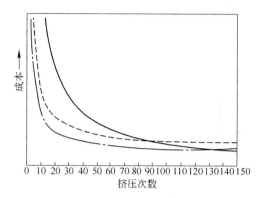

图 7-62 各种材料挤压模的成本比较

—— MTZ（2）钼合金模；----5 个铸造模子挤压 3 次，修复 10 次；

----7 个铸造模子挤压 2 次，修复 10 次

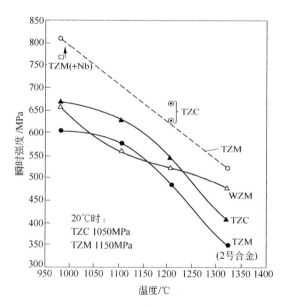

图 7-63 3 种钼合金模材料的高温强度

TZC—沉淀硬化；TZM—合金沉淀硬化

金在 1100℃ 温度时，其 $\sigma_b = 630MPa$，持久强度（100h）为 550MPa。

国外已普遍在挤压机上采用钼合金组合挤压模。德国施维尔特挤压厂在 18MN（1800t）挤压机上，挤压普通结构钢的型材时，挤压温度为 1250～1260℃，挤压比为 16～57，制品长度为 8～13m，每分钟挤压 1 支。钼模的使用寿命达 184 次/只。美国琼斯·拉弗林挤压厂在 15MN（1500t）挤压机上采用坯

料的直径为 102 ~ 129mm，挤压比为 10 ~ 48，采用钼模挤压不锈型材（图 7 - 64）时，最高使用寿命达到了 210 和 308 次/只。图 7 - 65 所示分别为挤压生产使用了 210 次和 308 次之后的钼模状况，可以看出使用后的钼模在每一个孔型上伸出的尖端部分出现轻微的磨损。由于挤压这两种型材时的挤压比比较小，分别为 $\lambda = 16$ 和 $\lambda = 10$，因此，在使用后的钼模上显示有很小的变形或收缩。

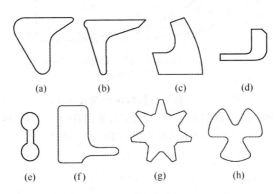

图 7 - 64   异形模孔型示意图（实物大小）

图 7 - 65   分别挤压了 210 次和 308 次以后的模具状况

对于使用后的钼模进行硬度和金相观察结果显示，钼模的抗磨性能，主要并不是取决于钼模在挤压时由于在再结晶温度以下引起变形的冷作硬化和显微组织变化的结果，而使钼模具有较长使用寿命的主要特性，而是在挤压温度下钼模材料具有高的变形强度。

使用经验证明，采用钼合金的组合模，与使用整体式挤压模相比较，其成本降低 30% ~ 40%。

从组合模的结构来看，采用由钼合金模环（孔型）和型箍（模套）组成的预应力组合模，即在承受单向高应力模环上，通过型箍（模套）以压配合的方法，从相反的方向上向模环（孔型）施加预应力，形成预应力组合挤压模。这样既可以提高挤压模的使用寿命，又能提高挤压制品的精度。

7.9.4 钴基合金

钴基合金具有良好的耐腐蚀性能、高的耐磨性和硬度，并且耐热性良好。钴基合金的热膨胀系数较大。

常用的钴基合金有两种，其化学成分见表7-10。

表7-10 钴基合金的化学成分与硬度

编号	C/%	Cr/%	W/%	Co/%	硬度 HRC
1	1.0	31.0	14.0	53.0	54
2	2.5	33.0	14.5	48.0	47

上述两种钴基合金挤压模都是浇铸合金模，第1种模子的硬度为 HRC 54，第2种模子的硬度为 HRC 47。两种钴基合金模子的高温强度如图7-66所示。钴基合金模子在使用前应缓慢地预热到 500~600℃，防止因热膨胀过快而引起裂纹。

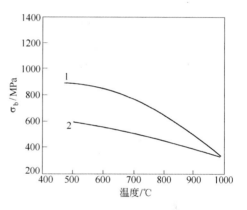

图7-66 钴基合金的高温强度曲线
（钴合金1，HRC=54；钴合金2，HRC=47）

7.9.5 其他难熔金属和金属陶瓷

其他的难熔金属，如铌、钽和钨同样具有模具特性。钽和钨具有比钼高的再结晶温度，但钽的价格高，而钨加工困难，都难考虑用作挤压模具。铌的再结晶特性与钼相类似，且铌合金能够达到与钼合金类似的高温性能，而价格可能会稍比钼合金便宜。因此，铌有可能作为热挤压模的材料。此外，金属陶瓷和钨虽然加工困难，但用于制作组合挤压模的模环，可以达到较高的使用寿命，必要时可做此选择。一些模具钢的化学成分见表7-11，俄罗斯一些挤压和穿孔工模具材料选用范例见表7-12，国外挤压工模具用材料的选择见表7-13和表7-14。

表7-11 一些模具钢的化学成分 （%）

钢种	5CrNiMo	5CrMnMo	W9Cr4V2	3Cr2W8V	4Cr4W8MoV	4Cr14Ni14W2V
C	0.5~0.6	0.5~0.6	0.85~0.95	0.3~0.4	0.4~0.5	0.4~0.5
Mn	0.5~0.8	1.2~1.6	<0.4	0.2~0.4	0.2~0.4	0.7
Si	0.35	0.25~0.60	<0.4	0.35	0.35	0.8
Cr	0.5~0.8	0.6~0.9	3.8~4.4	2.2~2.7	3.8~4.4	13.0~15.0

钢种	5CrNiMo	5CrMnMo	W9Cr4V2	3Cr2W8V	4Cr4W8MoV	4Cr14Ni14W2V
Ni	1.4 ~ 1.8	—	—	—	—	13.0 ~ 15.0
W	—	—	8.5 ~ 10.0	7.5 ~ 9.0	7.5 ~ 9.0	1.75 ~ 2.25
Mo	0.15 ~ 0.3	0.15 ~ 0.3	<0.3	—	0.15 ~ 0.3	0.26 ~ 0.4
V	—	—	2.0 ~ 2.6	0.2 ~ 0.5	0.2 ~ 0.5	—
P	0.03	0.03	0.03	0.03	0.03	0.03
S	0.03	0.03	0.03	0.03	0.03	0.03

表 7 - 12 挤压和穿孔工模具材料选用范例

名　称	钢种及代号	硬度 HRC	主 要 性 能
挤压筒内衬	4CrW2Si	48 ~ 51	有较高的强度和硬度
	5CrW2Si	48 ~ 50	高温下有较高的硬度和强度
	3Cr2W8V	45 ~ 50	有较高的硬度，耐磨性好
	5CrNiMo	45 ~ 48	综合性能好
	铬镍钨钢	45 ~ 51	耐磨性好，强度高
外　套	40Cr	240 ~ 280（HRB）	
	40CrNi	250 ~ 280（HRB）	
挤压模	3Cr2W8V	48 ~ 53	
	4Cr4W8MoV	48 ~ 51	耐磨性好，较脆
	65W4Cr2NiV	48 ~ 51	综合性能好
	钼合金	95 ~ 100	高温下硬度、强度很高
	Nimonic 90		韧性好
模　套	3Cr2W8V	46 ~ 50	
	4CrNiW	45 ~ 48	综合性能好
挤压杆	3Cr2W8V	44 ~ 48	
	5CrNiMo	44 ~ 46	综合性能好
	55W4Cr2MoVSi	44 ~ 48	
	铬镍钢	45 ~ 48	
芯　棒	3Cr2W8V	47 ~ 50	
	W9Cr4V	48 ~ 53	硬度高，塑性差
	W3CrV	45 ~ 52	硬度高，塑性差
	45Cr3W3MoVSi	45 ~ 50	
连　接	3Cr2W8V	44 ~ 48	
	5CrMnMo	43 ~ 47	耐热疲劳性比 5CrNiMo 差

名　称	钢种及代号	硬度 HRC	主　要　性　能
挤压垫	3Cr2W8V	46 ~ 50	
	5CrW2Si	46 ~ 50	
	铬镍钼钢	46 ~ 50	
穿（扩）孔头	3Cr2W8V	43 ~ 48	
	35Cr8MoSi	43 ~ 48	
	4Cr5W2VSi	43 ~ 48	
	H13		$\sigma_b = 1200MPa$

表 7 – 13　国外挤压工模具用材料的选择

工模具名称	材料牌号	硬度 HRC	国　家	备　注
挤压筒内衬	5CrW2Si	40 ~ 45	俄罗斯	
	Ni12	42 ~ 47	英国、德国	
	Ni21	40 ~ 42	英国、德国	
模　环	3Cr2W8V	38 ~ 45	俄罗斯	立式机械挤压机
	3Cr2W8V	43 ~ 48	俄罗斯	卧式液压挤压机
	45CrW3MoVSi	43 ~ 48	俄罗斯	组合模
	Ni11，Ni13	43 ~ 47	美国、英国	
	Ni21	43 ~ 47	美国	
	4. 5WCrCoV	56	英国	
	Ni26	—	美国	
	X20CrCoWMo	45 ~ 50	德国	
	2Cr8Co8Mo，6W2	48 ~ 52	俄罗斯	
	X50NiCrWV1313	≤40	德国	
	Stellite 硬质合金	40 ~ 50	德国	
	Ni55Cr10W5Mo10Co15Al5	38 ~ 43	俄罗斯	铸造
	Ni73Cr10W5Mo5Al5Ti2	38 ~ 43	俄罗斯	铸造
	Nimonic 90，115	—	德国、英国	
	钼合金 MTZ 等	—	美国	
	钼合金 MW		俄罗斯	
	矿物陶瓷（二氧化锆）		美国	
模　套	3Cr2W8V	40 ~ 45	俄罗斯	
	5CrW2Si	40 ~ 45	俄罗斯	
	Ni11，Ni13	43 ~ 47	美国、德国、英国	

续表 7 – 13

工模具名称	材料牌号	硬度 HRC	国　家	备　注
模　座	3Cr2W8V	43 ~ 47	俄罗斯	立式挤压
模喇叭口	3Cr2W8V	43 ~ 47	俄罗斯	
实心芯棒	3Cr2W8V	40 ~ 45	俄罗斯	
	4Cr2W8VMo	40 ~ 45	俄罗斯	
	4Cr2MnSiWMoV	—	俄罗斯	用于有色行业
	Ni21，Ni26	—	美国、德国、英国	
水冷芯棒	4Cr5W2VSi	43 ~ 47	俄罗斯	
	35Cr5WMoSi	43 ~ 47	俄罗斯	
	4Cr4Mo2WVSi	43 ~ 47	俄罗斯	
	Ni12	43 ~ 47	美国、德国、英国	
挤压垫	3Cr2W8V	43 ~ 48	俄罗斯	
	4CrW2Si	43 ~ 47	俄罗斯	
	Ni14，Ni21	40 ~ 44	美国、德国、英国	
挤压杆	5CrW2Si	40 ~ 45	俄罗斯	
	Ni12	47 ~ 51	美国、德国、英国	
	Telman 125 – 1 – T. S. [①]	—	英国	

①力学性能 $\sigma_b = 18.3 ~ 22MPa$。

表 7 – 14　俄罗斯挤压工模具用材料的选择

序号	工模具种类	钢　号	热处理后硬度 HRC
1	挤压筒外套、中套	40CrMn, 5CrNiW, 5CrNiMo, ЭИ275, ЭИ383	40 ~ 45
2	挤压筒内衬	5CrW2Si, 4Cr5W2VMo, 0CrNi3WV, 4CrNi2W, ЭИ275, ЭИ383, ЭИ341	40 ~ 45
3	挤压杆	5CrW2Si, 3Cr2W8, 4Cr5W2VSi, 40CrNi	40 ~ 45
4	模支承	5CrNiW, 55CrVA, 4CrNi2W, 0CrNi3WV, ЭИ275, ЭИ431	43 ~ 48
5	挤压垫	4CrW2Si, 35Cr5WMoSi, 45Cr3W3MoVSi, 3Cr2W8, ЭИ343, ЭИ431, 4CrBW2	43 ~ 48
6	挤压垫	3Cr2W8V, 35Cr5WMoSi, ЭИ617, 45Cr3W3MoVSi, H11 ~ 13	45 ~ 48
7	模　环	3Cr2W8V, 5CrW2Si	40 ~ 45
8	实心芯棒	35Cr5WMoSi, 4Cr8W2, 3Cr2W8V, ЭИ617, ЭИ696, ЭИ661, H11 ~ 13	38 ~ 43
9	水冷芯棒	4Cr2W5VMo, 4Cr2MnSiWMoV, 4Cr5W2VSi	40 ~ 45
		35Cr5WMoSi, 4Cr4Mo2WVSi	43 ~ 47

序号	工模具种类	钢　　号	热处理后硬度 HRC
10	穿孔筒内衬套	5CrW2Si	40 ~ 45
11	穿孔头，扩孔头	3Cr2W8V，35Cr5WMoSi，4Cr52WVSi	43 ~ 48
12	镦粗杆	40CrNi	30 ~ 45
		5CrNiW	38 ~ 43
13	镦粗头	5CrW2Si	40 ~ 45
14	剪切环	3Cr2W8V	45 ~ 48

　　钢热挤压时，由于工模具与高温坯料的接触时间比较长，同时又受到高挤压力的作用，因此，对于制作钢挤压工模具的材料必须要求具有高的高温抗软化能力，耐磨性，挤压时不产生变形，高的韧性，不产生裂纹和具有良好的耐热性，抗龟裂性能。

　　表 7 - 15 所列为日本在钢热挤压时所选用的工模具钢及其性能。其中，挤压模、芯棒、挤压垫、挤压筒和穿（扩）孔筒内衬套等模具直接与高温（1000 ~ 1250℃）坯料接触，并承受高的穿孔和挤压压力，一般采用 SKD6、SKD61、H12 等含硅量较高的 Cr - Mo - V 系列的工具钢，而不采用 SKD4、SKD5 等 W - Cr - V 系列的钢。表 7 - 16 所列为部分钢号的化学成分。

表 7 - 15　日本热穿（扩）孔和挤压工模具用钢的选择

类　别	工具名称	钢　种	使用硬度 HRC
穿（扩）孔机工具用钢	芯　棒	SKD61，H12，En40C	35 ~ 38，40 ~ 42，45 ~ 47
	穿孔头	SKD61	40 ~ 45
	扩孔头	SKD61，En29B（无 Mo）	40 ~ 45，43 ~ 49
		En40C	45 ~ 47
	穿孔杆连接器	H12	45 ~ 50
	穿孔杆	En28，SKS41（加 Mo）	46 ~ 48，45 ~ 50
		SKD61	52 ~ 53
	穿（扩）孔筒内衬	SKD61，H12	52 ~ 53，45 ~ 52
	穿（扩）孔筒支承	SKD61，H12，En40C	34 ~ 47，45 ~ 50，45 ~ 47
	剪切环	SNOM5，H12	34 ~ 38，39 ~ 41
卧式挤压机工模具用钢	挤压模	SKD4，SKD61，H12	42 ~ 46，42 ~ 46，51 ~ 53
		En40C	45 ~ 47
	模支承	SKD6，SKD61，H12	46 ~ 48，40 ~ 43，51 ~ 53
	模　座	SKD6，SKD61，H12	46 ~ 48，42 ~ 46，45 ~ 50
		SKT4	45 ~ 47

类　别	工具名称	钢　种	使用硬度 HRC
卧式挤压机 工模具用钢	模　垫	SKD61，H12，SNOM8	40～43，45～50，29～36
		SKT4	45～47
	挤压筒内衬	SKD6，SKD61，H12	46～48，52～53，45～52
	挤压垫	SKD6，SKD61，H12	46～48，40～45，45～50
		En40C	45～47
	芯　棒	SKD6，SKD61，H12	46～48，40～45，52～54
		En40C	45～47
	挤压杆连合器	SKD61，H12	48～50，45～50
	挤压杆	En28，SKD6，SKD61	46～48，46～48，45～51
	芯棒支持器	SNOM5，H12，SNOM8	34～38，36～38，29～36
		SNC3	41～45

表 7 –16　部分工模具钢的化学成分　　　　　（%）

钢　号	C	Si	Mn	Ni	Cr	Mo	W	V
H12	0.35	1.0	0.45	—	5.0	1.35	1.25	0.35
En28	0.40	0.3	0.45	4.5	1.5	0.55		
En29B（无 Mo）	0.35	0.3	0.45	0.5	3.0	—		
En40C	0.45	0.3	0.65		3.25	1.0		0.30
SKS41（加 Mo）	0.35	0.4	0.45		1.5	0.5	4.5	—

　　一般情况下，钨系工具钢，由于较高的钨含量，在 600～650℃ 的高温下，具有良好的耐热强度和耐软化阻力，并且抗磨性能良好。但因为其合金含量较高，使钢的韧性降低，而且在急冷急热的条件下，容易产生裂纹缺陷。为了提高材料的韧性，工具要进行水冷或油冷。故这类工具钢不适用于表面温度急剧变化的使用场合。而即使在使用这类工具钢的情况下，在工具冷却时必须保持连续性和缓慢的冷却方式。对于小型工具，要防止可能引起的空冷硬化，通过热处理可使工具的变形比油冷小，相对提高了韧性，也即提高了耐热龟裂性能。一般而言，这类钢的淬火温度越高，其高温硬度也越高，而导致韧性和耐热龟裂性能可能会降低。对于 SKD4、SKD5 等钢种，由于在大约 600℃ 温度下会产生二次析出硬化现象，则为了获得所要求的硬度，一定要采取一种较高退火温度的热处理。

　　铬系工具钢是一种以 5% Cr 为主要成分，并加入 Si、Mo、V 等合金元素的钢种，如 SKD6、SKD61 等相当于这类钢。但也有采用 H12 等加入 1% 左右 W 的钢种。这类钢种除了具有良好的淬火性能，能够空冷硬化，且热处理变形非常小的特点之外，还具有较高的韧性、受热冲击强度较高、耐热龟裂性能较好等优点。只是钢的热强度和红硬性较钨系工具钢略低。作为在 500～600℃ 操作温度下使用的工具，用途很广。尤其是与 SKD4、SKD5 等钢相比较，即便是用于较大型的工模具，也可以空冷硬化，并得到高的硬度。

值得注意的是，钨系工具钢和铬系工具钢一样，脱碳或渗碳都会导致其耐热龟裂性能的恶化，因此，在热处理时应十分注意。

挤压模、挤压芯棒、穿（扩）孔头采用表面镀铬，对于提高其使用寿命，提高制品的表面质量是一项有效的措施。此外，也有对挤压工具表面进行高温喷镀氧化铝、二氧化锆等。但由于喷镀层的边界部分的强度和热冲击以及喷镀层易于剥落等技术问题，导致这些措施没有获得预期的效果。

同时，还有采用将金属氧化物、硼化物、碳化物等粉末在 1500～2200℃ 温度下，以 9072MPa 的高压力成型法制成的陶瓷挤压模，将 AISI 4340 钢在 1200℃ 温度下，以挤压比为 80 进行挤压加工，得到了良好的效果。表 7－17 所列为日本用作挤压模时使用效果良好的陶瓷材料。

表 7－17　日本钢挤压时使用效果良好的陶瓷挤压模材料

型　式	材料组成（体积分数）	密　度　比	磨损量/mm
自黏着	Al_2O_3	0.99	1
	$MoSi_2$	0.98	3
	TiB_2	0.97	1
	ZrB_2	0.96	0
	ZrC	0.95	0
	ZrO_2	0.95	0
金属黏着	$TaC + 10\% W$	0.97	2
氧化物黏着	$TiB_2 + 20\% O_2$	0.97	－1
加钨纤维	$ZrSiO_2 + 20\% W$	0.95	1

注：挤压条件：坯料 4340 钢；规格为 86.36mm 方坯，长度为 228.5mm；挤压温度为 1200℃；挤压比为 80；挤压速度为 304mm/s。

8 钢管和型钢热挤压车间的设备

8.1 挤压坯料的加工设备

8.1.1 坯料加工的要求

挤压坯料加工的要求取决于坯料的材料和状态：

（1）对于轧坯可采用喷丸处理清除表面的氧化铁皮及局部缺陷，对于锻坯则需要进行剥皮。

（2）对于碳素钢、合金结构钢坯料采用矫直和喷丸处理清理表面，不需要进行剥皮；而对于轴承钢、不锈钢和耐热钢，需进行剥皮处理，且车纹深度在 0.01mm 以下。空心坯料的内孔表面应无深槽及划痕。

（3）坯料端面要进行倒棱，高合金钢坯料要倒成圆角。

（4）坯料需为镇静钢，且组织均匀、无热脆倾向。马氏体不锈钢挤压时无困难，奥氏体不锈钢中的 α 相含量应尽量降低。

（5）坯料加工后的尺寸偏差如下：

1）直径偏差。轧坯剥皮处理之前：外径 $D \leqslant 200$mm 时，偏差为 -2.0mm；$D > 200$mm 时，偏差为 -3.0mm。轧坯及锻坯经剥皮后偏差为 ± 0.5mm。

2）长度偏差。轧坯及锻坯未剥皮和经剥皮后偏差均为 ± 3.0mm。

31.5MN（3150t）挤压机用于管材、棒材及型材生产时对其坯料尺寸偏差的规定见表 8-1。

表 8-1　31.5MN 管型材挤压机坯料的尺寸偏差规定　　　　　（mm）

产　品	坯　料	挤压筒直径	坯料直径	坯料长度
钢　管	轧坯（未剥皮）	220	205 $_{-3}$	±3
		260	245 $_{-3}$	±3
		300	283 $_{-3}$	±3
		345	325 $_{-3}$	±3
	轧坯及锻坯（剥皮后）	220	205 ±0.5	±3
		260	245 ±0.5	±3
		300	283 ±0.5	±3
		345	325 ±0.5	±3

产 品	坯 料	挤压筒直径	坯料直径	坯料长度
棒材及型材	轧坯（未剥皮）	220	213_{-3}	±3
		260	253_{-3}	±3
		300	292_{-3}	±3
		345	335_{-3}	±3
	轧坯及锻坯（剥皮后）	220	213 ± 0.5	±3
		260	253 ± 0.5	±3
		300	292 ± 0.5	±3
		345	335 ± 0.5	±3

（6）碳钢和低合金钢坯料加工后，其表面光洁度要求大于 4 级；不锈钢和高合金钢坯料加工后，其表面光洁度要求大于 6 级。

（7）坯料切斜度要求：坯料直径 $D \leqslant 200mm$ 时，切斜度不大于 3.0mm；$D > 200mm$ 时，切斜度不大于 4mm。

（8）预钻孔的最大偏心度要求为 ±0.5mm，最大粗糙度要求为 $R_a \leqslant 0.005mm$，表面光洁度要求大于 5 级。

国外挤压不锈钢管厂坯料加工的技术指标见表 8 - 2。

表 8 - 2　国外挤压不锈钢管厂坯料加工的技术指标

厂 家	美国 Amerex 厂	德国曼内斯曼	尼科波尔南方钢管厂
挤压机吨位/t	2500	3150	3150
外径偏差/mm	-0.78 ~ +0.00	-0.50 ~ +0.50	—
表面粗糙度	≤125RMS	$R_a < 2.5 \mu m$，▽6	ГОСТ2789，▽6
端面切斜度/mm	3.175	1	≤2
深孔偏心度/mm·m^{-1}	—	≤0.5	<1
内径偏差/μm	—	<10	—
内孔粗糙度/μm	—	$R_a < 5$	—
端面倒圆角/mm	R25.4	—	R20 ~ 30
椭圆度/mm	外圆直径差小于 3.175	—	—
弯曲度/mm·m^{-1}	1.9	—	—

8.1.2　坯料的加工设备

挤压坯料可以是轧坯、锻坯、连铸坯、模铸坯和离心浇铸坯等。根据挤压工艺的要求，各种坯料进入坯料加工车间后要进行按定尺切断、表面处理及剥皮、端面加工以及钻深孔表面脱脂等工序之后，才能作为穿孔和挤压的坯料。

8.1.2.1 坯料的切断设备

坯料切断设备的种类繁多，有火焰切割、剪切、圆盘锯、带锯、专用切割机床以及阳极机械锯切等。应根据坯料的材料、规格、工艺要求以及各种切割装备的特点，选择不同的切断设备。挤压车间比较普遍的选择是圆盘锯、带锯、专用的剥皮—切断联合机床，对于高强度合金和难熔金属则选用阳极机械锯。

冷圆盘锯锯切坯料后可以得到光洁的端面和满意的垂直度。其锯切表面的粗糙度 $R_a \leqslant 80\mu m$；锯切平面与其轴线的垂直度偏差，在坯料直径为 250mm 时，不超过 1.0mm；坯料长度上的锯切精度为 ±2.0mm。

锯片的使用寿命，以锯切 1Cr18Ni10Ti 不锈钢棒料为例，为 2.0~4.0h，更换锯片的时间为 8~15min。锯切的生产能力，在锯切直径为 $\phi140~270mm$ 的不锈钢坯料时，每小时锯切 14.5~6.5 次。

但采用圆盘锯与采用专用机床和带锯相比，相应的金属消耗和锯片消耗会比较高，并且生产效率也会低一些。如一个产量为 6 万~7 万吨/年的挤压车间需要配备 10 台以上的圆盘锯。采用圆盘锯或带锯都需配套相应的起重和运输设施，可组成机械化或自动化作业线。

下面以各公司的圆盘锯为例，介绍一下圆盘锯的主要技术性能。

德国瓦格勒公司圆盘锯的主要技术性能如下：

锯片直径	920mm
坯料最大直径	355mm
棒材最大长度	12m
双倍坯料长度	600~2200mm
单支坯料长度	300~1100mm
棒料最大重量	8.5t
锯切速度	4.5~30m/min（12 级）
送进速度	6m/min
每台锯外形尺寸	20m×2.5m
每台锯重量	4.8t
机械化两台布置锯重量	20t

尼科波尔南方钢管厂使用的圆盘锯的主要技术性能如下：

锯片直径	1118mm
锯切最大圆周速度	0.73m/s
锯切最小速度	0~2.7mm/s
空行程速度	25mm/s
电机功率	14.7kW

冷锯外形尺寸	13500mm×3550mm×2160mm（长×宽×高）
推料机回程速度	600mm/s
推料机送进速度	最大250mm/s，最小100mm/s
坯料直径	最大350mm，最小160mm
坯料长度	最大1000mm

德国莱姆厂的挤压车间，在一条辊道上有两台冷圆盘锯，一台用于锯切倍尺坯料，一台用于锯切定尺坯料。这种布置方式可以节省一个台架。

为了提高冷圆盘锯的工作效率，采用硬质合金锯齿。瑞典中央机器公司200/750型冷圆盘锯锯切 ϕ200mm 的低碳钢，锯切时间仅25s。其技术性能如下：

锯切管坯直径	50~220mm
锯片直径	610~710mm
锯切速度	70~180mm/min，无级调速
进给速度	100~1000mm/min，无级调速
锯片返回速度	5000mm/min
最小锯切长度	20mm
锯切长度公差	±0.2mm
锯切坯料的垂直度公差	0.2mm
锯片用主电机功率	60kW，直流
进料用电机功率	2.1kW，直流
电机总容量	80kW
液体工作压力	10132.5kPa（约100个大气压）
设备总重量	8000kg

德国HDM1300冷圆盘锯技术性能如下：

锯片规格	ϕ1250/1310mm×9mm
锯片马达功率	10/15kW
马达转数	720/1500r/min
锯片转数	2.41/4.82r/min，3.7/7.4r/min
进锯液压缸行程	1175mm
进锯速度	最大70mm/min，无级调速
回程速度	2300mm/min
进锯压力	2748kg（3546kPa，约35个大气压时）
夹紧力	30~35kg/cm²

切削速度见表8-3。

表 8 – 3　德国 HDM1300 冷圆盘锯切削速度

档次	皮带轮直径 D/mm	切削速度/m·min⁻¹		
		锯片直径 φ1250mm	锯片直径 φ1310mm	锯片直径 φ1430mm
1	96	10.0	10.5	11.0
	145	14.5	15.5	16.5
2	96	20.0	20.5	22.0
	145	29.0	30.5	33.0

锯切坯料规格：

实心圆坯最大直径　　　　　　400mm

实心方坯最大边长　　　　　　400mm

异形材最大宽度　　　　　　　<400mm

坯料长度　　　　　　　　　　不大于1000mm，偏差 ±3.0mm（用挡板时）

端面切斜度见表 8 – 4。

表 8 – 4　德国 HDM1300 冷圆盘锯端面切斜度

坯料长度/mm	315	400	500	600	700	900	1000
切斜度/mm	5.5	4.5	3.5	3.0	2.5	2.0	1.5

德国 KA800HM 型采用硬质合金锯齿的冷圆盘锯锯切实例见表 8 – 5。

表 8 – 5　KA800HM 冷圆盘锯（硬质合金锯齿）锯切实例

材料 DIN	规范 SAE	坯料直径/mm	锯片直径/mm	锯切速度/m·min⁻¹	送进速度/mm·min⁻¹	锯切时间/s
C22	1020	200	630	146	400	30
S152	1024	200	630	146	400	30
C35	1035	200	630	146	400	30
C45	1043	200	630	146	400	30
30Mn5	1310	200	630	118	320	30
25CrMo4	4130	200	630	118	320	38
41Cr4	5140	200	680	118	270	45
100Cr6	52100	275	800	85	165	100

　　冷圆盘锯的锯片齿节、锯切速度、锯片角度、材料的抗张强度以及锯切效率见表 8 – 6。

表 8 - 6　不同锯切材料的冷圆盘锯锯切效率

锯切材料（坯料）	抗张强度 /MPa	锯片角度（后角/前角）/(°)	锯切速度 /m·min⁻¹	锯切效率 /cm²·min⁻¹
15 号	3.4 ~ 4.5		22 ~ 28	120 ~ 230
20 号，25 号	4.3 ~ 5	6/20	20 ~ 24	110 ~ 180
45 号，50 号，60 号	7 ~ 8.5		12 ~ 15	60 ~ 120
15Cr	5 ~ 7		13 ~ 17	70 ~ 120
15CrMo	6 ~ 7.5	6/20	13 ~ 17	60 ~ 120
42CrMo	7 ~ 8		10 ~ 15	40 ~ 90
50CrVA	8 ~ 9		10 ~ 15	30 ~ 60
不锈钢	5 ~ 9		6 ~ 15	15 ~ 90
工具钢	10 ~ 14	6/20	6 ~ 10	10 ~ 60
高速钢	8 ~ 9		9 ~ 12	15 ~ 40
ZG15，ZG25	3.8 ~ 4.5	6/20	15 ~ 20	70 ~ 120
ZG35，ZG45	5.2 ~ 6		9 ~ 15	40 ~ 80
灰口铸铁	2 ~ 3	6/15	12 ~ 20	60 ~ 120
圆钢 20 号	3.5 ~ 4.5	6/20	20 ~ 28	80 ~ 160
25 号，30 号	5 ~ 6		15 ~ 20	60 ~ 110

不同锯片齿数的冷圆盘锯的锯切性能见表 8 - 7。

表 8 - 7　不同锯片齿数的冷圆盘锯的锯切性能

锯片直径×锯切宽度/mm	每镶片齿数	齿节（节距）/mm	可切横截面/mm
1250 × 1310 × 9	3	36.4（38.0）	实心材 150 ~ 400
1250 × 1310 × 9	4	27.3（28.6）	实心材 90 ~ 250
1250 × 1310 × 9	5	21.8（22.8）	圆形材 300
1250 × 1310 × 9	6	18.2（19.0）	圆形材 300
1250 × 1310 × 9	7	13.6（14.3）	圆形材 100

国产 G6010 型冷圆盘锯用于切割碳素结构钢、合金结构钢、轴承钢、不锈钢等轧锻方圆挤压坯料及异形材，切割材料的抗张强度不超过 1200MPa。国产 G6010 型冷圆盘锯技术性能如下：

锯片规格	ϕ1010mm，厚度 8mm
锯片马达功率	10kW
锯片马达转数	970r/min
锯片切削速度	6.3m/min，10.0m/min，15.9m/min，25.7m/min，

	39.3m/min, 63.4m/min
锯片转速	2r/min, 3.15r/min, 5r/min, 8.1r/min,
	12.4r/min, 20r/min
切割速度	6.3m/min, 10.0m/min, 15.9m/min, 25.7m/min,
	39.3m/min, 63.4m/min
锯片箱最大移动量	410mm
锯片箱进刀量	12~400mm/min（液压无级调速）
锯切坯料规格：	
实心圆坯	≤φ350mm
实心方坯	≤300mm×300mm
最小方坯	40mm×40mm

在大型的挤压车间采用由圆盘锯组成的作业线，设有集中的机械装卸料台架、锯屑的收集装置和冷却液的供给装置，并且根据坯料的钢号，通过分配锯切金属面积为 2 个或 3 个锯口的方法，提高和保证圆盘锯的高生产率。为了正确地修磨锯齿，采用带有光学调整仪的磨修机床。在进一步改进冷圆盘锯结构方面，采用锯片悬臂固定，提高了其刚性和传动功率。如采用硬质合金锯齿的扇形块固定在锯片上，从结构上保证了锯切时硬质合金扇形块无振动，提高了锯片的使用寿命。同时，为了坯料端面的倒棱和加工成圆角，采用单独布置的机床或者在冷圆盘锯引出辊道端部借助于液压的坯料夹具和旋转铣刀组成的专用装置来完成上述工序，使坯料切割工序能在全自动循环下工作。

俄罗斯的阳极机械锯。对于高强度钢（强度极限大于 700MPa）和难熔金属坯料的切割采用阳极机械锯。阳极机械锯的工作原理是：利用低电压、大电流的直流电，以坯料作为阳极，锯片作为阴极，用工作液（水玻璃）浇注加工区，使坯料表面形成绝缘薄膜，切割时被高速移动的带锯所熔化，而熔化的金属被带锯和工作液带走，就这样逐渐使切口加深直至锯断。

一般坯料经过阳极机械锯切割之后，其锯切表面的质量不能令人满意。挤压前必须作进一步的处理。通常阳极机械锯都是单独布置的。

以下是用于高强度材料和难熔金属坯料切割的阳极机械锯的主要性能：

切割坯料：	
规格	φ320mm
材料	高强度合金钢
切割速度	24~25cm/m
切口宽度	1~2mm

俄罗斯采用带式阳极—机械锯，并且有立式和卧式两种。以下为俄罗斯特拉依茨克机床厂生产的 МЭ–31 型带式阳极—机械锯的技术性能：

管坯直径	120~700mm
带钢托架行程	800mm
工作送进速度	50mm/min
快速送进速度	400mm/min
工作圆盘的直径	800mm
圆盘的转速	480r/min
工作圆盘倾斜角度	50°
带钢移动速度	20m/s
带钢材质	3号钢
带钢尺寸	35mm×1mm×7340mm
电解质	水玻璃
最大电流	600A
电压	50V

60MN（6000t）卧式挤压机采用具有坯料分段锯切成要求的长度，并有对坯料头尾进行锯切功能的带锯机。其主要技术参数和性能指标如下：

锯切坯料：

直径	≤ϕ500mm
长度	最大12000mm

坯料锯切精度：

端面垂直度	≤90°±0.6°
端面粗糙度	≤3.2μm
长度偏差	≤±1mm
锯带线速度	10~80m/min（变频无级调速）
锯切速度	≥2000mm²/min
锯带给进速度	液压无级调速
锯带胀紧	液压胀紧
锯带规格	5550mm×41mm×1.3mm
主电机功率	5.5kW
工作台面标高	550mm
有效锯切范围	最大500mm（在有效范围内可同时锯多根坯料）
自动化系统有效性	平均无故障工作时间/平均修复时间≥99.5%
带锯机承载能力	20t
噪声（距离设备外1m)	≤83dB（A）
主机外形尺寸	
（长×宽×高）	2550mm×1100mm×2100mm

带锯机主要由以下几部分组成：被动轮胀紧装置、导柱装置、主传动装置、锯架、支架锯带导向装置、进给油缸装置、底座、夹紧装置、铁屑自动收集装置、断锯条保护装置和锯带脱屑机构。其中，支架锯条导向装置为雁荡山机床有限公司的专利，该机进刀机构的功能以柔性锯削取代传统的刚性锯削，能自动弥补锯条不平衡度所致的脉冲锯削，迫使惰性锯齿参与锯削，自动调节合理的进刀量，确保最佳切削状态，切削效率高，并避免了因进刀快而断齿、断带以及因进刀慢使锯齿空磨等弊病，降低了锯条的耗用成本和操作难度。

此外，还有挤压钢坯切断专用机床，如 C8545 钢坯切断专用机床，具有 2～4 个刀架，同时可切割 3～5 段坯料，具有较高的生产率和切口质量。

8.1.2.2 坯料的剥皮设备

挤压管坯的表面质量对成品钢管的表面质量影响极大。对于以生产不锈钢管为主的挤压车间来说，要求管坯进行 100% 的剥皮，以清除坯料皮下气泡、细小的裂纹以及非金属夹杂物等缺陷。同时要求剥皮后坯料表面无车刀痕迹。尼科波尔南方钢管厂规定：剥皮后坯料的表面光洁度要达到 ГОСТ2789 标准规定的 5～6 级。因此，管坯精车时采用宽刀具。

不锈钢管坯剥皮时的进刀深度（半径方向）取决于对管坯表面质量的要求。瑞典山特维克公司的不锈钢管坯剥皮时的进刀深度一般为 2mm，而管坯质量不好时，剥皮进刀量可以达到 5～10mm。

为了防止挤压开始时变形金属在流动过程中可能产生金属的"停滞区"，导致钢管表面产生缺陷，在坯料剥皮的同时，管坯一端要车成半径为 R 10～20mm 的圆角。

下面以德国设计制造的 RSB350/1200 型管坯剥皮机床为例介绍剥皮机床的主要性能。

根据坯料的加工工艺，其剥皮工序有两种形式，即短剥皮和长剥皮。短剥皮是指坯料进入加工车间之后，先按照工艺要求的坯料长短切成定尺的短坯料，然后逐支在短坯料的剥皮机上剥皮；而长剥皮则是进入加工车间长度为 1.5～12m 的坯料，在长剥皮机床上先剥皮，再将剥皮后的光坯切成工艺要求的长度。

长剥皮机床一般同时具有车削和滚压两个功能。坯料在剥皮后接着就进行滚光。并且，经剥皮和滚光后的坯料直接进入多刀切割，锯切成工艺要求的长度。

长剥皮机床采用坯料的最小长度为 1.5m，其车刀和滚压头的转速可以在 47～280r/min 的范围内无级调速。一个车刀盘或一个滚压头加工整个直径范围内的棒坯，而且可以通过车刀盘和滚压头的调整分别适应棒料尺寸或剥皮量改变的需要。同时，机床还可以安装靠模装置，以适应长棒料出现的轻微的椭圆度和弯曲度，加工时达到最小剥皮量（0.2mm）的要求。当不采用靠模时，机床在一次行程中的金属剥皮量可以达到 2.0～10.0mm，其加工的精度和光洁度如下：

棒材直径的加工精度 $0 \sim 0.35mm$

表面光洁度：

    车削后 $5 \sim 10 \mu m$

    滚压后 $0.5 \sim 3.0 \mu m$

    长剥皮机床采用预制的并且耐磨的硬质合金标准刀片作为切削工具时，切削刀片的平均使用寿命为40min，滚压轮寿命为8h。机床的生产能力与加工棒料的规格和材料有关，一般为 $58 \sim 89m/h$。

    长料剥皮机床的优点是生产能力高且滚压后的表面粗糙度低；而缺点是机床结构复杂，安装面积较大且成本较高。

    表8-8是俄罗斯克拉马托尔斯克重型机床厂设计制造的无心剥皮机床的性能。

表8-8 俄罗斯克拉马托尔斯克重型机床厂无心剥皮车床的性能

技 术 参 数		机 床 型 号				
		9330A	9330M	9340	9340A	9350K
加工件直径/mm		50 ~ 160	50 ~ 160	70 ~ 250	56 ~ 210	120 ~ 350
加工件长度/m		3 ~ 10	3 ~ 7.5	3.1 ~ 7.5	3.1 ~ 9	3.2 ~ 8
主轴转速/r·min⁻¹		16.7 ~ 314	16.7 ~ 314	11.9 ~ 280	11.9 ~ 228	8.05 ~ 160
送进速度/mm·min⁻¹		600 ~ 4000	600 ~ 4000	600 ~ 4000	600 ~ 4000	600 ~ 4000
送进速度调节范围		无级	无级	无级	无级	无级
刀架最大行程/mm		3300	3300	3300	3300	3620
主马达功率/kW		75	75	100	100	100
机床重量/t		65	65	74	—	—
机床外形尺寸/m	长度	17240	17240	17360	17360	18840
	宽度	10000	10000	10070	10070	10670
	高度	1900	1900	2046	2046	2180

    坯料的短剥皮机床可有两种形式，即刀具固定、坯料旋转形式和刀头旋转、坯料固定或推进的形式。后一种形式的机床被认为是更先进的剥皮机床，因为其不需要预先加工坯料的端面。如德国 Kieserling Albrent 公司制造的280型机床，用于车削直径 $\phi 180 \sim 280mm$、长度为 $350 \sim 700mm$ 的合金钢和不锈钢坯料。坯料从接收装置送到机床轴线，液压夹具从端部夹紧，以 $0.2 \sim 10m/min$ 的进料速度推过旋转的4把切削刀的刀头。加工后坯料输送到卸料台架上。加工后坯料的表面粗糙度 $R_a \leqslant 5 \mu m$，在坯料带有微小的椭圆度的情况下，机床可以安装靠模装置来保证最小的金属剥皮量（0.2mm），并且一次行程中的金属剥皮量按直径可以达到 $2 \sim 7mm$，剥皮精度达到 $\pm 0.3mm$。其切削工具采用预制硬质合金刀

片，平均使用寿命为 40min 左右。

280 型短剥皮机床在 1Cr18Ni10Ti 不锈钢坯剥皮时的生产能力取决于坯料的直径，基本在 52 ~ 72 件/h 范围内变动。

短坯料剥皮机床同时装备有坯料输送机械，其占地面积不大，并不会损坏加工后坯料的表面。

长料剥皮机床和短料剥皮机床相比较，单位时间内加工坯料的数量高25% ~ 35%。通常长料剥皮机床都带有倒棱或车圆的功能。

德国 RSB350/1200 剥皮车床技术性能如下：

坯料直径	350mm（最大），120mm（最小）
长度	1200mm（最大），300mm（最小）
主轴传动马达功率	53/74kW
转数	750/1500r/min
主轴转数	23r/min，27r/min，34r/min，41r/min，50r/min，60r/min，75r/min，90r/min（电动机750r/min）；46r/min，54r/min，68r/min，82r/min，100r/min，120r/min，150r/min，180r/min（电动机1500r/min）
最小坯料圆周速度	26 ~ 68m/min
最大坯料圆周速度	25 ~ 99m/min
切削速度范围	24 ~ 102m/min
最大切削断面积	5mm^2
进刀量（分6级）	0.4mm/r，0.6mm/r，0.8mm/r，1.0mm/r，1.5mm/r，2.0mm/r
倒角量（分6级）	0.05mm/r，0.075mm/r，0.10mm/r，0.125mm/r，0.19mm/r，0.25mm/r
压缩空气用量	15m^3/h

美国 HETRAN 公司设计制造的长坯料表面加工机床在设备和工艺方面具有较新的技术水平以自动或手动操作，加工（剥皮和抛光）锻造和轧制的碳结钢、合结钢、轴承钢、模具钢、不锈钢、高温合金和镍基合金以及钛合金和高速钢材料的坯料。

该设备系由计算机通过带操作台的 PLC 控制，能够显示和设定加工过程的工艺参数和设备参数，而且提供故障诊断系统。并且剥皮机的刀头转速可以无级调节，整套设备能够做到有选择性地或自动地执行高速的精确车削及抛光工序。在操作期间配备有一套涵盖产品规格的硬质合金刀具。缩短更换刀具的时间。从取出使用过的刀具至换上新的刀具并调节妥当仅需 5 ~ 9min。

另外，该套设备采用了具有最高分辨率的无接触自动激光测量系统，能测量读出的数据包括：最大尺寸、最大偏差、最小偏差及标准偏差，并且能将有效的测量值与经编程的公差极限相比较，作出相应的评估。而且均可由 LED 二极管显示超公差（红色）、正常公差（绿色）、未到公差（红色）等瞬时结果。

表 8-9 为美国 HETRAN 公司设计制造的长坯料表面剥皮机组设备的主要性能。

表 8-9　美国 HETRAN 公司设计制造的长坯料表面剥皮机组设备的主要性能

设备主要技术指标	无芯剥皮机床 BT-12	自动砂带抛光机 BBP-12
坯料直径范围/mm	$\phi 85 \sim 312$	$\phi 80 \sim 300$
成品直径范围/mm	$\phi 80 \sim 300$	$\phi 80 \sim 300$
长度范围/m	3.5~12.0	3.5~12.0
坯料最大单重/t	6.0	6.0
坯料进给速度/m·min^{-1}	0.7~12（无级调速）	<12
单刀切削量/mm·刀$^{-1}$	1~6	—
总磨削量/mm	—	≤0.2（直径）
刀盘最大转速/r·min^{-1}	10~500	—
单个刀盘的刀片数/把	4	—
硬质合金刀头调节值/mm	0.025	—
主传动电动机/kW	250kW，AC	3×19kW
电压/V	380V，TN-C，50Hz	380V，3 相，50Hz
控制电压/V	220V，iph. 50Hz. 24	24
抛光砂带尺寸/mm	—	254×3175（环带）
抛光头数量/组	—	3
每米弯曲度/mm	≤2	≤2
每 12m 弯曲度/mm	≤20	≤20
椭圆度（直径公差的倍数）	0.7	0.7
表面粗糙度 R_a/μm	1.6~3.2	≤0.5~1.0
硬质合金刀片使用寿命/min	30~60	—

8.1.2.3　坯料的预钻孔设备

穿孔坯料的预钻孔和直接挤压坯料的钻孔都需要采用深孔钻床。深孔钻床按其旋转运动的传递方式来区分有三种不同的形式，即工具转动、坯料转动、工具和坯料反向转动。

为了减小振动，较合理的形式是坯料转动，但是最小的钻孔偏心度是在钻头和坯料反向转动时获得的。

深孔钻的切削制度与被加工的材料和所采用的工具有关，其大致在以下范围内：

切削速度　　70～100m/min（碳钢和低合金钢）

　　　　　　60～90m/min（不锈钢）

进刀量　　　100～300mm/min（0.15～0.4mm/r）

硬质合金工具的使用寿命是高速钢工具的 4～8 倍，所以尽管其价格较高（费用为深孔钻机床工作 1h 的价值的 6%～12%），但经济上还是合算的。

深孔钻床有单轴和双主轴式两种结构。当同时要进行钻孔和扩孔两次操作时，双主轴结构的钻床就很方便完成，同时可以节约生产面积。

以下是 T-40-750 型深孔钻床的技术性能：

结构　　　　　　　　　　单轴式

旋转运动传递形式　　　　工具和坯料同时反向转动

被加工材料　　　　　　　碳素钢、合金钢和不锈钢坯料

加工坯料直径　　　　　　130～270mm

　　　　　长度　　　　　350～700mm

钻孔直径　　　　　　　　5～50mm

坯料轴线偏差　　　　　　≤0.5mm

内孔直径偏差　　　　　　+0.06mm

　　表面粗糙度　　　　　≤20μm

送进量　　　　　　　　　30～270mm/min

硬质合金工具寿命　　　　4～5m（加工不锈钢坯时）

更换钻头的时间　　　　　2min

换规格时机床调整时间　　30min

生产能力　　　　　　　　4～6件/h（不锈钢坯料钻孔时）

该机床配置有逐个接收坯料，并将坯料放置到工作位置上以及钻孔后转移到台架上的机械化装置，机械装置自动化的工作。

T-40-750 型深孔钻床的生产能力，在不锈钢坯料钻孔时在 4～6 件/h 的范围内。

德国 B5SB 深孔钻镗床的主要技术性能如下：

钻镗孔深度　　　　　　　250～2000mm，250～1000mm

卡盘夹紧最大直径　　　　400mm，400mm

实心坯钻孔最大直径　　　80mm，80mm

套料最大直径　　　　　　200mm，200mm

开孔、镗孔最大直径　　　240mm，240mm

主轴转数　　　　　　　　1120r/min，900r/min，710r/min，560r/min，

　　　　　　　　　　　　450r/min，355r/min，280r/min，224r/min，

　　　　　　　　　　　　180r/min，140r/min，112r/min，90r/min

镗轴快速横行速度　　　　1.5m/min，2.0m/min，3.0m/min

镗轴转数	56r/min，71r/min，90r/min，112r/min，140r/min，
	180r/min，224r/min，280r/min，355r/min，
	450r/min，560r/min，710r/min
进刀无级调速	0.025~0.5mm/r，0.25~5mm/r
冷却剂压力	31.5atm，22.4atm，20atm，20atm，10atm，10atm，
	10atm，10atm（1atm 相当于 101.325kPa）
冷却剂流量	100L/min，200L/min，300L/min，400L/min，500L/
	min，600L/min，700L/min，800L/min

钻孔后坯料内孔表面光洁度要求为 7 级，孔与坯料外径的不同心度不大于 1.0mm。

各钢种钻孔时的切削速度见表 8-10。

表 8-10　各钢种钻孔时的切削速度（供参考）

材　料	切削速度/m·min⁻¹	抗拉强度/MPa
含 Ni 3% 低合金钢	76.20~137.16	—
含 Cr 1% 锻坯	106.68~137.16	860
含 Ni–Cr 锻坯	60.96~91.44	1020~1180
含 Ni–Cr 1% 钢坯	91.44~121.92	正火
不锈钢锻坯	91.44~121.92	
不锈钢铸坯	60.96~91.44	

8.1.2.4　坯料的端面加工设备

坯料的端面加工设备主要完成两道工序，即平端面加工和加工润滑剂锥形体。采用多轴加工机床加工坯料端面的一个例子是德国的 DSM12/1400 = 2/1 型加工机床，在此机床上可同时完成端面加工和润滑剂锥体的加工。

坯料逐个被送到机床的第一个工位，一方面加工端面，另一方面初步车出锥体；随后坯料进入第二个工位，进行锥体的精加工。机床可以加工 ϕ140~250mm，长度 350~700mm 的坯料。

加工平端面的表面粗糙度为 5μm，平端面与坯料轴线垂直度的偏差不大于 0.2mm，锥体部轴线与坯料轴线的偏差不超过 0.25mm，在端面加工中，被车削的金属层深度为 2mm。

不锈钢坯料必须在前端（相当于穿孔筒内衬的下端）加工成圆角，在尾端加工成喇叭口。而用于穿孔的碳素钢和低合金钢坯料，只需在前端倒棱即可。

机械加工后的不锈钢坯料需要进行脱脂处理。一般采用 3% 的碱溶液，温度为 60~80℃，喷洗压力 500kPa。碱洗后再用热水冲洗，然后热风吹干，防止在加热和挤压过程中表面渗碳。

8.1.3 坯料加工工序及机床配置

以尼科波尔南方钢管厂31.5MN（3150t）管棒型材挤压机为例，其小时产量为120支钢管，坯料加工工序如图8-1所示。

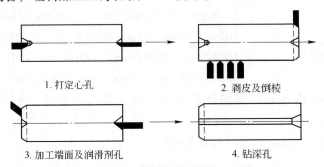

1. 打定心孔   2. 剥皮及倒棱

3. 加工端面及润滑剂孔   4. 钻深孔

图 8-1 扩孔坯料的加工工序

8.1.3.1 确定所需要加工机床的条件

根据提供主辅设备各种机床序的周期时间和扩孔资料提供的允许的切削制度与英国菲尔汀公司工厂设计的资料接近。

采用的挤压管坯的材料	1Cr18Ni10Ti
挤压成品的规格为	$\phi89mm \times 7.0mm$
挤压坯料的尺寸	$\phi215mm$（剥皮前），$\phi212mm$（剥皮后）
坯料长度	500mm
钻孔直径	$\phi25mm$
扩孔后孔的直径	$\phi80mm$
润滑剂漏斗孔的锥形长度	50mm

8.1.3.2 坯料加工工序和所需机床台数的计算

A 打定心孔

打定心孔步骤如下：

（1）坯料装在双工位机床上并夹紧1min；

（2）粗车圆锥：进刀，车削，退刀并将坯料送到第二个工位，2min 23s；

（3）精车圆锥：进刀，车削，退刀并将坯料送到第一个工位，1min 22s；

（4）卸下坯料：30s。

一个周期的总时间为5min 15s。

在装卸料机械化的情况下，周期时间可缩短到5min，因此在这种机床上，每小时可加工12个坯料。

B 剥皮及倒棱或者沿其半径车圆角

坯料剥皮和端面倒棱（或者沿其半径车圆角）两个工序中，时间比较长的是剥皮，按此计算周期时间。

当坯料长度为500mm时，可以利用头部的三把刀具。

坯料长度部分用一把刀具车削时为：

$$坯料长度/3 + 5 = 500/3 + 5 \approx 172mm$$

加工坯料时，采用以下参数：

切削圆周速度	120m/min
坯料的圆周长度	π×剥皮后直径 = π×212 = 666mm
转数	切削圆周速度/圆周长度 = 120/0.666 = 180.2r/min
每转的进刀量	0.25mm/r
纵走刀	每转的进刀量×转数 = 0.25×180.2 = 45.05mm
车削的机动时间	一把刀具车削时的坯料长度/纵走刀长度 = 172/45.05 = 3min48s
坯料加工的总周期时间	6min48s
其中：坯料送进车床并夹紧	1min
车削进刀	45s
车削机动时间	3min48s
退刀	30s
卸料	45s

则该机床每小时可以加工8个多坯料。

C 端面加工及加工润滑剂漏斗孔

坯料端面加工和精车用于润滑剂的圆锥，两个工序中时间比较长的是坯料的端面加工，其决定了总的加工周期时间。

坯料端面加工时，采用以下参数：

每转进刀量	0.15mm/r
径向进刀平均值	26.5mm/min
刀具行程	（剥皮前坯料直径 - 坯料钻孔直径）/2 = (212 - 25)/2 = 93.5mm
切削机动时间	刀具行程/径向进刀平均值 = 93.5/26.5 = 3min32s
坯料总加工周期	6min32s
其中：坯料送进车床并夹紧	1min
进刀	45s
机动时间	3min32s

退刀   30s

卸料   45s

在此机床上，每小时可以加工 9 个坯料。

D　钻深孔

在坯料深孔钻床上实现钻孔时，采用以下加工参数：

切削圆周速度   75m/min

孔的周长 $\pi \cdot D = 25\pi = 78.5mm$

转数   切削圆周速度/孔周长

　　　　　　　　　　　　　　　$= 75/0.0785 = 955r/min$

每转进刀量   0.1mm/r

每分钟纵向进刀量 $0.1 \times 955 = 95.5mm/min$

孔的长度   坯料长度 - 润滑剂孔锥长度 = 500 -

　　　　　　　　　　　　　　　50 = 450mm

钻孔机动时间   深孔长度/每分钟纵向进刀量

　　　　　　　　　　　　　　　$= 450/95.5 = 4min 42s$

总周期   5min 54s

　　其中：将坯料装上机床并调整好 48s

　　　　　钻孔机动时间   4min 42s

　　　　　卸料   24s

一般情况下，深孔钻床的辅助工序都会提供有成套的机械化装置。因此，用于辅助工序的时间要比上述机床要求的时间短。

在这种机床上，每小时可以加工 10 个坯料。

8.1.3.3　机床配置

对于生产能力为每小时 120 支钢管的 31.5MN（3150t）挤压机车间，其坯料加工工段应该配备定心机床 13 台，剥皮机床 19 台，端面加工机床 17 台，深孔钻床 15 台。

尼科波尔南方钢管厂 31.5MN（3150t）挤压坯料加工车间的机床实际配置见表 8 - 11。

表 8 - 11　尼科波尔南方钢管厂 31.5MN（3150t）挤压坯料加工车间的机床配置

机床名称	每小时加工量/支	应配机床/台	实配机床/台	备用机床/台	备用率/%
定心机床（粗车和精车）	12	10	13	3	23
剥皮机床（带倒棱、车圆角）	8	15	19	4	21
端面加工（带精车润滑孔）	9	14	17	3	18
深孔钻床	10	12	15	3	20

8.2 挤压坯料的加热设备

热加工坯料的加热有多种方法，一般根据坯料加工时金属的变形特点及其对坯料加热的要求来选择坯料加热的工艺和装备。

钢管热挤压工艺对于挤压前坯料的要求，首先是坯料加热后在其表面上要求无氧化铁皮存在，因为带有表面氧化铁皮的坯料，无法在挤压时使用玻璃润滑剂。其次是要求经加热后的坯料要求其沿断面和长度方向上的加热温度均匀一致。因为坯料加热温度的不均匀，挤压后将会导致挤压钢管的偏心。最后是对于挤压一些加工温度范围比较窄的低塑性钢和合金时，要求经加热后坯料获得高度准确的加热温度范围。

有多种方法可以做到坯料经加热后，表面无氧化铁皮。例如，在保护气氛中进行坯料的加热；或采用在敞焰炉中经氧化加热后再将氧化铁皮清除；或者是在材料的无氧化温度下，充分加热后，再利用其导热系数随着温度的升高而增加的特点，进行快速加热，使坯料表面来不及氧化的"二步法"加热。经过在实践中从可操作性和经济性两方面考量，得出的结论是：采用第一种方法的结果是提高了制品的成本，并使加热工艺变得复杂化；采用第二种方法，对于碳素钢和低合金钢坯料的加热是最有效和最经济且可行的方法；最后一种方法适用于不锈钢、各种难熔金属及其合金坯料的加热。这是因为不锈钢等这类材料本身就具有较碳素钢和低合金钢高的抗氧化温度，而且其材料本身比较昂贵，能够接受成本较高的快速加热方法，且在"二步法"加热之后，坯料表面的氧化并不明显，不用清除，直接进行挤压。

因此，在近代挤压车间设置的坯料加热和再加热设备普遍采用环形炉和感应加热炉。

对于碳素钢和低合金钢的产品，挤压坯料的加热采用环形炉直接加热到挤压温度。出炉后再采用高压水除鳞装置清除坯料表面的氧化铁皮。

对于不锈钢和高合金材料的产品，挤压坯料的加热采用环形炉预热后，再采用工频感应加热炉加热到挤压温度。坯料在环形炉内的预热温度为材料的无氧化温度，对于不锈钢坯料一般为 750~800℃。

8.2.1 环形加热（预热）炉

挤压车间的环形加热炉，对于碳素钢和低合金钢坯料可作为加热炉使用，坯料在炉内一开火就直接加热到挤压温度；而对于不锈钢等高合金钢则可作为预热炉使用。

环形加热炉的结构如图 8-2 所示，炉子的内外炉墙固定在基础上，其上面布置有一定数量的烧嘴，炉底通过液压或机械传动机构转动，由齿轮带动炉底的齿轮或齿条，每转一格即转过一定的角度。整个炉内分为 4 段：预热段、加热段、均热段和装出料区。燃料可以是天然气、煤气或重油。坯料由进出料机进行装料和出料，并在炉内随炉底一起转动，经过各加热段后达到挤压温度。

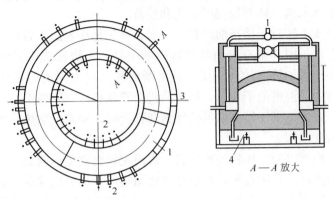

图 8 - 2　环形加热炉结构示意图

1—进料门；2—出料门；3—烧嘴；4—传动机构

以下是一个小型挤压车间坯料加热的环形加热炉的性能：

环形炉平均直径	12m
炉底宽度	2.8m（可双排加料）
炉底传动机构	液压传动
转动角度	4°，6°，8°（液压缸每动作一次）
最高加热温度	1250℃
小时产量	15t/h
燃料种类	煤气

实践证明，当挤压车间需要配备的环形炉的小时产量大于 60t/h 时，采用两台能力不同的环形炉，如一台 40t/h 和一台 20t/h 较为有利，因为这样可以提高设备工作的可靠性和机动性，并可以最合理地利用车间生产面积。

采用环形炉加热挤压坯料的优点是：

（1）环形炉采用分段控制温度，内外两侧同时加热，温度均匀。

（2）能通过改变各段的燃料分配、烟道开启位置及炉底转动速度等获得对不同规格、不同材料的坯料合理的加热制度。

（3）炉膛密封好，冷空气不易进入，炉内气氛稳定。

（4）炉子容易实现机械化和自动化操作。

（5）环形炉和感应炉联合使用时，由于坯料进感应炉的温度提高至 800℃，在感应炉内可以实行快速加热，缩短了加热时间，提高了感应炉的生产率，并相应地降低了电解消耗。

（6）坯料在环形炉内预热温度低，基本上表面无氧化；800℃的高温坯料进入感应炉，实行快速加热，使表面氧化皮大大减少，可以不加清除直接挤压。

为了避免坯料在环形炉内预热时产生氧化铁皮，在环形炉内预热时，特殊钢和高合金钢的最高预热温度为1000℃；合金钢、低合金结构钢和滚珠轴承钢的最高预热温度为800~850℃；特种钢预热的最高温度也不应超过850℃。

作用良好的调节装置对于环形加热炉的有效操作具有很大的影响，必须定期进行燃烧器、换热器的检查和维修。应采用较好的耐热材料来制造喷嘴并采用耐热钢来制造换热器，以提高燃烧器和换热器的使用寿命。

此外，密封炉床的水槽和耐火炉衬等也必须经常维护。对于加热好的高温坯料也要进行清理，可以采用刮除黏在坯料表面上的颗粒耐火材料和鳞皮的刮除装置，这种装置能够在坯料出炉时经过其金属片清理坯料表面，也可以采用一种装配有马达驱动的刷子来刷掉坯料表面上的污物。

8.2.2 工频感应加热炉

1955年，美国首先将感应加热技术引入钢挤压坯料的加热工艺中并获得成功，接着英国也于1957年开始采用感应加热来实现钢挤压坯料的无氧化加热工艺。此后，钢挤压坯料的感应加热工艺得到快速推广和迅速发展。至1964年，应用于钢挤压坯料加热的感应加热炉已经达到128台。感应加热炉的最大小时产量达到了28t/h，坯料的加热时间为150s，均热时间为30s，可加热坯料直径为220~345mm、长度为200~700mm，感应炉的功率为605kW，频率为50Hz。

近年来在应用低频感应电炉来加热挤压坯料方面又取得了巨大进展。由于感应加热时，热量是在钢坯内部一定的深度产生的，可以很快地改变加热的条件，适应各种产品生产的需要，因此，对于经常变换产品规格的生产来说，感应加热似乎是一种最好的方法。

各种金属材料具有的比较高的电阻系数，决定了能够应用低频率感应加热装置时，经济合理地加热到挤压温度的坯料直径的下限。然而实际生产表明，这种限制并不重要，因为当采用更大的挤压机时，将会使用直径更大的坯料。在用50r/s的电流加热不锈钢坯料时，线圈效率和电能消耗同钢坯直径的关系如图8-3所示，可以看出，直径大于150mm的坯料，采用低频感应加热是经济的。

不过，根据生产的需要还可以把低频感应加热进一步扩大应用到100mm直径的坯料上。因为在许多情况下，所拥有的效益要比所增加的加热费用大得多。实际生产中有一系列的低频感应加热炉就是在这种条件下进行生产的。

近年来，确实有一些重要的因素促进了感应加热技术的发展，这些因素是：

（1）感应加热的每一支坯料都能准确地控制加热温度，所有的坯料都能被

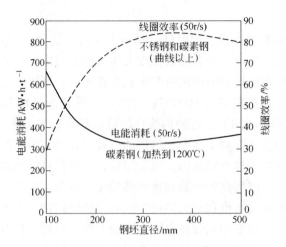

图 8-3 线圈效率和电能消耗同钢坯直径的关系

加热到相同的工艺温度，从而控制了挤压产品的质量。

（2）低频感应加热炉具有最好的条件来实现坯料的自动运送和挤压机的半自动化或全盘自动化操作。

（3）使用感应加热炉时，钢坯可以在几分钟内加热完毕，并且当车间停工或者检查、更换工具时，不需开炉或保温，大大降低了能量和劳动力的消耗，电能消耗的多少仅取决于加热坯料的数量。

（4）比一般形式加热炉的维护费用少，更换线圈、耐火衬套和耐热钢衬套的时间少。

（5）操作人员少，占地面积小。

（6）工作强度低，劳动条件好。

（7）安排生产时具有最大的灵活性，既适合于大批量生产，也适合于小批量生产，更换品种仅需几秒钟时间，一个班更换10多个品种没有困难。

（8）特殊材料加热时，可以通保护气体，进行无氧化加热。

低频率感应加热炉也可以带保护气体工作，不过由于炉内空间间隙很小，并且按照在感应线圈内的加热条件可以肯定在如此短的加热时间内，实际上不锈钢等坯料并不会产生氧化铁皮；准确的温度测量可以减少废次品；可以说复杂断面型材的生产，也首先是采用了感应加热之后才能够进行连续生产的。

8.2.2.1 坯料感应加热的基础

坯料进入感应加热炉进行加热时，首先向感应线圈通入交变电流，线圈即产生交变磁场，处于交变磁场中的坯料则产生感应电流（涡电流），根据感应加热时的电热转换定律（焦耳—楞茨定律），坯料中的电能按下列公式转变为热能，从而加热坯料。

$$Q = I^2 R \quad (J) \qquad\qquad (8-1)$$

采用感应加热炉加热坯料时的电热转换效率一般有以下情况：

（1）随着坯料直径的增大，电热转换效率提高，每一度电加热的坯料产量增加。相反，随着坯料直径的减小，电热转换效率降低，每一度电加热的坯料产量降低。

（2）当坯料的直径不变时，频率增加，热效率提高。

（3）从坯料感应加热的热效率考量，有资料推荐不同直径的坯料的最佳频率可按表 8-12 选择。

表 8-12 感应加热时不同直径坯料的最佳频率

坯料直径/mm	加热温度/℃	最佳频率/r·s⁻¹	
<12.7	1200	500000	高 频
12.7~58.0	1200	10000	中 频
58.0~63.5	1200	7000	
63.5~152.0	1200	1000	
152.0~203.0	1200	150	工 频
>203.0	1200	50	

在权衡了热效率和变频设备两个因素之后认为，坯料直径 $\phi > 150mm$ 时，采用工频较为有利。但有的厂家，如英国的劳·莫尔公司，甚至对于直径为 100mm 的坯料也采用工频加热。根据尼科波尔南方钢管厂的经验认为，如果产品大纲中有 70%~100% 的坯料直径 $\phi > 125mm$，则必须采用工频感应加热炉。

8.2.2.2 坯料感应加热炉的结构

坯料感应加热炉的结构包括：

（1）线圈组由特殊断面的紫铜管线（矩形、椭圆形、偏心）绕成，并固定在磁性硅钢片共轭结构的基础上，线圈通电后形成闭路磁场，可避免在钢基础上形成大的涡流。

（2）为了使沿坯料长度方向上磁场具有均一性，在线圈的端部设有附加绕组，作为线圈两端部的补偿线圈。

（3）感应线圈是带有高温绝缘的单层多匝线圈，在线圈内层有一个用耐热合金制成的带有防止冷热变形的耐热钢制衬套；而在耐热钢衬套和感应线圈之间还有一个耐火高温陶瓷衬套，以防止热量散失、线圈吸热以及感应线圈的绝缘被损坏。

（4）感应线圈的顶部是密封的，以减少氧气的进入，或便于输送惰性气体，进行特殊材料的无氧化加热。

（5）感应线圈通电工作时，必须通水冷却，水压为 304~507kPa（约 3~5

个大气压)。进口水温度不应高于25℃,出口水温度应在60℃以下,应是清洁无杂质的水或软化水,以防线圈冷却孔堵塞。

(6) 在感应线圈的线匝间留有坯料的测量孔和观察孔,并设有辐射高温计(或光电高温计、红外线测温仪)和时间调整器,以便测量坯料温度和调整坯料的加热制度。为了测量温度的准确性,坯料上的测温点处通氮气保护,且在坯料进炉前,测温点不应有氧化铁皮及黏附物。

(7) 感应线圈沿长度方向上设有抽头,以便按照坯料的长短调节感应线圈的有效长度。

(8) 感应加热炉内还设有滑块装置,用于炉内坯料放置中心线的调整。

(9) 每一个感应加热线圈由降压变压器和按钮选择开关提供所需的功率。

(10) 为了提高功率因数和调节频率,还设有电容器组。

(11) 也可以用感应线圈端部的补偿电容,或线圈组电压的分段控制来进行端部补偿,减小坯料的轴向温差。

图8-4所示为带有端部补偿电容的立式工频感应加热炉的电气原理图。

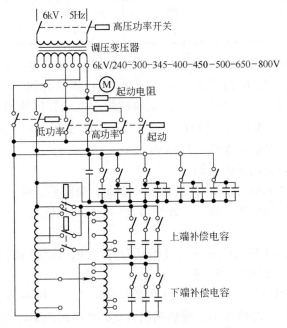

图8-4 带有端部补偿电容的立式工频感应加热炉电气原理图

近年来,由于电气技术装备的进步和电子控制技术的发展,感应加热技术也有了很大的提高。工频感应加热炉上也引进了许多新的技术和装备,使挤压坯料的感应加热炉和再加热炉具有更高的现代化技术水平和装备水平。

8.2.2.3 感应加热炉的选择

用于挤压坯料感应加热的加热炉和再加热炉有立式和卧式之分。一般认为，当挤压生产的产品为高合金钢材料时，采用立式感应加热炉；而当挤压生产的产品为碳钢和低合金材料时，采用卧式感应加热炉。但实际情况是，这种以挤压产品材料的种类来选择坯料感应加热炉的形式并没有严格的界限，实际生产中更多的是根据不同形式感应加热炉的特点和生产现场的实际需要进行选择，也有在一个挤压车间内选择两者并用的形式。

A 卧式感应加热炉

卧式感应加热炉分为放置一个坯料的、带有水冷封口和补偿磁场的卧式感应加热炉和可连续通过多个坯料的卧式感应加热炉两种。

英国的工频感应加热炉制造公司，为大量生产碳素钢和低合金钢制品的 31MN（3100t）挤压机生产线装备了 2 座卧式连续通过的坯料感应加热炉（图 8-5），年产量达 10 万吨/年。每组感应加热炉装备 2 条平行的作业线，每条作业线上布置 3 个感应器，并在每个加热室内都带有防止坯料前端被冷却的硅合金加热器。

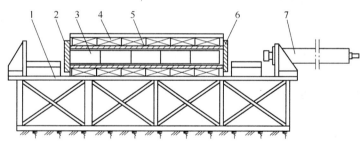

图 8-5 卧式感应加热炉示意图

1—炉架；2—出料炉门；3—坯料；4—感应线圈；5—氧化铝管；6—装料炉门；7—推料机

图 8-6 所示为放置一个坯料、带有专门的水冷塞子，以便补偿磁场的卧式感应器。这种感应器被认为是在工频感应加热炉中，可以消除加热坯料纵向不均匀、加热效果较好的卧式感应加热炉。

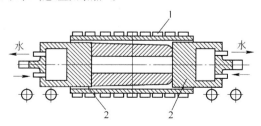

图 8-6 放置一个坯料带有专门的水冷塞子的卧式感应器

1—感应器；2—水冷塞子

美国 Amerex 挤压不锈钢管厂，25MN（2500t）卧式挤压机生产的产品为不锈钢管和各种型材，年产量 3 万吨，采用的卧式工频感应加热炉和再加热炉的性能见表 8 – 13。

表 8 – 13　美国 Amerex 挤压厂的感应加热炉性能

性能指标	加热炉（卧式）	再加热炉（卧式）
额定小时产量/t·h⁻¹	10	—
台数/台	3	3
感应线圈直径/mm	260①	—
感应线圈长度/mm	1067	1067
感应炉额定功率/kW	360	500
感应炉额定电压/V	2300	2300
感应炉额定频率/Hz	60	60
相数/相	3	3
炉底滑轨材料	Inconel 600	Inconel 600
钢衬套材料	Inconel 600	Inconel 600
坯料出炉温度/℃	1260	1260

① 对于所有直径的坯料采用相同的感应线圈，其加热炉和再加热炉坯料直径与感应线圈尺寸的关系（坯料直径（线圈直径））为：ϕ134mm、ϕ190.5mm、ϕ203.2mm、ϕ205.2mm、ϕ228.6mm（ϕ174mm、ϕ241.3mm、ϕ241.3mm、ϕ241.3mm、ϕ257.2mm）。

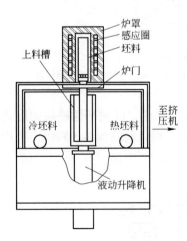

图 8 – 7　立式工频感应
加热炉示意图

B　立式感应加热炉

近代挤压车间中，穿孔机前和挤压机前坯料的加热和再加热，更多地选择了立式感应加热炉，而且普遍采用的都是工频感应加热炉和再加热炉。立式工频感应加热炉如图 8 – 7 所示。

但也有资料推荐，对于再加热炉应选择采用高频感应再加热炉更为合理。这是因为对直径相同的坯料，随着频率的增加，电热转换时的热效率提高。另外，坯料经穿孔后，空心坯内表面的温度要比外表面高出 50 ~ 150℃，再加上坯料运输过程会造成内外表面温差加大；而感应线圈通电后在坯料表面产生的最大感应电流引起坯料加热的透热深度值与电流的频率成反比，即频率越高，透热深度越浅，从而达到了均衡坯料内外表面温差的目的。因此，对于穿孔后坯料的再加热采用高频加热更为有利。

下面将介绍几个挤压钢管厂所配备的立式工频感应加热炉和再加热炉。

a 尼科波尔南方钢管厂再加热炉

尼科波尔南方钢管厂立式感应再加热炉性能见表 8 – 14。

表 8 – 14 尼科波尔南方钢管厂立式感应再加热炉性能

技 术 指 标	数 值
坯料直径/mm	375
坯料长度/mm	900 ~ 1500
坯料平均重量/kg	1000
坯料加热时间/min	4
坯料进出炉时间/min	0.5
加热前坯料的温度/℃	1150
坯料最高加热温度/℃	1300
动力线路的电压/kV	3.3 ~ 4.0
频率/Hz	50
额定平均功率/kW	1270
冷却水消耗量/m³·min⁻¹	0.4

尼科波尔南方钢管厂具有 6 座立式工频感应再加热炉，最大小时产量为 80t/h，其也用于经预钻孔后空心坯从室温直接加热到设定的挤压温度。

50MN（5000t）挤压机组配置的立式再加热炉用于碳钢、低合金钢和不锈钢空心坯的再加热，其技术特性如下：

空心坯外径   250 ~ 360mm

  内径   130 ~ 220mm

  长度   ≤1200mm

单个感应器生产能力   600 支/h

单个感应器功率   16 ~ 28kW

冷却水消耗量   300L/h

坯料进再加热炉温度   800 ~ 900℃

坯料再加热温度   1100 ~ 1250℃

图 8 – 8 所示为 Пёви Знджинринт 制造的带有立式感应器的工频感应加热炉示意图。

感应器和坯料之间的间隙为 100mm，平时用外罩盖上；当采用保护气体时，能够密封。

用改变坯料的运动速度或者周期性地接通、切断功率，来实现坯料在卧式或立式感应加热时加热温度的调整；用速度可调的液压顶钢机实现坯料在炉内的运

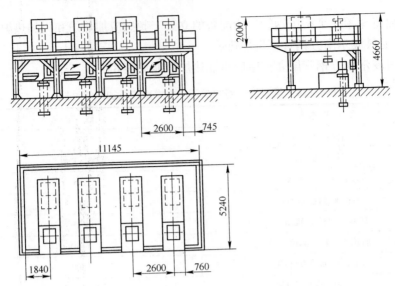

图 8 - 8 带有立式感应器的工频感应加热炉

动或定位。

对着感应器线匝线圈之间的孔内安装辐射高温计或光电高温计来测量坯料的温度。

20MN（2000t）管型材挤压机的挤压生产线上配置的卧式工频感应加热炉和立式工频感应再加热炉的技术特性列于表 8 - 15。

表 8 - 15 2000t 管型材挤压机感应炉技术性能

工频感应加热炉	坯料外径 /mm	坯料内径 /mm	坯料长度 /mm	单支坯料最大重量/kg	冷却水消耗量 /L·min⁻¹	加热温度 /℃
卧式工频感应加热炉	140 ~ 210	20 ~ 48	320 ~ 900	240	1300①	1050 ~ 1250
立式工频感应再加热炉	150 ~ 220	50 ~ 130	350 ~ 900	240	350	1250

工频感应加热炉	坯料径向加热温差/℃	坯料轴向加热温差/℃	输入功率 /kW	最大生产能力 /支·h⁻¹	感应器尺寸 /mm	感应器数量 /台
卧式工频感应加热炉	20	30	2750	43	140 ~ 145，164 ~ 170；184 ~ 190，207 ~ 210	3②
立式工频感应再加热炉	15	20	836	32		6

①在压力为 200 ~ 300kPa、温度为 30℃时的冷却水消耗量。

②根据挤压线的生产能力，加热炉可以由 1 ~ 4 条感应加热线组成。坯料直径大于 250mm 时，不建议采用卧式感应加热炉，因为此时横截面上温差太大，不利于坯料的穿孔质量。

卧式和立式感应炉用于加热和再加热碳钢、合金钢和不锈钢。卧式感应加热炉由 3 个依次放置的感应器和一个均热室组成。感应器之间 50～75mm 的距离由外壳密封，这样封闭了工作空间，并为采用保护气体提供了可能性。坯料由推钢机推过感应器。均热室采用电阻元件（硅合金）加热，功率为 80kW，坯料的出炉采用专门的夹钳机构。

立式工频感应再加热炉将坯料从 900℃ 再加热到 1250℃。空心坯沿分配辊道被送向感应器后被挡板停住，然后被推料机推到底板上，转到垂直位置并提升到感应器的线圈中，推料机从下部封闭感应器后接通电源。加热后推钢机与空心坯料一起下降，底板将空心坯转至水平位置，并将其抛到辊道上。

在每一个感应器上都设有纵向的槽，用于使用专门的光学高温计测量坯料的温度，测量结果会被显示在控制台上，达到指定的温度时断开输入电压。

为了改变加热制度，输入功率可以比额定电压减小 50%。

b 德国 CG6689 工频感应加热炉

CG6689 工频感应加热炉的特点如下：

（1）感应线圈有特殊结构的耐高温混凝土套筒炉衬保护（图 8-9 所示为 CG6689 工频感应加热炉感应器的断面结构）。

（2）感应线圈上设置了辐射高温计测温装置，测量钢坯的表面温度，并能实现感应炉温度控制的自动化。

（3）设计了使钢坯上下端温度接近一致的端头补偿装置。

（4）线圈上设置了较灵敏的接地漏电继电器，保证了感应炉的正常通电运行。当整个线路上有漏电或短路时，能立即切断主电源，防止了接地漏电或线路短路而出现的故障。

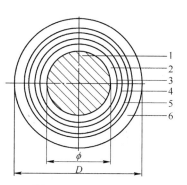

图 8-9 CG6689 工频感应
加热炉感应器的断面结构
1—加热坯料的最大直径；2—最大坯料的
炉膛的间隙；3—耐热钢内衬；4—耐火
材料内衬；5—防热层；6—感应线圈

（5）控制线路上设置了无功功率继电器，使炉子的功率因数能自动的调节到 1.0。

CG6689 工频感应加热炉的横断面结构：CG6689 工频感应加热炉与 3150t 卧式管棒型材挤压机相匹配，可加热 4 种规格的坯料（φ350mm、φ290mm、φ254mm、φ214mm），相应的，该感应加热炉也有 4 个系列的感应器（表 8-16）。从一种直径的坯料更换成另一种直径的坯料时，需对炉子进行调整，而且需要更换感应器。

表 8-16 为 CG6689 工频感应加热炉的线圈系列及横断面结构尺寸。

表 8 – 16   CG6689 工频感应加热炉的线圈系列及横断面结构尺寸

感应器	加热坯料的最大直径/mm	最大坯料的炉膛间隙/mm	耐热钢内衬厚/mm	耐火材料内衬厚/mm	防热层厚/mm	ϕ/mm	D/mm
GR – 1	350	15	3	15 ~ 17	5	350	410
GR – 2	290	15	3	15 ~ 17	5	290	370
GR – 3	254	13	3	15 ~ 17	5	245	350
GR – 4	214	13	3	15 ~ 17	5	214	290

图 8 – 10 所示为 10MN（1000t）立式穿（扩）机配套的带有端部补偿的立式工频感应加热炉的电气原理，图 8 – 11 所示为 31.5MN（3150t）卧式挤压机配套的带有端部补偿的立式工频感应再加热炉的电气原理。

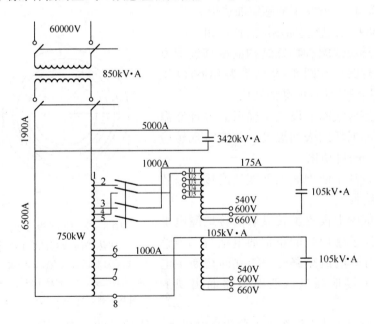

图 8 – 10   加热炉的供电系统

从图 8 – 10 感应加热炉的供电系统图看出，为了增强线圈两端的功率，在线圈的两端各接上可调单相干式变压器的容量为 105kV·A，可变电容器的容量为 105kV·A；而图 8 – 11 感应再加热炉的供电系统中各接上可调单相干式变压器的容量为 75kV·A，可变电容器的容量为 75kV·A。

工频感应加热炉和再加热炉的技术参数列于表 8 – 17。

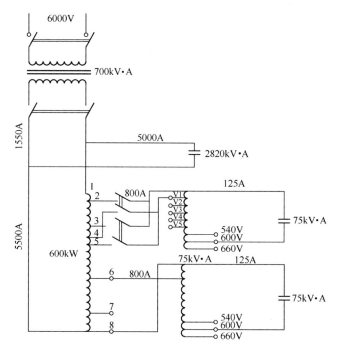

图 8-11　再加热炉的供电系统

表 8-17　工频感应加热炉和再加热炉的技术参数

炉　子	可调变压器的额定功率/kW	变压器的电源电压/V	变压器的次级电压/级	感应器的功率/kW	加热坯料的材料
加热炉	850	6000	10	750	磁性钢和非磁性钢
再加热炉	700	6000	10	600	磁性钢和非磁性钢

炉　子	感应器的连接	最高加热温度/℃	感应器的电压/V	冷却水的压力/Pa	冷却水的消耗量/$m^3 \cdot h^{-1}$
加热炉	单相	1250	600	3×10^5	12
再加热炉	单相	1250	600	3×10^5	12

8.2.2.4　感应器的端部补偿

当坯料在感应器内加热时，由于感应加热的端部效应和坯料端部的散热，导致加热后的坯料存在轴向温差，进而使坯料在挤压后引起钢管的壁厚不均缺陷。为了确保挤压钢管的质量，必须使经感应加热后的坯料的轴向温差控制在 ±30℃ 左右。为此，坯料在感应加热（再加热）过程中需要进行端部功率补偿：

（1）端部补偿的原理：感应器的电路由电感电容和电阻组成，当将端部补偿电容器并联在感应器线路上时，使电路中的阻抗值增高，从而引起感应器的两端与中部的匝间电压重新分配，使主感应器两端电压较低的部分得到了补偿，并且导致感应器两端部电压增高，使端部的磁通密度增加，即分配到钢坯端部的功率增加，从而使加热坯料的端部温度得到了补偿，降低了加热（再加热）后坯料的轴向温差。

（2）补偿电容器容量的计算。感应器的功率因数由 $\cos\varphi_1$ 补偿到 $\cos\varphi_2$ 所需电容器的容量按下式计算：

$$Q_C(kV \cdot A) = p_g(\tan\varphi_1 - \tan\varphi_2) = p_g\left(\sqrt{\frac{1}{\cos^2\varphi_1} - 1} - \sqrt{\frac{1}{\cos^2\varphi_2} - 1}\right)$$

（3）端部补偿的控制。传统的功率补偿控制方法是采用无功功率继电器等组成的有触点的系统来进行控制。根据所测得的电流、电压、温度等数值，将补偿电容器的容量调节到最佳状态。随着计算机技术和电子技术的发展，近代一般都已采用无功功率自动补偿装置，根据所采集的数据，通过分析计算，自动切换补偿电路，使之达到最佳效果。

8.2.2.5 线圈导体截面形状和尺寸的选择

A 感应器铜导管的横断面形状和尺寸

对于中频感应加热炉的感应器，其感应线圈用的纯铜管一般都采用方形或矩形截面的异形管（图8-12）。

例如，国外一家钢铁公司建成了一套7200kW的中频感应热处理作业线，专门用于生产 $\phi63 \sim 406mm$ 的焊管和石油套管，满足美国石油协会标准的要求。对于工频感应加热炉的加热器，其感应线圈用的纯铜管采用异形截面的圆孔偏心管（图8-13）。这是因为从载流面积和散热条件来考虑，采用圆形偏心管较为有利。钢管制造厂也可以按照设计的需要提供各种规格尺寸的圆孔偏心管。

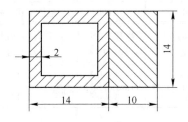
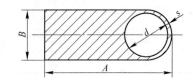

图8-12 线圈纯铜管断面　　　　图8-13 感应器圆孔偏心管尺寸

例如，德国的容克感应炉公司在为德国 Schloemann 公司制造的 10MN（1000t）立式穿孔机和 31.5MN（3150t）卧式挤压机配套的挤压生产线提供的立式工频感应加热炉（感应器功率为750kW）和立式工频感应再加热炉（感应器的功率为600kW）采用的都是圆孔偏心管。

感应器圆孔偏心管的规格见表8-18。纯铜圆孔偏心管壁厚的选择见表8-19。

表 8 – 18 感应器圆孔偏心管的规格

规格尺寸（$A \times B/d \times s$）/mm	质量/kg·m^{-1}
20.25×10.5/7.5×1.5	1.4
24.8×12.4/9×1.75	2.2
30×15/11×2	2.8
34×28/20×4	

注：表中 A、B、d、s 如图 8 – 13 所示。

表 8 – 19 纯铜管壁厚的选择

纯铜管壁厚度 τ/mm	电流频率 f/Hz						
	50	150	500	1000	2500	4000	8000
电流穿透深度 Δ_1（50℃时）/mm	10.1	5.8	3.2	2.3	1.4	1.12	0.8
最佳值/mm	15.9	9.1	5.0	3.6	2.2	1.76	1.3
实际采用值（不小于）/mm	12	7	4	3	2	1.34	1~1.5

对于一定频率的电流来说，导体厚度为该频率下电流穿透深度的 1.57 倍时电阻值最小，感应器可以得到最好的电效率。在工程上，实际应用中一般导体厚度大于 1.2 倍电流穿透深度。

若计算中平均取纯铜的电阻率 $\rho = 2 \times 10^{-6} \Omega \cdot cm$，按电流穿透深度计算可求得在不同电流频率下线圈导体的电流透入深度值（表 8 – 19），不同电流频率下线圈纯铜管的最佳壁厚及实际采用数可参考表中的数值，其中最佳壁厚是取 $T = 1.57\Delta_1$，实际采用壁厚取 $T \geq 1.24$。

B 感应器的主要尺寸

感应器的主要尺寸如下：

感应器线圈的高度　　　1050mm

耐火衬套的高度　　　　1140mm

耐热钢内衬的高度　　　1290mm

感应线圈的内径　　　　$D_1/D_2 = 1.4 \sim 2.0$（D_1 为感应线圈内径，mm；D_2 为坯料的直径，mm）

感应线圈的长度　　　　$L_1 = L_2 + (1 \sim 1.5)D_1$（$L_2$ 为坯料长度）

变压器二次电压为 200V，400V，二级。

C 感应器热损失的计算公式

对于感应器通过耐热层与隔热层的热损失的计算公式为：

$$P_\phi = \frac{2\pi L_\phi (t_2 - t_1)}{\dfrac{1}{\lambda_1}\ln\dfrac{D_2}{D_1} + \dfrac{1}{\lambda_2}\ln\dfrac{D_3}{D_2}}$$

式中 L_ϕ——被加热坯料长度，cm；

t_1——隔热层外表面的温度，℃；

t_2——隔热层内表面的温度，℃；

D_1——耐热层内径，cm；

D_2——耐热层外径，也是隔热层内径，cm；

D_3——隔热层外径，cm；

λ_1——耐热层热导率，W/(cm·K)；

λ_2——隔热层热导率，W/(cm·K)。

D 功率输入时间公式

根据感应加热功率计算公式：

$$P = \frac{17.4cG\Delta T\eta}{t} + P'$$

可以推算出功率输入时间：

$$t = \frac{17.4cG\Delta T\eta}{P - P'}$$

式中 c——坯料的比热容，kJ/(kg·℃)；

G——坯料的质量，kg；

ΔT——坯料的温升，℃；

P——加热功率，kW；

P'——热平衡散热功率，kW；

η——电源的效率。

E 被加热坯料的最大直径

被加热坯料的最大直径为 $\phi350mm$、$\phi290mm$、$\phi254mm$、$\phi214mm$，长度均为700mm。

F 设计加热器系列

按照以上条件，设计以下四个系列的加热器（表8-20）。

表8-20 设计的四个系列的加热器尺寸　　　　　　　　　　（mm）

系　列	GR-1	GR-2	GR-3	GR-4
d_w	350	290	254	214
l_w	700	700	700	700
d_e	430	370	830	290
d_e'	440	380	340	300
l_c	1050	1050	1050	1050

8.2.2.6 CG6689 工频感应加热炉的耐火衬套的制作

耐火衬套作用是绝热和保温。

组成材料：胶结料　　　高温水泥（主要成分为 80% 的 Al_2O_3）

　　　　　掺合料　　　耐火黏土 20%

　　　　　骨　料　　　镍—铬电阻丝，铁钉

耐火衬套的制作过程如下：

（1）成型。为了便于拆卸，采用由 3 个活动部件组成的模型（图 8 - 14）。耐火衬套的厚度为 15mm，模型仅考虑 12mm，另 3mm 为粉光层。

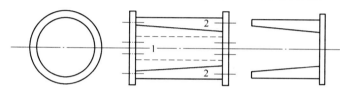

图 8 - 14　高温耐火衬套的组合成型模型

（2）材料配制。高温水泥 80%，加耐火黏土 20% 混合，喷 5% 水，搅拌均匀，其含水量不能过高，一般手握后，松手时能成捆不散，一拍手即散为好。水泥现用现拌，使用时水泥用麻布盖好，防止干燥。

（3）加固骨料。根据要求选择 Ni - Cr 电阻丝的直径、长度及电阻值，并在车床上绕成弹簧状，然后缠在木模上，其间距用麻绳和钉子固定，电阻丝的出线头排在一边，防止短路，固定前在木模底板上垫一层蜡纸或油光纸，防止黏模（图 8 - 15）。

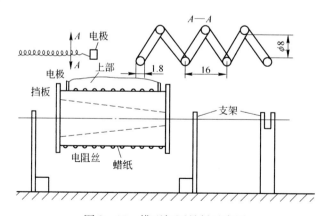

图 8 - 15　模型加固骨料示意图

（4）成型。木模准备好，电阻丝出线头排在一面对齐，电阻丝间距为 15 ~ 20mm，将配好的材料装入木模上部，捣打结实，再转一个角度装料打实，至全部打好后用铁尺将高出木模的高温水泥刮去，再用和好的粉光用的泥浆，用泥板抹光，使其在打钉时不致损坏，用木条垫上蜡纸用钉子钉在抹好的光面上保护。用大钢管分成两半，将炉衬夹紧加固好，脱模（图8-16）。

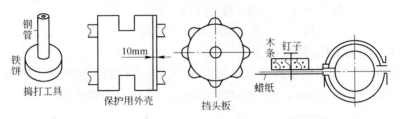

图8-16　耐火衬套掏制成型及工具示意图

（5）脱模及烘烤。保护外壳夹在打好的炉衬上之后，吊起轻放在地平面上，卸去挡头板，先抽第一部分，再抽第二部分，木模极易脱出，再将炉衬立放平，取出蜡纸，用和好的高温泥浆粉光内壁，其厚度为3mm，再将220V的交流电源跟电阻丝的出线头电极接上，通电加热脱水，约2h后，去保护壳（或通电前取走外壳），再进行外表面粉光烘烤与高温烧结。

为了烧结好，炉衬要先经低温脱水和保温后，再去高温炉烧结。低温脱水和保温可用交流电通入炉衬电阻内，当炉衬表面成灰白色时，即已低温烘烤好，停止通电，可装入高温电阻炉内烧结，烧结时以每小时112.5℃加热速度。经8h升至1000℃保温3h，即停电降温，降温速度每小时降83℃，经12h降至室温后出炉（图8-17和图8-18）。

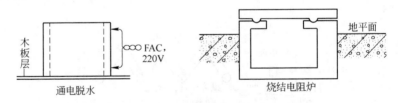

图8-17　耐火炉衬的脱模和烘烤烧结示意图

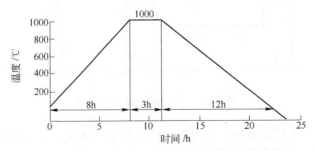

图8-18　CG6689感应炉耐火炉衬的烧结制度

8.3 坯料表面的高压水除鳞设备

8.3.1 最经济的除鳞方法

为了获得高质量的挤压制品表面并能够有效地在变形坯料内外表面涂敷玻璃润滑剂，加热后的坯料表面不应带有氧化铁皮和任何黏着物。碳钢和低合金钢坯料在敞焰的环形炉内直接加热到穿孔或挤压温度后，对在坯料表面形成的严重的氧化铁皮采用高压水除鳞装置来清除，是最经济的方法；而对于不锈钢和高镍合金的坯料，在环形炉内仅作为坯料在无氧化温度下的预热，预热后的坯料表面基本上无氧化铁皮，然后送到工频感应加热炉内快速加热到挤压温度，加热后的坯料，无需进行高压水除鳞，直接润滑后进入穿孔工序。

8.3.2 高压水除鳞装置的结构

高压水除鳞装置设置在加热炉和再加热炉之后，玻璃润滑工序之前。其结构基本上大同小异，都是采用直通式的金属外壳内布置高压水喷嘴的结构。喷嘴的布置必须使高压水流喷射到坯料的整个表面和端面，以及以一定的角度喷射到空心坯料的内表面。

高压水除鳞装置的尺寸取决于处理坯料的尺寸，其金属外壳分为两部分，一部分安装有圆形总管，其上有一系列的高压喷嘴，按一定的角度布置；另一部分则是为了防止高压水喷溅到车间内。

一般情况下，高压水除鳞装置的高压水的压力大多为 $12 \sim 20MPa$，对于碳素钢取下限，高合金钢取上限。即碳钢用 $8 \sim 10MPa$，合金钢为 $12 \sim 15MPa$，不锈钢为 $18 \sim 20MPa$。

除鳞装置喷嘴的结构形式和几何尺寸对喷射冲击力的大小、高压水的消耗及除鳞效果等都有很大的影响。喷嘴结构应使高压水流具有最大的冲击力，水流要薄，要具有一定的散射角，而且水流在散射角宽度上分布要均匀。同时，要使喷嘴加工制造简单，维修更换方便。

喷嘴在高压水流作用下，会发生磨损和腐蚀，因此一般采用经热处理后 $HRC \geq 51$ 的马氏体不锈钢 3Cr13 来制造。

喷嘴和管坯的距离，一般在 $200 \sim 300mm$，相邻两个喷嘴在圆周方向上的布置，要考虑使水流有 $10 \sim 30mm$ 的重叠。

喷射角度，即高压水的流动方向和管坯前进方向之间的夹角，一般为 $40°$左右。

高温坯料通过高压水除鳞之后的温降，根据经验一般为 $10 \sim 15℃$。在坯料进行加热时，也必须考虑到这一温度损失。

为了处理空心坯料，在高压水除鳞装置的金属外壳内装有坯料的液压推料器，可以以不变的速度直通式地推过金属外壳，直接推向玻璃润滑剂的斜滚板。并在推料机上预先装有与高压系统连通的可移动管子，管子端部装有喷嘴，可以进入空心坯内壁进行表面清理。操作者仅控制推钢机，而喷嘴则由电磁阀控制开和关。

高压水来自中心泵蓄力站，以 18MPa 的压力输出。用过的水流回集水槽，经沉淀、过滤后又重新进入闭路循环系统。

8.3.3 高压水除鳞装置的性能

表 8 - 21 是 20MN（2000t）挤压机和 6.5MN（650t）穿孔机以及 55MN（5500t）挤压机和 25MN（2500t）穿孔机生产的高压水除鳞装置的技术性能。

表 8 - 21 高压水除鳞装置的技术性能

技 术 参 数	穿孔机吨位/t		挤压机吨位/t	
	650	2500	2000	5500
高压水的压力/MN	18.0	18.0	18.0	18.0
坯料直径/mm	135~235	270~430	145~240	280~445
坯料长度/mm	250~870	475~1400	250~870	475~1400
液压推料器行程/m	3.0	4.5	3.0	4.5
推料器速度/m·s^{-1}	0.5	0.5	0.5	0.5

德国施劳曼公司设计的管坯高压水除鳞装置，由光电控制自动进行操作。其性能如下：

高压水压力	16MPa（约 160 个大气压）
高压水流量	10.7L/min
管坯直径	210~340mm
长度	约 1000mm
管坯表面除鳞喷嘴数	8 个
管坯端面除鳞喷嘴数	2 个
喷嘴的喷射角度	40°
每个喷嘴的耗水量	2L/s
每支钢坯的耗水量	37L
保护套最大外径	750mm
保护套最大长度	2000mm

另有资料报道：高压水除鳞装置是借助于高压水的冲击力和急速冷却的作用清除加热坯料内外表面的氧化铁皮。高压水的压力一般为：9~16MPa，压力大，

效果好。高压水由专用的水泵站和蓄势器供给。除鳞机由若干个高压喷嘴组成，喷嘴与除鳞中心线成0°和40°交角。0°交角的喷嘴处理端面和内表面，而40°交角的喷嘴清除坏料外表面的氧化铁皮，而且喷嘴的角度大，喷射的面积大，冲力小。如果喷嘴垂直布置时，则冲力大，但喷射面积较小。

高压喷嘴的数量，根据坏料的大小和所处理坏料的部位而定。为了安全，除鳞外部设有防护罩，由运输辊道、光电管装置、电磁阀等液压和电气设备组成自动作业线。以下是除鳞机的技术性能：

坏料直径	205～325mm
长度	900mm
高压水压力	16MPa
水泵站	2台高压水泵（每台流量39.5L/min，一个蓄势器）
除鳞室外表面除鳞喷嘴	8个
除鳞室内表面和端面除鳞喷嘴	2个
除鳞室喷嘴喷射角度	40°
运输坏料辊道速度	1.5/1.0m/s
除鳞后坏料的温度降	40～50℃

德国31.5MN（3150t）挤压车间高压水除鳞设备性能如下：

输送辊道长度	5700mm
间距	142.3mm
辊子数量	40个
输送速度	1.5m/s（1～22号辊）
	1m/s（23～31号辊，32～40号辊）
齿轮马达	13只，$N=2.2$kW，$n=200$r/min
喷嘴压力	160ate
喷射角度	40°
喷嘴数量	坏料表面8只，端面2只
高压蓄势罐传动装置	
泵操作压力	16.2MPa（约160个大气压）
泵送容量	170L/min
泵活塞行程	100mm
泵传动马达	$N=45$kW，$n=980$r/min
储水罐容量	840L
总容量	700L
有效容量	65L

空压机传动马达　　　　　　　　$N = 1.5\text{kW}$，$n = 1450\text{r/min}$

　　吸入量　　　　　　　　　　40L/min

安全阀额定压力　　　　　　　　17.2MPa（约 170 个大气压）

　　内径　　　　　　　　　　　15mm

安全溢流阀额定压力　　　　　　1MPa（约 10 个大气压）

　　内径　　　　　　　　　　　25mm

8.3.4　喷嘴环的使用

　　奥地利联合特殊钢公司 Kapfenberg 厂认为，为了使除鳞装置的高压水能喷射到除鳞坯料的整个表面，应将高压水喷嘴排列成一个喷嘴环，如图 8 – 19 所示。

8.3.5　高压水除鳞装置各参数的选择

　　为了获得令人满意的除鳞效果，除鳞装置的另一个非常重要的先决条件是要选择各个喷嘴的喷射角度 α、γ 和啮合面 D（图 8 – 20）。

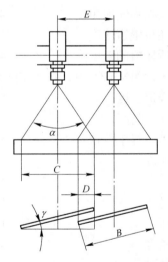

图 8 – 19　高压水除鳞
装置内的喷嘴环

图 8 – 20　高压水除鳞装置中各个喷嘴
的喷射角 α、γ 和啮合面 D 的选择

　　此外，坯料至喷嘴的距离 A、各个喷嘴环彼此的距离 E 及倾斜角 β，在除鳞装置的设计中，都是十分重要的参数（图 8 – 21）。

　　同时，护板和收集槽需安置好，以使氧化铁皮或水不会从除鳞设备中向外溢出。这一点非常重要。

　　为了能针对各种不同直径的坯料迅速改装喷嘴，护板是可移动的，储压器的容积取决于所需的喷嘴的型式和数目。

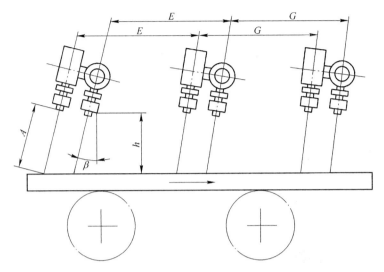

图 8-21 安装喷嘴时，A、E、β 参数的选择

除鳞时，需使用一般的自来水。对于废水要注意采用分离器，能把鳞片或鳞片与耐火材料的混合物大部分从废水中分离出去。

采用安装在除鳞设备前后的光栅来控制除鳞装置的启动和切断过程。

坯料冷却根据经验会冷却至 $10 \sim 15\,℃$，在坯料加热时必须考虑这一种温度损失。

坯料至喷嘴的距离 A，各个喷嘴环彼此的距离 E 以及斜角 β 都是重要参数。

8.3.6 除鳞装置最佳参数的选择

8.3.6.1 穿孔机前除鳞设备的最佳参数

对于各种不同尺寸的坯料必须使用不同的喷嘴环，在穿孔机的前面必须去除加热坯料上的氧化铁皮。采用如下参数的除鳞设备是有效的。

使用 1 个喷嘴环，扁喷嘴 FUH4 型，装有硬金属嵌套的扁喷嘴，即刃形强力喷嘴。这种喷嘴的位置总是由燕尾固定件保证的。扁喷嘴相对管子（坯料）中心线安装成 5°角，流量变化范围为 +10% ~0% 。

喷嘴辐射角 α	26°
轴向位移 γ	5°
喷嘴倾角 β	5° ~ 10°
坯料至喷嘴的距离 A	150 ~ 200mm
水压 p	22 ~ 25MPa
辊道速度	700 ~ 800mm/s

如能遵守上述参数，则能算出充分除鳞设备的除鳞效果。

8.3.6.2 挤压机前的除鳞设备的最佳参数

对于各种尺寸的坯料必须分别使用不同的喷嘴环。在挤压机前面必须去除加热坯料上的氧化铁皮和耐火材料的混合物。除鳞机使用 3 个喷嘴环，间距为 150 ~ 250mm，参数如下：

扁喷嘴	FUH4
喷嘴辐射角 α	26°
轴线位移 γ	5°
喷嘴倾角 β	5° ~ 10°
坯料至喷嘴的距离 A	100 ~ 150mm
水压 p	25 ~ 28MPa
辊道速度	400 ~ 500mm/s

如果能遵守以上所列的数据，则能算出除鳞设备充分的除鳞效果。

8.4 玻璃润滑剂的涂敷和施加设备

钢挤压技术的发展与工艺润滑剂的改善有着极其密切的关系，而由于润滑剂的涂敷和施加的方法和设备对润滑剂使用效果有着决定性的影响，因此对于涂敷和施加工艺润滑剂的设备的研制和改进也应给予极大的关注。

对于工艺润滑剂施加和涂敷设备的基本要求是：在线，紧凑性，尽量少的产生非生产性损失，具有密封性，涂敷及施加的均匀性。

钢管穿孔和挤压时玻璃润滑剂的涂敷和施加有以下三种情况：坯料的外表面润滑（穿孔筒和挤压筒的内表面润滑）、坯料内表面的润滑（穿孔头、挤压芯棒的润滑）、挤压模的润滑（挤压制品的外表面润滑）。

8.4.1 坯料内外表面润滑剂的涂敷和施加设备

坯料外表面涂敷和施加润滑剂的方法有以下两种：（1）坯料滚过一层润滑剂。润滑剂为玻璃布或玻璃粉，当坯料在斜台板上沿一层润滑剂滚过时黏到其表面上，然后台面上的润滑剂周期地清理、布料、平整一次。斜台面的长度应不小于坯料周长的 2 倍（图 8 - 22）。滚动涂粉方法的缺点是涂抹的润滑剂不够均匀，设备的轮廓尺寸比较大；设备密封困难；不能涂抹所有断面的坯料，如方形坯、三角坯或多角形的坯料。（2）在坯料旋转的同时，向其表面撒涂上润滑剂。采

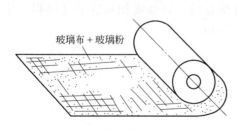

图 8 - 22 缠包玻璃布 + 玻璃粉的
坯料外表面润滑方法

玻璃布 + 玻璃粉

用旋转式涂粉装置，即坯料在涂粉的过程中，由夹持装置夹住，通过传动装置带动坯料转动。此时，由玻璃粉振动箱（粉斗计量器）向坯料外表面撒出玻璃粉，进行外表面涂敷。粉斗计量器装设在粉台的上方，以专门的轮子沿着轨道摆过坯料，当坯料与轮子接触时，打开活门开始撒粉。坯料围绕固定轴旋转进行坯料外表面涂撒润滑剂的装置（图8-23）最为紧凑，并能消除润滑剂的非生产性损失，使之返回循环使用，并且容易密封，保证润滑剂的均匀分布，实现在线布置。

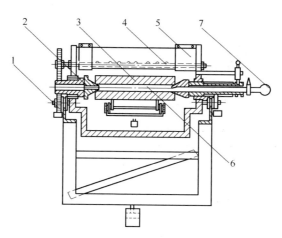

图8-23　旋转式坯料内外表面涂粉装置

1—传动装置；2—坯料夹持器；3—空心坯料；4—玻璃粉振动箱；5—玻璃粉振动器；
6—内涂粉半圆勺；7—内涂粉倾翻控制器

另有资料报道，对于加热后空心坯的润滑剂的施加，采用先在两个同向转动的辊子上旋转的空心坯，由一个长勺将玻璃粉放入空心坯内部，长勺在空心坯料内转动一周的时间内缓慢翻转，空心坯内部的玻璃粉均匀地撒在内表面上，被熔化并覆盖在内表面上，然后通过玻璃滚板完成外涂粉。

法国的塞菲拉克公司在方坯涂粉装置上获得了专利。该涂粉装置是沿着带一定深槽形的导轨，借助于带推钢机的链式运输机的移动和翻转，由与坯料同步移动或在坯料的整个行程上喷撒润滑剂的斗式布粉器撒粉。该装置也适用于其他断面的坯料，如带尖角的四方形或多边形断面的坯料。其优点是对任何断面坯料的使用都具有可能性，涂润滑剂的均匀性；缺点是设备比较笨重、密封困难以及润滑剂非生产性的消耗较大。

圆形断面坯料在辊子上旋转时涂撒润滑剂的方法被认为是最简单和可靠的方法。但是此方法存在着当润滑剂局部黏在辊子上时破坏坯料表面润滑剂的连续性的缺点。为了避免这个缺点，在辊子上安置了一个"松鼠轮"型的转鼓，将坯料放在其中，由计量器出来的粉状润滑剂撒落到转鼓的网格表面上，然后均匀地分布在坯料的表面上。坯料与转鼓的接触面不太大，但会使装置本身变得复杂一些。

在有的情况下，润滑剂的施加与坯料从加热炉送到挤压机的工序一起进行。为此，采用带施加润滑剂机械的移动台。

图 8-24 所示为俄罗斯科罗明斯克重型机器厂设计制造的用于将直径为 $\phi170 \sim 370mm$ 的坯料从环形炉运送至 63MN（6300t）挤压机的移动台结构。

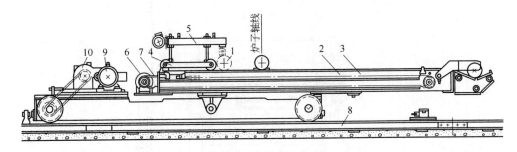

图 8-24　将坯料从环形炉运输至挤压机并施加润滑剂的
移动台示意图（科罗明斯克重机厂的结构）

1—坯料；2—玻璃粉台架；3—翻料车轨道；4—翻料车；5—振动器料斗；6，9—电动机；
7—链条传动装置；8—玻璃粉台辊道；10—减速机

俄罗斯科罗明斯克重型机器厂用来将直径为 $\phi170 \sim 370mm$ 的坯料从环形炉运送至 6300t 卧式挤压机的移动台式结构的玻璃润滑装置的操作顺序是：

坯料 1 从带保护气氛的环形加热炉出炉后通过辊道送至移动式润滑台上，玻璃润滑剂由带有振动器的料斗 5 施加到坯料表面上，料仓就安装在翻料车上。

在翻料车沿着导轨 3 移动时，坯料转动并被覆盖上一层均匀的玻璃粉润滑剂。

玻璃润滑剂层也可以施加到滚动的坯料上。在此时，玻璃粉润滑剂在台架 2 上撒落厚厚的一层。

翻料车 4 在台架上借助于电动机 6 和链条传动装置 7 移动。

整个润滑台沿导轨 8 从环形炉向挤压机移动，台架的移动是借助于电动机 9 和减速机 10 完成。

德国的 31.5MN（3150t）管型材挤压机组的坯料玻璃润滑装置：坯料的外表面润滑采用斜置玻璃滚板装置，而坯料的内表面润滑则是采用液压长勺装置。

外涂粉装置的性能，即 31.5MN（3150t）挤压机组坯料润滑装置的性能见表 8-22。

表 8 – 22　31.5MN（3150t）挤压机组坯料润滑装置的性能

项　目	玻璃滚板斜台尺寸（长×宽）/mm	玻璃滚板斜度	玻璃粉分配器粉箱容积/m³	液压电动机压力/MPa	液压电动机转速/r·min⁻¹
穿孔机前	2100×1200	可调	0.7	10	600
挤压机前	2100×1200	可调	0.7	10	600

内涂粉装置性能如下：

液压长勺的行程	最大 1390mm
液压粉勺的尺寸	$\phi55\sim92$mm，$\phi93\sim148$mm，$\phi149\sim175$mm，$\phi176\sim210$mm
活塞油电动机扭矩	7kg·m
摆动角	180°
玻璃粉计量油电动机扭矩	4.2kg·m（压力 7.1MPa）
最大液压	10.13MPa（约 100 个大气压）
玻璃粉箱容积	0.25m³

空心坯料内表面润滑剂的涂敷和施加装置往往是和外表面润滑剂的涂敷和施加装置做成一体（图 8 – 25），即在空心坯料进入涂粉装置后进行外涂粉之前，先借助于 U 形长勺，装满一定量的粉状玻璃润滑剂自动送入坯料的内孔，并且将润滑剂倾倒于能旋转的坯料内孔后，U 形长勺即自动退出。当坯料在进行旋转外涂粉的过程中，完成了坯料的内涂粉。坯料的内涂粉解决了挤压芯棒的润滑。

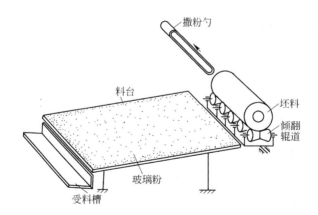

料台　撒粉勺　坯料　倾翻辊道　玻璃粉　受料槽

图 8 – 25　空心坯料内外表面玻璃润滑剂的涂敷和施加装置

当芯棒的润滑采用直接向芯棒喷涂悬浊的或者是黏稠的润滑剂，或是在悬浊液中浸渍芯棒时，则是借助于安装在卧式挤压机张力柱上专门设计的机械，涂抹芯棒上的润滑剂。该专用机械借助安装于润滑头上的弹性环状元件。当芯棒在润滑头内往复运动时，使芯棒得到润滑。即芯棒的润滑是在导出状态，润滑头内的圆盘喷涂悬浊的润滑剂，而润滑头则停在芯棒的轴心位置。

该装置的优点是能使喷涂润滑剂机械化，并能在芯棒上形成一层均匀的润滑层，同时也缩短了非生产时间。

芯棒润滑方法除了采用涂粉装置在坯料内孔加入玻璃粉之外，还有以下几种方法：

（1）将玻璃布条绕在芯棒上。为了防止玻璃带散开，可采用水玻璃作为黏结剂（图 8-26（a））。这对小直径芯棒能起到良好的隔热和润滑作用，但操作费时。

（2）用玻璃纤维织成的套缠在芯棒上（图 8-26（b）），这种方法操作简便，效果良好，但需要专门的织套装置。

（3）将玻璃管套在芯棒上（图 8-26（c））。为防止玻璃管进入坯料时因受急热而崩碎，应先将玻璃管缓慢预热接近其软化温度，然后套在芯棒上进入坯料内孔。玻璃套带制作方便，润滑效果好，但操作要求较高。

（4）将玻璃粉黏在芯棒上（图 8-26（d）），需要采用不影响隔热和润滑效果的黏结剂。另外涂层厚度不易均匀。

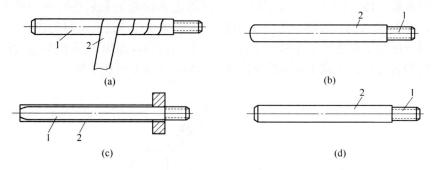

图 8-26　芯棒润滑剂的涂敷方法
1—芯棒；2—玻璃润滑剂

8.4.2　挤压模的润滑装置

挤压模的润滑装置与润滑剂的状态有关。早期的挤压模的润滑剂采用有泡沫状、玻璃丝状和装于易熔金属壳体内的玻璃粉状的，也有在专用的模具中由掺有各种调合剂的玻璃粉形成的圆盘，由操作工手工送到挤压模的前面固定。在近代的卧式挤压机上，模子的润滑采用由玻璃粉加黏结剂经压制烘烤而成的玻璃垫。绝大部分挤压机上，还是采用人工操作送到挤压中心线，直接固定在模子入口锥的表面上。如实心的挤压垫借助于橡皮环固定，带孔的玻璃垫则借助于弹性线的元件固定在挤压模上。也有将圆形玻璃垫的边缘加厚后直接放到挤压筒内，这样玻璃垫放在挤压筒内比较稳定，便于实现机械化操作。

英国采用从挤压杆一侧将玻璃垫送入卧式挤压机挤压筒的机械装置。用一个带凸缘的爪子抓住润滑垫，送到挤压中心线上，然后和坯料一起推入挤压筒直至模子前面。

俄罗斯也有采用类似的装置，将玻璃垫放入带有推出器的匣体中，再将其送到模具一侧的挤压中心线上，并将润滑垫推入挤压筒中。为提高润滑垫在挤压筒中推进时的稳定性，一般在润滑垫的边缘都进行加厚，以确保玻璃垫在挤压筒中推进时不会翻倒。

挤压模用玻璃垫送进工序的机械化，能缩短挤压周期达到10%。近期法国已经有专利装置，可实现挤压模润滑垫送进的自动化操作。

8.5 立式穿孔机及其辅助机械

采用立式穿孔机为卧式挤压机提供空心坯料是钢挤压不同于有色金属挤压的一个特点。立式穿孔机有利于穿孔工具与坯料金属在穿孔中心线上的对中，提高了穿孔后空心坯的同心度，有利于挤压钢管壁厚均匀度的提高。而采用液压传动的穿孔机工作平稳，没有冲击，穿孔速度容易控制，并且结构也比较简单。因此，近代的钢管挤压机组都是采用立式液压穿孔机提供空心坯料。

与钢挤压机配套的立式穿孔机的能力一般为所配套挤压机能力的35% ~ 45%，并且随着挤压坯料合金化程度的提高，立式穿孔机的能力与卧式挤压机的能力的比例有着提高的趋势。

如果立式穿孔机仅用于扩孔工艺，则其能力与挤压机能力的比例可以减小到20% ~ 35%，因为扩孔工艺时坯料无镦粗工序，而穿孔工艺中所需穿孔机的最大压力是镦粗工序。

8.5.1 立式穿孔机的结构及其主要性能

立式穿孔机具有各种不同的结构，采用何种结构取决于其不同的用途。

若用于实心坯料穿孔的穿孔机，通常具有安装在同一导向装置上的两个活动横梁，其中一个横梁安装有镦粗坯料用的镦粗杆，也称为镦粗梁；另一个活动横梁上安装有穿孔杆，即称穿孔梁。两个横梁可以同时或者单独地工作或移动。

若采用扩孔工艺时，没有镦粗工序，则可以简化穿孔机的结构，两个动梁并为一个，仅作为扩孔头在穿孔筒中的对中，即具有短行程的附加动梁。

一般最为常用的穿孔机用于分别完成穿孔和扩孔两个工序。

穿孔机按其结构形式可以分为三类：有一个固定穿孔筒的穿孔机；有一个移动穿孔筒的穿孔机和具有多工位的旋转或移动穿孔筒座的多穿孔筒形式的穿孔机。日本的神户制钢还安装了有3个穿孔筒的多穿孔筒结构的穿孔机。

表 8 – 23 为穿孔机的能力与挤压机能力的匹配情况，表 8 – 24 为国外部分立式穿孔机的主要技术性能。

表 8 – 23   穿孔机和挤压机设备能力的匹配情况

挤压机能力/t	穿孔机能力/t	能 力 系 数
1620	550	0. 34
1800	630	0. 35
2000	500	0. 25
2500	650	0. 26
3000	1200	0. 40
3100	1200	0. 39
3150	1000	0. 32
3400	1200	0. 35
3500	1200	0. 34
3600	1600	0. 44
5000	2000	0. 40
5500	2500	0. 45
6000	2500	0. 42
6500	2500	0. 38

表 8 – 24   国外部分立式穿孔机的主要技术性能

穿孔力 /t	穿孔速度 /mm · s^{-1}	穿孔回程力 /t	穿孔回程速度 /mm · s^{-1}	镦粗力 /t	镦粗速度 /mm · s^{-1}	镦粗回程力 /t	镦粗回程速度 /mm · s^{-1}
650	约300	160	约400	650	约300	50	约300
1000	0 ~ 300	160	0 ~ 300	1000	0 ~ 300	100	0 ~ 400
1200	30 ~ 300	250	约500	1200	约200	150	约500
2500	300	415	600	2500	100	240	300

支承力 /t	顶出力 /t	穿孔筒尺寸 /mm	穿孔筒型式	穿孔后空心坯尺寸/mm 直径	长度	生产率 /支 · h^{-1}
200	200	ϕ135，ϕ165，ϕ195	单筒平移	ϕ50 ~ 115	300 ~ 700	90
1000	315	ϕ215，ϕ255，ϕ295，ϕ338	单筒固定	ϕ50 ~ 200	300 ~ 1000	130
1200	350	ϕ215，ϕ255，ϕ305，ϕ345	双筒旋转	ϕ50 ~ 200	300 ~ 1150	120
2500	700	ϕ280 ~ 445	单筒平移	ϕ60 ~ 280	450 ~ 1400	75

图 8 - 27 所示为立式单筒固定式穿孔机的结构示意图，此种穿孔机设备高度高，装出料间隙时间长，被认为是一种陈旧的结构。

近代也有采用 4 工位双穿孔筒移动式或旋转式立式穿孔机结构（图 8 - 28）。这种结构的立式穿孔机，采用 2 个穿孔筒交替作业，装出料和穿孔筒内衬的清理都在穿孔中心线之外进行。因此，不仅使穿孔机的高度降低，同时降低了厂房设施的高度，而且也提高了设备的使用效率。但是，随之穿孔筒的快速和精确定位及固定比较困难，搞得不好会影响穿孔后空心坯壁厚的精度。

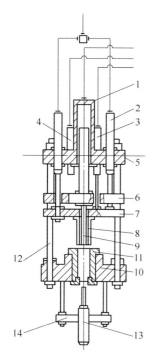

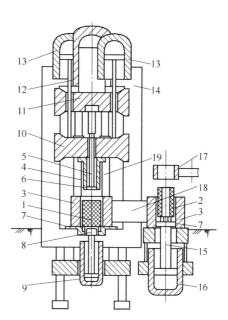

图 8 - 27　立式单穿孔筒穿孔
机的结构示意图

1—镦粗缸；2—穿孔缸；3—穿孔回程缸；
4—镦粗回程缸；5—上横梁；6—镦粗梁；
7—穿孔梁；8—镦粗杆；9—穿孔杆；
10—下横梁；11—穿孔筒；12—张力柱；
13—下支承缸；14—下支承梁

图 8 - 28　旋转式双穿孔筒立式穿孔机结构示意图

1—实心坯料；2—空心坯料；3—穿孔筒；4—镦粗杆；
5—穿孔杆；6—穿孔头；7—剪切锤；8—下支承杆；
9—下支承缸；10—镦粗梁；11—穿孔梁；12—
穿孔缸；13—镦粗缸；14—机架；15—空心坯推
出器；16—推出缸；17—空心坯卸料器；
18—旋转穿孔筒支承；19—下支承杆杆柱

双穿孔筒结构的穿孔机，穿孔筒具有 4 个工位，在这些工位上依次完成以下工序：把穿孔坯料装入穿孔筒，进行坯料的镦粗和穿孔，从穿孔筒中顶出空心坯，进行穿孔筒内衬的清理。

美国 Lone Star 钢厂 55MN（5500t）卧式钢管挤压机相配套的 25MN（2500t）

立式穿（扩）孔机的主要性能如下：

穿（扩）孔力	2500t
镦粗力	2500t
穿（扩）孔力等级	2500t，1670t，835t
穿（扩）孔机横梁回程力	415t
镦粗横梁回程力	240t
顶出力	700t
顶出缸回程力	60t
穿孔针行程	2050mm
穿孔杆行程	1450mm
穿孔针前进速度	50mm/s
穿孔针回程速度	600m/s

25MN（2500t）的穿孔机，在 85% 瞬时蓄势器的公称压力等级下穿孔速度高达 300mm/s。

镦粗速度	100mm/s
回程速度	300mm/s
工作压力	31.5MPa
穿孔筒孔径范围	280～445mm
穿孔筒长度	1640mm
坯料长度	
镦粗穿孔最大管坯长度	1400mm
穿孔的最小镦粗坯料长度	450mm
最大可能的生产率	最高 65 次/h
开始时的最大坯料长度	1220mm

穿孔机配置有自动控制系统，可用于：（1）管坯的镦粗和穿孔；（2）带预钻孔和锥形辅助孔坯料的扩孔。

8.5.2　立式穿孔机的辅助机械和主要参数

现代的立式穿孔机上一般都配备完成以下动作的辅助机械：（1）在加热好坯料的内外表面上涂敷玻璃润滑剂；（2）将内外表面经润滑的坯料从润滑台送至穿孔筒上方的位置；（3）将坯料及剪切环送入穿孔筒并封闭穿孔筒的下方；（4）将玻璃润滑剂施加到穿孔筒中坯料的上端面和中心孔内；（5）冷却镦粗杆、镦粗头；（6）清理、更换穿（扩）孔头；（7）从穿（扩）孔筒中顶出空心坯和剪切环；（8）冷却、清理、更换剪切环；（9）冷却、清理穿（扩）孔筒内衬；（10）接受空心坯料，并将其传送到输出辊道上。

以上列举的机械和装置按照自动化程序依次工作，其结构和布置取决于穿（扩）孔坯料的质量和尺寸、穿孔机的结构形式、穿孔筒的工位设置及其工位数量。

德国制造的 10MN（1000t）立式穿孔机的有关参数如下：

（1）根据产品大纲确定穿孔头和穿孔筒的尺寸：

穿孔筒直径　　　　　　　327mm，297mm，257mm，217mm

穿孔头最大直径　　　　　210mm，181mm，158mm，115mm

（2）碳素钢、轴承钢、高合金钢、高温合金穿孔时需要的力：

镦粗力　　　　　　　　　1000t

穿孔力　　　　　　　　　1000t

切除穿孔余料剪切力　　　500t

封底推力　　　　　　　　700～1000t

（3）镦粗穿孔时所采用的工具及坯料尺寸：

空心坯内径　　　　　　　55～210mm

镦粗后最小坯长　　　　　约300mm

穿孔后最大坯长　　　　　900mm

穿孔筒长度　　　　　　　970mm

穿孔筒直径　　　　　　　217mm，257mm，297mm，327mm

穿孔头最大直径　　　　　115mm，158mm，181mm，210mm

空心坯标准长度　　　　　350mm，380mm，410mm，450mm

根据变形条件，穿孔头的直径一般为 $\phi55\sim210mm$，其制造公差见表 8-25。

表 8-25　立式穿孔机穿孔头的制造公差

穿孔头直径：空心坯直径（mm）	壁厚公差（公称壁厚的百分数）/%	偏心（壁厚的百分数）/%
1:4.0	±2.0	1.0
1:4.5	±2.5	1.5
1:5.0	±3.0	2.0
1:5.5	±3.5	2.5
1:6.0	±4.0	3.0
1:6.5	±4.5	3.0
1:7.0	±5.0	3.5

穿孔余料剪切力由下式决定：

$$P = \tau_t \pi dh \tag{8-2}$$

式中　τ_t——材料的剪切强度，MPa；

　　　d——穿孔头的直径，mm；

h——剪切余料的高度，mm。

穿孔余料应留的高度由可能得到的穿孔力的大小而定。

在穿孔余料高度等于穿孔头直径的一半以前，穿孔过程为等穿孔力进行。当确定了穿孔机在使用最大穿孔头时的穿孔力而不考虑其增长，则在使用最大穿孔头时的穿孔余料高度为穿孔头直径之半。

实际上，穿孔余料高度的确定尚须考虑到穿孔头边角半径的大小，以及其材料流动锥体的影响。

（4）穿孔余料的剪切力与支承缸的封底推力。按照剪应力理论：$\sigma_1 - \sigma_3 = 2\tau_{max}$，则穿孔余料剪切力为：

$$\tau_{max} = (\sigma_1 - \sigma_3)/2$$
$$\tau = 0.5K_f$$

所采用的 K_f 相当于无损失镦压过程时的数值，但钢坯下部和穿孔筒底部接触，约有 50 ~ 80℃ 的温度损失，对于不同的材料在不同温度下的 K_f 值见表 8 - 26。

表 8 - 26 各种材料在不同温度下的 K_f 值

钢　种	K_f（1200℃）/MPa	K_f（1100℃）[1]/MPa
碳素钢	40	48
低合金钢	60	72
滚珠钢	60	72
不锈钢	60	72
高合金钢	80	96
耐热钢	80	96
高温钢	90	108

[1] 当温度从 1200℃ 下降到 1100℃ 时，K_f 值升高 20%。

（5）支承缸的封底推力。穿孔筒的封底荷载，即单位压力，相当于分布在底部面积上的穿孔力，封底支承杆的直径和穿孔头直径相等。封底支承杆的面积（或穿孔头的面积），占穿孔筒面积的比值见表 8 - 27。

表 8 - 27 封底支承杆面积占穿孔筒面积的比重

穿孔筒直径/mm	穿孔头直径/mm	穿孔筒面积/mm²	穿孔头面积/mm²	穿孔头面积/穿孔筒面积
327	210	83982	34636	0.415
297	181	69279	25730	0.370
257	158	51875	19607	0.380
217	115	36984	10387	0.280

可见，当穿孔余料的高度不低于穿孔头直径之半时，封底推力能达到穿孔力的 50% 就足够了。为了充分利用穿孔力，并尽量减小穿孔余料的厚度，则作用于封底支承杆上的穿孔力的分量要增加，最大可以增加到等于穿孔力。

（6）31.5MN（3150t）挤压车间 10MN（1000t）立式穿孔机设备性能：

1）镦粗穿孔机（工作介质为乳化液）：

最大操作压力	31.5MPa
镦粗柱塞行程	2190mm
穿孔柱塞行程	3390mm
镦粗力	1000t
穿孔工作行程	2600mm
穿孔回程力	160t
穿孔力	1000t
镦粗回程力	125t

2）穿孔芯棒旋转装置：

液压电动机	250MD2
转速	可调
最大油压	10.13MPa（约 100 个大气压）
最小转速	30r/min
最大转速	600r/min
转矩	35kg·m

3）穿孔筒固定装置：

夹紧装置行程	25mm
夹紧力	4×84t

4）穿孔筒锁紧装置：

顶出行程	1200mm
回程力	95t
顶出缸全行程	2250（1200+1050）mm
升程限位行程	1050mm
升程的回程	1050mm
升程柱塞	ϕ380mm
顶出的回程	1200mm
升程限位力	710t
顶出力	275t
加工空心钢坯	325/205mm×315/1000mm

5）低压油蓄势器传动装置：

工作介质 HU – 30 号油

油泵 高性能内叶气泵 35V10A

油站电机 $N = 37kW$；$n = 1500r/min$

工作压力 10.13MPa（约 100 个大气压）

流量 180L/min

油箱有效容积 1000L

蓄势器有效容积 40L

6）装料机：

液压缸 $\phi125/\phi80mm \times 370mm$

摆动速度 入：$400 \sim 130mm/s$；出：$500 \sim 130mm/s$

7）卸料机：

摆动液压缸 $\phi125/\phi80mm \times 900mm$

夹紧液压缸 $\phi80/\phi50mm \times 125mm$

摆动液压缸速度 $400 \sim 100mm/s$

夹紧液压缸速度 120mm/s

8）低压充液缸（工作介质为乳化液）：

最大操作压力 2MPa

安全阀上调定压力 1.72MPa（约 17 个大气压）

　　　下调定压力 1.52MPa（约 15 个大气压）

正常工作压力 $0.83 \sim 1MPa$

缸直径 × 高度 $\phi2200mm \times 3200mm$

总容积 10600L

有效容积 3360L

试验压力 2.63MPa（约 26 个大气压）

空压机（与 3150t 挤压机充液缸共用）：

　　工作压力 1.5MPa

　　排气量 215L

　　电动机 $N = 15kW$；$n = 2850r/min$

8.5.3 近代立式穿孔机的新结构

8.5.3.1 多穿孔筒的回转框架结构

近代立式穿孔机采用带有 2 ~ 3 个穿孔筒的回转框架结构，各个穿孔筒轮流工作，使所有的辅助工序都在穿孔中心线之外进行，并且经常对穿孔筒内衬进行机械清理和冷却的工作也在线外完成。

英国 Loewy 公司的 1200t 穿孔机在回转框架中装有 2 个穿孔筒，每个穿孔筒布置 4 个工位，分别为：（1）卸去空心坯和剪切环；（2）预镦粗和穿孔；（3）从穿孔筒中推出空心坯；（4）穿孔筒内衬和剪切环清理、冷却。

这种结构允许方便地布置所有的辅助机械，缩短了穿孔机的工作周期。

日本神户制钢的 23MN（2300t）穿孔机带有 3 个穿孔筒的回转框架结构，每个穿孔筒布置了 4 个工位，即装料—镦粗—穿孔—取出空心坯及穿孔筒内衬的清理和冷却。

穿孔筒的工位从 4 个减少到 3 个，穿孔机的工作周期由 30s 增加到 40s。

8.5.3.2 宽底座预应力张立柱固定螺帽的刚性框架结构

双移动横梁在导向装置上移动；采用穿孔针和穿孔杆的套筒式连接系统；采用流动水冷却，以防止横梁在热膨胀时产生的翘曲；采用预应力张立柱固定螺帽，提高封闭式框架结构的刚性，提高穿孔过程中穿孔中心线的同心度。

当坯料镦粗时，两个移动横梁同步移动；穿孔开始前两个动梁分开并反向移动；移动横梁的连接用机械方法来实现。

8.5.3.3 多压力缸结构

立式穿孔机的主缸，采用多缸结构，以实现镦粗、穿孔或扩孔时，以各个压力缸的组合选择来满足不同等级压力的需求，并且将主缸布置在下面，以缩小穿孔机的总高度。

8.5.3.4 液压锁紧穿孔筒及镦粗穿孔杆的固定

采用专门的锁紧机构，以实现自动而快速地安装新穿孔筒和穿孔镦粗杆，并在空心坯的卸料位置，借助于推坯料机进行穿孔筒的更换。使更换穿孔筒的时间缩短到 10~20min。

8.5.3.5 安装穿孔头或扩孔头的专门装置

安装穿孔头或扩孔头的装置与穿孔筒回转框架连锁，并且由储存器经冷却和检查后提供穿孔头或扩孔头。

在穿孔过程中，下支承杆封闭剪切环的孔，在穿孔余料达到规定的厚度时，下支承杆在上穿孔横梁的作用下，下降并切断穿孔余料。穿孔针回程，穿孔针头和穿孔余料留在下面。对于双穿孔筒的穿孔机，穿孔筒不在穿孔中心线上时，可用专门的机械取出穿孔头和穿孔余料，而对于三穿孔筒的穿孔机，则采用回转的卷筒将穿孔头、穿孔余料和剪切环一起取出。

8.5.3.6 安装新剪切环的装置

通过不同工位的卷筒，取走穿孔头，穿孔余料和剪切环。

对于双穿孔筒的穿孔机，采用专门的机械装置将剪切环和坯料一起装进穿孔筒。穿孔后，用机械手从穿孔筒中取出的剪切环在第 3 个工位进行剪切环的清理。

8.5.3.7 将坯料由水平位置改变成垂直位置并装进穿孔筒中的机械装置

为了从穿孔筒中取出穿孔空心坯，安装有专门的液压推出装置，其能力约为穿孔机主缸能力的1/3。

8.5.3.8 穿孔筒的清理和冷却装置

采用旋转的金属丝刷子，并在其中安装有固定的水喷雾器装置。

8.5.3.9 穿孔筒内衬的预热器

穿孔前，穿孔筒的预热采用附加内热式的感应加热器，对于挤压筒的过盈装配和保持装配后的预应力是必要的。

8.5.3.10 穿孔针和镦粗杆的套筒式连接机构

为了提高穿孔空心坯的壁厚精度，在现代穿孔机上采用镦粗杆和穿孔针运动的套管系统。坯料镦粗后，镦粗杆并不返回，而是继续保持和其接触。这样可以让穿孔针精确地对准坯料中心，并减小其自由长度。以用穿孔镦粗杆头和专门的穿孔筒内衬套形成补充的穿孔定心。

8.5.3.11 穿孔机主辅设备的自动化

A 穿孔机的程序控制

穿孔机的电子控制是自由可编程序的控制，其还附带一种操作控制的程序。这种电子控制是新技术，可有以下几种操作方法：（1）带有连锁的更换工具的操作开关以及调节穿孔机空运转的操作开关均不用按钮结构；（2）穿孔机的主生产开关及所有各种必要的连锁装置和所有各种辅助装置的手动开关；（3）部分自动化电路，其中有单个的自动汇集站，余下部分可用手动控制进行；（4）整个设备用自动化的程序块实现整个生产过程的自动化；（5）从控制室的主控制台上接通并监控设备的所有各个部分。

B 使用工业机器人

要阻止工业机器人用于热穿（扩）孔生产是困难的，特别是用于高温（其温度往往高达1200℃）和沉重的工件（其曲轴的重量高达250kg）以及在多尘埃的环境中的繁重作业。

要求在这种不利的生产条件下，机器人动作的准确性也不能遭到破坏。特别是当穿（扩）孔机装料时，对尺寸和位置的准确性和稳定性均有很高的要求，因为在很多情况下尺寸和位置的准确性往往只能偏差几毫米。

机器人影响经济效益的重大因素是它的灵活性。这种设备的"程序"，即操作的有效距离，运动过程和工作节奏必须能以简单的方式加以调整和变化，使这种机器人除完成预先规定的任务外，还可令其做其他工作。这就要求机器人不仅具有干预机器人的机能的自由可编程序，而且还要使任何一个没有这种高度发展的专门知识的人都能使用这种机器人。这种所要求的自由可编程序即是"Teach－in－方法的自由可编程序"。

Loewy（英国）12MN（1200t）立式穿（扩）孔机和神户制钢（日本）23MN（2300t）立式穿（扩）孔机的技术特性见表8－28。

表 8 – 28　Loewy（英国）12MN（1200t）立式穿（扩）孔机和神户制钢（日本）

23MN（2300t）立式穿（扩）孔机的技术特性

公　司	穿孔力/t	主缸数及出力/个·t	穿孔筒数量/个	穿孔横梁行程/mm	镦粗横梁行程/mm	液体工作压力/MPa	空心坯最大长度/mm
英国 Loewy 公司	1200	3×4（400）	2	1455	905	31.5	1000
日本神户制钢	2300	—	3	2450		31.5	1500

公　司	坯料直径/mm	穿孔速度/mm·s⁻¹	镦粗速度/mm·s⁻¹	回程缸回程力/t	推出器顶出力/t	穿孔机地面上高度/m	小时周期数量/h⁻¹
英国 Loewy 公司	160~310	350	100	700	400	10	150
日本神户制钢	250~410	350	150	—	700	17.45	90

8.6　卧式挤压机及其辅助设备

挤压机有多种类型，有机械挤压机和液压挤压机（液压挤压机又有水压和油压之分）；立式挤压机和卧式挤压机，一般机械挤压机以立式居多，而液压挤压机则以卧式居多；此外还有三柱式挤压机和四柱式挤压机之分，一般老式挤压机有不少是三柱式的，而三柱式挤压机又有正三角"△"和倒三角"▽"布置之分，现代挤压机都已普遍采用四柱式。原上钢五厂的 40MN（4000t）挤压机是二柱式挤压机，但由于二柱式挤压机挤压时的挤压中心线调整要求与两根张力柱的中心线在同一个平面内。否则，任何原因所引起挤压中心线的偏离，都将导致钢管和空心型材挤压时的壁厚不均。因此，二柱式卧式挤压机不适合挤压钢管和空心异形材，只能用于挤压实心的棒材和型材。

目前，广泛使用的四柱式卧式挤压机一般为 500~6000t 级，并有向大吨位挤压机发展的趋势，10000t 级的挤压机已在不少国家使用。美国的空军部门于 20 世纪中就已建成了 6 台 12000t 级的大型挤压机，3 台用于挤压铝合金，3 台用于挤压钢及难熔合金，柯蒂斯·莱特公司建成的一台 120MN（12000t）的挤压机，就是其中挤压钢材的一台。

表 8 – 29 中所列是国外一些挤压机的结构及使用情况，可以看出，卧式液压挤压机中，四柱式使用得比较普遍，且挤压机上都具有内置式穿孔系统的结构，同时可以生产管、棒、型材。

表 8 – 29　国外一些挤压机的结构和使用情况

挤压机能力/t	挤压机形式	挤压速度/mm·s⁻¹	挤压品种规格/mm	生产率	润滑剂
600	四柱卧式	80	不锈钢，滚球钢 φ20~68	1t/h	玻璃
1500	四柱卧式	约250	碳素钢、合金钢 φ30~108	30 支/h	玻璃

挤压机能力/t	挤压机形式	挤压速度/mm·s⁻¹	挤压品种规格/mm	生产率	润滑剂
2000	三柱卧式	约300	合金钢 φ20~125	4.8t/h	玻璃
2500	四柱卧式	约350	不锈钢 φ50~150	82 支/h	玻璃
3150	四柱卧式	约500	不锈钢、滚珠钢 φ21~230	60~80 支/h	玻璃
3500	四柱卧式	约300	碳素钢、合金钢 φ25~220	60 支/h	玻璃
4000	四柱卧式	约400	不锈钢 φ76~250	110 支/h	玻璃
5500	四柱卧式	约600	不锈钢 φ76~203	65 支/h	玻璃
6000	四柱卧式	400	不锈钢及高镍合金	60 支/h	玻璃
10800	四柱卧式	—	高合金钢，钛合金 φ≤510	35t/h	玻璃
12000	四柱卧式	304.8	高合金钢、钛合金 φ≤510	—	玻璃

表 8 - 30 为英国菲尔汀设计公司于 1973 年后设计制造投产的两台卧式管型材挤压机的主要技术性能。

表 8 - 30　英国菲尔汀设计公司于 1973 年后设计投产的挤压机性能

技 术 性 能		2000t 挤压机	5500t 挤压机
挤压机公称吨位/MN		20.0	55.0
压力等级/MN		20.0, 16.0	55.0, 40.0, 15.0
液压缸的力	反行程/MN	4.0	5.5
穿孔系统	向前/MN	1.5	4.0
	向后/MN	1.5	—
穿孔筒移动	靠紧/MN	2.2	6.0
	松开/MN	3.0	7.0
行　程	主柱塞/mm	2260	3600
	穿孔芯棒/mm	1065	1720
	挤压筒/mm	175	250
最大速度	主柱塞工作行程/mm·s⁻¹	≤300	≤300
	主柱塞空行程/mm·s⁻¹	600	600
	芯棒送进和返回行程/mm·s⁻¹	600	600
	挤压筒送进和返回行程/mm·s⁻¹	150	150
挤压筒数目/个		2	2
挤压筒直径/mm		150~225	290~450
挤压筒长度/mm		825, 1000	1400, 1600
最大小时产量/支·h⁻¹		120	75

四柱卧式挤压机如图 8 – 29 所示，可以看出，四柱式、卧式并设有内置式独立的穿孔系统的挤压机，由前横梁、后横梁、主柱塞活动梁和穿孔柱塞活动梁等部分组成。后横梁固定在基础上，前横梁则通过滑动轴承或滑轨可以随着挤压力的大小前后浮动。前后横梁通过 4 根张力柱连结在一起形成刚性框架结构。主柱塞动梁由主缸和回程缸带动，穿孔动梁由穿孔缸和回程缸带动，按照工艺程序在基础滑道上移动。挤压杆固定在主柱塞上，而芯棒系统固定在穿孔动梁上。挤压筒则由挤压筒移动缸带动，并锁紧和松开。挤压机所有动梁的前后移动都可以在基础滑道上自如的进行。挤压机同时还设有挤压中心线的调整机构，以确保设备磨损时不致影响到挤压机的中心线，保证挤压产品的质量。

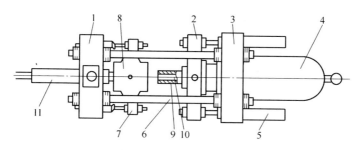

图 8 – 29　四柱卧式挤压机

1—前横梁；2—活动梁；3—后横梁；4—主缸；5—回程缸；6—张力柱；
7—锁紧缸；8—挤压筒；9—挤压杆；10—芯棒；11—出料装置

液压的管型材挤压机一般都是制造成卧式挤压机，其吨位可以在 600～33000t，供给挤压机作为动力源的高压水的工作压力都在 24～32MPa。一台具有单挤压筒和带有双工位的旋转式或抽屉式模架的挤压机，其装入空心坯料、清除挤压余料、清理挤压筒内衬以及其他方面的所有辅助工序都在挤压中心线上完成，且不是在主要工序的时间内同时完成的，结构上不是属于先进的挤压机，其生产能力每小时可以达到 60～80 次（图 8 – 30）。而高生产率的现代化管型材挤压机配置有在旋转框架内的两个挤压筒，使大部分辅助工序与主要工序同时完成，使挤压机的生产能力提高到每小时挤压 100～120 次（图 8 – 30）。

美国 Lone Star 钢厂的 55MN（5500t）卧式钢管挤压机是由 Mannesmann – Meer 提供技术和 Fielding 公司共同设计制造的。该挤压机采用了双工位，能轴向移动和转动的挤压筒座上安置 2 个坯料挤压筒，用安装在双工位旋转模架上的 2 只模子生产石油管和不锈钢管产品。5500t 卧式钢管挤压机的主要性能如下：

挤压机公称压力	5500t
总挤压力等级	5500t，4000t，1500t
挤压力等级（当扣除回程力时）	4950t，3150t

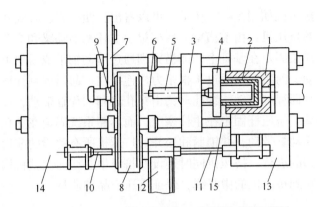

图 8－30　双挤压筒的卧式管—型材挤压机示意图

1—挤压缸；2—穿孔缸；3—挤压动梁；4—穿孔动梁；5—挤压杆；6—挤压芯棒；7—旋转模架；
8—旋转挤压筒座；9—压余分离锯；10—挤压筒清理冷却机；11—推料器；12—玻璃滚板；
13—后梁（固定）；14—前梁（浮动）；15—张力柱

挤压杆回程力	550t
芯棒推进力	400t
芯棒回程力	400t
挤压筒销紧力	600t
挤压筒松开力	700t
顶出器推力	100t
热锯（压余锯）电动机功率	177kW
锯片圆周线速度	100m/s
挤压杆行程	3600mm
芯棒推进行程	1720mm
挤压筒行程	250mm
挤压杆前进速度	≤600mm/s
挤压杆回程速度	≤600mm/s
芯棒前进和回程速度	≤600mm/s
挤压筒松开和锁紧速度	≤150mm/s
挤压杆以蓄势器的瞬时压力的85%	
挤压速度	＜300mm/s
工作压力	最大31.5MPa
压模板孔径	500mm
挤压筒直径范围（孔径）	290～450mm
挤压筒长度	1400mm，1600mm

坯料直径范围	284 ~ 442mm
坯料最大长度	1400mm
挤压垫厚度	150mm
最大可能的工作率	65 次/h（最大的坯料长度为 1220mm）

该挤压机配备有管子挤压次数的自动计数器。

近代所有的快速水力挤压机都配备有一个高压水蓄力器。就像自由锻造压力机一样，挤压机具有几级不同的压力。如 20 世纪 50 年代末期建成的一些钢管和型钢挤压机，不再采用一个单独的 3000t 水压缸（只能用减小蓄力器中压力的办法来变换挤压机的压力），而改用一种可以在 500 ~ 3000t，按 6 个不同等级来变换压力的挤压机。这样就使挤压机的应用范围扩大很多。

挤压筒对于模子的位置固定不变，这就要求送锭器具有不同的长度，以适应坯料在较长的范围内变化，通常送锭器被设计成 1 号和 2 号两部分，在自动操作中，当挤压杆将坯料推进挤压筒一定长度时，1 号送锭器自动退出，2 号送锭器继续送坯料进挤压筒，直至挤压筒的端面位置。此外，为了节省时间和高压水，要尽可能地缩短行程长度。

在钢管和型钢挤压机上，目前尚不能在同一个过程中、在同一台挤压机上进行挤压和穿孔两个工序。这是因为在长钢坯穿孔之后，要保持玻璃润滑剂薄膜是困难的。因此，当空心坯进行挤压时，移动穿孔芯棒所需要的压力就比较小了。这样在主柱塞中所装设的穿孔芯棒移动装置做成内置式的穿孔装置就能够满足工艺要求了。

在具有多级压力的挤压机上，也可以利用一个装置在外面的水压缸，借助这个水压缸可以用来移动或固定芯棒，或者作为一个独立的穿孔装置，成为外置式的穿孔装置。并且，这个水压缸往往可以加到主水压缸的任何一个组合中，形成多级压力的挤压机。

近代的挤压机，由于极高的挤压速度和空程速度，因而要求采用特殊的措施来进行安装。对于低速工作的挤压机来说，主液压缸可以安装在地脚板上，而地脚板再固定在基础上。而对于高速工作的挤压机，基础就必须能承受冲击负荷。为了避免冲击，必须将挤压机的前梁安装在活动的地脚板上，挤压时，前梁通过滑动轴承可以随着挤压力的大小，在轨道上前后浮动。因此在操纵阀和挤压机之间的所有高压管道都必然要适应挤压机前梁在挤压过程中随着挤压力的变化前后浮动。

为了提高挤压机的生产能力，挤压机的很多动作以及辅助设备的工作周期应该实现自动化或半自动化操作。只有当一些动作相互交叉地进行，才有可能缩短挤压机的工作周期。因此，需要特别注意使挤压机的各个相关部分在挤压过程中所处的位置，不致被随后的动作所干扰。在半自动化或自动化操作的情况下，必须有转换为手动或者按钮操作的可能性（譬如在进行挤压机调整或空载行程时）。

当挤压机要达到 60~80 根/h 的生产率，在坯料和挤压垫的运送当中就不能有停歇时间。同时，装料器退出的速度也不能慢。在这样高的生产效率的情况下，装料器必须在装有主缸的后横梁向前运动的时候就迅速地退出。挤压垫的收集装置必须在挤压余料被推出后，将其收集起来，并且将压余连同挤压垫一起送到一个垫片分离装置上，将挤压垫同压余分离开。此后，挤压垫便自动地进入一个冷却系统进行冷却，然后再送回挤压机继续使用。

在挤压车间里，由于玻璃润滑剂粉末的沉积，往往会造成机械的一些滑动部件在挤压时很快地磨损。因此，防护不便或不够的部件都采用特殊的材料来制作，这些材料不是同玻璃不起作用就是易于清除残留在上面的玻璃。而对于像主柱塞或其他运动部件上不可能这样做时，就用可移动的或固定的罩子或可伸缩的软性的折叠物（俗称手风琴）遮盖起来，并且加以密封，防止玻璃粉末进入。此外，适当的压力润滑也可以使一些部件免受玻璃粉沉积的影响。

根据德国工厂的经验，对于挤压速度的要求是在设计压力达到 80%~90% 的时候，就应该能够得到所要求的挤压速度。因此，建议采用以下的关系式来确定建立水泵房时的高压水效率：

$$\eta_{\text{高压水}} = \frac{\text{在一定的速度下主缸中的有效压}}{\text{蓄势器或水泵的压力}}$$

有些挤压机，这个效率仅仅只有在 40%~60% 的范围内操作，有时还要低一些。几乎在所有的情况下，此效率低的原因都是由于水力系统的结构不良，而由于挤压机使用不好的仅仅只有小部分。

至今挤压机绝大部分都还是采用水来传动。当要求在一个短时间内具有很高的速度，就必须有一个高压水蓄力器，因为在很短的挤压时间（2~4s）内所需要的水量是非常大的。当采用直接传动时，所安设的水泵能力就要很大。水在一个封闭的系统中，并且在水里加入 1%~1.5% 的油，既避免设备生锈，同时还可以起到润滑剂的作用。

近年来所安装的高压水泵房，几乎大部分都是采用 32MPa（约 316 个大气压），大家都把这一压力看作为各种不同因素的最为有利的综合指标。如果水的压力低，则活塞、阀门和输送管道的断面尺寸就要加大，同时，由于挤压机要求具有高的工作速度，如果压力低，水的流量就会很大，这样对设备有害。

可以从一个集中的蓄力总站得到更高的压力。这对于挤压机和穿孔机联合操作的时候特别有利。同时，这也是一种很经济的工作方法，可以使大型的钢管和型钢挤压机得到 3~5 个或者更多的压力等级，这样就可以同时经济合理地适应各种不同产品规格的生产。

8.6.1 挤压机的机械结构

挤压机是一种封闭力系统的压力机，其封闭力产生于主缸内的高压水，通过主柱塞和挤压杆作用于坯料。而封闭力系是通过挤压模、前梁和张力柱，再回到挤压主缸而形成的。

挤压机的主缸和后梁是一体的，后梁固定在挤压机的基础上，而前梁则是放在滑动轴承上面，并且在挤压力的作用下产生移动（图8-31）。

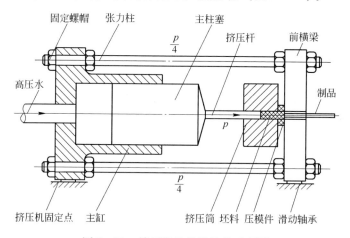

图 8 - 31　挤压机的机械结构示意图

8.6.1.1　挤压时张力柱的变形

如图 8 - 31 所示，25MN（2500t）挤压机，张力柱长 8300mm，前后横梁厚度为 1350mm 的断面受有预应力，4 根张力柱承受全部的挤压力，当挤压力为 p 时，每根张力柱受有 $p/4$ 的挤压力。可以计算出在最大挤压力作用下，张力柱的伸长。

在不受预应力作用部分，张力柱的伸长 ΔL_1：

$$\Delta L_1 = \frac{pL}{4qE} \qquad (8-3)$$

式中　p——挤压力，N；

　　　q——张力柱截面积，cm^2；

　　　E——材料的弹性模量，MPa；

　　　L——张力柱长度，mm。

在受预应力作用部分张力柱的伸长 ΔL_2：

$$\Delta L_2 = \frac{pL}{4(q_1 + q_2)E} \qquad (8-4)$$

式中　p——挤压力；

　　　E——材料的弹性模量；

　　　L——张力柱长度；

q_1，q_2——张力柱截面积。

挤压时张力柱的总伸长：

$$\Delta L = \Delta L_1 + \Delta L_2 \tag{8-5}$$

8.6.1.2　挤压时挤压杆的变形

50MN（5000t）挤压机，挤压杆的直径为 $\phi 250mm$，单位压力为：

$$\sigma = p/F$$

式中　p——挤压力；

　　　F——挤压杆横截面积。

则在单位压力 σ 的作用下，1m 长的挤压杆的变形为：

$$\Delta L = \frac{\sigma L}{E} \tag{8-6}$$

式中　σ——单位压力；

　　　L——挤压杆长度；

　　　E——材料的弹性模量。

8.6.2　挤压机的液压系统

挤压机的动力源是高压液体，如水或油。其压力为 20～32MPa，这是在生产实践中，权衡各种利弊因素所得到的结果。因为液体压力过低，挤压机的结构和阀门管道的尺寸都要增大，设备变得十分笨重。反之，如果液体压力过高，水的流速过快，流动的冲击力增大，设备和管道容易损坏，密封也较困难。但是，随着挤压机吨位的增大，要满足特大吨位挤压机的需要，液体的压力必须增高，不然，大型挤压机的外形尺寸就很大。近代已经出现超高压挤压机，其液体工作压力达到 100MPa。因此，对挤压机的管道，阀门以及其密封都提出了更高的要求。

提供挤压机动力源高压水（油）的液压系统是挤压机的中枢。由水泵房的高压水泵、高压空气罐、水—空气罐（即蓄势器）、空压机、水箱、各种阀门、控制系统等组成。高压水泵产生的高压水送入水罐。在挤压时，水罐中的高压水和高压水泵的高压水同时供应给挤压机。空气罐、水罐（即气—水罐）是一个蓄能器，起着挤压力和挤压速度的补偿作用，以减小水泵的负荷。

为了在挤压过程中，保持高的和稳定的挤压速度，动力源的压力降不能超过 10%。

挤压机高压管道系统的主要任务是要在一般的工作条件下，确保操作速度达到 0～400mm/s，即便是在使用主柱塞的情况下也是如此。

液压系统工作性能好坏的标志是管道和控制器系统内传递压力介质的速度。所有流过横截面的尺寸应该这样确定：即使阻止流动而引起的压力下降不超过合理而又可以容许的限度，在阀门和管道中的磨损率保持在最小值，以及磨损不是由于流量的超速所造成。

如果是以水作为传递压力的介质时，进口阀流速的经验公式如下：

$$v = 0.01 \times p \quad (\text{m/s})$$

式中　p——工作压力，MPa。

对于管道的工作，不应超过这个数值的80%。

由此，得到许可水流速的近似值如下：

对于控制器　　　　　　　　$v_S = 31.5 \text{m/s}$

对于管道系统　　　　　　　$v_R = 25.0 \text{m/s}$

挤压机每秒钟所需要的最大水流量为：

对于3150t挤压机，主柱塞直径为 $D_{KR} = 1150 \text{mm}$，主柱塞截面积 $F_{KR} = 103869 \text{cm}^2$，主柱塞的速度 $v_{KR} = 300 \text{mm/s}$，则所需要的水的流量为 $Q_{KR} = F_{KR} v_{KR} = 311.607 \text{L/s}$。

8.6.2.1　挤压机主缸

传压介质水或油在挤压机主缸中经过加压后被压缩，主缸壁认为是刚性的。则其中传压介质的压缩体积为：

$$\Delta Q = QK\Delta p$$

对于水而言，$K = 44 \times 10^{-6}$（101.325kPa 下）；对于油而言，$K = 70 \times 10^{-6}$（101.325kPa 下）。

实际上，在挤压过程中，主缸的容积是稍有增大的。因此，分别计算在挤压开始时，即最大坯料长度下主缸容积的压缩体积以及在挤压柱塞最大行程时，主缸容积的压缩体积。

压缩体积的作用如同机械弹簧，而此等效弹簧对于所计算的5000t挤压机（水压机）为：

$$f_K = \frac{38\text{mm}}{5000\text{t}}$$

对于2500t挤压机（油压机）为：

$$f_K = \frac{4500\text{mm}}{2500\text{t}}$$

8.6.2.2　挤压机管道系统

挤压机的管道系统的体积，对于所有的挤压机都小于挤压缸容积的15%。

5000t挤压机在最大压力下，所有高压系统滑阀漏油量为油泵装置最大输送量的5%。

8.6.2.3 挤压机阀门与滑阀

在水压挤压机中，采用的阀门的漏损几乎不影响挤压速度。而在油压挤压机中控制系统则采用滑阀，滑阀与滑阀外壳之间的缝隙的漏损由下式求出：

$$Q_{\text{verl}} = \frac{d_1 \Delta p h^3 \pi}{12 \eta e} \tag{8-7}$$

式中 Q_{verl}——漏损；

    Δp——缝隙压力降；

    d_1——环形缝隙内径；

    η——流体的绝对黏度；

    e——沿流动方向至环缝的长度；

    h——缝隙厚度。

一般漏损与压力成正比，与油的黏度成反比，因而也与工作温度有关。

挤压机的液压控制系统是挤压机的中框，起着控制、协调各主辅机械动作的作用。

现代挤压机的液压控制是通过"电磁阀—单顶缸"系统实现的，老式挤压机则是通过"手柄—凸轮"系统控制。

采用"电磁阀—单顶缸"控制液压系统能够实现自动化操作，并且通过液压连锁可以防止事故发生。而"手柄—凸轮"控制系统结构简单，安全可靠，但不易实现自动化操作。

图 8-32 所示为 1500t 卧式挤压机的控制系统图。

8.6.3 挤压机的传动系统

穿孔机、挤压机以及其辅助机械的动作，都依赖于高压水来实现。高压水通过专门的泵—蓄势器系统来提供。而泵—蓄势器系统由空气—液压蓄势器和高压水泵组成。高压水泵使液压系统的水压升高到额定的高压，并灌满高压水储存罐，高压水就是通过从这个储存罐中，借助于高压管道和节流阀输送到挤压机的各个工作缸内。并且，通过空气—液压蓄势器系统使在液体最大消耗量时，其压力保持不变。

高压储存罐由数个高压容器组成，其中包括数个高压水罐和数个高压空气罐。借助于高压的空压机将空气充满空气容器，压缩空气直接地作用在水罐的液面上，保证液体应有的压力。即使在用水量较大和储存器水位较低的情况下，整个液压系统的压力降低也不超过 15%。

高压泵和旁通阀配合工作，即当充满水罐到一定的水位时，水会转向流入专门配备的水箱中。而当水位降低至规定的液面时，高压泵又会重新向高压水罐供水。

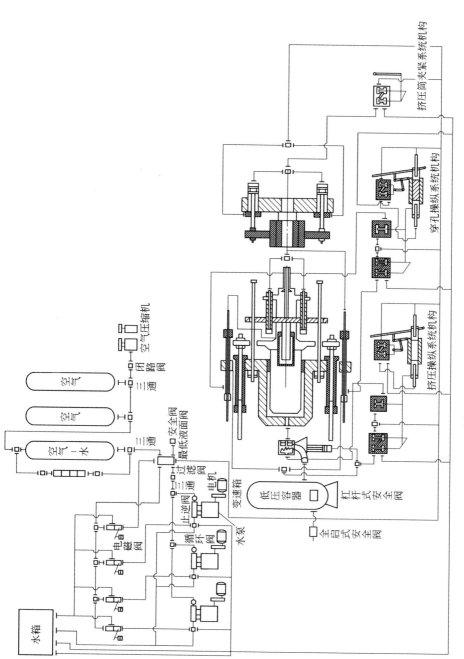

图 8－32 1500t 挤压机控制系统

在"高压空气—水罐"的罐体上，设置有 2 个独立的低水位事故指示信号系统和防止压缩空气进入高压管道的保护阀系统以确保整个液压系统的正常工作。

以下是 1200t 立式穿孔机和 3150t 卧式管型材挤压机的"泵—蓄势器"水泵站的设备配置情况：

空气—液压蓄势器：

水的有效容积	3150L
空气和水的总容积	31.35m³
最大工作压力	31.9MPa（约 315 个大气压）
水罐容积	6350L
空气罐容积	2500L
空气罐数量	10 个

四台卧式五柱塞液压泵性能：

生产能力	1400L/min
最大工作压力	31.9MPa（约 315 个大气压）
电机功率	1030kW
电机转数	710r/min
曲轴转数	140r/min

在泵—蓄势器站组成中，还有 2 台电机功率为 18.4kW 的三级空气压缩机。

以上所列举的泵—蓄势站设备总质量为 440t。

图 8-33 所示为水压挤压机的传动原理示意图。

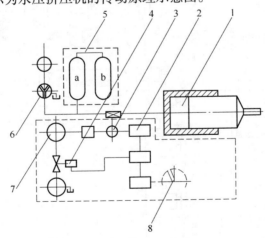

图 8-33　水压挤压机的传动原理示意图

1—水压挤压机；2—伺服电动机比较器；3—节流阀；4—传动装置；5—高压水储存器
（a—高压水罐，b—高压气罐）；6—水泵；7—油马达；8—挤压杆伺服控制

德国 3150t 管型材挤压机设备性能见表 8 - 31。

表 8 - 31 德国 3150t 管型材挤压机设备性能

挤压力 /t	操作压力 /MPa	挤压杆 回程力/t	挤压杆 行程/mm	芯棒杆 移动力/t	芯棒杆 回程力/t	芯棒杆 行程/mm	挤压筒 锁紧力/t	挤压筒 回程力/t
3150	31.9	250	2450	630	250	1160	200	315

挤压筒 行程/mm	挤压筒 直径/mm	挤压筒最大 长度/mm	生产管 棒材最大 直径/mm	生产型材的 最大外接 圆直径/mm	坯料的 最大长度 /mm	热锯的 锯切速度 /mm·s^{-1}	热锯的 进刀速度 /mm·s^{-1}	
1200	φ220~345	1100	φ220	φ260	1000	120	0~150 （无级）	

8.6.4 挤压机的辅助设备

挤压机除了主机设备之外，还有各种辅助的机械设备。挤压时，按照挤压工艺的要求，通过主机和辅机有序的联动，完成各种产品挤压程序的机械化和自动化操作。

挤压机的辅助设备是挤压机的重要组成部分，也是挤压机实现机械化和自动化的基础。

挤压机的辅机包括以下工序的操作机械装置。

8.6.4.1 送锭器

加热到挤压温度的空心坯，经内外表面涂润滑剂之后，由送锭器送至挤压中心线上的挤压筒后面，再由挤压杆推入挤压筒。送锭器由前后两部分组成。对于短坯料，仅用前段的送锭器，而对于长坯料的送进，则采用前后送锭器一起动作，即当挤压杆将长坯料推进挤压筒至一定的位置，前段送锭器回程，挤压杆继续推进坯料至全部进入挤压筒后，后段送锭器回程，坯料开始挤压，送锭器准备接受下一周期的送锭。

8.6.4.2 多工位移动或旋转模架

采用多工位的移动或旋转模架，将使用过的挤压模的冷却、检查、清理、更换等操作都移至挤压中心线以外的位置进行，可以不占用挤压的周期时间。实行多个模子的轮流使用，使挤压周期连续作业。

单工位模具结构的挤压机是不可能连续工作的。因此，现代卧式液压管型材挤压机一般都采用多工位旋转式或移动式模架结构（图 8 - 34），可以有 2 组或 3 组模具在较小的负荷条件下交替地连续工作，对一组模具进行清理或更换时，第二组模具还同时在继续工作。

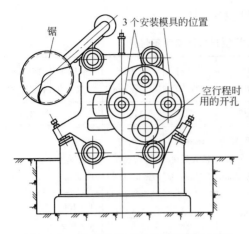

图 8-34　挤压机的多工位旋转模架结构

8.6.4.3　挤压芯棒的冷却系统

在管型材挤压机上装有挤压芯棒的冷却系统。早期的挤压机装有连续地或者在挤压过程中周期性地作用于挤压芯棒冷却的内冷系统。在这个系统中水沿着管子送入,管子经过在横梁中的孔,并通到芯棒支承和挤压芯棒。水经过管子和冷却工具的内表面之间的间隙排出。这种挤压芯棒的冷却系统称为"内冷针系统"。在这个系统中,水的压力为 1013.25 ~ 1418.55kPa(约为 10 ~ 14 个大气压)。

在近代制造的挤压机上,经常采用的是外冷针系统。此时,挤压芯棒退到最后的极限位置并在挤压杆内,带挠性软管的供水集水器封闭挤压杆的端部。而后开始转动挤压芯棒并开始供水,水在芯棒支承和挤压芯棒及挤压杆内壁之间流动,冷却时间约为 3 ~ 5s。这从最高温度表面上产生热传导的观点来看是有效的。在这种情况下,挤压芯棒被加工成实心的。

8.6.4.4　挤压芯棒的旋转系统

挤压芯棒的旋转机构,由电动机、减速器和蜗轮—蜗杆组成,蜗轮的轮安装在芯棒支承上的纵向花键上,因此在穿孔梁移动和不移动时都能实现芯棒的旋转。这有利于芯棒的更换、涂糊状润滑剂以及空心异材挤压时芯棒和模孔相对位置的调整。

8.6.4.5　压余锯切装置

挤压余料的锯切,一般采用安装在前横梁上的滑锯,根据工艺需要,完成模前锯或模后锯锯切压余。

8.6.4.6　挤压筒冷却和清理装置

为了清理和冷却挤压筒内衬,采用具有进入挤压筒的轴向运动和旋转运动的刮板头专门装置,该刮板利用旋转运动的离心力压向挤压筒内衬,并利用刮板上装有的金属丝刷子清理残留在内衬表面上的玻璃结块等杂物。同时,通过刮板头送入的水或水气混合物冷却清理挤压筒内衬。

8.6.4.7　挤压垫的分离、输送及提升机构

压余锯切后,压余和垫片贴连在一起,采用专门的压力机械装置进行压余和垫片的分离。分离后的压余掉入收集箱。而挤压垫则通过溜槽输送到工作的起始位置,再通过夹钳或提升装置,送到挤压中心线上的上料位置,并在下一周期与坯料一起被推进挤压筒。

8.6.4.8 制品拉出装置

在挤压厚壁制品时，采用在挤压机出料槽上安装的拉出装置，这是一个风动或机械传动夹钳装置，用以将制品拉出放在输送辊道上。

8.6.4.9 挤压机的出料槽

挤压机的出料槽具有各种不同的结构，一般认为比较成功的是 U 形的封闭槽结构。并且，其应该具有光滑的表面，以使在挤压制品出口的流动过程中不致损坏表面。在切除压余之后，为了从前横梁中取出制品，U 形出料槽可轴向移动并翻转 90°，将制品放在输出辊道上。在挤压奥氏体不锈钢的制品时，制品通过出料槽送至有流动水的淬水槽中，以便水冷后得到奥氏体组织。

挤压机的辅助设备是挤压机的重要组成部分，也是挤压机实现机械化和自动化的基础。

8.6.5 近代卧式钢挤压机的新结构

近代卧式钢挤压机新结构列举如下：

（1）四柱式框架结构。卧式挤压机有 3 柱式和 4 柱式之分。老式的卧式挤压机以 3 柱式居多。3 柱式挤压机又有正三角"△"和倒三角"▽"之分。近代卧式挤压机都已采用 4 柱式结构。

卧式挤压机的工作原理是，由后梁上的主缸产生的挤压力，通过挤压杆，挤压垫作用在高温坯料上。除了挤压坯料通过挤压模实现制品变形消耗的挤压力之外，主要的挤压力通过模垫、模座、模架作用在前梁上。挤压过程的诸作用力实际上是一个由前梁、后梁和 4 根张力柱组成的立体的封闭力系。采用 4 立柱框架式结构的挤压机，使得挤压时封闭力系更加刚性，更加稳定。除了有利于挤压产品的质量提高之外，也有利于挤压机各种辅机的合理布置，有利于实现挤压操作周期的自动化。

（2）预应力张力柱固定螺帽。4 根张力柱通过 16 只大螺帽固定在前后横梁上，形成挤压机的框架结构，这是挤压机的根本。在安装时，通过 16 只大螺帽的安装和调整，要求严格达到前后横梁的中心线和 4 根张力柱的中心线保持等距离的平行，形成挤压中心线的基础。大螺帽安装调整后必须紧固。老式挤压机的大螺帽采用止推螺纹结构热装工艺，这为中心线的调整带来困难。近代卧式挤压机采用预应力张力柱固定的超级螺帽。其在大螺帽的周围布置 8～10 只小螺帽，用于 4 根张力柱中心线调整时的微调。通过微调小螺帽随时可以进行中心线的调整。

（3）多缸组合结构。近代的大型挤压机普遍采用多缸结构，采用套缸式或侧缸式的组合，实现多压力等级的挤压工艺，扩大了挤压产品的规格范围。

（4）多挤压筒的回转框架结构。双挤压筒的回转框架结构使挤压工序的周期时间缩短，并且部分辅助工序可以在挤压机中心线之外进行。改善了挤压芯棒和挤压筒内衬的清理和冷却条件。

（5）2~4 工位的旋转模架结构。2~4 工位的旋转模架结构，可以采用几个模子为一组轮流作业，以便于挤压模的冷却、清理、检查、修理、更换连续作业线的工作。

（6）内置式独立穿孔芯棒系统结构。内置式独立穿孔系统使挤压芯棒的移动不依赖于挤压杆并可在挤压过程的间隙时间调整、旋转和冷却挤压芯棒。也可以进行固定针挤压、浮动针挤压或随动针挤压工艺。

（7）玻璃垫的自动放置装置。挤压前，通过专门的机械装置将玻璃制润滑垫自动送入挤压中心线并贴敷在挤压模上，以润滑挤压模（法国专利）。

（8）往芯棒上涂敷糊状润滑剂的自动化装置。在一些特殊材料的挤压过程中，为了提高芯棒的使用寿命，需要将特制的糊状润滑剂涂敷在挤压芯棒的表面上。近代挤压机已有这种自动操作的专门装置。

（9）防止挤压机动梁滑轨磨损装置。由于挤压过程中使用粉状玻璃润滑剂、玻璃粉尘分散落在挤压机动梁的滑轨上，引起滑轨的磨损。现代挤压机设置有防止滑轨磨损的装置。而采用高压水喷淋仍不失为是有效的方法之一。

（10）接受未完成挤压工序的坯料的装置。

（11）挤压筒内衬的冷却和清理的装置。

（12）根据挤压工艺的要求，完成挤压制品模前锯或模后锯的装置。

（13）挤压筒和挤压杆固定的液压锁紧装置。实现快速更换挤压筒和挤压杆的自动化操作。

（14）挤压芯棒的自动化快速更换装置。实现挤压芯棒的快速更换机械化和自动化操作。

（15）挤压垫和剪切环的自动循环使用装置。实现挤压垫、剪切环的冷却、清理和更换以及循环使用的自动化操作。

（16）挤压机穿孔针的冷却系统的自动调节装置。实现穿孔针冷却周期、冷却程度的自动化调节和转换操作。

（17）挤压时穿孔针的旋转机构。用于挤压管材和非圆断面异形材时，穿孔针与异形模相对位置的正确和快速调整，有利于周期断面管材的挤压以及便于涂敷润滑剂。

（18）挤压中心线的自动调整与检测。

（19）挤压过程中的挤压力、挤压速度、挤压温度的自动测量装置。挤压过程中，为了达到挤压速度变化的连续性和挤压温度尽可能地保持恒定，应将挤压条件（压力、速度、温度）作为挤压制品的长度的函数进行全程的测量和检控。这一工作有利于挤压工艺的合理编制，挤压产品质量的提高和挤压机生产能力的充分发挥。测定挤压力、挤压速度、挤压温度的原理如下：

1）挤压力的测定。挤压机工作压力的测定借助于压敏元件、温度补偿元件、压头、保护套等组成的测压装置来进行。压敏元件与温度补偿元件组成压敏元件半波电桥，与一个载波放大器相连，其输出电压为压头压力的变量。再将此电压连接到回线示波器，即可测得并记录坯料在挤压过程中的挤压力变化。

2）挤压速度的测量。挤压模出口处挤压速度的测定程序一般由挤压杆行程的测量和挤压时间的测量两部分组成。挤压杆行程的测量采用分压回路：滑线变阻器的滑动接点通过示踪器的软线随着挤压杆一起运动，产生的电压变化而使得回线示波器的回线振荡器发生指针偏转，其偏转程度与移程相一致。挤压时间的测定采用 50Hz 交流电压连接于回线示波器的振荡器，用这种方法在计时记录器上记录下时间标记。在挤压过程中，同时测得挤压行程和时间两个参数之后，即可以得到挤压杆的瞬时平均速度。并以挤压比 $(D/d)^2$ 计算出挤压件的相应速度（式中，D 为挤压筒内径，d 为挤压件直径）。

3）挤压温度的测定。测温器的结构及工作原理：该测温仪器主要是采用了一个光电管作为测量元件，此光电管必须在其光谱灵敏度最大值与设定的温度测量范围的黑体辐射光谱强度分布的最大值之间具有尽可能好的一致性。采用锗光电管最能满足要求。光电管被嵌在一个铜块里。光电管与发散光栅之间有一个红外线滤波器，用于屏蔽辐射光谱的可见部分（吸收限 0.76μm）。发散光栅设置在安装于挤压机上后，光电管的入射面的几何状态能满足对测温的要求。挤压制品温度的测量必须在从挤压模出口立即与挤出速度相一致的时间内进行。并且温度的上升和下降同样能产生反应，反应时间不大于 0.25ms，测温点设置在距挤压模约 34cm 处，通过挤压机本体上的一个小窗口可以将测温仪伸到离挤压件表面预定的距离。最大测量直径不大于 5mm。为了消除挤压制品表面上的玻璃润滑薄膜影响到测温的准确性，借助于设置在挤压制品前端的一个硬质合金刀片将玻璃薄膜从测点前刮除。

（20）挤压机的计算机程序控制。挤压机主辅设备的自动化包括以下几方面：

1）挤压机的程序控制。挤压机生产的最大灵活性取决于部件少、质量尽可能好的结构，经常可以更换规格等有利条件。此外，挤压机的所有辅助设备均需根据今后工作的需要而加以调整。

这种挤压机配有可自由编程的电子控制系统，并且，还附有操作控制程序。

关于这种电子控制可以有几种操作方法：

带有连锁的更换工具的操作开关；控制挤压机空运转的操作开关均不用按钮结构。挤压机的主生产开关及所有各种必要的连锁装置和所有各种辅助装置的手动开关。

部分自动化电路，其中有单个的自动汇集站，余下部分可用手动控制进行。整个设备用自动化程序块实现整个生产过程的自动化。

从控制室的主控制台上来接通并监控设备的所有各个环节。

2）使用工业机器人。工业机器人是自动执行工作的机器装置，是依靠自身动力和控制能力来实现各种功能的装置。钢管和型钢热挤压作业使用工业机器人是由于高温作业和部件繁重所提出的。在挤压机组设备之间由人进行操作是极端繁重而又危险的。因此，必须寻找一种机器（机器人）能代替人来操作。

当然，由于高温与沉重的工作条件，即使是采用机器人，也会面临着特殊的困难，但总比由人来操作要轻松和安全。

因此，必须把工业机器人设计成用于高温工作范围，特别是须把机器人设计成用于繁重的工作范围，而且动作准确。

工业机器人应具备以下特性：

在繁重的生产条件下，机器人动作的准确性且不许遭到损坏。特别是当挤压机装料时，对尺寸和位置的准确性和稳定性均有很高的要求，在许多情况下往往只能偏差几毫米。

机器人影响经济效益的重大因素是它的灵活性。这种设备的程序，即操作的有效距离，运动过程和工作节奏等均须能以简单的方式加以调整和变化，以便使这种机器人完成预先规定的任务外还可令其做其他工作。这就要求具有干预机器人机构的可能性，并可自由编程，以使任何一个并不具备这种高度发展的专门知识的人都能使用这种机器人。这种自由可编程，即是采用 Teachin 方法的自由可编程序。

机器人的智能化、模块化和系统化发展，主要表现在以下几方面：结构的模块化和可重构化，控制技术的开放化，PC 化和网络化，伺服驱动技术的数字化和分散化，传感器融合技术的实用化，工作环境设计的优化和作业的柔性化以及系统的网络化和智能化。

采用工业机器人，不仅可以提高产品的质量和产量，而且对保障人身安全，改善劳动环境，减轻劳动强度，提高劳动生产率，节约原材料消耗以及降低生产成本有着重要意义。

8.6.6 钢挤压与有色金属挤压在工艺和设备方面的区别

8.6.6.1 高速推进及高速挤压

钢挤压的工艺特点是高压、高温及高速条件下的挤压，而有色金属的挤压特点是低压、低温及低速条件下的挤压。

挤压的工艺特点主要取决于材料。首先钢比有色金属具有更高的变形抗力。

一般挤压时，钢的变形抗力为 130～300MPa，而有色金属的变形抗力仅为 20～60MPa。因此，钢挤压比有色金属的挤压需要更高的单位压力。其次，钢的挤压温度要比有色金属的挤压温度高。一般钢的挤压温度为 1100～1200℃，而有色金属的挤压温度一般为 200～900℃。因此，钢挤压时，对工模具的要求要比有色金属挤压时高。再次，钢挤压时的速度比有色金属的挤压速度要高。一般钢挤压时制品的出口速度为 5000～13000mm/s，而有色金属挤压时，一般制品的出口速度仅为 5～2000mm/s。因此，钢挤压对于润滑剂提出了严格的要求。而有色金属挤压时，一般不需要润滑剂。

因此，钢挤压时，要求所有的操作阀门和管道能承受更大的压力。所有的电磁阀和液压阀都能更加快速而又精确的动作，并在挤压机上安装启动及停止装置时必要的缓冲装置，以避免机械损坏。

钢挤压时，工模具的使用寿命是确保工艺过程经济性和可行性的关键。因此，对工模具的形状设计和材料选择都提出了更高的要求。一般采用既具有较高的韧性，又有足够高强度的耐热钢来制造。其综合性能保证了挤压工模具对动负荷和热疲劳所必需的抵抗能力。

钢挤压时必须要具备工艺润滑条件，选择最合适的润滑剂，才能确保挤压工模具的使用寿命和挤压过程的顺利进行，保证挤压产品的表面质量。而有色金属挤压时，一般不需要润滑剂。

8.6.6.2 活动挤压筒

现代的钢挤压机采用活动的挤压筒。挤压时利用挤压筒移动缸的推力，将挤压筒锁紧在模座上，使挤压筒内衬与模座在挤压过程中的连结紧密牢固，没有间隙，不会引起坯料金属外溢。如果采用固定挤压筒，由于挤压时使用玻璃润滑剂，使坯料与挤压筒内衬之间的摩擦力降低，以致在挤压过程中，摩擦力产生的推力不足以锁定模座与挤压筒内衬之间的连结而产生间隙，其结果导致挤压坯料金属外溢，造成严重后果。

同样，钢挤压使用固定挤压筒时，挤压机的底座在很高的操作压力作用下，也会导致小量弯曲，使挤压筒内衬与模座之间产生间隙，导致坯料金属外溢的严重后果。

而且，使用活动挤压筒也是使用玻璃润滑剂所必需的。

有色金属挤压机挤压时不使用润滑剂，不会导致上述严重后果，因此，一些老式的有色金属挤压机仍然使用固定式挤压筒。

8.6.6.3 防止滑槽磨损装置

钢挤压机由于挤压时使用了玻璃润滑剂，因而带有防止粉状玻璃润滑剂对滑槽滑轨的磨损装置。也可以采用用水冲洗滑槽滑轨的方法来清除滑槽、滑轨上的玻璃粉，效果也很好。

8.6.6.4 切压余装置

钢挤压机在前梁上装有滑锯，用于切除压余。

而有色金属挤压机，挤压时采用连续挤压法，无压余挤压法或脱皮挤压法等工艺，有时不带切压余装置，而在现代的有色金属挤压机上，大多数会带切压余的压力剪。

8.6.6.5 独立式立式穿孔机

现代的钢管挤压机都配有独立的穿孔机，为挤压机提供空心坯。而有色金属挤压机不会配置独立的穿孔机，只在挤压机上配有独立的穿孔系统。当生产空心断面的产品时，穿孔和挤压两个工序在同一台挤压机上完成。

8.7 挤压钢管和型钢的精整设备

挤压钢管的生产与其他各种轧制钢管的生产一样，最终要通过冷却、热处理、矫直、碱—酸洗、切管等一系列的精整工序，才能成为合格的商品管。挤压钢管由于其产品的材料不同，生产工艺的区别，因而其精整工序及设备也有其特殊性。

8.7.1 挤压钢管的冷却设备

8.7.1.1 冷却设施

钢管挤压时的终挤温度很高，一般可达到 1200℃ 以上。如此高的终挤温度，对于不同材料和形状的挤压产品的性能和质量，其冷却到 50℃ 以下的冷却速度有极其重要的影响。因此，不同材料挤压制品挤压后有着不同的冷却设施。

奥氏体不锈钢管挤压后需要立即水冷，以利用余热高温淬火的方式，得到固溶奥氏体的组织。其冷却设施是带有循环水装置的冷却水槽，并且水温应保持在 50℃ 以下。

马氏体不锈钢管挤压后需要缓慢的冷却速度，以得到稳定的马氏体组织。而且，钢管也不会因冷却速度过快而开裂。因此，其冷却设施是采用缓冷坑或缓冷箱进行砂冷或堆冷。

碳素钢和低合金钢管，一般采用自然冷却（空冷）。而对于冷却过程有相变的合金钢管，尤其是大断面的产品，应尽量避免因组织应力而导致裂纹的产生，应采用缓冷坑冷却的设施。

滚珠轴承钢钢管挤压后，应采用快速冷却方式，以防止网状碳化物析出。因此，在冷床上移动的同时，采用喷雾强化冷却装置。

8.7.1.2 冷床

冷却挤压后钢管的冷床有以下三种基本结构，即链条式、螺杆式和步进式，其中广泛使用的是链条式冷床。

链条式冷床结构简单，操作方便，产量也比较高。链条式冷床由斜度为3%~8%的斜台架、链爪运输机及传动装置组成。钢管在冷床上冷却时，一边稳定前进，一边自动转动，使冷却均匀，冷却后钢管平直。

步进式冷床由固定梁和活动梁构成，活动梁（步进梁）借助于传动机构（如偏心轮或液压缸）相对于固定梁前后，上下摆动，每摆动一次，钢管从固定梁上一个齿中移向另一个齿中，同时钢管在移动中获得自转，使其冷却均匀。冷却后钢管平直。

螺杆式冷床由同步传动的若干对长螺杆组成，钢管分布在每个螺距中，螺杆转动时，带动钢管前进。每转动一周，钢管移动一个螺距。同时钢管自身也在转动。每对螺杆的转动方向相反，以防止钢管的轴向移动。

8.7.2 挤压钢管的矫直设备

挤压钢管经过冷却之后，会出现或大或小的弯曲，必须按工艺要求进行矫直。钢管的矫直一般在冷状态下进行。对于高强度或超高强度的钢管，为了减少工具和能量的损耗，也有采用在 350~500℃ 温度下的中温矫直，并且在温矫冷却之后，采用压力矫直机进行补矫。

通常使用的矫直机有辊式矫直机、拉伸矫直机和压力矫直机。

8.7.2.1 辊式矫直机

辊式矫直机使用最为普遍。因为其产量高、矫直质量好，并且还能起到定径的作用。辊式矫直机又有五辊、六辊和七辊等矫直机以及立式或卧式矫直机之分。

七辊矫直机是使用较为普遍的一种矫直机的结构。其在矫直辊之间，隔有传动辊，或为全传动辊结构，上下辊或左右辊与矫直中心线成一定角度布置，钢管借助于矫直辊获得螺旋前进运动。为了减小钢管矫直后的残余应力，改善表面质量，矫直辊的辊形经过专门的孔型设计和精心的加工。钢管矫直前，先将各矫直辊调整到恰好压住钢管 2/3 辊身长度和钢管表面接触，然后进行试矫。符合要求后，再进行批量矫直钢管。

另外还有一种"3—1—3"辊式矫直机，3 个矫直辊互成 120° 交叉形成孔型，中间为 1 个压辊，其适用矫直钢管规格范围广，并有定径作用。

挤压空心型材是挤压机的特色功能之一。一般的挤压车间都会配备一定能力的型材矫直设备。

8.7.2.2 拉伸矫直机

实心和空心型材的矫直一般采用专门的扭拧—拉伸矫直机。这种矫直机采用液压传动。根据矫直型材的品种和规格，拉伸力波动在 150~800t，采用单独的油泵传动。

拉伸矫直机一般具有转动夹紧器和液压拉伸头，移动中心架及刚性底座结构。矫直机的主传动一端固定在基础上，带有扭拧头的另一端，可以根据被矫直型材的长度，任意自由的在固定于底座上的轨道上移动。矫直时，型材的两端分别由拉伸头和扭拧头通过异形镶片夹紧。首先，由扭拧头将型材扭正，然后由另一端的拉伸头夹紧，并拉伸至一定的延伸量，为了防止产生大的加工硬化，延伸量一般不超过 2%～3%，使型材的扭曲和弯曲同时得到矫正和矫直。

一般的拉伸矫直机具有转动夹紧器和液压拉伸头，机器由单独的油泵传动。同时，考虑到挤压型材有时扭转节距的不均匀，还设有可移动的中心架夹紧装置，以便矫直带有各种扭转节距的型材。

根据挤压机的吨位，决定了能挤压型材的外接圆直径。根据挤压型材的材料和断面积的大小，计算所需要的拉伸力和扭拧力矩，选择拉伸矫直机的大小。

表 8-32 为国外一些管棒型材挤压机所配置的拉伸扭拧矫直机。

表 8-32　国外一些挤压机和拉伸扭拧矫直机的配置

国　家　及　公　司	挤压机能力/t	拉伸扭拧矫直机能力/t
英国劳·莫尔优质钢公司	1150	200
美国哈波尔公司	1500	115
美国阿勒格尼·卢德仑公司	1620	100
德国施维尔特型钢轧钢厂	1800	160
	2500	500
		150
		20
		3730W
日本神户制钢	1800	160
美国巴布考克·维尔考克斯公司	2270	150
法国瓦卢瑞克公司	3000	150
德国施劳曼公司（设计）	3150	315

以下是德国施劳曼公司设计的 315t 拉伸—扭拧矫直机的性能（表 8-33）。

表 8-33　施劳曼公司设计的拉伸—扭拧矫直机的性能

工作压力/MPa	拉伸力/t	行程/mm	反向夹紧头运行速度/mm·s⁻¹	拉伸次数/次·h⁻¹	扭拧力矩/kg·m	制品长度/m	拉伸速度/mm·s⁻¹	拉伸头进退空程速度/mm·s⁻¹	夹钳（长×宽）/mm
31.5	315	2500	200	30	29500	1.5～12	50（无级调速）	180	350×200

续表 8 - 33

扭拧速度 /(°)·s⁻¹	型材最大外接圆直径 /mm	可矫材料强度 σ_b/MPa				可矫材料断面积/mm²			
		滚珠钢	不锈钢	合金结构钢	碳素钢	滚珠钢	不锈钢	合金结构钢	碳素钢
2	360	480	600	320	240	6500	5200	9800	13000

美国 Amerex 挤压厂 2500t 挤压机生产线，配有 4 台拉伸矫直机，拉伸力分别为 500t、150t、20t 和 3730W，能矫直型材断面的最大外接圆直径为 165mm。同时设有可移动的中心托架夹紧装置，供对发生不同扭曲节距的型材进行选择性扭转和拉伸矫直。

8.7.3 挤压钢管清除表面润滑剂的设备

挤压钢管与其他轧制钢管相比较，其精整设备的最大特点是由于挤压过程中使用了玻璃润滑剂而导致挤压后钢管的内外表面上留有一层厚度为 0.05 ~ 0.15mm 的坚硬的玻璃润滑剂薄膜，影响进一步的加工和使用，必须首先清除。目前，被广泛用于清理挤压钢管表面残留的玻璃润滑剂的方法有化学的方法和机械的方法两种。

8.7.3.1 化学方法（碱酸洗处理装置）

清除热挤压钢管内外表面残留的玻璃润滑剂的碱酸洗或酸洗的方法是被广为采用的方法。此方法根据挤压产品的品种和产量有三种类型结构的机组可供选择：

（1）挤压制品在单独放置的酸槽或碱槽中浸蚀的方法是最广泛使用的第一种方法。

（2）装有罩式抽气通风装置的溶液槽依次对应于工艺程序布置，钢管捆在各个槽中完成化学处理和清洗步骤。采用专用的小型单轨行车作为起重和运输工具。这种方法有利于改善车间内的空气污染，能够实现操作过程的自动化，并且提高了劳动生产率，但是增加了车间的生产面积。

（3）德国研制的全自动的化学处理装置。这种处理机组由放置处理材料的完全密封的工作槽和数个按照化学处理工艺要求的酸性或碱性溶液以及洗涤水的容器组成。钢管或型材由专用的吊车装入工作槽中，关闭并密封工作槽的盖子，然后按照规定的工艺程序，使相应数量的酸液或碱液以及洗涤水流过工作槽直至整个处理周期结束。然后开启工作槽的盖子，用同一台吊车吊出钢管或型材。

这种化学处理的方法是完全在密封化和自动化的情况下进行的，因此消除了车间空气的污染，并且由于辅助工序减少而大大地提高了化学处理过程的生产率。这种方法适合于大批量生产，且宜对一两捆或小批量的产品选择单独的处理。在这种装置上，按照生产能力的不同和处理批量总量分别制成工作槽可以装入 3t、10t、25t 或 60t 的钢管进行处理。

下面介绍具有容量为 66t 工作槽的装置的主要特性：

工作槽用于钢管捆的酸洗、冲洗和钝化。酸槽设备接受重量 66t 以下钢管捆的装入量，酸槽的密封消除了排放到车间空气中的污染物。钢管捆自槽中的出料和装料过程自动控制操作系统完成，分别以 1.5~2.0min 的时间内单独完成酸洗溶液、冲洗水和钝化液的供给，在 2~3min 内排出溶液和冲洗水，然后排出酸蒸气和污染的空气并使之净化。酸和冲洗水的储槽用来准备 90m³ 的各种溶液，将溶液供给工作槽，接受来自工作槽的溶液，排出的酸蒸气和污染的空气至净化系统，将工作废液排到净化设施；酸和热冲洗水的储槽装有电加热装置，保证 90m³ 的溶液在 8h 内加热到 75℃，并保持溶液温度不变。

工作槽装置包括：（1）为净化工作槽和储槽中被污染空气的通风装置；（2）冷凝液收集器；（3）利用压缩空气供给溶液的压缩机站；（4）为移动和关闭工作槽顶盖的液压装置；（5）带阀的管道；（6）为工作槽—储槽系统中的溶液和冲洗水建立定向循环的冷却槽。

机组年生产碳素钢和合金钢 180 万吨左右。

8.7.3.2 机械方法（喷丸处理装置）

采用喷丸处理来清除挤压后钢管内外表面残留的玻璃润滑剂的方法，是一种比较简单和经济的方法，但却不十分可靠。因为经喷丸后的钢管表面，尤其是内表面的残留玻璃润滑剂不一定经一道喷丸后就能 100% 的清除干净。因此，有的挤压钢管厂采用了喷丸加酸洗的联合工艺来清除挤压钢管内外表面残留的玻璃润滑剂。喷丸—酸洗联合工艺的一个有利条件是先经喷丸后，未被清除的玻璃润滑剂也已呈疏松状态极容易再经酸洗就能清除干净。

美国 Amerex 挤压车间去除挤压制品表面残留的玻璃润滑剂的方法采用了喷丸处理加酸洗处理的工艺。

对于一般钢种的制品仅进行喷丸处理；而对于不锈钢制品则采用在喷丸处理之后，还必须进行酸洗处理，这样才能保证挤压制品的表面质量。

8.7.4 挤压钢管的切断设备

经过去除表面润滑剂的钢管，要进行切头、切尾和切定尺处理。钢管切断的设备有切管机、锯切机和砂轮切管机等。其中，切管机使用得比较普遍。在钢管的精整工段，切管机一般和定尺机等辅助设备组成自动作业线。而切管机又有刀具固定，钢管转动的形式和钢管固定—刀具转动的形式两种结构。

冷锯机具有产量高，适应产品规格范围广的优点。如冷锯机可以同时进行成排钢管的锯切，一次锯切 5~10 支钢管。同时，一台冷锯机切割钢管的规格范围

可为 φ21.3 ~ 230mm。并且，冷锯机和倒棱机相配合去除锯切后钢管的飞边与毛刺缺陷。

钢管的切头长度的确定应在保证产品质量的前提下，尽量缩短，以降低金属消耗。根据挤压钢管的特点，一般钢管的头部可切除 200 ~ 500mm，尾部可切除的长度为 50 ~ 100mm 或更短些。

钢管的切头切尾应根据技术标准的规定，在钢管的长度公差范围内，并且切口断面应与钢管的中心线垂直。

8.8 挤压钢管的检测设备及仪器

挤压钢管经过冷却、矫直、去除玻璃润滑剂和切头切尾工序之后，应根据技术标准的规定，对钢管的质量进行全面的检查和测试，以保证产品的出厂质量。

挤压成品钢管的检查、测试内容主要包括以下三个方面：（1）钢管几何尺寸的检查；（2）钢管内外表面质量的检查；（3）钢管力学性能、工艺性能和腐蚀性能的检测。

挤压钢管的产品流向一般有两种情况：（1）作为成品管。热挤压成品钢管的检测内容、标准、方法和仪器设备与热轧成品钢管相同。（2）作为半成品管。如作为进一步冷加工的坯料管，则其检查测试的内容、方法和技术要求根据企业标准或供需双方的技术协议执行。

钢管的检测设备主要有：水压试验机、超声波探伤仪、涡流探伤仪。

8.8.1 水压试验机

对于作为承压管使用的热挤压管或冷轧冷拔管成品都必须进行水压试验，以测试其承受压力的能力，并进一步发现缺陷。其试验在专用的水压试验机上按照规定的标准进行。试验时，先将钢管密封、充水、排除钢管中的空气，然后逐渐升压，达到规定的压力后，保持一定的时间（5 ~ 15s）。钢管无漏水、湿润和塑性变形，即为合格。

其试验压力值可按下列公式计算：

$$p = \frac{200S[R]}{d} \qquad (8-8)$$

式中 p——试验压力，MPa；

d——钢管内径，mm；

S——钢管壁厚，mm；

$[R]$——钢管材料的许用应力，碳素钢取 $0.35\sigma_b$（强度极限）；合金钢取 $0.40\sigma_b$（强度极限）；无性能要求的取 100 ~ 150MPa。

8.8.2 无损检测设备

8.8.2.1 SNDT2000C 型超声波自动探伤仪

探测钢管规格　　　　$\phi(48 \sim 320)\,mm \times (3 \sim 30)\,mm \times (3 \sim 15)\,m$

采用标准等级　　　　GB/T 5777，C5 级

周向灵敏度差　　　　$\leqslant 3dB$

信噪比　　　　　　　$\geqslant 12dB$

稳定性　　　　　　　$\pm 1dB$

漏报率　　　　　　　0

误报率　　　　　　　$\leqslant 1\%$

端部不可探区管体　　$\leqslant 200mm$

　　　　　　管端　　$\leqslant 30mm$

内外壁灵敏度差　　　$\leqslant 3dB$

打标精度　　　　　　± 50

测厚精度　　　　　　$0.1 \sim 0.2mm$

分层检测　　　　　　$40mm \times 6mm$（长×宽）

探伤速度　　　　　　$\phi \leqslant 70mm$；横向探伤：3.5m/min；纵向探伤：

　　　　　　　　　　15m/min

　　　　　　　　　　$\phi 70 \sim 180mm$；横向探伤：2.5m/min；纵向探伤：

　　　　　　　　　　10m/min

　　　　　　　　　　$\phi 180 \sim 325mm$；横向探伤：1.5m/min；纵向探伤：

　　　　　　　　　　5m/min

对送检测钢管的要求：

　　直径公差　　　　$1\% D$

　　椭圆度　　　　　$0.5\% D$

　　弯曲度　　　　　$2mm/m$

内外表面不得有水、油污等影响探伤物质存在。

超声波探伤工艺参数见表 8 – 34。

表 8 – 34　超声波探伤工艺参数（仪器型号：脉冲反射式数字化仪器）

项　　目	探头种类	频率/MHz	耦合介质
纵　伤	线聚焦探头	5	水
横　伤	纵波直探头	5	水
测　厚	纵波直探头	—	水
分　层	纵波直探头	—	水

8.8.2.2 ϕ (40~230) mm × (2~25) mm NEM230 型涡流自动探伤仪

探伤灵敏度：

  钢管规格 <140mm，标准等级：GB/T 7735，B 级

  钢管规格 ≥140mm，标准等级：GB/T 7735，A 级

设备性能指标：

周向灵敏度差	≤3dB
信噪比	≥10dB
稳定性	±1dB
漏报率	0
误报率	≤1%
端部不可探区	≤30~200mm
打标精度	±30mm
探伤速度	≤100m/min

送检钢管技术要求：

钢管规格	ϕ(40~230) mm × (2~25) mm
长度	3~15m
弯曲度	≤2mm/m
直径公差	1%D
椭圆度	0.5%D

钢管内外表面干燥，无油污等影响探伤物质存在。

8.8.3 检测仪器

8.8.3.1 铁素体测定仪

铁素体测定仪使用探针来测定半径为 1.5mm 大小处的坯料体积的铁素体含量，测量准确度为测量范围终端值的 −3% ~ +5%。

测杆的头是一个耐磨强度很高的半球体，其比测杆直径大 0.5mm。测量前先调节好零点，补偿和校准测量仪，测量时轻轻地将测针放在试样上。如果测量进行得准确，则可以得到准确的铁素体指标指示。

8.8.3.2 手提式超声波探伤仪

手提式探伤装置用于检查坯料的内部缺陷。

内部缺陷的超声波探伤既针对表面带有氧化铁皮的锻轧坯，也用于表面经剥皮的坯料。应能对高合金铬镍钢、碳素钢、合金结构钢、轴承钢、不锈钢等材料进行超声波探伤。

8.8.3.3 表面粗糙度测量仪

表面粗糙度测量仪用于检查经过车削加工后的工件表面。

测量参数有粗糙度 R_t，平均车痕幅度值 R_z，平均坐标值 R_a。测量仪的测量段为 1.25、4 和 2.5、5，可转换式。

测量前，先用抹布擦净工件，清除黏附在工件表面上的残油和残屑。在测量时，通过检查一个标样的方法来调节一下指数的放大倍数，然后以同样的方法来进行测量。进给量微调装置可以在任何一个使用位上使用。

8.8.3.4　挤压力测量仪

测量并记录所需的挤压力基本上有两种方法：（1）测量液压缸里的压力（挤压主缸和穿孔缸），经相应的力压传感器，传输给记录仪；（2）用应变仪测量挤压机张力柱的伸长率，并传输给记录仪。

对测量仪和记录仪进行适当的校准就可以不断地测得所需要的挤压力。

8.8.3.5　挤压机出口制品温度测量装置

测量装置用于控制每根管子出挤压机时的最高温度。众所周知，挤压管子的质量与温度有关，装设测温装置，能得出正确的判断并做出决定变形工艺的限度。

可采用与感应炉上所用的同一个型号的测温装置，不同的只是用另一种规格的光学镜头（较大的焦距），因为在挤压机出口处测温需要 3~6m 的距离，并将测得的最高温度记忆和显示出来，在下一次挤压前消掉，将温度值直接传输到记录仪（多通道记录仪）上。

工作过程：接通测量仪和记录仪，两台仪器均按规程进行校准并检验其功能；将挤压管的最高出口温度与工艺部门规定的允许值进行比较。正确选择挤压机前环形炉的预热温度和合适的挤压速度，就能把出口温度保持在允许的范围内。在连班生产的情况下，需多次对测量仪和记录仪进行校准，并保持光学镜头的清洁。

8.8.3.6　挤压力和出口温度的记录仪

多通道记录仪（选用平板式的或垂直式的记录仪），能将各种压力以及所需要的挤压力记录下来。挤压温度和挤压力都是工艺人员决定生产工艺和产品范围十分有用的数据。

8.9　钢管和型钢热挤压车间设备的平面布置

不同类型的挤压车间工艺设备的选择，取决于车间的产品大纲，而根据产品大纲所决定的车间设备的平面布置成为各种类型挤压车间的特征标志。

8.9.1　挤压工艺和设备的进步

20 世纪 60 年代之后，钢管和型钢热挤压车间的设计已经有了显著的进步。首先表现在玻璃润滑剂高速挤压法的广泛应用，引起钢挤压技术的迅速发展，使得钢管和型钢热挤压车间各个主要工艺和设备环节取得很大的进步并能很好的协调使用。具体反映在以下几个方面：

（1）坯料加工普遍采用带可更换硬质合金锯齿的高效的圆盘锯，高速的长剥皮—滚光组合机床；数控的深孔钻和端面加工机床；一些辅助工序实现了机械化操作，并且还出现了自动化程度很高的坯料加工中心，根据坯料的表面加工和端面加工的工艺和精度要求，将各个加工设备按照加工的工艺程序组成自动化的加工中心，使部分工序在同一时间内交叉进行，实现坯料加工上下料一次作业，提高了坯料的加工效率。

（2）坯料的加热和再加热普遍采用工业频率的感应加热电炉，实现了坯料的快速无氧化加热。

（3）建立工序间快速高效的坯料运输系统和玻璃润滑剂涂敷，高压水除鳞的在线化和机械化装置。

（4）采用具有旋转挤压筒和穿（扩）孔筒；旋转模架或抽屉式模架的挤压机、穿（扩）孔机，实现了挤压机和穿（扩）孔机能多工位交叉作业；采用滑锯和垫片分离装置，使压余的锯切，挤压垫的分离和输送能自动地、连续进行。实现了挤压机和穿（扩）孔机操作的连续化和自动化。

并且，在某种条件下，挤压钢管时，挤压余料可以利用一个专门的特殊装置，借助于挤压芯棒将其切除，提高金属收得率。

（5）采用机械化和自动化的挤压制品拉出装置和出料槽，根据挤压材料的不同，挤压制品可以分别进入出料槽和淬火槽后进入冷床和收集装置。

近代钢挤压的工艺和设备的进步，为更合理、更高效的挤压车间的设计提供了基础。

8.9.2 挤压车间设备平面布置的设计

在进行现代挤压车间的设计时，首先应考虑的是根据产品大纲使所有的主要设备和辅助设施布置得必须能够保证通过连续的生产作业线，尽最大可能地提高车间的生产能力。然后才考虑对于现有厂房的充分利用。并且，车间设计要力求使主要工艺设备的布置十分灵活，以适应各种不同的生产工艺流程和加工方法。车间里的仓库面积，包括原料仓库、成品仓库和中间仓库的面积应该能够满足变换生产计划时生产流程的需要。此外，设计中还应充分考虑到在停工或更换工具时，红钢坯料能够迅速返回。

挤压车间设计时，根据产品大纲进行设备选型之后，挤压车间设备的平面布置有以下特点：

（1）挤压车间和所有的金属热加工车间一样，钢的热挤压过程是一个"和时间抢温度"的过程。在整个生产过程中必须确保在每一个主要或者辅助工艺环节的坯料温度损失最小，因此要求在进行挤压车间工艺设计时做到：1）使所有的加热和再加热设备必须尽量布置在与变形机组最接近的位置上，以便使坯料出炉后的热损失和表面二次氧化最少。2）车间各个工艺环节设备之间的连接辊道，在满足工艺要求的条件下，减缩到最短。因为任何操作时间的拖延对于产品质量的影响都是十分重要的。3）充分利用动作迅速准确的自动化和半自动化操作。

（2）由于液压挤压机由泵—蓄势器提供动力源，在挤压机工作行程的过程中，大量的高压液体沿着管道移动。为了减小高压管道中的压力损失和冲击力，泵—蓄势器应布置在离挤压机距离最近的单独厂房内。而低压水充液罐应布置在直接紧靠挤压机的后面。

（3）由于穿（扩）孔和挤压过程中，采用玻璃粉作为润滑剂，因此高压水泵房同挤压机车间分开布置十分重要。这样布置在管理和清洁方面有很大的优势。这样，水泵房可以同玻璃润滑剂材料的准备和使用处很好的隔离，避免了玻璃粉尘对高压水泵房设备和管道的影响。

（4）挤压机组的主要设备通常比其他轧管机组的主要设备所占的厂房面积要小。因为在挤压机组上允许有很大的一次变形量。这就大大简化了变形机组的设备数量，达到相同的加工目标。

8.9.3 挤压车间设备平面布置实例

卧式液压钢管和型钢挤压车间设备平面布置如图 8-35 所示。

由图 8-35 可以看出，根据图 8-35 的热挤压车间设备的平面布置，按照产品材料和质量的要求不同，可以有以下工艺路线可走：

（1）对于碳素钢、合金结构钢和部分有色金属产品。坯料在环形炉内直接加热到挤压温度后，经过除鳞和涂粉，送往挤压机挤压。或者，按照工艺程序，经穿（扩）孔及再加热后送往挤压机挤压。对于某些有色金属也可以采用在挤压机上同时完成穿孔和挤压两道工序。

（2）对于高合金钢、不锈钢等热加工塑性比较好的材料，则坯料由环形炉预热和感应炉加热，并除鳞，涂粉之后，先送往穿（扩）孔机上进行穿（扩）孔之后，空心坯经过再加热炉再加热，并经除鳞和内外表面涂粉后送往挤压机挤压。

（3）当生产大口径和较薄壁厚的管子时，可采用二次穿（扩）孔工艺。坯料经环形炉预热后，再送往感应加热炉加热到穿（扩）孔规定的温度后进行穿（扩）孔。穿（扩）孔后的空心坯，根据材料的不同，有两种工艺路线可走：1）坯料穿（扩）孔后，对于一般的材料，空心坯进感应再加热炉均热，然后进行第二次穿（扩）孔；2）对于高合金、低塑性的材料，或者对产品有较高质量要

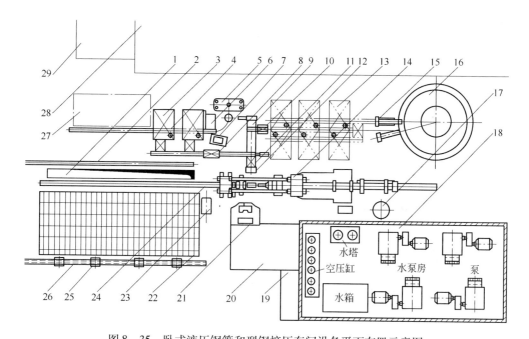

图 8 - 35　卧式液压钢管和型钢挤压车间设备平面布置示意图

1—奥氏体不锈钢挤压钢管和型钢淬水槽；2—奥氏体不锈钢挤压钢材收集装置；3—立式工频感应再
加热炉；4—立式穿（扩）孔机穿（扩）孔后，空心坯辅送装置；5—立式液压穿（扩）孔机；6—
二次穿（扩）孔空心坯收集装置；7—立式穿（扩）孔机主操纵室；8—挤压前空心坯高压水
除鳞装置；9—穿孔前实心坯外涂粉装置；10—穿孔前实心坯高压水除鳞装置；11—挤压前
空心坯外涂粉装置；12—挤压前空心坯内涂粉装置；13—立式工频感应加热炉；14—卧式
液压管型材挤压机；15—环形预热炉装出料机；16—环形预热炉；17—低压充液罐；
18—高压水泵房（高压泵、水箱、水罐、空气罐）；19—空压机房；20—主电室；
21—卧式挤压机主操纵室；22—冷床；23—热锯；24—出料槽；25—钢材吊具；
26—钢材收集装置；27—中间仓库；28—坯料加工区（切断、剥皮、钻深孔、
端面加工）；29—玻璃润滑垫制作室

求的产品，空心坯在第一次穿（扩）孔后，进行冷却和内外表面修磨或校正中
心后，再进入环形炉预热，然后在工频感应加热炉或再加热炉内加热到挤压温
度，经高压水除鳞和内外表面涂粉后直接挤压。

8.9.4　挤压厂（车间）的生产品种、规格和年产量

挤压机被誉为是"万能的加工手段"，在生产的品种方面是任何轧管方法无
法比拟的，对于产品的规格和产量则取决于挤压机的吨位大小，生产的品种和专
业化的程度。

表 8 - 35 为挤压机挤压材料的种类，表 8 - 36 为各种不同吨位挤压机的年产

量（估计），表 8-37 为各种不同能力挤压机的产品规格。

表 8-35　挤压机挤压材料的种类

种　类	钢种及代号	备　注
纯　铁	DT	型　材
碳素钢	10~60 号钢	管型材
合金钢	各种结构钢和工具钢	管型材
不锈钢	1Cr18Ni9Ti	管型材
耐热钢	Cr28、Ni 基合金等	管
难熔金属	W、Mo、Nb 等	管、棒
稀有金属及合金	锆及合金、钛及合金、锂、铍等	管、棒
有色金属	铝、镁及其合金	异形材

表 8-36　各种不同吨位的挤压机的年产量（估计）

挤压机能力/t	年产量/万吨				备　注
	碳素钢	不锈钢	高速钢	最低产量	
500	1.20	0.60	0.42	0.36	按 50 根/h
1000	2.88	1.68	1.08	0.54	按 50 根/h
1500	4.56	2.64	1.236	0.84	按 50 根/h
1600	5.04	2.76	1.68	0.876	按 50 根/h
1800	6.00	3.30	1.98	1.032	按 50 根/h
2000	6.48	3.60	2.16	1.20	按 50 根/h
2500	8.64	4.80	2.88	1.62	按 50 根/h
3000	10.56	6.00	3.60	1.92	按 50 根/h
3500	13.80	7.56	4.56	2.40	按 50 根/h
4000	16.24	8.88	5.40	2.76	按 50 根/h
5000	24.00	12.00	7.20	3.60	按 50 根/h

注：均为卧式挤压机。

8.9.5　美国 12000t 挤压机的工艺及设备

美国的空军部门于 20 世纪中期建成了 6 台 12000t 级的挤压机，其中 3 台用于挤压铝合金，3 台用于挤压钢和难熔合金，柯蒂斯·莱特公司的 12000t 挤压机就是其中的 1 台用于挤压钢和难熔合金的挤压机。

表 8-37 各种不同能力的挤压机的产品规格

挤压机能力/t	挤压产品的	挤压产品的最大外径/mm	型材外接圆最大直径/mm	型材挤压机		钢管挤压机				
				钢坯最大长度/mm	产品最大长度/m	最小内径/mm	最大内径/mm	钢坯最大长度/m	挤压产品最大长度/m	一般最小壁厚/mm
1000	容易挤压的	85	130	540~560	12~24	25~40	110~125	350~370	7~14	2.5~3.0
	较难挤压的	50	95	440~460	9~18	25~35	75~80	290~310	6~12	2.5~3.0
	难挤压的	40	80	330~350	6~12	25~30	50~65	210~230	4~8	3.0~3.5
	很难挤压的	35	70	230~250	4~8	25~30	45~50	180~200	3~6	3.0~3.5
2000	容易挤压的	160	205	750~800	17	35~55	155~175	500~520	9~18	3.0~3.5
	较难挤压的	110	145	600~650	14~28	35~45	105~110	390~410	8~16	3.0~3.5
	难挤压的	95	135	460~500	9~18	35~40	85~90	310~330	6~12	3.0~3.5
	很难挤压的	85	120	340~370	6~12	35~40	65~70	250~270	4~8	3.5~4.0
3000	容易挤压的	215	260	956~1000	20	40~65	185~210	610~630	11~22	3.5~4.0
	较难挤压的	155	190	750~800	16	40~55	130~135	480~500	9~18	3.5~4.0
	难挤压的	135	175	550~600	10~20	40~50	105~110	390~410	7~14	3.5~4.0
	很难挤压的	120	155	400~450	7~14	40~45	80~85	310~330	5~10	4.5~5.0
4000	容易挤压的	260	305	1050~1100	25	50~75	215~245	700~720	12~24	4.5~5.0
	较难挤压的	195	230	850~900	18	50~65	150~155	560~580	10~20	4.5~5.0
	难挤压的	170	210	650~700	12~14	50~60	120~125	450~470	8~10	4.5~5.0
	很难挤压的	155	190	450~500	8~16	50~55	95~100	360~380	6~12	5.0~5.5
5000	容易挤压的	305	350	1200~1250	25	55~85	245~270	790~810	14~28	4.5~5.0
	较难挤压的	230	260	950~1000	20	55~70	165~170	630~650	12~24	4.5~5.0
	难挤压的	200	240	700~750	14~28	55~65	135~140	500~520	9~18	4.5~5.0
	很难挤压的	180	215	500~550	9~18	55~60	105~110	400~420	6~12	5.5~6.0

该挤压机为四柱卧式挤压机，设备长 45.72m，1955 年开始兴建，1956 年投产。挤压机为多压力缸式结构，中央主缸的挤压力为 8000t，两个侧缸各为 2000t。挤压机分三级压力控制，即 4000t、8000t 和 12000t。

挤压机为水压挤压机，有两种液—气系统，即低压预充液系统和高压水泵—蓄力器系统。蓄力器充以压力为 31.5MPa 的高压水，高压水或者来自蓄力器水罐，或直接来自由两台 11.2MW 同步电动机驱动的卧式三级双柱塞泵。8 个无活塞式蓄力器罐（直径 1625.6mm，高 939.8mm，体积 $1.214 \times 10^6 m^3$）储存高压水，罐顶的高压空气由 56kW 的 4 台空气压缩机供给。

上述动力设备能使挤压机每小时工作 22 个周期，最大挤出速度 304.8mm/s，最大挤压速度 76.2mm/s。

挤压机带有以下辅机：（1）用于切除压余的液压剪和液压锯；（2）液压坯料升降车；（3）内置独立的芯棒驱动系统；（4）低压大容量水压系统，低压充液罐，用于快速进给；（5）出料台，单轨吊运装置，行程指示器及其他；（6）挤压筒预热系统，在挤压筒移动梁内装有 72 个辐射式烧嘴，用以保持挤压筒温度在 482.2℃，烧嘴外围是绝缘材料，以保持挤压筒移动梁外部温度在 93.3℃左右。

此外，12000t 挤压机的后部工序还配备了以下设备：（1）长 1016mm 的固溶热处理炉，配有水及油淬火池；（2）长 1016mm 的车底式退火炉；（3）两台液压矫直机；（4）450t 冷拔机，能拔制长度达 1016mm 的钢管和型材；（5）无损检测设备；（6）装备齐全的机修车间；（7）坯料加热炉，包括 2 座盐浴炉，4 座感应加热炉，加热温度达 1482.2℃。

挤压模的材料是 H12 工具钢，硬度 HRC 为 42，挤压芯棒的材料也是 H12，并且经车削后磨光到表面光洁度达 32 均方根值，以保证钢管内表面有良好的光洁度。当采用经表面硬化，磨光并抛光的 H12 平面模时，效果良好，磨损最小。使用锥形模时，导致入口半径的磨损。

该挤压机曾为航天和核电等工业部门提供过各种材料的大型断面的型材和管材产品。

用于核潜艇，材料为 HY-80 的 T 形断面的结构型材。这种大型型材的抗拉强度为 586~655MPa，在 48.9℃时的冲击强度为 121.94N·m，伸长率为 22%。

用于核潜艇的潜望镜筒，材料为 AISI 304 不锈钢，挤压钢管经 450t 冷拔机冷拔加工，利用控制总的冷拔变形量来达到所要求的钢管的力学性能。

用经真空冶炼的高纯坯料，挤压透平材料，如 M-252，Inconel 700，Waspoloy，Udimet 700 等挤压大型断面的管材和型材用于各重要工业部门。挤压这类材料小断面型材时，采用挤压比为 8 左右时，可以得到较好物理性能的产品。而挤压材料为 Waspoloy 的产品时，需要采用坯料包套挤压工艺。可用低碳钢作为包套的材料，并在包套时需装置小排气管。

这类材料在加热时需采用辐射罩，辐射罩由 2mm 厚的低碳钢板制成，辐射罩可以防止坯料从盐浴炉中出炉后，减少温度损失。另外，为了提高贵重金属的成材率，挤压时，可以采用 304 不锈钢铸态的前垫块和经过预热的碳素钢后垫块的挤压方法。

12000t 挤压机最经济的工艺尺寸见表 8-38。

表 8-38 12000t 挤压机最经济的工艺尺寸

最 小 面 积			
挤压筒尺寸/in	碳素钢/in²	合金钢/in²	不锈钢/in²	钛/in²
14	4	5	5	5
16	5	6	6	6
20	14	16	18	28
26	31	31	40	100
28	50	50	—	

最 小 厚 度			
外接圆直径/in	碳素钢/in²	合金钢/in²	不锈钢/in²	钛/in²
6 ~ 8	0.090	0.090	0.150	0.250
8 ~ 10 3/4	0.125	0.125	0.250	0.312
10 3/4 ~ 12 1/2	0.125	0.187	0.312	0.375
12 1/2 ~ 16 1/2	0.250	0.321	0.438	0.562
16 1/2 ~ 20 1/2	0.312	0.375	0.500	0.750

挤 压 比			
挤压筒尺寸/in	碳素钢/in²	合金钢/in²	不锈钢/in²	钛/in²
14	39	31	31	31
16	39	36	36	24
20	23	21	18	12
26	18	18	13.5	5.2
28	12.8	12.8	—	

注：1in 相当于 25.4mm。

9 钢管热挤压工艺应用的经济合理性分析

一般的热轧无缝钢管生产机组能够生产各种用途的热轧无缝钢管产品，其规格为 $\phi16 \sim 550mm$。工业和民用领域大量使用的 $\phi25 \sim 250mm$ 无缝钢管的生产机组主要有：顶管机组、周期轧管机组、自动轧管机组、三辊轧管机组、连续轧管机组。

近年来，钢的热挤压机组与其他热轧钢管机组一样，得到了较快发展。由于挤压机设备结构的进一步完善，机械化和自动化程度的提高，出现了双穿孔筒和双挤压筒等新结构，使得挤压效率大大提高（挤压杆的空程速度达到 $600 \sim 700mm/s$，挤压次数达到 140 次/h，挤压比达到 70 以上（目前，在工业生产的条件下，挤压比一般不会超过 35），挤压周期时间缩短到 20s），很大程度地提高了生产率。对最有效、最廉价的润滑剂的研究和使用，以及在新工艺和新工模具材料等方面的成就，特别是连铸坯的采用，使得挤压机组生产的无缝钢管品种质量、生产效率和经济性等方面可以与其他轧管机组相媲美。

因此，对目前在国内外普遍使用的五种无缝钢管生产机组，从主要工艺装备的配置、产品规格、产品品种和性能质量以及生产效率等方面与热挤压钢管生产机组进行比较，对挤压机组适用的专业范围以及经济上的合理性进行分析。在我国目前的条件下，挤压法作为各种制管方法中的一个新成员，应对其进行适用范围和经济合理性分析，这对于正确选择和合理使用挤压法具有现实意义。

以下是前苏联在尼科波尔南方钢管厂以及全苏管材科学和工艺结构研究所共同参与下，完成的理论和实验工作的相关资料。此外，还综合了部分国外的研究成果和工厂实际经验的总结。对我国钢管挤压行业具有一定参考价值。

9.1 各种制管机组的工艺设备配置比较

各种轧管机组主要工艺设备的配置见表 9 – 1。

表 9 – 1 各种轧管机组主要工艺设备的配置

机 组 类 型	工 艺 设 备
顶管机组[①]	连续式加热炉、压力穿孔机、顶管机、再加热炉、减径机[②]
周期轧管机组	斜底式加热炉、斜轧穿孔机、周期轧管机、再加热炉、定（减）径机

机组类型	工 艺 设 备
自动轧管机组	斜底炉或环形加热炉、斜轧穿孔机、二辊轧管机、定（减）径机
连续轧管机组	斜底式加热炉、斜轧穿孔机、连续式轧管机、再加热炉、张力减径机
三辊式轧管机组③	斜底式或环形加热炉、斜轧穿孔机、三辊轧管机、再加热炉、微张减经机组
热挤压机组④	环形预热炉、立式工频感应加热炉、立式液压穿（扩）孔机、立式工频感应再加热炉、卧式液压挤压机

①曾有研究者在压力穿孔机和顶管机之间增加了一个带有 Schulter Walzwerk（带肩胛）辊形轧辊的轧管机，使经压力穿孔后荒管的偏心得到均整。

②采用一般的减径机还是带张力的减径机，要根据减径前钢管的长度和工具的质量来决定。带张力减径时的管端增厚现象，使张力减径机仅限于应用在长度不短于 8 ~ 10m 的钢管，因为较长钢管的切头部分所占的百分比相对较小。由于张力减径机与一般的减径机不同，其管壁厚度可以减小，因此，通过增加或者减少机架数量就能够得到各种不同的轧制表，并且可以将减径前的钢管尺寸限制到一定的标准尺寸上。这样，周期轧管机组、顶管机组、连续轧管机组就可以在更大程度上避免换辊；在周期轧管机组和连续轧管机组中，由于钢管有足够的长度，在多数情况下都会使用张力减径机；而在顶管机组中，对于钢管长度不到 8 ~ 10m 的就不应使用张力减径机。

③三辊式轧管机组能够生产特殊钢（如滚珠轴承钢的厚壁管），且产品表面质量良好、尺寸精度高。

④挤压机组最适合于生产不锈钢管等高合金管。在高合金钢和特殊钢管的生产中，不能采用张力减径机。其中，一方面是由于工艺对产品质量的影响；另一方面是因为这类材料在高温下的变形抗力很高，在使用张力减径机时，要求在各个机架之间具有更大的拉力，这将影响到管端的增厚，并且需要安设另外更大的传动装置。因此，挤压机组一般都不再配备张力减径机，如有必要，可配置一般的减径机或定径机。

9.2 各种制管方法的适用范围的比较

不同的轧管方法在轧制时所具有不同的变形条件和工艺条件，使其具有适应于不同材料产品生产的特点。目前，国内外对各种轧管方法的应用，已经形成专业性的共识。各种轧管机组的适用范围与产品规格及其特点见表 9 - 2。

表 9 - 2　各种轧管机组的适用范围与产品规格及其特点

机 组 类 型	适用范围与产品规格	特 点
顶管机组	适用于碳素钢和合金钢；产品规格为 $\phi30 \sim 110mm$	与连续轧管机组的产品规格相同，与周期轧管机组相比具有产量高的特点；换辊时间长，因此在单规格大量生产时比较有利
周期轧管机组	适合于碳素钢和合金钢，较少生产不锈钢和耐热钢管；产品规格为 $\phi30 \sim 600mm$	产量较低，因此在产品规格很大或生产 $\phi250mm$ 以上的钢管时才适用

机 组 类 型	适用范围与产品规格	特　点
连续轧管机组	适合于碳素钢和合金钢管的生产；产品规格为 $\phi30 \sim 110mm$	生产率高，超过 $700 \sim 1100m/h$，产量大；换辊时间长，只适用于大批量生产；如生产一种中等尺寸的钢管，订货批量为 $100000m$（相当于 $250 \sim 350t$），这种轧管方法值得推荐
自动轧管机组	适合于碳素钢和合金钢管的生产；产品规格为 $\phi50 \sim 400mm$	在生产 $\phi150 \sim 250mm$ 钢管时，产量高，比周期轧管机组优越；但在生产 $\phi50 \sim 400mm$ 规格以外的钢管时，产量并不高
三辊式轧管机组	最适用于生产厚壁的特种钢管（如轴承钢管），很少用于生产不锈钢等高合金钢管	由于辗轧时轧辊的磨损比较小，所以钢管的尺寸精度比较高；由于三辊穿孔时，顶头的阻力比较大，使用寿命不高；二辊穿孔的内壁质量不能保证；生产钢管的径壁比最小为 $10 : 1$
挤压机组	适合于不锈钢、耐热钢等高合金钢管大批量生产； 适合于生产高合金难变形的、用轧管机组很难生产或不能生产的材料的管材和型材； 适合于生产各种异型材和采用轧管机组无法生产的非对称断面形状的或者空心的、内部带筋的异型钢管； 最适合于连铸坯的挤压，可以提高综合成材率； 5000t 挤压机组生产的高合金钢管规格为 $\phi42 \sim 250mm$	生产效率高，一般生产不锈钢管时的挤压次数为 60 次/h，生产碳素钢管时的挤压次数最高，可达 140 次/h。 一次变形量大，所以变形机组的设备比相同规格的轧管机组要少，设备和土建投资少。 更换工模具在生产周期时间以外完成，且简单迅速，既适合于大批量生产，也适合于小批量生产，生产安排比较灵活。 产品性能各向同性；挤压产品的质量高于轧制钢管，尺寸精度略高于轧制钢管。 挤压机组大批量生产的能力，应比自动轧管机组低

注：在所有的轧管机组中，产品的最小规格为 $\phi50 \sim 60mm$，外径更小的钢管一般只能在减径机、张力减径机或冷轧（拔）机上生产。

　　根据国内外生产厂家多年来在液压卧式挤压机上的生产经验，挤压法已经成功地用来大量生产以下产品：

　　（1）不锈钢管。近年来，随着科学技术的进步和人民生活水平的不断提高，不锈钢管以及各种不锈钢制品的应用得到极大的普及。除了要满足各个工业和科技部门对高性能、高质量和高标准的各种不锈钢管的需求外，不锈钢管和各种不锈钢制品逐渐地进入了民用的千家万户，成为深受广大民众欢迎的量大面广的产品。自20世纪60年代开始，国外的绝大部分不锈钢管生产企业，就已经用挤压法来生产不锈钢无缝钢管，目前已发展到几乎所有的不锈钢管生产企业。但是，我国的情况有所不同，由于"传统工艺"在我国经过了几十年的"运用—研究—改进—再运用"，在工艺上的"精益求精"，可以说达到了"炉火纯青"的程度；生产成本已经降低到极点。因此，对于不锈钢管材，特别是对一些普通品种、常规规格而言，热挤压工艺和锥形辊斜轧工艺相比较就会显得不足。可以预计，在我国的不锈钢管行业内，锥形辊斜轧穿孔工艺和热挤压工艺将会有很长一段时间处于"共存共荣"、"优势互补"的状态，来满足我国不锈钢管的市场需求。

　　（2）异型钢管。自从发现利用带翅的碳素钢管制作锅炉和过热器可以显著地提高热效率之后，挤压钢管的使用范围就大大地扩大了。20世纪50年代末，国际原子能机构就已经开始使用带有4翅片的热挤压钢管制造原子能反应堆用锅炉管换热器。过热器及锅炉用的带翅碳钢管如图9-1所示。

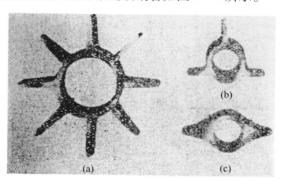

图9-1　过热器及锅炉用的带翅碳钢管示意图
（a）热换器用管；（b）煤气发生器用管；（c）过热蒸汽用管

　　（3）碳钢异型材。挤压法比轧管法能生产精度更高、表面质量更好的碳素钢型材产品，而且可实现小批量生产、交货周期短，因此挤压加工在这方面的应用更广。用挤压法生产的碳钢型材产品如图9-2所示。

　　（4）冷拔型材的毛坯。挤压法可以为冷拔车间生产碳素钢、合金钢以及不锈钢异型材的毛坯，以便进一步加工成更精密的冷拔型材。手表壳用挤压型材如

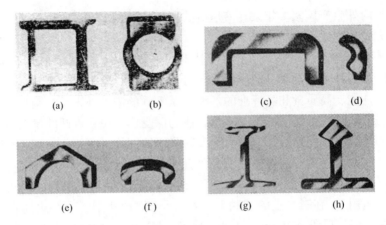

图 9 - 2   用挤压法生产的碳钢型材产品示意图

(a) 钢梁用型材；(b) 煤气冷凝器用管；(c) 起重车构架用；(d) 板指型材；

(e) 矿井支柱型钢；(f) 扶手用型材；(g) 滑轨；(h) 锯机支架用梁

图 9 - 3 所示。

(5) 制造喷气飞机用钢环的各种断面的型钢。通常喷气飞机用环由不锈钢或难熔合金制成（图 9 - 4），使用挤压弯曲和焊接的型材能显著地降低成本，因而许多燃气透平环制造厂均使用挤压毛坯进行生产（图 9 - 5）。

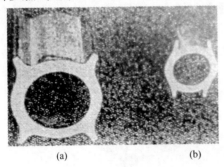

图 9 - 3   手表壳用挤压型材示意图

(a) 挤压手表壳用毛坯；(b) 冷拔后手表壳型材

图 9 - 4   制作燃气透平环
用难熔不锈钢型材

(6) 弹壳。制造弹壳时，使用玻璃润滑剂热穿孔，能够用一道工序就得到尺寸精确的毛坯，大大减少工序和材料重量，降低了生产成本。

9.3   各种制管方法生产钢管品种的比较

普通碳素钢和低合金钢的变形阻抗较小，在目前的钢管生产总量中占有很大的比重，在大量生产时，选用轧管机最为有利，只是在生产不能轧制的断面以及

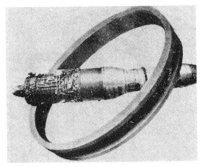

喷气飞机钢环

图 9 – 5　制造喷气式飞机用钢环各种断面的型钢

小批量生产的情况下，选择挤压法才比较经济合理。然而，在一些特殊的产品领域内，如高合金钢、铁素体高铬钢、奥氏体不锈钢和各种耐蚀钢、耐热钢以及高速工具钢等材料的生产中，由于变形原理和经济性的原因，挤压法几乎完全排挤了轧管法，成为首选。除此之外，在轧钢机上不能生产或难以生产的尼莫尼克合金，哈斯特洛伊镍合金，因科镍尔合金，克伦奈尔镍合金，蒙奈尔合金，因科洛依合金，齐尔康锆合金和镍、钛、钼等材料也可以采用挤压法生产管材和型材。商业上通用的挤压材料见表 9 – 3。

　　在各种材料、各种规格的小批量生产中，挤压法换工具时间少，并且可以迅速地转换轧制表，因此挤压法比轧制法灵活得多。

　　滚珠轴承钢管的生产较为特殊，其加工工艺与碳素钢管、合金钢管的类似，只是产品壁厚较厚，尺寸精度要求较高；在大量生产时采用三辊轧管机组（Assel 轧管机组）最为合适。然而经常变换规格以及用其他钢种生产钢管和型钢时，由于挤压法较灵活，因此成为首选的生产方法。此外，在采用挤压法生产钢管时，在三辊轧管机上生产钢管的径壁比最小为 10：1 的限制也不存在了。

　　挤压法生产不锈钢、碳素钢和高速钢以及尼莫尼克合金的部分典型的各种断面异型材如图 9 – 6 所示。

　　采用玻璃润滑剂挤压碳素钢、不锈钢、高速工具钢时，挤压比与变形阻抗的关系如图 9 – 7 所示。

　　挤压型钢时所需的挤压力如下式：

$$P = K_{\mathrm{w}} \pi R^2 \ln \mu e^{\frac{2fl}{R}}$$

表 9 - 3　商业上通用的挤压材料

材料		挤压温度/℃	化学成分 (wt)/%														平均变形阻抗/MPa
			C	Mn	Mg	Si	Cr	Ni	Mo	W	V	Ti	Fe	Co	Al	Cu	
钢	碳素钢	1200±100	0.1~1.0	0.3~1.5		<0.1											130
	合金钢	1200±70	0.2~0.6	0.3~1.0			0~1.7	0~3.7	0~0.2				其余				150
	不锈钢	1175±25	<0.15	<1		<0.5	11~13						其余				180
		1175±25	<0.15	<1			11.5~13.5						其余				180
		1180±30	0.03~0.10	<2			18~20	8~12					其余				190
		1180±30	<0.08	<2			17~19	9~12				<0.4					200
		1170±20	<0.25	<2		<1.5	24~26	10~22					其余				230
		1160±20	0.03~0.08	<2			16~18	10~14	2~3				其余				240
	高速钢	1140±20	2	0.3	0.3		12				0.9		其余				250
		1110±20	0.7				4			18	1		其余				300

续表 9－3

材料		挤压温度/℃	化学成分（wt）/%														平均变形阻抗/MPa
			C	Mn	Mg	Si	Cr	Ni	Mo	W	V	Ti	Fe	Co	Al	Cu	
球墨铸铁		1050±25	3.1~3.5	0.3~0.5	0.04~0.09	2.4~3.0							其余			0~0.7	220
镍和镍合金	镍	1100~1200						90									180
	因科镍尔合金（Inconel）	1150±25	<0.15	<1		<0.5	14~17	其余									280
	尼莫尼克80A	1150±20	<0.1	<1		<1	18~21	其余				1.8~2.7	<5		0.5~1.8		300
	尼莫尼克90	1150±20	<0.1	<1		<1.5	18~21	其余				1.8~3.0	<5	15~21	0.8~2.0		320
	20-20-20型钢	1150±15	<0.15	1.5		<1	21~22	19~20	3	2.5			其余	20			320
	S.816	1160±10	<0.4	1.5		0.7	20	20	4	4			3	43		Cd=4	350
其他金属	钛	850~900															120
	钼	1300~1400															400

注：挤压时用玻璃做润滑剂。

0 1 2 3 4 5 6 7 8 9 10

图 9-6 挤压法生产的各种断面的异型材

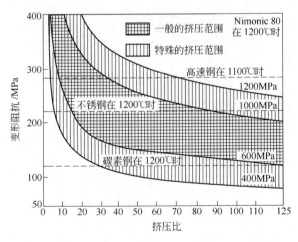

图 9-7 采用玻璃润滑剂挤压碳素钢（1200℃）、不锈钢（1200℃）、
高速工具钢（1100℃）时挤压比与变形阻抗的关系

挤压钢管时所需的挤压力如下式：

$$P = K_w \pi \ (R^2 - r^2) \ \ln\mu e^{\frac{2fl}{R-r}}$$

式中　　K_w——变形抗力；

R——挤压筒内衬的半径；

μ——挤压比；

l——坯料长度；

r——挤压芯棒的半径。

9.4　各种轧管机组的产品规格和生产率的比较

各种轧管机组的产品规格和生产率见表 9-4。

表 9-4　各种轧管机组的产品规格和生产率

机 组 类 型	产品规格/mm	生产率/m·h⁻¹
顶管机组	$\phi 30 \sim 110$	1800 ~ 2400
周期轧管机组	$\phi 30 \sim 600$	1200 ~ 1400
连续轧管机组	$\phi 30 \sim 110$	14000
自动轧管机组	$\phi 50 \sim 400$	
三辊式轧管机组	$\phi 45 \sim 150$	1000 ~ 1800
挤压钢管机组[1]	$\phi 50 \sim 500$	1250 ~ 3000

[1]挤压产量和规格随着挤压机吨位的不同，波动很大。因为随着钢管直径和壁厚的不同，单位长度的质量不一样。挤压机的产量取决于产品品种，即取决于可能的挤压速度和单位时间挤压次数。

在 5000t 以下（包括 5000t）的挤压机上，所能生产的实心断面尺寸以及产品的直径和壁厚见表 9-5。但表 9-5 仅是一个大概情况，因为实际生产的断面尺寸与坯料的质量、生产数量等因素有关。

表 9-5　5000t 以下的挤压机所能生产的实心断面尺寸以及产品的直径和壁厚

挤压力/t	挤压难易程度	挤压产品的最大外径[1]/mm	外接圆周内的产品规格[2]/mm	型钢挤压机		钢管挤压机				
				型钢的最大长度/mm	产品的最大长度[3]/m	最小内径/mm	最大内径/mm	钢坯的最大平均长度/mm	挤压钢管的最大长度[3]/m	一般的最小壁厚/mm
1000	容易	85	130	540 ~ 560	12 ~ 24	25 ~ 40	110 ~ 125	350 ~ 370	7 ~ 14	2.5 ~ 3.0
	较难	50	95	440 ~ 460	9 ~ 18	25 ~ 35	75 ~ 80	290 ~ 310	6 ~ 12	2.5 ~ 3.0
	难	40	80	330 ~ 350	6 ~ 12	25 ~ 30	60 ~ 65	210 ~ 230	4 ~ 8	3.0 ~ 3.5
	很难	35	70	230 ~ 250	4 ~ 8	25 ~ 30	45 ~ 50	180 ~ 200	3 ~ 6	3.0 ~ 3.5
2000	容易	160	205	750 ~ 800	17	35 ~ 55	155 ~ 175	500 ~ 520	9 ~ 18	3.0 ~ 3.5
	较难	110	145	600 ~ 650	14 ~ 28	35 ~ 45	105 ~ 110	390 ~ 410	8 ~ 16	3.0 ~ 3.5
	难	95	135	460 ~ 500	9 ~ 18	35 ~ 40	85 ~ 90	310 ~ 330	6 ~ 12	3.0 ~ 3.5
	很难	85	120	340 ~ 370	6 ~ 12	35 ~ 40	65 ~ 70	250 ~ 270	4 ~ 8	3.5 ~ 4.0

挤压力 /t	挤压难易程度	挤压产品的最大外径[①]/mm	外接圆周内的产品规格[②] /mm	型钢挤压机		钢管挤压机				
				型钢的最大长度 /mm	产品的最大长度[③]/m	最小内径 /mm	最大内径 /mm	钢坯的最大平均长度/mm	挤压钢管的最大长度[③]/m	一般的最小壁厚 /mm
3000	容易	215	260	1950 ~ 1000	20	40 ~ 65	185 ~ 210	610 ~ 630	11 ~ 22	3.5 ~ 4.0
	较难	155	190	750 ~ 800	16	40 ~ 55	130 ~ 135	480 ~ 500	9 ~ 18	3.5 ~ 4.0
	难	135	175	550 ~ 600	10 ~ 20	40 ~ 50	105 ~ 110	390 ~ 410	7 ~ 14	3.5 ~ 4.0
	很难	120	155	400 ~ 450	7 ~ 14	40 ~ 45	80 ~ 85	310 ~ 330	5 ~ 10	4.5 ~ 5.0
4000	容易	260	305	1050 ~ 1100	25	50 ~ 75	215 ~ 245	700 ~ 720	12 ~ 24	4.5 ~ 5.0
	较难	195	230	850 ~ 900	18	50 ~ 65	150 ~ 155	560 ~ 580	10 ~ 20	4.5 ~ 5.0
	难	170	210	650 ~ 700	12 ~ 24	50 ~ 60	120 ~ 125	450 ~ 470	8 ~ 16	4.5 ~ 5.0
	很难	155	190	450 ~ 500	8 ~ 16	50 ~ 55	95 ~ 100	360 ~ 380	6 ~ 12	5.0 ~ 5.5
5000	容易	305	350	1200 ~ 1250	25	55 ~ 85	245 ~ 270	790 ~ 810	14 ~ 28	4.5 ~ 5.0
	较难	230	260	950 ~ 1000	20	55 ~ 70	165 ~ 170	630 ~ 650	12 ~ 24	4.5 ~ 5.0
	难	200	240	700 ~ 750	14 ~ 28	55 ~ 60	135 ~ 140	500 ~ 520	9 ~ 18	4.5 ~ 5.0
	很难	180	215	500 ~ 550	9 ~ 18	55 ~ 60	105 ~ 110	400 ~ 420	6 ~ 12	5.5 ~ 6.0

①一般的工具配置；

②特殊的工具配置；

③实际生产中，由于润滑和运输上的困难，有些最大长度不能生产。

挤压产品的长度也有一定的限制，因为如果挤压产品的长度太长，则在整个挤压过程中就难以得到一层充分的润滑薄膜。

各种吨位挤压机生产的普通碳素钢管和不锈钢管的产品规格见表 9 – 6。

按每小时推进 50 次，每月工作 500h 计算，挤压机挤压碳素钢、不锈钢和高速工具钢时的月产量如图 9 – 8 所示。

任一挤压机均有相应的最高产量和最低产量，二者的差值代表指定挤压机所能挤压的产品的每米质量之间的差。总的来讲，越重的产品，其产量越高；越轻的产品，其产量也就越低。

总产量与每小时推进次数成正比，可以认为 50 次/h 是平均推进速度。在装有自动操作装置的新式挤压机上，每小时的推进次数可以达到 80 ~ 100 次。

从图 9 – 8 和表 9 – 6 可以看出，钢材挤压机也是一种产量很高的生产机组。

5500t 挤压机组（带张力减径机）的锅炉管专业生产线的规格范围与相应规格轧管机组生产的产品规格如图 9 – 9 所示。

表9-6 各种吨位挤压机生产的普通碳素钢和不锈钢管的产品规格范围

钢管类别	挤压机能力/t	产品规格（外径×壁厚×长度）/mm×mm×m						
普通钢（低合金钢）钢管	3000	(40~260)×3×(25~12)	(40~280)×5×(25~6)	(50~260)×10×(20~5)	(60~220)×15×(15~6)	(60~210)×20×(12~5)		100×30×6
	4000	(70~340)×3×(25~12)	(40~280)×5×(25~6)	(60~340)×10×(25~5)	(60~320)×15×(18~5)	(60~280)×20×(15~6)		
	5000	(70~300)×3×(25~10)	(80~400)×5×(25~5)	(10~380)×10×(25~5)	(100~340)×15×(20~5)	(90~340)×20×(20~6)	(110~270)×25×(10~6)	(100~230)×30×6
	6000		250×5×8	(100~420)×10×(10~6)	(100~380)×15×(15~6)	(100~360)×20×(20~5)	(100~330)×25×(15~6)	(100~320)×30×(13~6)
不锈钢管	3000	(80~240)×3×(16~6)	(90~280)×5×(16~5)	(50~260)×10×(15~5)	(60~210)×15×(15~5)	(60~200)×20×(12~4)		
	4000	(80~250)×3×(20~10)	(70~320)×5×(20~5)	(70~280)×10×(20~5)	(60~260)×15×(18~5)	(70~240)×20×(15~5)		
	5000	(90~260)×3×(20~16)	(120~360)×5×(15~5)	(100~380)×10×(17~5)	(120~320)×15×(15~5)	(120~280)×20×(10~5)	(110~210)×25×(9~5)	(100~200)×30×(6~5)
	6000			(140~420)×10×(10~5)	(140~340)×15×(15~6)	(130~340)×20×(13~6)	(120~320)×25×(12~5)	(100~300)×30×(6~5)

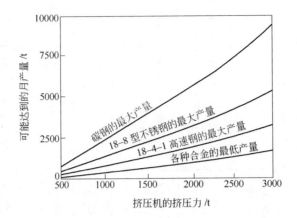

图 9-8 挤压机挤压碳素钢、不锈钢和高速工具钢时的月产量

（按 500 工作小时，每小时推进 50 次计算）

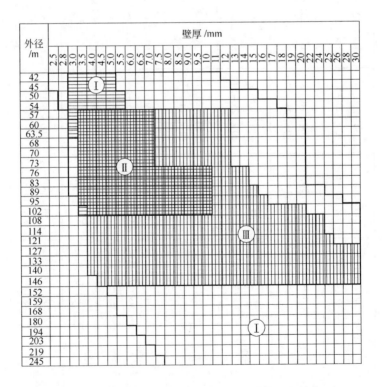

图 9-9 5500t 挤压机组（带张力减径机）与相应规格轧管

机组生产的产品尺寸示意图

Ⅰ—5500t 挤压机组（带张力减径机）；Ⅱ—φ30～120mm 连轧管机组；

Ⅲ—φ140mm 自动轧管机组

9.5 各种机组产品质量和性能的比较

挤压产品的质量和性能要比采用其他轧管工艺轧制的产品优越，这是因为挤压工艺具有以下特点：

（1）挤压时，材料在一次工艺行程中的变形量很大，而材料一次成形的时间却很短（仅2~4s）。因此，材料在挤压过程中，当加热温度均匀时，由坯料温度导致产品头、尾几何尺寸不均的可能性几乎是没有。正是由于这种近乎等温挤压的工艺条件，使得挤压变形后的产品尺寸公差稳定，挤压钢管的壁厚公差为±(5±8)%，组织性能一致，并且要比热轧钢管略有逊色。

（2）挤压过程中，变形材料在三向（轴向、径向和切向）同时受力的应力—应变条件下成形，即坯料的成形是在三向不均匀压缩条件下完成的，在变形过程中不存在导致金属连续性破坏的张应力产生的可能性。因此，用挤压法生产钢管时，钢管内外表面产生缺陷的可能性在各制管方法中最小。

（3）当玻璃润滑剂选择得当，并且和变形金属直接接触的工模具硬度适当，表面粗糙度（包括坯料的表面粗糙度）符合要求，或者在挤压筒内表面、挤压模工作带和入口锥面以及芯棒表面镀铬的情况下，整个变形区工具和变形金属之间会始终存在一层熔融的、连续的、隔热的、薄薄的、均匀的润滑层，此时挤压制品表面不会有裂纹、擦伤等表面缺陷。

（4）采用低频感应加热炉和再加热炉，能准确控制坯料的加热温度，从而控制产品质量。除此之外，感应加热的速度快、时间短（仅需几分）。因此，含碳量较高的材料加热后无脱碳危险，可避免出现多相组织。

一般碳素结构钢挤压产品和轧制产品的力学性能（σ_b、σ_s、δ_5）比较如图9–10所示。

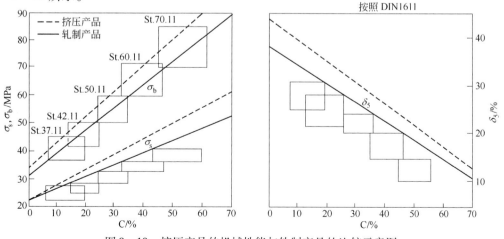

图9–10 挤压产品的机械性能与轧制产品的比较示意图

图 9 - 10 中的四边形框格表示德国 DIN 标准所规定的范围，并且用粗线表示上、下限值。从图 9 - 10 中可明显看出，在相同的生产条件下，挤压产品的机械性能完全满足 DIN 标准的要求，并且比轧制产品的稍高。

TP321 和 TP304 镍铬奥氏体不锈钢挤压产品的显微组织如图 9 - 11、图 9 - 12 所示。从图中可以看出，不锈钢挤压产品的高倍显微组织完全满足标准要求。

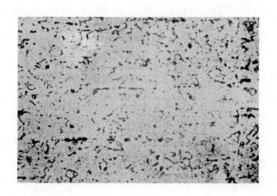

图 9 - 11　TP321 不锈钢挤压棒材固溶处理后的显微组织

图 9 - 12　TP304 不锈钢挤压棒材经冷矫和固溶处理后的显微组织

9.6　挤压法和轧制法技术经济指标的比较

随着科技发展，挤压机的结构和机械化、自动化程度都得到了进一步的完善和提高；尤其是连铸坯在挤压法中的应用，使得挤压机组的生产效率和经济性得到了明显的提高。

因此，从技术经济指标的角度来看，将挤压机组和各种轧管机组进行比较，对于根据产品大纲选择制管方法具有一定的实际意义。

9.6.1 机组的选择

选择挤压机组时，首先必须考虑的是机组的生产能力和生产品种，这两个因素是进行比较选择时的重要特性指标。

目前，使用最广泛的热轧无缝钢管规格为 $\phi25 \sim 250mm$，因此所选择的进行技术经济指标比较的轧管机组为：（1）5000t、3150t 挤压机组；（2）$\phi48 \sim 168mm$ 连续式轧管机组；（3）$\phi140mm$ 自动轧管机组（带有 2 架自动轧管机）；（4）$\phi4 \sim 10in$ 周期轧管机组。

应该指出，为进行技术经济指标比较而选择的制管机组并不是完全相似的，因为以上 4 种制管的生产能力和生产品种是有区别的，尤其是任何一个轧管机组的生产品种都不能将另一机组的生产品种完全包括。5000t 挤压机组与能生产相应品种的轧管机组的产品尺寸范围如图 9 – 13 所示（各制管机组都安装有相应的减径机）。

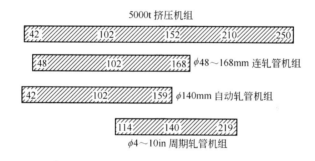

图 9 – 13　5000t 挤压机组与能生产相应品种的
轧管机组的产品尺寸范围

9.6.2 机组产品大纲的确定

对选取的挤压机组的产品品种进行技术经济指标比较时，机组的产品大纲由 70% 碳素钢管和 30% 不锈钢管组成，同时增加了薄壁钢管部分。

3150t、5000t 挤压机组的产品大纲见表 9 – 7。在相应的轧管车间中生产钢管的品种采取了与其特点相适应的品种，并且使其和挤压机组生产的品种有尽量靠近的可能性。

应该指出的是，各制管机组生产方法技术经济指标分析的结果，取决于所研究比较的工艺方案的先进性程度。因此，在选择参与分析比较的制管机组时，选取的都是当时国内外较先进的和普遍使用的制管设备。

表 9-7　3150t、5000t 挤压机组的产品大纲

挤压机吨位/t	钢管规格/mm	所占比例/%		挤压机吨位/t	钢管规格/mm	所占比例/%		挤压机吨位/t	钢管规格/mm	所占比例/%	
		碳素钢管	不锈钢管			碳素钢管	不锈钢管			碳素钢管	不锈钢管
5000	φ42×3.0	8.0	10.0	5000	φ102×7.0	3.0	3.0	5000	φ168×6.0	1.0	2.5
	φ42×4.5	2.0	5.0		φ108×4.0	10.0	6.0		φ203×7.0	1.0	2.0
	φ57×3.0	12.0	10.0		φ108×7.0	3.0	2.0		φ203×20.0	0.5	0.5
	φ57×6.0	5.0	5.0		φ114×4.0	7.0	3.0		φ219×7.0	1.0	2.0
	φ76×3.0	8.0	10.0		φ114×7.0	3.0	2.0		φ219×20.0	0.5	0.5
	φ76×7.0	3.0	3.0		φ133×4.5	6.0	6.0		φ245×8.0	1.0	—
	φ89×3.5	10.0	8.0		φ133×7.0	0.5	2.0		φ245×20.0	0.5	0.5
	φ89×7.0	3.0	3.0		φ152×5.0	1.0	2.5				
	φ102×3.5	9.0	8.0		φ152×15.0	0.5	0.5				
3150	φ32×2.8	5.0	8.0	3150	φ76×3.0	15.0	15.0	3150	φ133×4.5	5.0	5.0
	φ32×4.0	2.0	2.0		φ76×7.0	2.0	2.0		φ133×12.0	0.5	0.5
	φ42×3.0	15.0	15.0		φ89×3.5	10.0	10.0		φ168×6.0	5.0	5.0
	φ42×6.0	2.0	2.0		φ89×7.0	2.0	2.0		φ168×16.0	0.5	0.5
	φ57×3.0	20.0	15.0		φ114×4.0	10.0	15.0		φ203×7.0	2.0	—
	φ57×6.0	2.0	2.0		φ114×12.0	1.0	1.0		φ203×20.0	0.5	—

9.6.3　技术经济指标的确定

在确定技术经济指标时，为了确定挤压机组和各轧管机组的年产量，按工作时间由每天三班制、每班 8h，每周连续工作来计算，同时考虑到挤压机组设备工作的特点（如设备结构的复杂性、液压系统中的高压液体、大变形和高温等），所有设备的全年平均工作小时的生产率系数取 0.85。

5000t 挤压车间和其他轧管车间的技术经济指标见表 9-8（根据尼科波尔南方钢管厂原始资料整理，供计算技术经济指标用）。

表 9-8　5000t 挤压车间和其他轧管车间的技术经济指标

指标名称		5000t 挤压机			φ48～168mm 连续轧管机	φ140mm 自动轧管机	4～10in 周期轧管机
		圆钢坯穿孔	方钢坯穿孔	圆钢坯扩孔			
钢管	质量/t	265000	265000	300000	508000	222000	240000
	长度/km	374000	37000	420000	546000	268000	145000

指 标 名 称		5000t 挤压机			$\phi48 \sim$ 168mm 连续轧管机	$\phi140mm$ 自动轧管机	4～10in 周期轧管机
		圆钢坯穿孔	方钢坯穿孔	圆钢坯扩孔			
主要生产条件	操作设备总重量/t	7500	7800	8000	12000	5300	8500
	车间面积/m²	82000	82000	82000	10000	48500	57000
设备的使用和工作制度	工作总时间/h	6850	6850	6850	6600	7150	7100
	设备负荷/%	100	100	100	100	100	100
每吨钢管的原料和燃料消耗	金属/t	1.135	1.135	1.155	1.120	1.129	1.200
	燃料单耗	0.97	0.97	1.0	1.0	0.62	1.20
	电能/kW·h	330	330	290	200	310	171
	工艺润滑剂/kg	5	5	5	10	—	—
	轧辊/kg	0.26	0.26	0.235	0.49	3.20	1.81
	工艺工具/kg	3.4	3.4	3.1	1.5	4.6	6.3
定员指标/人	车间职工 生产工人	475	480	525	510	300	430
	辅助工人	365	365	365	450	235	340
	工程技术人员	45	45	45	63	60	50
	公务人员	16	16	16	12	10	16
	勤杂人员	14	14	14	30	10	14
	车间外职工	55	55	55	145	55	55
	合计（总定员）	970	975	1020	1210	670	905
投资指标	厂房[①]	25.91	25.91	25.91	37.25	14.17	18.62
	设备[①]	41.09	41.09	43.52	61.94	29.55	41.70
	基础[①]	7.89	8.30	8.30	13.36	7.09	9.31
	其他电气设备管网[①]	25.10	25.71	26.32	38.06	18.83	25.10
	合计（车间投资）[①]	100.00	101.01	104.05	150.61	69.64	94.74

① 以 5000t 挤压机圆钢坯穿孔工艺投资合计为 100 进行比较。

应该指出的是，供计算用的挤压车间设备工作指标（包括每吨钢管所需消耗的润滑剂、操作工模具、电能消耗、金属消耗）和国外的挤压车间的资料是一致的，只是部分指标因定额、投资消耗和工作人员的数量不同而有所区别。

此外，计算是按照实际生产的尺寸范围进行。为此，从每一种机组中选择 4～7 种不同规格的钢管进行计算，代表了各个机组所生产的大、中、小尺寸的钢管。并且，技术经济指标的计算，还考虑了从铁水开始的所有生产工序的消耗。

生产碳素钢管、不锈钢管的单位基建投资计算如图9-14和图9-15所示。

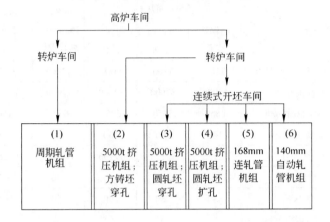

图9-14 生产碳素钢管的成本和单位基建投资计算示意图

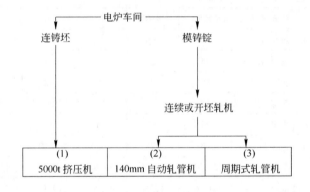

图9-15 生产不锈钢管的成本和单位投资计算示意图

生产钢管时，直接的单位投资消耗费用是在各个工序的单位投资消耗费用和金属消耗系数的基础上计算的。而在计算产品成本时，需考虑实行价格的变化。

5000t挤压机组和各轧管机组生产碳素钢管时的技术经济指标比较见表9-9。

从表9-9可以看出以下几点：

（1）方案Ⅰ和方案Ⅱ的年产量和金属消耗相同，而方案Ⅰ的工艺设备重量较方案Ⅱ略高。这是因为方案Ⅰ有压缩方钢锭棱边的装备，因此方案Ⅰ的投资消耗劳动人数和生产劳动量也比方案Ⅱ略高。

（2）钢管坯料采用方锭比采用圆坯时的总的单位基建投资消耗小、生产成本低，这是因为采用方锭时取消了连续式开坯轧机。

表 9 – 9　5000t 挤压机组和各轧管机组生产碳素钢管时的技术经济指标比较

指　标		年产量/万吨	每吨钢管的金属消耗/t	总的金属消耗/t	每吨钢管的成本①	工艺设备质量/t	基建设备①/万单位	车间单位基建投资①	总的单位基建投资①	每吨钢管的折合费用①	劳动人数/人	生产1t钢管的劳动量/人·h^{-1}	生产1t钢管的总劳动量/人·h^{-1}
挤压机组	方案Ⅰ	28.30	1.117	1.288	100.00	7400	3128.24	110.54	152.13	122.82	930	5.90	6.46
	方案Ⅱ	28.30	1.117	1.356	105.72	7100	3064.02	108.27	177.26	132.31	925	5.87	8.02
	方案Ⅲ	33.00	1.150	1.396	105.26	7800	3230.62	97.90	169.09	130.62	995	5.47	7.69
φ140mm 自动轧管机		23.50	1.120	1.364	106.17	5300	2179.47	92.74	162.19	130.50	600	4.62	6.97
φ48～168mm 连续轧管机		54.00	1.109	1.351	100.83	12000	4743.69	87.85	156.60	123.94	1035	3.60	5.93
4～10in 周期轧管机		24.30	1.180	1.329	105.21	8500	3000.12	123.46	160.37	129.26	850	6.60	7.37

注：方案Ⅰ、Ⅱ、Ⅲ分别为方钢锭穿孔、圆钢坯穿孔、圆钢坯扩孔。

①以挤压工艺方案Ⅰ每吨钢管的成本为 100 进行比较。

（3）方案Ⅱ与方案Ⅰ相比，其优越性完全被采用较贵的圆坯有关的辅助消耗所抵消，因此在总值（成本 +15% 投资消耗）的基础上确定的折合消耗，方案Ⅱ比方案Ⅰ高 7% 以上。

（4）方案Ⅱ和方案Ⅲ的钢管成本基本相同，但方案Ⅲ的单位基建投资较低，因此其折合费用比方案Ⅱ低。

（5）方案Ⅲ的钢管年产量达 33 万吨，此时其产量增加 14% 而基建投资仅增加 5% 左右。

总的来说，按方案Ⅰ生产 1t 任何规格的钢管，都可以保证最小的折合消耗。

9.6.4　折合费用的比较

每吨钢管折合费用包括：

每吨钢管的折合费用 = 每吨钢管的成本 +15% 总的单位基建投资

从表 9 – 9 中还可以看出：

（1）采用方案Ⅰ生产钢管时，由于采用了连铸方坯，使得其折合费用比 φ140mm 自动轧管机组的低 6%；采用方案Ⅱ的折合费用与 φ140mm 自动轧管机组的则处在同一个水平。

（2）采用方案Ⅰ生产钢管时的折合费用比 φ4～10in 周期轧管机组的低5%。但这并不仅是因为方案Ⅰ采用了连铸方坯，而是因为周期轧管机组的金属消耗和轧程消耗高，燃料、轧辊和生产工具的消耗大。而挤压方案Ⅲ生产钢管时的费用接近于周期轧管机组生产时的费用。

除了对整个制管车间进行比较之外，也对生产具体规格尺寸钢管的费用进行了比较。对挤压机组和各轧管机组生产同种规格钢管时产生的费用进行计算和比较。生产1t不同规格碳素钢管的折合费用与钢管规格关系如图9-16所示。

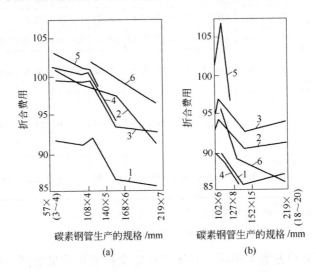

图 9-16 生产1t不同规格碳素钢管的折合费用与钢管规格的关系

（a）钢管具有最小壁厚（$S/D \leqslant 0.05$）；（b）钢管具有最大壁厚（$S/D > 0.05$）

1—在5000t挤压机组上采用连铸方坯穿孔工艺（方案Ⅰ）；2—在5000t挤压机组上采用轧制圆坯扩孔工艺（方案Ⅲ）；3—在5000t挤压机组上采用轧制圆坯穿孔工艺（方案Ⅱ）；4—在 φ168mm 连续轧管机组上轧制钢管的工艺；5—在 φ140mm 自动轧管机组上轧制钢管的工艺；6—φ4～10in 周期轧管机组上轧制钢管的工艺

从图9-16中可以看出，随着钢管直径和壁厚的增加，折合费用有降低的趋势。从折合费用的变化特点与生产钢管的直径和壁厚的关系，可以得出：（1）在5000t挤压机组上，用方案Ⅰ挤压薄壁钢管最经济；（2）在5000t挤压机组上，用方案Ⅱ和方案Ⅲ挤压薄壁钢管时产生的折合费用，与 φ168mm 连续轧管机组和 φ140mm 自动轧管机组轧制钢管时产生的折合费用基本相同；（3）在4～10in 周期轧管机组、5000t挤压机组上（方案Ⅰ）和 φ168mm 连续轧管机组上，生产厚壁钢管比较经济。

另外，对生产的不同规格钢管进行技术经济指标分析时，需对各种不同吨位（如5000t、3150t、1600t）的挤压机上生产不同规格钢管的折合费用进行分析比较。不同吨位的挤压机组上生产不同钢管时产生的折合费用见表 9 - 10。

表 9 - 10　不同吨位的挤压机组上生产不同钢管时产生的折合费用比较

挤压钢管类型	挤压机吨位/t		钢管规格/mm			
			$\phi32 \times 2.8$	$\phi42 \times 3.0$	$\phi57 \times 3.0$	$\phi114 \times 4.0$
碳素钢管	5000	方案 I	—	—	100.00	100.50
		方案 II	—	—	108.53	108.41
		方案 III	—	—	109.76	107.07
	3150	方案 I	133.51	—	133.24	139.36
		方案 II	141.66	—	141.49	143.82
		方案 III	135.62	—	133.20	123.02
	1600		202.67	—	236.37	—
不锈钢管	5000		—	974.04	—	929.01
	3150		994.75	—	1008.34	987.68
	1600		1179.27	1149.04	—	—

注：以 5000t 挤压机轧制 $\phi57\,mm \times 3.0\,mm$ 圆管折合费用为 100 进行比较。

从表 9 - 10 可以看出，随着挤压机吨位的减小，挤压同种规格钢管的折合费用增加，这是因为生产能力降低、单位材料消耗增加。

9.6.5　生产不锈钢管时的技术经济指标比较

为了对比各种制管方法生产不锈钢管时的技术经济指标，选择的制管工艺方案有：（1）在 5000t 挤压机组上，采用轧制圆坯在穿孔机上扩孔后挤压钢管；（2）在 5000t 挤压机组上，采用连铸圆坯在穿孔机上扩孔后挤压钢管；（3）在 $\phi140\,mm$ 自动轧管机组上轧制钢管；（4）在 $\phi4 \sim 10in$ 周期轧管机组上轧制钢管。

生产不锈钢管时的技术经济指标的计算条件有：（1）生产不锈钢管时，机组设备的生产能力相对于生产碳素钢管的有所降低（挤压机组降低 20%，自动轧管机组降低 20%，周期式轧管机组降低 5%，自动轧管机组降低 20% ~ 50%）；（2）与自动轧管机组相比，挤压机组生产不锈钢管的成本比较高，主要是因为挤压坯料的剥皮、钻深孔以及挤压过程中的压余，会导致金属消耗系数变高，坯料加工工序设备的投资费用较高。挤压机组生产时的折合费用比自动轧管机组的高，比周期轧管机组的低。

按照上述 4 种制管工艺方案，生产 1t 不锈钢管的主要技术经济指标见表 9 - 11。

对于挤压法而言，采用连铸坯可明显改善挤压时的技术经济指标，且可与轧制法相竞争。

表 9 – 11　各种制管机组生产 1t 不锈钢管的主要技术经济指标

机 组 类 型		生 产 成 本	单位投资费用	折 合 费 用
5000t 挤压机	轧制圆坯	96.52	23.18	100.00
	连铸坯	74.38	19.46	77.30
ϕ140mm 自动轧管机		93.79	20.31	96.84
ϕ4 ~ 10in 周期轧管机		99.92	22.42	103.29

注：以 5000t 挤压机轧制圆坯折合费用为 100 进行比较。

由表 9 - 9 和表 9 - 10 可以看出，在挤压机上按方案 I 生产碳素钢管和在 ϕ168mm 连续轧管机上生产碳素钢管最为有利。采用连铸坯时，用挤压法生产不锈钢管特别有效。

9.6.6　3150t 挤压机组车间和类似的轧管车间生产钢管的技术经济指标比较

所选择的与 3150t 挤压机组相类似的轧管车间有：ϕ48 ~ 168mm 连轧管机组车间，ϕ30 ~ 102mm 连轧管机组车间，ϕ140mm 自动轧管机组车间。

3150t 挤压钢管机组仍按三种供坯工艺生产，并对其技术经济指标进行计算比较。

在 3150t 挤压机组和 ϕ140mm 自动轧管机组上生产 1t 不锈钢管时的主要技术经济指标见表 9 - 12。从表 9 - 12 可以看出，在自动轧管机组上生产钢管比在挤压机组采用轧坯生产钢管有利；在挤压机组采用连铸坯生产不锈钢管的情况下，其生产的有效性显著增加，此时挤压法比轧管法更有利于生产。3150t 挤压车间和类似的轧管车间生产碳素钢管的技术经济指标见表 9 - 13。

表 9 – 12　在 3150t 挤压机和 ϕ140mm 自动轧管机上生产 1t 不锈钢管的主要技术经济指标

机 组 类 型		生 产 成 本	单位投资费用	折 合 费 用
3150t 挤压机	轧 坯	95.72	28.46	100.00
	连铸坯	73.82	24.78	77.54
ϕ140mm 自动轧管机		88.81	19.67	91.76

注：以 3150t 挤压机轧制圆坯折合费用为 100 进行比较。

9.6.7　各种制管机组的主要技术经济指标

通过上述分析将各种制管机组的主要工艺配置、应用范围、产品规格及其质量和性能、技术经济指标进行了总结，具体见表 9 - 14。

表 9 - 13　3150t 挤压车间和类似的轧管车间生产碳素钢管的技术经济指标

指　标		年产量/万吨	每吨钢管的金属消耗/t	总的金属消耗/t	每吨钢管的成本[1]	工艺设备质量/t	基建投资[1]/万单位	车间单位基建投资[1]	总的单位基建投资[1]	每吨钢管的折合费用[1]	劳动人数/人	生产1t钢管的劳动量/人·h⁻¹	生产1t钢管的总劳动量/人·h⁻¹
挤压机组	方案Ⅰ	11.10	1.161	1.355	100.00	6250	2073.36	186.79	220.35	130.07	880	14.11	14.88
	方案Ⅱ	11.10	1.161	1.415	104.32	6000	2033.22	183.17	239.42	139.00	875	14.01	16.44
	方案Ⅲ	15.00	1.169	1.424	96.52	6850	2153.40	143.56	200.20	125.22	895	11.41	13.87
ϕ140mm 自动轧管机		23.00	1.120	1.364	82.94	5300	1702.65	74.03	128.29	102.18	655	4.75	7.07
ϕ48~168mm 连续轧管机		52.50	1.113	1.356	79.16	12000	3706.13	70.59	124.52	97.84	1035	4.72	7.07
ϕ30~102mm 连续轧管机		37.50	1.113	1.382	84.09	10900	3179.84	84.80	138.72	104.91	1485	7.38	9.72

注：方案Ⅰ、Ⅱ、Ⅲ分别为方钢锭穿孔、圆钢坯穿孔、圆钢坯扩孔。

[1]以挤压工艺方案Ⅰ每吨钢管的成本为100进行比较。

表 9 - 14　各种制管机组的主要技术经济指标

机组类型	钢管产量/万吨·年⁻¹	长度/km	产品规格/mm	操作设备总重/t	车间建筑面积/m²	车间投资[1]	设备投资[1]	适用的产品品种范围	产品性能及质量情况
5000t 挤压机组	26.5	374000	ϕ42~250	7500	82000	100.00	41.09	各种不锈钢、耐热钢、高温钢和难变形材料，大小批量管材和型材	产品表面光洁、无增脱碳，无多相组织，性能组织均匀，尺寸公差稳定，机械性能各向同性；略高于轧管产品
ϕ48~168mm 连轧机组	50.8	546000	ϕ48~168	12000	10000	151.42	61.94	大批量生产各种碳素钢管和合金钢管、专用管	精度和性能达到或超过国内外标准水平

机组类型	钢管产量/万吨·年$^{-1}$	长度/km	产品规格/mm	操作设备总重/t	车间建筑面积/m²	车间投资①	设备投资①	适用的产品品种范围	产品性能及质量情况
ϕ140mm自动轧管机组	22.2	268000	ϕ42~259	5300	48500	69.64	29.55	各种碳素钢、合金钢管	公差和性能达到国内标准水平
ϕ4~10in周期轧管机组	24.0	145000	ϕ114~219	8500	57000	94.74	41.70	各种碳素钢管和合金钢管的生产，小批量的不锈钢管以及厚壁钢管和专用管	公差和性能达到或超过国内外标准水平

①以5000t挤压机组车间投资为100进行比较。投资金额并非现价，仅供相对分析比较时参考。

9.7 挤压法和轧制法的总体比较

钢管和型钢热挤压工艺应用的可能性和经济合理性取决于生产产品的种类：

(1) 在挤压力不小于5000t的高产量管型材挤压机或小挤压力（如3150t和1600t）的卧式液压挤压机上，挤压一般用途的碳素钢管和型钢时，不能获得令人满意的经济效果。这类产品用轧管机组或冷拔机较为合理有效。

(2) 采用热挤压工艺时，在采用的品种范围内，生产直径最小或最大的钢管时，经济效益几乎相同。但如采用相应规格的轧管机组进行轧制时，轧制钢管时的生产费用随着钢管直径的减小而增加。

(3) 生产相同规格的薄壁管时，用挤压机组较为合理，挤压法要比轧管法生产的折合费用低8%~10%。

(4) 重要用途的碳素钢管和合金钢管（如地质钻探管、锅炉管等专用管），采用挤压工艺较为合理。因为挤压法有利的变形应力状态图，使挤压钢管内外表面产生缺陷的可能性最小。此外，挤压钢管的壁厚不均低于轧制钢管的，一般为±(5~8)%，提高了专用管，特别是锅炉管使用的可靠性和使用寿命。

(5) 当采用连铸坯时，对于各种类型的不锈钢管的热加工，挤压法都是最佳选择。

(6) 由于挤压过程高度的机动灵活性，使挤压机组与单独的专用机组一样，在生产批量不大、品种繁多的钢管时，可以迅速地更换挤压表，以适应挤压品种的需要。同时，挤压法也能对大型钢管厂中的主要车间起到补充调制产品的作用。

（7）生产低塑性高合金钢和合金钢管，以及复杂断面的实心和空心型材时，采用挤压法最合理。在大多数情况下，挤压法是唯一可能选择的方法，而且无须要求经济上的论述。

此外，法国的 CEFILAC 公司曾认为，当生产一般用途的碳素钢管时，如果设备的年产量达到 25 万吨时，挤压法可以与其他轧管方法相竞争；当设备年产量达到 50 万吨时，挤压钢管的生产成本远低于热轧钢管的；而设备年产量为 10 万吨的钢管是保证挤压法有利可图的最小产量。也有专家对法国 CEFILAC 公司关于挤压法年产量的论述持不同意见，认为热挤压法生产管材的优势是低塑性难变形金属和特殊异型材，而在产量上的优势是小批量、多品种，大规模生产的成本无优势可言。

由此可见，在钢管工业发达的我国，挤压法应该在所有传统的钢管生产方法中占有一席之地，以便使所采用的每个挤压过程对挤压法来讲都能在最有效的范围内使用。

参 考 文 献

[1] 王北明，王三云，唐铁成，译. 钢管和型钢的热挤压（俄）[M]. 1975.

[2] 韩风，朱道生，程钟林，译. 钢的挤压（俄）[M]. 北京：机械工业出版社，1966.

[3] 张曙，译. 钢管和型钢的热挤压（俄）[R]. 长城钢厂四分厂，1985.

[4] 邹子和，摘译. 金属热挤压研究（俄）[R]. 上海第五钢铁厂，1970.

[5] 冶金部科技情报研究所. 钢的热挤压 [M]. 北京：中国工业出版社，1963.

[6] 上海异型钢管厂. 热挤压钢管生产 [R]. 上海异型钢管厂，1976.

[7] 华安机械厂. 钢管挤压技术 [R]. 华安机械厂，1958.

[8] 挤压工模具润滑及控制测量 [C]//武汉钢管设计院. 钢的热挤压技术译文集. 1971.

[9] 小柳排. 关于特殊钢挤压玻璃润滑剂挤压工具的几个问题 [J]. 特殊钢（日本），1966，15（11）：25~30.

[10] 松冈甚五左卫门. 热挤压的摩擦与润滑 [J]. 日本机械学会志，1966，69（565）：33~40.

[11] Schloemann Co. 挤压工具及坯料的保护方法. 德国，1032271 [P]. 1970.

[12] 朱正清，傅晨光，刘宏宇，等. 连铸圆管坯的质量及其控制 [J]. 钢管，2003，32（2）：13~16.

[13] Ed. Patirck. Butech Bliss Extrusion Presses for Steel [R]. Butech Extrusion Presses Inc. USA，2006.

[14] A. D. Rcubloff. Recent Advances in Steel Extrusion Techniques with a 12000 ton Press [J]. Iron and Steel Engineer，1963，3：79~88.

[15] Jerry J. Chopman. 6050t 挤压机工具的计算程序文件 [R]. USA，Lone Star，1976.

[16] 英国 FIELDING 设备设计公司. 大型钢挤压机的设计文件 [R]. UK，Fielding，1976.

[17] 方德耀. CG6680 工频感应加热炉试验总结 [R]. 长城钢厂，1970.

[18] 邹子和. 钛合金型材的热挤压 [J]. 稀有金属，1978（6）：1.

[19] 邹子和. 不锈钢和高镍合金长管的生产工艺 [J]. 钢管，2009，38（4）：25~32.

[20] 国外特殊钢生产技术编审组. 国外特殊钢生产技术 [M]. 北京：冶金工业出版社，1982.

[21] 邹子和. 英法原子能钢管生产工艺及设备考察报告 [J]. 特钢技报，1983，5：48~54.

[22] 邹子和. 美国 Lone Star 钢铁公司 5500 吨挤压机考察及工作总结 [R]. 上海第五钢铁厂，1994.

[23] 邹子和. 美德挤压钢管考察报告 [R]. 上海第五钢铁厂，1992.

[24] 周志江，严圣祥，等. 挤压机考察报告（德国、奥地利、西班牙）[R]. 浙江久立集团，2003.

[25] 重庆钢铁设计院. 美国钢管生产现状 [R]. 重庆钢铁设计院，1977.

[26] 援阿无缝钢管车间综合试验小组. 热挤压钢管综合试验总结（挤压部分）[R]. 上海异型钢管厂，1975.

[27] 杨秀琴, 邹子和, 等. 德国、意大利、比利时挤压钢管考察报告 [R]. 中国国际工程咨询公司, 1995.

[28] 邹子和. 美国 Amerex 挤压不锈钢管和型钢厂考察报告 [R]. 浙江久立集团, 2002.

[29] 王三云. 国外无缝钢管生产发展概况及我国无缝钢管生产存在的问题 [R]. 北京: 北京钢铁设计研究总院, 1993.

[30] 陈启明. 参观考察瑞典特殊钢技术总结报告 [R]. 北京, 原冶金部赴瑞典参观考察组, 1979.

[31] 邹子和, 孙东东, 李凤翔, 译. 美国 Lone Star 钢公司 5500 吨钢管型钢挤压机技术说明书 [R]. 上钢五厂, 1991.

[32] 殷国茂, 周云南, 邹子和. 我国不锈钢无缝钢管的生产现状及发展 [J]. 钢管, 1998, 27 (6): 17~30.

[33] 邹子和. 我国不锈钢管生产技术的进展及与国外的差距 [J]. 钢管, 2000, 29 (6): 7~14.

[34] 邹子和. 核电站用管的生产及其发展前景 [J]. 钢管, 1989, 18 (3): 29~38.

[35] 严圣祥, 钟倩霞. 不锈钢管生产技术的发展 [J]. 钢管, 2008, 37 (2): 5~10.

[36] 无缝钢管的热挤压技术 [C] //沈重挤压机译文集. 沈阳重型机器厂, 1974.

[37] 热挤压机 [C] //挤压机译文集. 沈阳重型机器厂, 1973.

[38] 挤压机工具操作的机械化 [C] //挤压机译文集. 沈阳, 沈阳重型机器厂, 1973.

[39] 邹子和. 德国的不锈钢管生产 [J]. 五钢科技, 1955 (5): 3~8.

[40] 上海市冶金工业局. 澳大利亚钢管生产座谈会资料 [R]. 上海冶金局, 1979.

[41] 管状挤压制品的偏心问题 [C] //挤压机译文集. 沈阳重型机器厂, 1974.

[42] Laue K, Stenger H. Extrusion Processes. Machinery Tooling [M]. American Society for Metals, 1981.

[43] G. Hinze, PMAC. Recommended Glass Lube. Used in Extrusion [R]. USA, PMAC, 2010.

[44] Bernie. Seamless, Stainless Pipe & Tube [J]. Pipe & Tube Market, USA, 2002 (9).

[45] 邹子和, 欧新哲. 钢管热挤压成形技术与装备的发展 [J]. 宝钢技术, 2008 (5): 15~20.

[46] 邹子和. 奥地利、比利时、意大利大口径钢管生产 [J]. 沪昌科技, 1996, 3: 3~7.

[47] 袁宝泉, 译. 日本神户钢铁厂热挤压车间 [C] //国外轧钢动态. 重庆钢铁设计院, 1972: 3.

[48] TI Chesterfield Ltd. Technical Data [M]. UK. TI, Stainless Steel Division, 1975.

[49] 邹子和. 我国不锈钢管的市场供需情况及其特点 [J]. 钢管, 2000, 28 (4): 1~5.

[50] 邹子和. 美国的不锈钢管市场分析及其对我国不锈钢管发展方向的启示 [J]. 钢管, 2008, 12 (6): 17~21.

[51] 郝建庚, 李文超, 孔德南. 热轧无缝钢管生产中直通式电磁感应加热炉的工艺设计及应用 [J]. 钢管, 2005, 23 (1): 27~30.

[52] 邹子和. 核电站用管 [C] //殷瑞钰. 钢的现代质量进展. 北京: 冶金工业出版社, 1994.

[53] 钢热挤压技术 [C] //热挤压技术译文集. 武汉钢铁设计院, 1971.

[54] VEW AG. Seamless VEW. Special Steel Tubes [R]. Germany. Vereinigte Edelstahl Werke (VEW) AG., 2002.

[55] Sumitomo Metals Industries Ltd. Steel Tube Works [R]. NIPPON, Sumitomo Metals Industries Ltd., 1985.

[56] Sardvik AB. Special Alloys for the Nuclear Industry [R]. Sweden, Sardvik, 1983.

[57] Bernie. Tubes in Heat – resistant Steels and Nickel Base Alloys [R]. Germany, DMV Stainless, 2002.

[58] Bernie. Seamless Stainless Steel Tubes [R]. Spain, Tubacex Tubos Inoxidables, S. A., 1994.

[59] Bernie. Seamless Market Detinition by Product and Size Range [R]. US, A SMLS. SS. MKT, 1995.

[60] 钢热挤压时工艺润滑剂的研究 [C] //钢的热挤压技译文汇编. 武汉钢铁设计院, 1971: 35~41.

[61] 泡沫玻璃用于钢挤压时的润滑剂载体 [C] //钢的热挤压技译文汇编. 武汉钢铁设计院, 1971: 47~50.

[62] 高压蓄势器传动的卧式液压挤压机中的带程序控制的挤压速度调节器 [C]. 武汉钢铁设计院, 1967: 60~68.

[63] 上海冶金专科学校. 异型钢管生产 [M]. 上海: 上海科技出版社, 1984.

[64] 邹子和. 不锈钢管的热挤压 [C] //中国金属学会轧钢学会钢管学术委员会五届四次年会论文集. 天津, 2008.

[65] 付正博. 感应加热炉的设计与应用 [M]. 北京: 机械工业出版社, 2008.

[66] 江永静, 等. 钢管品种和生产技术 [M]. 四川: 四川科技出版社, 2010.

[67] 长城特殊钢公司. 航空精密钢管工程赴德国、英国考查报告 [R]. 长钢, 1989.

[68] 邹子和. 国外大直径钢管生产 [J]. 钢管, 1997: 56~62.

[69] 邹子和. 大型挤压机挤压速度的选择 [R]. 上海, 宝钢特殊钢分公司钢管厂, 2007.

[70] 邹子和. 国外不锈钢管热挤压时连铸坯的应用 [R]. 上海, 宝钢特殊钢分公司钢管厂, 2007.

[71] 邹子和. 美国 AMEREX 2500 吨挤压车间生产情况及设备性能调查报告 [R]. 银环集团, 2005.

[72] 邹子和. 高合金钢管厂3100t 挤压机考察报告 [R]. 德国曼内斯曼公司, 1991.

[73] 邹子和. 美国特殊钢公司考察报告 [R]. 上海第五钢铁厂, 2002.

[74] 邹子和. 美国普利茅斯钢管公司蒙罗不锈钢管厂考察报告 [R]. 上海上上不锈钢管有限公司, 2007.

附录1 太原通泽重工有限公司钢热挤压成套设备简介

太原通泽重工有限公司设计制造的36MN不锈钢管热挤压生产线于2010年8月21日在常熟华新特殊钢有限公司热试挤压成功并投入使用。该生产线采用 ϕ170mm、ϕ210mm、ϕ270mm、ϕ345mm 挤压筒系统，成功挤出 ϕ51mm × 4mm ~ ϕ244mm × 20mm 等数十种规格的钢管产品，材质范围覆盖了"300系列"不锈钢及904、800、811、825、UNSS92108高氮钢等特种合金和钛合金。该生产线解决了以往穿孔机组无法涉及的材质领域，为扩大产品范围提供了有力的平台，对提高我国核电工业、石油化工、航空航天、舰船等特殊领域用管的质量具有积极的促进作用。

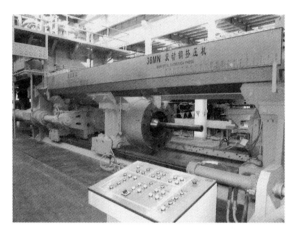

36MN双动钢挤压机主机

36MN不锈钢管热挤压生产线的主要特点为：

（1）高速钢挤压机主液压系统，采用高压油泵—蓄势器联合传动。

（2）高速挤压时采用电液比例节流+容积调速的计算机控制系统。

（3）双动立式穿（扩）孔压机采用单主缸结构。

（4）穿孔机下支撑力采用工艺软件 Deform3D 处理，优化了工艺参数，节能降耗。

（5）挤压机主机设计采用有限元法，按框架的实际形状尺寸绘制三维模型，并按实际工作条件加载和施加边界条件、控制。通过计算机仿真，优化预紧参数、调整框架结构，控制其变形量，减轻了重量。

36MN 不锈钢管热挤压生产线实景

（6）挤压机设计采用 20MN、26.4MN、32.8MN、36MN 四级压力分级，生产的产品规格组距合理，覆盖面大，节能降耗。

太原通泽重工有限公司能提供的钢挤压机成套设备产品系列为 8MN、12.5MN、16.3MN、25MN、31.5MN、36MN、45MN、63MN、75MN、125MN、165MN、200MN 等。

太原通泽重工有限公司不锈钢挤压机主要参数表

标称挤压力	63MN	45MN	36MN	25MN	16MN	12.5MN
工作压力	28MPa	28MPa	28MPa	28MPa	28MPa	28MPa
产品范围	$\phi76\sim325\mathrm{mm}$	$\phi42\sim275\mathrm{mm}$	$\phi42\sim219\mathrm{mm}$	$\phi42\sim168\mathrm{mm}$	$\phi34\sim100\mathrm{mm}$	$\phi28\sim89\mathrm{mm}$
压力级	6	4	4	3	2	2
单动/双动	双动	双动	双动	单动、双动	单动、双动	单动、双动
装机容量/kW	9500 （含扩孔机）	6500 （含扩孔机）	4000 （含扩孔机）	1600 （不含扩孔机）	1100 （不含扩孔机）	800 （不含扩孔机）
代表钢种	产品钢种以奥氏体型不锈钢为主，少量铁素体不锈钢、马氏体不锈钢、奥氏体—铁素体双相不锈钢、耐热钢、镍及镍合金、钛及钛合金、高氮钢等； 不锈钢：304/304L、316/316L、310S、317L、304H、321H、347H、2205、904L、400 系不锈钢； 合金钢：T22/91、P22/91； 镍及镍合金：镍—铜合金和 Cu – Ni 合金； 钛及钛合金					

太原通泽重工有限公司主要用户

欧洲	Benteler
印度	MSL、JSL、SIL、BHEL
美国	EA、OEM
中国	宝钢、天津钢管、无锡西姆莱斯、常熟华新、久立特材、常宝、中兴能源、华菱钢管、太钢、湖北新冶钢、中船武汉重工、中国兵器沈阳东基、包钢、新兴铸管、西宁特钢、北满特钢、江苏诚德、浙江健力、扬州龙川、重钢、贵阳特钢

附录2 北京天力创玻璃科技开发有限公司金属材料热挤压用玻璃润滑剂简介

北京天力创玻璃科技开发有限公司成立于2002年，是科技型生产企业。公司专注于金属热成型工艺用玻璃润滑技术的研究和生产，经过多年的潜心研究，玻璃润滑剂产品形成系列化，广泛应用于不锈钢、高温合金、钛合金、纯钛、纯镍等多种金属的管材、异型材的热挤压，起到有效润滑和保护工模具的效果。

另外，在金属防氧化、金属热锻成型等方面，公司产品也有系列产品。

金属热成型工艺用玻璃防护润滑剂系列产品一（用于锻造、轧制、旋压热处理等工艺）

应用金属	产品名称	工艺特点	适用温度/℃
钛合金纯钛	钛合金锻造工艺用玻璃防护润滑剂	精锻、模锻、等温锻、轧板、旋压	400～1200
	钛合金开坯锻造用保护涂料	开坯锻造、热处理	750～1250
	钛合金包套工艺用玻璃粉	软包套、硬包套、包套挤压	750～1300
	钛合金拉丝工艺用玻璃润滑剂	拉丝	400～950
高温合金	高温合金锻造工艺玻璃防护润滑剂	模锻、精锻、等温锻造、冲压、热处理	960～1200
	高温合金包套工艺用玻璃粉	软包套、硬包套、包套挤压	750～1250
	高温合金防氧化涂料	等温锻模具防氧化、锻件防氧化、热处理	800～1200
不锈钢	不锈钢锻造工艺用玻璃防护润滑剂	高速锤、模锻、热处理保护	900～1200
渗氮钢结构钢	渗氮钢精锻工艺用玻璃防护润滑剂	精锻	1000～1150
	结构钢锻造工艺用玻璃防护润滑剂	模锻、精锻	650～1250
	结构钢中频加热用玻璃防护润滑剂	模锻、热处理、管坯防氧化	700～1250
	结构钢轧制工艺用玻璃防护润滑剂	轧板	1100～1200
铜合金	铜合金精锻工艺用玻璃防护润滑剂	精锻	700～750
	铜合金防氧化涂料	热处理	1000～1050
纯锆锆合金	锆合金开坯锻工艺玻璃防护润滑剂	开坯锻造、热处理	950～1150
	锆合金锻造工艺用玻璃防护润滑剂	模锻	1150
纯镍镍铁合金	镍铁合金开坯锻工艺用玻璃润滑剂	开坯锻造、防氧化	1100～1150

金属热成型工艺用玻璃防护润滑剂系列产品二（用于热挤压、穿孔工艺）

应用金属	产品名称	工艺特点	适用温度/℃
钛合金、纯钛	钛合金挤压工艺用玻璃润滑剂	管材和型材的挤压、管材斜轧穿孔	750～1150
高温合金	高温合金挤管工艺玻璃润滑剂	挤压用玻璃垫、外涂粉、内涂粉、防氧化润滑涂料	1100～1200
不锈钢	不锈钢挤管工艺玻璃润滑剂	管材挤压用玻璃垫、外涂粉、内涂粉	1050～1280
结构钢	结构钢挤压工艺用玻璃润滑剂	管材和型材挤压	1000～1200
其他合金	钼合金热挤压工艺用玻璃润滑剂	管材、棒材热挤压	1000～1350
	钨合金热挤压工艺用玻璃润滑剂	管材、棒材热挤压	1000～1350
	钽合金挤压工艺用玻璃润滑剂	管材、棒材热挤压	1300～1400

玻璃润滑剂产品图示

防护润滑剂：用于防止金属高温氧化

外涂粉：用于润滑挤压筒内壁

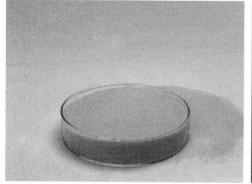

内涂粉：用于润滑冲头和挤压针

玻璃垫：用于润滑挤压模具

应用热挤压玻璃润滑剂使用效果

钛合金管材热挤压成品

不锈钢热挤压管材成品

钛合金型材热挤压成品

高温合金热挤压管材

JiuliGroup
久立集团

久立集团成立于 1987 年，一直致力于工业用不锈钢管和各种复杂断面、难变形的耐蚀合金、高温合金、钛合金等特殊合金管材的研发和生产，为油气、核电、电力、LNG 等能源装备以及石化、化工、船舶制造等行业装备提供高性能、耐蚀、耐压、耐温的不锈钢管和特殊合金管道。

2006 年，公司从国外引进当时国内最大的 3500 吨钢挤压机，建成了钢挤压生产线。该生产线具有自动化程度高、全流程清洁生产、无缺陷加工技术等特点，使久立的不锈钢无缝管的生产工艺和装备跨入世界先进行列。

公司建有国家认定企业技术中心和国家 CNAS 认可的钢铁实验室及博士后科研工作站，具有很强的自主研发能力和对国外先进技术的消化吸收能力，已成功研发了超超临界电站锅炉管、800 和 690 核电蒸汽发生器 U 形传热管、TDJ-3 油井管、LNG 液化天然气用超低温用厚壁不锈钢焊接管等国家重大装备的关键材料。特别是所参与的由国家科技部下达、中科院组织的国际科研项目——未来能源核聚变装置配套的特种材料联合攻关，成功开发了人造太阳能 ITER 装置用 TF/PF 导管，处于国际领先水平。公司累计获有效授权专利 57 项（其中发明专利 5 项），并形成了 200 多项专有技术，由公司主持或参与起草的国家和行业标准 20 项。

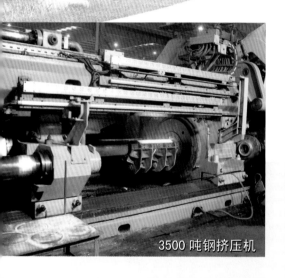

3500 吨钢挤压机

第一根不锈钢挤压管

Jiuli 久立集团股份有限公司

公司拥有国内规模大、装备先进、工艺完善、检测设施齐全的特殊合金管材现代化制造工厂，主导产品"特殊合金管材"已形成年产 8.5 万吨的生产能力，是中石化、中石油、中海油等大型企业的不锈钢及特殊合金管材主要供应商，与壳牌签订全球框架协议，是阿尔斯通、沙特阿美的中国供应商，也是英国石油、巴西石油、埃克森美孚、巴斯夫、拜尔、通用电气、斗山重工等世界著名企业的全球供应商。南京扬子巴斯夫一体化工程、上海赛科 90 万吨乙烯装置、西气东输、神华宁煤、大亚湾核电站、大唐电力吕泗电厂等上百个国家和中外合资重点项目都用上了"久立"产品。公司产品已出口到欧美、中东、亚洲 80 多个国家和地区，深受国内外市场的好评。

耐蚀耐温合金管

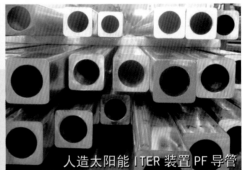

人造太阳能 ITER 装置 PF 导管

核电蒸汽发生器传热管

TONGZE HEAVY INDUSTRY
太原通泽重工有限公司

太原通泽重工有限公司成立于 2001 年 8 月，是开发研制无缝钢管热轧、挤压成套设备以及特种工艺装备和精密模具，具有工程总承包、系统集成、国际贸易的科技型民营企业。公司为高新技术企业、国家技术创新示范企业、第一批国家级知识产权优势企业。

通泽重工拥有国家级企业技术中心，技术中心下设 10 个研发设计部门和 3 个实验室，建有院士工作站和博士后创新实践基地。

通泽重工坚持高起点持续创新，形成了具有自主知识产权的核心技术和关键技术。截至 2013 年末，累计申报专利 227 项，其中发明专利 103 项；拥有注册商标 9 项；承担了 9 项冶金设备行业标准的制定。

经过十余年的自主创新与发展，通泽重工实现了无缝钢管热连轧重大成套技术装备国产化和产业化，公司研制的连轧管成套装备、不锈钢耐热合金无缝钢管挤压生产线达到国际先进水平，对我国从无缝钢管生产大国迈向无缝钢管及其装备制造强国发挥了积极作用。

36MN 不锈钢挤压生产线

ZHONGXING EQUIPMENT

中兴能源装备有限公司

中兴能源装备有限公司主要从事能源工程特种管件的开发、生产、销售，采取"小批量、多品种、多规格"的生产模式，为石化、核电、煤制油等能源工程重要装备提供大口径厚壁特种需求的不锈钢、合金钢无缝管。

核电、炼油、化工、煤制油等工程用大口径无缝钢管

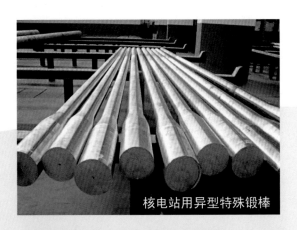

核电站用异型特殊锻棒

φ1200 热轧机组

产品发展历程：

1991年φ159mm不锈钢无缝管通过国家级鉴定

1993年φ219mm不锈钢无缝管通过国家级鉴定

1993年荣获中国高新技术、新产品博览会高新技术项目金奖

1995年φ325mm不锈钢无缝管通过国家级鉴定

1997年取得《中华人民共和国民用核承压设备制造资格许可证》

1997年核级奥氏体不锈钢无缝管通过国家级鉴定

1999年φ450mm不锈钢无缝管通过国家级鉴定

2000年石油加氢裂化管通过国家级鉴定

2000年核I级奥氏体不锈钢无缝管通过国家级鉴定

2007年产品获得中国名牌称号

2011年起草制订1个国家标准、4个行业标准

2013年φ1000mm双相钢通过国家级鉴定

2014年UNS NO8811高镍耐蚀合金产品成功应用于美国炼油炉管领域